中国互联网发展简史

谢新洲　石林 等　著

A Brief History
of the Internet in China

中国出版集团　东方出版中心

图书在版编目（CIP）数据

中国互联网发展简史 / 谢新洲等著. -- 上海：东
方出版中心, 2024. 10（2025. 2重印）.
ISBN 978-7-5473-2537-7

Ⅰ. TP393.4-092

中国国家版本馆CIP数据核字第2024M6W370号

中国互联网发展简史

著　　者　谢新洲　石　林　等
策　　划　陈义望
责任编辑　韦晨晔
封面设计　钟　颖　余佳佳

出 版 人　陈义望
出版发行　东方出版中心
地　　址　上海市仙霞路345号
邮政编码　200336
电　　话　021-62417400
印 刷 者　山东韵杰文化科技有限公司

开　　本　710mm×1000mm 1/16
印　　张　27.25
字　　数　410千字
版　　次　2025年1月第1版
印　　次　2025年2月第2次印刷
定　　价　99.80元

编写委员会

谢新洲　石　林　宋　琢　杜　燕

朱垚颖　胡宏超　李佳伦　韩天棋

张静怡　彭昊程　王义丹　史　雨

张诗焜　曾　妮　张晓萌

代序

中国互联网思想的特色与贡献

谢新洲

互联网是 20 世纪人类最伟大的发明之一,当前已经渗透到经济社会各个领域,极大提升了人类认识和改造世界的能力。互联网思想是人类对互联网自身及其与经济社会各领域各方面相互关系的理性思考和规律认识,大致可分为三个层面:工具层面立足互联网的功能,主要是如何运用、管理、发展互联网,通过互联网获得更多经济和社会效益等;结构层面立足互联网的影响,主要是如何推动互联网与其他事物关联、互动、融合,从而调整和优化政治经济社会格局等;价值层面立足互联网的本质,主要是考察互联网发展的价值取向及其对人类思想和人类文明的影响等。

我国接入国际互联网 30 年来,正确处理安全和发展、开放和自主、管理和服务的关系,推动互联网发展取得世界瞩目的成就,在以上三个层面形成了具有鲜明特色的中国互联网思想。党的十八大以来,以习近平同志为核心的党中央深刻把握信息革命发展大势,运用马克思主义立场、观点、方法科学总结我国互联网波澜壮阔的发展实践,形成了习近平总书记关于网络强国的重要思想。这些宝贵的思想结晶蕴含了我国管网、用网、治网的经验和智慧,对于建设网络强国和数字中国,更好运用互联网发展新质生产力、推动高质量发展,对于全面建设社会主义现代化国家、全面推进中华民族伟大复兴,具有重要意义。

协调包容的发展观

互联网具有广泛的联系性和强劲的渗透性,逐渐融入了人类生产生活的方方面面。在这一过程中,互联网的属性也逐渐丰富,除了技术属性,其媒体属性、社交属性、产业属性、政治属性、文化属性等日益显现。互联网的这种裂变式、革命性发展,要求我们必须正确处理互联网各种属性之间的关系,如技术创新与维护安全、保障自由与构建秩序、信息共享与隐私保护、资源汇聚与数字鸿沟、开放合作与自主可控等,同时也要正确处理互联网与传统生产力、生产关系之间的关系,如传统经济与数字经济、传统媒体与新媒体、传统安全与非传统安全、本土文化与网络新兴思潮等。

中国在推动互联网发展过程中,坚持积极利用、科学发展、依法管理、确保安全的方针,加强信息基础设施建设,发展数字经济,推进信息惠民。与之相适应,中国互联网思想呈现出鲜明的协调性、包容性,表现出积极、审慎、稳妥的特点,体现了兴利去弊、扬长避短、为我所用的思想理念。比如,在互联网传播方面,本着对社会负责、对人民负责的态度,依法加强网络空间治理、加强网络内容建设,培育积极健康、向上向善的网络文化,坚决制止和打击利用网络鼓吹推翻国家政权、煽动宗教极端主义、宣扬民族分裂思想、教唆暴力恐怖活动等不法行为,坚决管控利用网络进行欺诈活动、散布色情材料、进行人身攻击、兜售非法物品等;在互联网技术方面,围绕国家亟须突破的核心技术,集中力量办大事,积极推动核心技术成果转化、推动强强联合与协同攻关,同时加快构建关键信息基础设施安全保障体系,增强网络安全防御能力和威慑能力;在互联网经济方面,对新产业、新模式、新业态给予支持,对互联网商业模式创新带来的影响给予包容并加以规范,同时正确处理新生事物与传统事物之间的关系,通过实施"互联网＋"行动计划、大数据战略、媒体融合战略等,实现互联网与中国经济社会的有机融合。

正是秉持协调包容的发展观,中国正确处理了本土与外来、自主与开放、发展与安全等关系,不仅为平等、公开、参与、分享等互联网思维在中国的发展奠定了良好基础,也为中国互联网的创新发展提供了根本方法论。可以说,如果没有协调包容的发展观,中国就不会有互联网的加速普及和相关企业的快速壮大,也不会有30年来取得的巨大成就。

多元互动的治理观

过去，人们主要通过报纸、广播、电视等传统媒介获取新闻信息。这些信息渠道比较单一，传播方向也是单向的，读者只能被动接受。互联网的飞速发展推动人类传播方式发生深刻变革，日益成为覆盖广泛、快捷高效、影响巨大、发展势头强劲的大众媒介。今天，网络空间几乎覆盖全球所有国家、地区和人口。人们通过博客、网络论坛（BBS）、社交媒体、即时通信工具、问答式系统等各种各样的方式聚集在网上，浏览所需要的信息，讨论感兴趣的话题，获取相关的服务。与此同时，人们也在互联网表达社情民意和利益诉求，参与社会和政治生活，开展舆论监督等。因此，网络空间日益成为一种重要的、由全体社会成员共建共享的公共空间。不言而喻，维护网络空间的良好秩序也必然成为公共利益之所在。

我国现有网民10亿多人，互联网已经成为人们学习、工作、生活的新空间和获取公共服务的新平台。亿万网民在互联网获得信息、交流信息。互联网还推动了中国网民的政治参与，大大扩大了公众政治参与的规模和数量，增强了他们的参政能力和素养。这对于社会主义民主政治建设具有重要意义。近年来，公众通过互联网直接和深入地参与社会生活和政治生活的各个方面，其广度和深度在中国民主政治发展过程中是前所未有的。网络参与成为丰富民主形式、拓宽民主渠道的新途径，对于保障公民的知情权、参与权、表达权、监督权起着不可替代的作用，同时也进一步推动政府加快实行政务公开、决策公开，增强了政治透明度。

在这个意义上可以说，互联网带来治理变革，推动网络空间治理从单一主体的政府管理向多元互动的综合治理转变。这是中国网络空间治理的必由之路，更是国家治理体系和治理能力现代化的必然要求。互联网正在成为党和政府同群众交流沟通的新平台，成为了解群众、贴近群众、为群众排忧解难的新途径，成为发扬人民民主、接受人民监督的新渠道。对党和政府来说，网络治理是国家治理体系和治理能力现代化的重要领域，是建设法治型、服务型政府的重要方面，必须牢牢坚持意识形态工作领导权，加强互联网内容建设，建立网络综合治理体系，营造清朗的网络空间；必须坚持走网上群众路线，群众在哪儿，党员干部就到哪儿。这就要求党员干部经常上网看看，了解群众所思所愿,收集好想法好建议,积极回应网民关切、解疑释惑。通过网络了解民意,加快推动政府决策的透明化、科学化、民主化。对社会来说,公民、企业、非政府组织、研究机构、技术社群等各方主体都应当参与治理,企业积极履行社会责任,行业组织充分发挥自律作用,社会公众积极建言献策、开展网络监督和网络问政,与党和政府形成有机配合与互动。中国互联网治理日益呈现出的党委领导、政府主导、多方参与、良性互动、协同治理的理念和格局,科学回答了在中国这个网络大国如何凝聚共识、构建网上网下同心圆的重大课题。

融合共生的空间观

网络空间是人类生活的新空间,也为人类思想激荡融合、砥砺创新拓展了新领域。中华文化历来倡导"和实生物,同则不继",认为多元思想文化能在交流碰撞中实现融合共生,不断开辟新的精神世界。新中国成立后,我们党始终不渝推动文化强国建设。特别是党的十八大以来,以习近平同志为核心的党中央在新的时代条件下积极传承和弘扬中华优秀传统文化,推动中华文化的创造性转化和创新性发展,把既继承优秀传统文化又弘扬时代精神、既立足本国又面向世界的当代中国文化创新成果传播出去。

互联网成为当代中国向世界系统传递科学理念和思想的先行领域之一。中国互联网思想呈现出明显的创新特征并在全球产生广泛影响,为世界互联网发展贡献了重要智慧。特别是习近平同志提出全球互联网治理的"四项原则""五点主张",为国际社会应对互联网带来的机遇和挑战贡献了中国方案。中国互联网思想在世界观和价值观方面超越了西方,呈现出独特的文化主体性。中国互联网的庞大市场和显著成就,也为中国互联网思想的国际化提供了强有力的自信。比如,中国倡导的网络主权思想是国家主权理论的创造性发展,彰显了鲜明的主权平等观念,是对网络霸权主义和单边主义的有力回击,顺应了大多数国家特别是广大发展中国家对维护网络空间主权、安全、发展利益的期待。又比如,中华文化历来具有鲜明的实践性,传统文化中的"经世济用"思想与互联网创新创业的现实需求相结合,形成具有中国特色的市场观念、实践精神和创新意识,引发共享单车、移动支付、电子商务等互联网应用服务迅猛发展,既创造了经济价值,又创造了社会效益。

特别值得强调的是，构建网络空间命运共同体理念是中华文化创新运用于网络空间的全球化理念。面对事物固有的内在矛盾，中华文化历来倡导和谐之道，从人与自然的"天人合一"、人与己身的"致中和"、人与人相处的"以和为贵"，再延伸到"协和万邦"的天下观，都充分体现了"和而不同""求同存异"的融合共生理念。网络空间命运共同体理念从全人类共同福祉出发，立足和平与发展，突出互联网你中有我、我中有你的广泛联系特征和互联互通、共享共治的发展趋势，体现了中华文化的精髓和智慧。这一立足中国、走向世界的互联网理念，顺应了世界大多数国家和人民的共同期待，正在日益成为国际社会的共识。

当今世界正处在互联网飞速发展的历史进程中，互联网思想也随之不断演进和发展。中国互联网思想顺应世界互联网发展潮流，植根于中国发展实践，既有突出的开放性和包容性，又有鲜明的本土性和创新性。面向未来，中国互联网思想将不断丰富和发展，日益彰显出自身的特色和优势，在推动中国社会主义现代化建设和中华民族伟大复兴的进程中发挥更加重要的作用，为东西方思想文化的交流融合乃至人类文明发展作出新的重大贡献。

——原文载《人民日报》2017年11月13日第7版（理论版），

修改于2024年8月1日

目 录

第一章
序幕拉开：新兴的互联网与改革开放的中国

互联网诞生于 1969 年，最早源于军事用途，其雏形是美国国防部高级研究计划署为应对苏联核武威胁建立的分布式军事指挥通信网络阿帕网（ARPANET），是美苏冷战的产物。随着阿帕网成功连接并投入使用，互联网强大的信息传输能力充分展现出来，其使用范围开始从军事领域向教育、科研、经济等其他领域延展，并逐渐释放出强大的社会影响力，人类社会开始进入信息时代。作为一项新兴技术特别是信息时代的基础性技术，互联网愈发成为世界各国争取竞争优势、维护国家安全的关键资源，愈发成为各国综合国力的重要组成部分。世界各国竞相加紧部署互联网络建设，互联网开启全球化进程。这一进程与中国的改革开放呈现出具有历史机缘的耦合性，改革开放在思想、技术、市场、基础设施等多个层面为互联网进入中国提供了土壤、创造了条件。当新兴的互联网遇上改革开放的中国，中国的互联网发展历史由此开篇。

第一节　互联网诞生的背景及过程

　　互联网的前身是美国国防部高级研究计划署（The Advanced Research Projects Agency）主持研制的阿帕网，阿帕（ARPA）即高级研究计划署的简称。阿帕网诞生的大背景是以美国和苏联为主的两大阵营在冷战期间开展的军备竞赛。面对苏联的核武器威胁，美国军方担忧，集中的信息站点和集中命令式的控制系统在遭受攻击或破坏后，会导致信息通道整体断裂。为应对这一潜在风险，基于离散控制和信息包交换思想的阿帕网应运而生。其优势在于，即便多个节点被摧毁，分布式的网络结构仍能保证军方信息通过阿帕网剩余的节点进行流动。1969 年秋，具备 4 个节点的计算机网络 ARPANET 诞生了，这 4 个节点分别位于美国加州大学洛杉矶分校（UCLA）、斯坦福研究所（SRI）、加州大学圣巴巴拉分校（UCSB）和美国犹他州立大学（University of Utah）。这就是 Internet 的前身。[1] 随着 TCP/IP 传输协议逐渐成为不同网络普遍遵循的基础协议，阿帕网上大规模节点的连接得以实现。不过此时的阿帕网在运行应用或任务时，主要还是靠字符命令驱动，操作门槛较高。

一、源于军事用途的阿帕网连接成功

　　互联网的诞生与冷战期间美、苏两个超级大国展开的军备竞赛有关。它是以美国为首、北大西洋公约组织为主体的资本主义阵营与苏联为首、华沙条约组织为主体的社会主义阵营为争夺世界霸权而在军事领域进行的一系列明争暗斗的产物。

1　谢新洲编著.电子信息源与网络检索［M］.北京图书馆出版社，1999.1：52–53.

20 世纪 50 年代末、60 年代初，美国面临着国际上冷战升级，热核战争随时爆发的巨大危机。[1] 1957 年 10 月 4 日，人类历史上第一颗人造地球卫星在苏联的拜科努尔航天中心被发射火箭送入太空，成为第一个环绕地球飞行的人造天体。[2] 为报复美国在意大利、土耳其部署中程弹道导弹，苏联还在美国的"后花园"古巴部署了核导弹。这些都像悬在美国头上的"达摩克利斯之剑"，使美国不得不面对笼罩在国家上空的安全危机[3]，并进一步促使美国联邦经费开始向与军事和国家安全有关的科研机构倾斜。两个月后，由总统艾森豪威尔向国会提议，建立一个新的机构：国防部高级研究计划署，简称"ARPA"，这个机构隶属于军方，在五角大楼办公。国会批准了提议，项目总预算为 2 亿美元，并划拨启动资金 520 万美元。[4]

图 1-1　美国国防部高级研究计划管理局标志[5]

20 世纪 60 年代末，笼罩在核战争恐怖氛围中的美国国防部认为，在苏联的核力量下，仅有一个集中的军事指挥中心十分危险，因为一旦苏联[6]的核武器摧毁了这个指挥中心，全国的军事指挥将处于瘫痪状态。基于此，美国国防

1　赵学功 . 核武器与美苏冷战［J］. 浙江学刊，2006（03）：101-107.

2　齐真 . 世界第一颗人造地球卫星成功发射 60 周年［J］. 国际太空，2017（09）：40-41.

3　Walker, J. S.（1995）. The Origins of the Cold War in United States History Textbooks. The Journal of American History, 81（4）, 1652-1660.

4　其实，冷战另一阵营的苏联在 1959 年也开始计划建立一个由国家统一管理的计算机网络。起初这个网络的名字为"红书"（Краснаякнига），这一网络将军队和国民经济管理合二为一。但是由于该计划触动了军方的利益而遭到军方的强烈阻挠，其制定者被开除党籍，并被踢出军队，计划被无限期搁置。10 年后，另一个名为 OGAS（国家计算和信息处理自动化系统）的计划被重新提出，这个中心化的网络系统如果能够实现，将把全苏联成千上万个分散在各地的局域网计算中心连接起来。但是在苏联根深蒂固的官僚体制桎梏下，该计划最终也无疾而终了。

5　图片来源：https://historyofinformation.com/detail.php?entryid=984。

部高级研究计划署受命建立一个分布式多节点军事指挥控制网络,并将其命名为阿帕网。它由一些分散在全国的指挥点构成,而这些分散的点又能通过某种形式的网络取得联系。[1]

约瑟夫·利克莱德(Joseph C.R. Licklider),作为美国国防部高级研究计划署信息处理技术办公室的第一任主管,最早接到这项任务。1962 年 8 月,他在一系列讨论"星际网络"(Intergalactic Network)概念的备忘录中,提出了关于建立连接全球的计算网络的原始构想。[2] 来自美国航空航天局(英文全称 National Aeronautics and Space Administration,简称 NASA)的罗伯特·泰勒(Robert Taylor)于 1966 年成为美国国防部高级研究计划署信息处理技术办公室的第三任主管。他是阿帕网项目的真正发起者,并招揽了包括拉里·罗伯茨(Larry Roberts,本名 Lawrence Roberts)[3]、保罗·巴兰(Paul Baran)[4]、罗伯特·卡恩(Robert Elliot Kahn)和温顿·瑟夫(Vinton Cerf)[5]、伦纳德·克兰罗克(Leonard Kleinrock)[6] 等在内的科技精英加入这一项目。这些科技精英们认为,传统的层级式金字塔形中心结构并不可靠,达成了建立"无中心"的分布式网络的一致观点。在他们设计的网络中,每一个节点都是平等的,每一个节点到达另一个节点,均可以使用网络覆盖范围内的所有的路径,可以说是"条条大路通罗马"。除此之外,随着网络的增大,提供的路径也在不断增多,即每增加一个新的节点,带来的是信息传递路径的增加和整个网络功能的相应扩展。这样网络拥挤的现象也会得到缓解。

为了更加安全可靠地传输信息,在传输过程中降低长信息出现问题的概率,阿帕网还使用了"分组交换"技术,也就是把长信息切分成一个个非常小的标准信息包,让它们在网状的通道里,自由选择最快捷不拥堵的路径进行传输,在到达目的地后再按照原有顺序重新自动组合,还原成原来的信息。如果哪个包丢失或者错误,接收端会发送一个请求,要求发送端重新发送这个包。这样

1　殷晓蓉. 阿帕对于因特网的贡献及其内在意义[J]. 现代传播,2002(01):49–52.

2　The role of ARPA in the development of the ARPANET, 1961–1972. IEEE Annals of the History of Computing, 17(4), 76–81.

3　拉里·罗伯茨,阿帕网的创建者。

4　保罗·巴兰提出了"分布式通信系统"理论。

5　罗伯特·卡恩和温顿·瑟夫发明了"TCP/IP"协议。

6　伦纳德·克兰罗克提出了"分组交换"理论。

既保证了网络传输的容错要求，又充分利用了网络的资源。[1] 为了减轻节点计算机的数据传输和接收压力，他们还设计了专门的机器——接口消息处理器（英文全称 Interface Message Processor，简称 IMP）——在阿帕网中分配数据。

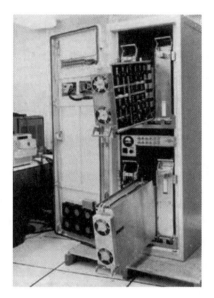

图 1-2　世界上第一台接口消息处理器（IMP）[2]

世界上第一次互联网络的通信试验发生在 1969 年 10 月 29 日晚。当时，克兰罗克教授安排他的助理本科生查理·克莱恩（Charley Kline）与斯坦福大学研究院计算机终端操作员进行对接。克兰罗克教授让他首先传输的是"LOGIN"（登录）这 5 个字母，以确认分组交换技术的传输效果。然而，就在查理·克莱恩输入第三个字母"G"时，接口消息处理器仪表显示传输系统故障，通信中断，仅仅传送了两个字母——"LO"[3]。世界上首次互联网通信试验就在这样充满戏剧性的过程中成功了。

———————————

1　Roberts, L. G.（1967）. Multiple computer networks and intercomputer communication. Proceedings of the ACM Symposium on Operating System Principles–SOSP' 67.

2　图片来源：Packet Switching and the Internet［EB/OL］. https://people.eecs.berkeley.edu/~randy/Courses/CS39C.S97/Internet/Internet.html.

3　董艳玲. 网络经济的分类：显性的、半显性的和隐性的［J］. 北京理工大学学报（社会科学版），2002（03）：65–67.

二、互联网（INTERNET）取代阿帕网（ARPANET）开始普及

阿帕网的出现与军事用途密切相关。美国国防部作为拨款方虽倾向于将阿帕网建成一个可以进行集中控制的分层指挥系统，但创建阿帕网的学者们更青睐采用一种完全分布式的系统而并未完全遵照美国国防部的意愿行事[1]。后来，阿帕网被分成了军用和民用两部分。对于后者而言，美国国家科学基金会网络（NSFNET）逐渐取代了阿帕网，成为互联网的主干网。后来，为了更好地满足大众化的上网需求，互联网的设计者们通过技术创新进一步降低了用户使用互联网的技术门槛，推动了互联网的普及。

（一）TCP/IP 协议取代 NCP 协议成为主流

阿帕网项目刚启动的时候，拉里·罗伯茨就意识到不同主机之间通信协议的重要性。因为，不同地区乃至不同国家所建立的网络标准并不相同，这就如同说着不同语言的原始"部落"，他们之间往往因语言不通而难以进行有效交流。因此，若想让不同国家在同一个网络空间中实现交流沟通，就必须要创建一个彼此之间共同遵守的沟通交流标准，包括网络设备如何连接，线路如何分配，数据如何传输等。为此拉里·罗伯茨专门成立了一个名为 NWG（Network Working Group，即网络工作小组）的研究小组，编写计算机之间的网络控制协议（Network Control Protocol，简称 NCP）。

但这个协议在构建之初就存在两处硬伤。一是它只能用于相同结构的系统环境中。用今天流行的操作系统来比喻就是使用 Windows 操作系统的用户，不能和 MacOS 操作系统的用户进行通信，也不能和 Android 的用户通信。二是这种协议在节点及用户主机数量上存在限制，因此后期无法满足更多个人计算机连入网络。这些硬伤无疑会大大限制网络的发展，并影响用户联网的使用体验。于是他们开始着手研究一种不管计算机软件、

1　方兴东，彭筱军，钟祥铭．互联网诞生的时代背景、经验和启示［J］．中国记者，2019（06）：48-52.

硬件有何差别，只要大家遵循统一的网络通信规则，就能够进行通信的互联协议。

为此，罗伯特·卡恩提出了"开放的网络架构"思想[1]。在他和温顿·瑟夫的共同努力下，TCP协议（Transmission Control Protocol，即传输控制协议）初具雏形。该协议的设计理念是不改变网络本身，而在不同类型网络的互联中增加网关，其作用类似于网络两端的标准节点，负责将各类内容转化为可传输的数据包。后来，TCP协议传输的内容被分为两部分，一部分处理数据包，另一部分负责寻址和路由，最终标准称为TCP/IP[2]。1983年，阿帕网正式将其网络核心协议由NCP替换为TCP/IP协议。不过在当时，欧洲、亚洲的部分国家同样加大了对计算机网络的研究力度，TCP/IP协议并非一家独大。比如日本Unix网所使用的就是UUCP协议，而英国的联合学术网（JANET）采用的则是Coloured Book协议。[3] 1986年，网络协议大战进一步升级，除美国的TCP/IP协议外，欧洲更倾向于推行的则是开放式系统互联协议（Open System Interconnect，简称OSI）[4]，后者在技术上虽趋于完美，但却过于复杂，实现成本太高，发展相对缓慢。最终，在市场和消费者的共同选择下，TCP/IP协议胜出。这从另一方面也反映了互联网在发展初期即带有的国际竞争意味。

到20世纪70年代至80年代中期，美国国防部和与其有关的大学、科研机构成为阿帕网的主要使用单位。但是随着电子邮件、文件传输和远程登录等应用手段相继问世，大批与国防、军事、国家安全无关的年轻科学家们开始涉足阿帕网。出于军事机密安全考虑，美国军方主动要求从阿帕网分离出来，并建立了自己的军网，继续从事冷战方面的研究。

至此，美国国防部将阿帕网分为军用（MILNET[5]）、民用（ARPANET）

1　V. Cerf & R. Kahn.（1974）. A Protocol for Packet Network Intercommunication. IEEE Transactions on Communications（5），637–648.

2　王旭. 互联网发展史［J］. 个人电脑，2007（03）：182–188.

3　方兴东，钟祥铭，彭筱军. 全球互联网50年：发展阶段与演进逻辑［J］. 新闻记者，2019（07）：4–25.

4　Drezner, D. W. The global governance of the Internet：Bringing the state back in［J］. Political science quarterly，2004，119（3）：477–498.

5　MILnet：指定给美国的机密军事部门使用的网络。

两部分。后者在与 UNIX 操作系统捆绑后，TCP/IP 协议取得了更大的发展空间，如加州大学伯克利分校就把 TCP/IP 协议作为其 BSD[1] UNIX 的一部分[2]。UNIX 操作系统在 20 世纪 70 年代初由贝尔实验室开发[3]，该操作系统奉行"简单就是完美"的设计理念，具有内核紧凑、外层工具丰富、可移植性强等优势[4]。现在我们使用的 Linux 系统、Mac OS 系统、iOS 系统、安卓系统等，其"祖先"都是 UNIX 操作系统。后来，不只是 UNIX 操作系统，几乎所有的操作系统都逐渐支持 TCP/IP 协议。这个协议也成为将以前互不兼容的网络相互连接的主流协议，是互联网实现国际互联最重要的基石。值得一提的是卡恩和瑟夫并没有将 TCP/IP 据为己有，而是很大方地免费提供给所有计算机厂家使用，这才造就了如今的互联网。

（二）非军用的美国国家科学基金会网络成为互联网的中枢

20 世纪 80 年代，为了满足各大学及政府机构对于研究工作的迫切要求，美国国家科学基金会（National Science Foundation, United States，简称 NSF）在全美建立了多个超级计算机中心，并计划建立一个广域计算机网络将不同地区的超级计算机中心互联起来，以便他们共享研究成果。这便是美国国家科学基金会网络（NSFNET）。它在本质上其实是一个连接学术用户和阿帕网的网络，在当时推动全美乃至全球大学之间的联网方面发挥了主导性作用。由于网速快捷（1989 年 T1 级主干网能以 1.544 Mbps 的速度传输数据，1991年底升级后的 T3 级主干网速度达到了 45 Mbps[5]），技术成熟，没有军方和政府背景限制，美国国家科学基金会网络发展非常迅速。随着更多大学、政府和私人科研机构的接入，20 世纪 80 年代末，连接到美国国家科学基金会网络的计算机数量远远超过了阿帕网用户的数量。美国国家科学基金会网络逐渐取代了阿帕网，成为互联网的主干网[6]。以太网发明人、得州大学奥斯汀分校教授

1　伯克利软件套件（英文全称 Berkeley Software Distribution，简称 BSD）.

2　詹馥榕. 浅议俄罗斯网络发展现状及其社交网络语汇特征［J］. 西北民族大学学报（哲学社会科学版），2012，No. 178（02）：111–116.

3　郑家亨. 统计大辞典［M］. 中国统计出版社，1995：1074–1075.

4　杨芙清，方裕，章远阳. 一个面向对象 UNIX 用户界面原型的设计与实现［J］. 计算机应用与软件，1993（01）：1–8.

5　谢新洲编著. 电子信息源与网络检索［M］. 北京图书馆出版社，1999.1：54–55.

6　张一飞. NSFNET35 周年：共议未来互联网发展之路［J］. 中国教育网络，2021，No.262（01）：40–41.

罗伯特·梅特卡夫（Robert Metcalfe）说："20 世纪 80 年代的时候，互联网的资金来源，由阿帕变成了美国国家科学基金会。"[1]20 世纪 90 年代初美国国家科学基金会网络彻底取代了阿帕网而成为互联网的主干网。随着美国国家科学基金会将互联网从美国政府手中解放出来，互联网的"去中心化"转向得以实现，其"互联"属性得以凸显。

（三）万维网和图形用户界面的结合

在 20 世纪 70 年代至 80 年代中期，阿帕网更多关注的是骨干网以及骨干网连接的各节点间的宏观构架问题，而较少关注各个节点内部每台计算机之间联网的局域网（LAN）问题。随着阿帕网不断发展扩大，越来越多的计算机通过各节点内部的局域网接入互联网，当时常见的局域网类型有：以太网（Ethernet）、光纤分布式数据接口（FDDI）、异步传输模式（ATM）、令牌环网（TokenRing）等，其中应用最广泛的当数以太网——一种总线结构的局域网。

最初的以太网是一种实验性的同轴电缆网，三家公司（数字设备公司、英特尔公司、施乐公司）[2]联合研发了 10 Mbps 的以太网 1.0 标准。该标准的诞生是为了让网络系统具备任何人都可以使用的技术开放性，即让使用不同硬件、不同操作系统、不同软件程序的任何计算机设备都能够无差别地接入网络。以太网标准研发成功后，施乐公司仅象征性收取了 1000 美元的以太网专利技术授权使用费。后来，施乐公司甚至还放弃了以太网的商标权。这使得以太网标准成为世界上首个开放的、非专有的、独立于计算机设备的局域网标准。

以太网技术虽然为互联网连接世界上每一台计算机设备提供了强大的技术保证，但要让坐在电脑前的每个人都能够方便地连接到全世界成千上万台服务器并方便地读取服务器中浩如烟海的内容，仅靠以太网技术还远远不够。阿帕网时期运行在网络上的主要应用都是字符命令输入的运行模式，文件的搜索、查询、关联、获取是一项非常专业的工作，有时甚至需要编写专门的程序，这对于普通用户来说技术门槛很高，也不利于互联网的推广和普及。互

1　纪录片《互联网时代》罗伯特·梅特卡夫的访谈导演：石强、孙曾田，出品方：中央电视台。
2　这三家公司也被称为 DIX 联盟，即美国数字设备公司（DEC）、英特尔（Intel）和施乐（Xerox）公司的首字母。

联网能够真正走到平常百姓身边,就不得不提两个重要技术,一个是万维网World Wide Web(WWW)技术,另一个是图形用户界面(GUI)技术。

与其说 WWW 是一种技术,倒不如说它是对信息的存储和获取方式进行组织的一种思维方式,其本质是信息的聚合、导引和搜索。通过点击一个页面文本中的链接标志可以方便地打开其他页面的文本。这种页面连接的系统称为超文本链接系统。西欧核子研究中心(CERN)的蒂姆·伯纳斯·李(Tim Berners-Lee)是万维网的发明人。图形用户界面是一种利用图形或者图标向用户显示程序控制功能和输出结果的显示方式,即显示图片、图符和其他图形元素,而不仅仅显示文本。图形用户界面的直观性和便捷性,大大降低了普通用户使用互联网的门槛。

互联网从阿帕网到因特网经历了许多次转变和升级,从 NCP 协议成功过渡到 TCP/IP 协议,从阿帕网(ARPANET)到美国国家科学基金会网络(NSFNET),成功实现了军用转到民用,从命令行输入成功过渡到万维网图形用户交互界面,这些成功的尝试为互联网注入了去中心化、开放、互动、包容、共享的内核。

三、世界范围掀起信息高速公路建设热潮

20 世纪末,为了提升信息传输的速度和质量,提高信息的安全性,促进新兴信息技术和信息经济等的发展,全球范围内掀起了建设信息高速公路的浪潮。狭义的信息高速公路可理解为以光导纤维网络为主干的高速通信网络,它可以实现对计算机数据、文字、图片、音视频等多媒体信息的传输,涉及电脑、通信、视听传媒等多种技术。广义的信息高速公路通常指的是"国家信息基础设施"(National Information Infrastructure,简称 NII)。它包括 4 个方面的内容:高速通信网络、信息源、信息应用系统以及所需的各种专业技术人才。[1]

建设"信息高速公路"的设想最早由美国提出。1991 年 9 月,美国参议院通过了一项同意拨款铺设光导纤维网络的法案。1993 年 2 月,克林顿发表

1　冯健.中国新闻实用大辞典[M].新华出版社,1996:552-553.

以《促进美国经济增长的技术——经济发展的新方向》为题的国情咨文，在强调科技优势对美国经济发展之重要性的时候，特别提到了"信息高速公路"的建设[1]。同年9月，美国政府公布了"国家信息基础设施行动计划"，计划中拟建的"信息高速公路"是一个以因特网为基础，以光导纤维缆为骨干，贯通美国各高校、科研机构、企业以及普通家庭的全国性信息网络，[2]具有流通信息量大，内容覆盖面广，集数字化的文字、声音、动态画面等多种信息形式于一体，可实现信息发布者与接收者的实时交互等特点。[3]据当时预估，美国的整个"信息高速公路"工程将耗时20年，总投资达4000亿美元。[4]

"冷战"结束后，国际竞争制高点从军事领域转向了经济和科技领域。未来的趋势是各类信息朝着一体化方向发展，图像、声音、视频等信息数据在信息压缩、光纤等科技助力下可通过大流量的交互网络实现同时处理和传输。除美国外，加拿大、英国、德国、法国、韩国、新加坡等国也纷纷投入前景尤为可观的"信息高速公路"的规划和建设，并开始大力发展互联网产业，以进一步提升综合国力，迎接IT革命的挑战。信息高速公路的提出，对早期的互联网进行了一个初步定位，使其朝着成为信息高效传播渠道的方向发展[5]。人们已充分认识到，信息时代已不再是一个未来时代。21世纪，信息高速公路将成为支持国家经济、科技发展的竞争优势。[6]

中国政府对信息高速公路的态度同样是积极的，不仅出台了相关政策，如1991年批准的《国家中长期科学技术发展纲领》《中华人民共和国科学技术发展十年规划和"八五"计划纲要》，还在人才培养（开设信息技术相关专业）[7]、基础设施建设（如宽带网络、光纤布线、卫星通信等）等多个方面发力，以跟上世界浪潮，推动信息技术在国内的发展。

---

1 沈铭贤.跨世纪的信号——论"信息高速公路"及其意义[J].社会科学,1995(08):35-39.

2 冯健.中国新闻实用大辞典[M].新华出版社,1996:552-553.

3 杜跃进.驶上信息高速公路的美国报业[J].国际新闻界,1996(03):41-44.

4 郑明珍."信息高速公路"的构筑及其启示[J].情报杂志,1994(04):5-9.

5 访谈时间:2016年8月2日,访谈对象:明安香(中国社会科学院新闻与传播研究所研究员、曾任传播研究室主任。他在1995年率先申报了"信息高速公路"的相关课题,课题名称为《信息高速公路与大众传播》,为中国社会科学院的重点课题,并于1999年出版同名图书)。

6 谢新洲,曾蕾.电子出版物及其制作[M].东方出版社,1996.7:120.

7 李运林.论电化教育发展与电化教育专业建设[J].电化教育研究,1995(01):1-6.

第二节　改革开放打开了中国互联网发展的大门

　　1978 年中国国内生产总值（GDP）为 3678.7 亿元[1]，相当于美国 GDP 总量的
23%[2]，与发达国家的经济增速差距明显。随着中共十一届三中全会的召开，中国
掀开了改革开放的大幕，会议重新确立了解放思想、实事求是的思想路线，做出
把党和国家工作中心转移到经济建设上来、实行改革开放的历史性决策。这次
会议，实现了党的历史上具有深远意义的伟大转折，开启了改革开放的历史新时
期。人们开始寻找新的前进方向、新的看待世界的方式以及新的经济增长点。

一、形成解放思想的社会思潮

　　思想是行动的先导，思想路线决定政治路线。1978 年 5 月，随着《实践是
检验真理的唯一标准》一文的刊发，关于真理标准的大讨论迅速在全国掀起。
邓小平指出："关于真理标准问题的争论，的确是个思想路线问题，是个政治
问题，是个关系到党和国家的前途和命运的问题。"[3] 通过这场讨论，党内外思
想日益活跃，人们的思想禁锢逐渐打破。同年 12 月，中共十一届三中全会的
召开，重新确立了解放思想、实事求是的思想路线。[4] 解放思想与实事求是的统
一，不仅打开了对外开放和对陈旧体制进行改革的新局面，而且也在全国范围
内形成了独立思考、自主表达的思想启蒙氛围。解放思想的社会思潮，不仅使

1　数据来源：国家统计局官网 https://data.stats.gov.cn/search.htm?s=1978 年中国 GDP.
2　胡鞍钢. 中国集体领导体制［M］. 中国人民大学出版社，2013：201.
3　邓小平. 邓小平文选 第二卷［M］. 人民出版社，1994：143.
4　黄振奇，项启源，张朝尊. 回顾建国以来我国经济学界对社会主义基本经济规律的探讨［J］.
经济研究，1979（10）：27-32.

人们的思想观念摆脱了既往的窠臼，变得更加开放和广阔，也为互联网进入中国做好了价值观念方面的准备，奠定了思想基础。随着中国媒体环境和言论空间的逐渐开放，人们可以更加方便地接触到全球范围的知识和信息，思维方式也更加多元。例如，伴随解放思潮涌现出的伤痕文学和反思文学，从台湾传入大陆的"校园歌曲"等，这些新鲜事物的出现和流行，不仅丰富了人们的业余生活和精神世界，同时也反映出人们对新物新知的渴望、对创新的追求。

二、确立以经济建设为中心的基本国策

十一届三中全会除确立了解放思想、实事求是的思想路线外，还做出了把党和国家的工作重心转移到经济建设上来，实行改革开放的历史性决策。会议指出，要采取一系列新的重大的经济措施，对经济管理体制和经营管理方式进行认真改革，在自力更生的基础上积极发展同世界各国平等互利的经济合作。新的商业模式开始出现，个人创造力、市场竞争环境、经济效益等得到进一步重视，这为互联网进入中国奠定了良好的经济基础。

（一）经济发展形式更加多元

改革开放以前，我国的经济成分较为单一，仅有公有制经济这一种形式。在企业组织形式上，也只有国有企业和集体企业这两种类型，外资企业难以在中国开展业务。1978年改革开放后，随着以"外资三法"（《中外合资经营企业法》《外资企业法》《中外合作经营企业法》）为基础的外商投资法律体系的初步形成，数以万计的外资企业进入中国，极大促进了我国外向型经济的发展[1]。继沿海、沿边、沿江和内陆中心城市实行对外开放后，我国还大力投入了经济技术开发区的建设。民营企业包括私营、个体企业以及非国有控股的股份制企业等，同样构成了我国改革开放以来一支新崛起的经济力量。以经济建设为中心的基本国策，使全国人民能够凝心聚力发展经济。例如，中国在当时推行的经济特区模式，通过特殊政策和灵活措施，如灵活的经济体制、优惠的税收政策等吸引了不少外商在深圳、珠海、厦门等经济特区开展"三资"

1　王秀芬.积极吸引外资加速发展外向型经济[J].理论学刊，1988（04）：42-45.

（合资、合作、独资）经营[1]，既吸引了大量国内外资本和技术（包括计算机技术、网络技术等），也推动了经济特区的快速发展。另外，经济特区在基础设施建设方面同样投入了大量资金，如电信和通信网的现代化建设，这为未来计算机和网络产业的发展提供了必要的基础设施支持。例如，深圳经济特区信息产业起步虽然较晚，但在 20 世纪 80 年代末深圳经济特区信息中心和深圳科技情报交流中心便已拥有先进的现代化技术设备（如国际联机检索和传真电讯、电报等自动化设备）以及知识层次较高的信息理论人才、计算机人才。[2]

（二）经济类信息的获取渠道日渐多样

改革开放同样刺激了人们对个性化、多样化信息的需求。许多满足社会需要但却没有体现宣传意图的信息能否被广泛传播，以及如何处理新闻信息与政策宣传的关系等话题在当时引发了较为热烈的讨论。[3]20 世纪 80 年代中期，"信息"开始进入主流话语体系，《人民日报》涌现出大量文章介绍"信息"的价值以及实现"信息社会"的愿景。人们可接触到的信息类型和渠道得到拓展，《经济参考报》《经济日报》央视财经频道（央视二套）[4]等一大批以提供经济信息为主的报纸和电视频道的创办或开设，使人们了解经济类信息的方式更为多元。信息的价值日益凸显。

三、建立社会主义市场经济体制的改革目标

中国特色社会主义市场经济体制是在坚持社会主义制度的前提下，依托改革开放而建立的具有中国特色的市场经济体制。社会主义市场经济体制的建立，不仅促进了我国经济的发展和科技的进步，同时也使人们开始重视个人创造力和经济效益，鼓励人们在市场竞争中勇于尝试新的商业模式。这为计算机和互联网企业的诞生打下了良好的基础。

1　黄循平.社会主义条件下为何允许国家资本主义经济存在？[J].学术研究，1985（06）：63–65.
2　金建.大力促进信息市场的形成　适应国际经济一体化的需要——深圳经济特区调查后的思考[J].亚太经济，1988（03）：63–68.
3　李良荣.十五年来新闻改革的回顾与展望[J].新闻大学，1995（01）：3–8.
4　《经济参考报》1981 年创刊，《经济日报》1983 年创刊，央视财经频道（央视二套）1987 年 2 月开播。

　　改革开放后，面对市场经济带来的新的致富路径，深圳经济特区自1979年7月开始兴建深圳蛇口工业区[1]并采取了新型的经营管理体制，内容包括：工程建设采取招标、投标制度；按照"精简、高效"的原则，建立党、政、企分开的领导体制；干部实行民主选举和聘任制，工人实行公开招考和合同制，员工实行岗位、职务工资制等[2]。在深圳典型园区模式形成和扩散的过程中，中央政府及地方政府的角色，也逐渐向服务型政府转变，鼓励并接纳园区内的社会技术创新以市场化方式进行扩散[3]。

　　20世纪80年代，人们的工作收入不高，每月工资通常只有几十元钱，因此"万元户"成为那个年代反映人们生活富裕程度和幸福指数的重要符号。在1979年2月，《人民日报》刊发了题为《靠辛勤劳动过上富裕生活》的报道，报道称广东省中山县小榄公社埒西二大队黄新文一家，成为新中国出现的第一户收入"过万"的农民。[4] 1980年4月，新华社播发了一条名为《雁滩的春天》的通讯，在介绍兰州市雁滩公社滩尖子大队一队社员李德祥一家时，就使用了"社员们把他家叫'万元户'"[5]这一说法。

　　以金钱为目标的劳动得到认可，一方面增强了人们勇敢追求富裕生活的信心，使人民大众认识到为了金钱而劳动，不是一件可耻的或带有"资本主义"标签的事情，进一步促进了生产力的释放；另一方面也鼓励着更多人，尤其是科技型企业家[6]、科技人员投身实业，将科技成果转化成具有经济效益的产品。如由北京大学王选教授主持发明的汉字激光照排技术、由中国科学院计算技术研究所北京联想计算机新技术发展公司（联想集团公司的前身）总工程师倪光南研制出的联想汉卡、由科研工作者王永民发明的五笔字型输入法等，都诞生于这一时代浪潮下。

　　1　蛇口工业区是我国对外开放的第一个工业区，也是我国经济改革的第一个试验区。

　　2　张首吉，杨源新，孙志武等.党的十一届三中全会以来新名词术语辞典［M］.济南出版社，1992：485-486.

　　3　何继江，王文涛，刘宁.社会技术促进发展型政府转型研究——以深圳科技工业园为案例［J］.科技进步与对策，2016，33（18）：1-6.

　　4　李沪，姜开明.靠辛勤劳动过上富裕生活［N］.人民日报，1979-02-19.

　　5　胡范铸，胡亦名.作为"事件"的流行语与中国"十字架身份体系"的崩裂——从"万元户"用法的兴衰看改革开放40年的发展［J］.江西师范大学学报（哲学社会科学版），2018，51（05）：14-23.

　　6　袁健红.知识经济时代的风流人物——科技型企业家［J］.科技与经济，1998（S1）：99-102.

第三节　科技发展深化了人们对互联网的认知

"科学技术是第一生产力",这个具有时代印记的口号指明了科学技术的发展对经济发展和生产力提升所发挥的至关重要的作用。振兴经济首先要振兴科技。只有坚定地推进科技进步,才能在激烈的竞争中取得主动。互联网是科技发展的创新产物。互联网的发展离不开科技人才的辛勤研发及交流合作,离不开计算机技术、通信技术、数据存储技术等新兴技术的支持。而在改革开放的中国,互联网发展背后的科技根基,首先源于人们对科学技术的认知观念转变。

一、科学的春天来了

1978 年 3 月 18 日至 31 日在北京人民大会堂隆重召开全国科学大会。在大会开幕式上,邓小平发表重要讲话,重申了"科学技术是生产力"这一马克思主义基本观,提出了"四个现代化关键是科学技术的现代化",澄清了科学技术发展的理论是非,打破了长期禁锢人们、特别是知识分子的精神桎梏,赢得了代表们的阵阵掌声。这次全国科学大会,题在科技,意在全局。它确立了科学技术工作正确的指导思想,是我国科技发展史上的一个里程碑,是向科学技术现代化进军的总动员令,对我国的社会主义现代化建设起到巨大的推动作用。时任中国科学院院长郭沫若在大会闭幕式上发言,题为《科学的春天》。"科学的春天来了"这一富有启发性和鼓舞人心的口号,不仅改变了人们认知世界的方式,而且也昭示着科学技术在中国即将迎来飞速发展,将成为推动社会进步和发展的重要力量,为中国人的生产和生活带来前所未有的变革和机遇。

二、科技人才得到重视

科技发展，人才是关键。1977 年，我国普通本专科在校学生数为 62.5 万人，研究生在校人数约为 200 人[1]；到了 1997 年，普通本专科在校学生数达 317.4 万人，研究生在校人数更是达到了约 17.6 万人[2]，分别是 20 年前的 5 倍和 880 倍。教育科学工作步入正轨，国人的科学文化水平显著提高。

对科技人才的重视，首先表现为正确认知知识分子的地位，也就是将知识分子视为工人阶级中掌握科学文化知识较多的一部分，是先进生产力的开拓者，在改革开放和现代化建设中有着特殊重要的作用的群体。[3] 其次是创造了更加有利于知识分子施展聪明才智的良好环境，在全社会进一步形成尊重知识、尊重人才的良好风尚；并采取重大政策和措施，积极改善知识分子的工作、学习和生活条件。最后是热情欢迎出国学习人员通过多种方式关心、支持和参加祖国的现代化建设，即对知识分子实行妥善安排、出入自由、来去方便的政策，鼓励他们为社会主义现代化建设和我国的科技发展作出贡献。

例如，访美归国的物理学家陈春先，受美国硅谷的启发，于 1980 年 10 月同中科院物理所的科技人员（共 7 人），在北京中关村成立了北京第一个民办科技机构"北京等离子体学会先进技术发展服务部"[4]，并提出要在中关村建立"中国硅谷"的设想。尽管这在当时承受了包括中科院在内的多方压力和争论[5]，但获得了中央政治局领导的批复肯定，认为"陈春先的大方向是完全正确的"[6]。此举得到认可后，科海、京海、四通、信通（简称"两通两海"）等科技公司

1　数据来源：国家统计局 . 国家数据 . https://data.stats.gov.cn/easyquery.htm?cn=C01&zb=A0S03&sj=1977.

2　数据来源：国家统计局 . 国家数据 . https://data.stats.gov.cn/easyquery.htm?cn=C01&zb=A0M0D&sj=1997.

3　江泽民在中国共产党第十四次全国代表大会上的报告［EB/OL］. 理论网，（2021-10-29）［2023-07-20］. https://www.cntheory.com/tbzt/sjjlzqh/ljddhgb/202110/t20211029_37376.html.

4　董光器 . 城市总体规划［M］. 东南大学出版社，2014：303.

5　"火炬"引领征程——我国推进高新技术产业综述［EB/OL］. 中国广播网，（2008-10-09）［2023-06-20］. https://www.cnr.cn/2008zt/ggkf/yw/200810/t20081009_505118448.html.

6　郭爽 . 高新区的自信是中国创新的自信［N］. 中国科学报，2015-12-21（06）.

相继创办。到 1984 年年底，"中关村电子一条街"上以"两通、两海"为代表的各种技术开发公司和中心有 50 多家。1987 年，海淀区委、区政府更加鲜明地提出对新技术产业的"支持、扶植、引导"六字方针[1]，进一步推动了中关村高新技术企业的发展。

三、重大科技计划"863 计划"启动

1986 年 3 月，四位中国科学院院士、著名科学家王大珩、王淦昌、杨家墀和陈芳允联名向中共中央提出了"关于跟踪世界战略性高技术发展"的建议，邓小平同志为此特别指示："此事宜速作决断，不可拖延。"[2] 这个建议随即被提交中央政治局讨论。由于该计划的提出和邓小平的批示都是在 1986 年 3 月，所以"高技术研究发展计划纲要"也被命名为"863 计划"。该计划旨在培育和支持中国的高科技产业，提高国家科技创新能力，推动科技与经济发展的结合，促进科技成果的转化和应用。这是我国第一个由科学家倡议、领导人决策、中央政治局讨论的科技计划，是中国科技发展史上划时代的大事。该计划在信息技术领域设有四个主题：智能计算机系统主题（306），光电子器件和光电子、微电子系统集成技术主题（307），信息获取与处理技术主题（308），通信技术主题（309）[3]，"863 计划"拟投资 100 亿元人民币，其中，信息技术相关的投资项目约占投资总额的三分之二。[4] 即便在今天来看，这也是一笔十分巨大的科技投入。

"863 计划"的组织实施，对中国科技发展、科技体制改革乃至人们思想观念的转变都产生了深远的影响，尤其是对以互联网为代表的信息产业的发展更是发挥了关键作用。一方面，"863 计划"鼓励科学研究和技术创新，为中国互联网的发展提供了政策引导、资金扶持和科技支持，促进了网络通信、网

1　侯逸民.白颐路上的曙光——对中关村"电子一条街"的思考[J].科学学与科学技术管理,1988(06):31-33.

2　邓小平文选 第三卷[M].人民出版社,1993:408.

3　"863"计划整体框架[J].中国科技信息,1997(Z1):80.

4　徐瑞萍.信息崇拜论[J].学术研究,2007(06):34-39.

络安全、软件开发等技术的研究和开发。另一方面，"863 计划"注重引进和培养互联网领域的科技人才，鼓励建立科研机构、创新团队和高水平研究人员队伍，促进了互联网人才的培养和积累，为互联网在中国的落地和发展打下了良好基础，使我国得以迎头赶上世界信息产业大发展的潮流。

图 1–3　提出"863 计划"的四位科学家——

王大珩、王淦昌、杨家墀、陈芳允（从左至右）[1]

四、国际科技合作日益密切

改革开放后，在政府的大力支持和引导下，我国的国际科技合作更加活跃，国内外科技人员交流频繁，国际学术活动和项目逐渐增多，国际科技合作战线打破了过去束缚我们思想的许多条条框框，呈现出全方位、多层次、宽领域的态势，具体表现在以下三个方面。

一是对外科技活动的深入。截至 1991 年，我国已与一百多个国家和地

1　"863"计划的主要倡导者王大珩：纵"珩"一生［EB/OL］．央视网，（2019–01–03）［2023–03–20］．http://tv.cctv.com/2019/01/03/ARTIWqogKd2RDOIBBgYvPif8190103.shtml.

区建立了科技合作与交流关系[1],与 61 个国家签订了政府间科技合作协定或经济贸易科技合作协定,其中一半以上的协定是在 1978 年以后签订的。1978 年,我国官方和民间对外科技合作与交流项目仅为一千多项,人员往来仅五千多人次。到 1991 年,交流项目已达 14000 项,人员往来 53000 人次,与 1978 年相较分别增长了近 13 倍和 9 倍[2]。

二是合作与交流的渠道得到拓展。我国在发展国际双边科技合作的同时,还注意发展同联合国多边组织的关系。改革开放以来,我国把选派科技人员出国参加国际学术会议看作推动我国科技人员走向世界舞台的重要渠道,积极鼓励和支持专家、学者出国参加学术会议。1985 年,我国出国参加国际学术会议共 2143 人次,报告交流论文 2586 篇。[3] 除出国参加国际科技学术会议外,我国还积极提倡在国内召开国际科技学术会议,包括中小型学术讨论会。

三是合作与交流的形式日益多样化。除出国考察、参加国际学术会议、参观国际展览会、在华举办展览会和技术座谈会、邀请专家来华讲学等形式外,我国在科技领域开展国际交流合作的形式还包括合作研究,联合设计开发、联合调查、联合勘探、合办学术讨论会、合办实验室、合办培训中心、派学者到国外机构合作研究、请专家来华开展技术咨询和可行性研究、科技人员受聘出国工作、合资办高新技术企业,在国外举办技术出口展览会等。[4] 合作与交流形式的丰富,既有助于我国学习国外先进的理论、研究方法、先进技术和管理理念,也有助于争取到国外的资金资助和先进的技术装备。

国际交流与合作拓宽了我国科技工作者的视野,让他们建立了与世界各国的科研机构和科研人员的良好互动关系。在中国接入互联网的尝试过程中,高能物理研究所与欧洲核子研究所的科研项目合作便起到了非常积极的推动作用。20 世纪 80 年代初,中国科学院高能物理研究所与西欧核子研究中心开展科研合作,成立了 ALEPH 项目组[5],共同进行高能物理实验。当时,

1　中外科技合作与交流日趋活跃[N].人民日报,1991-11-27.

2　张登义.1991 年我国的科技事业[J].中国软科学,1992(04):13-15.

3　秦关林.高校科研工作的发展与深化[J].中国科技论坛,1987(06):12-14.

4　赵刚.科技外交的理论与实践[M].时事出版社,2007:39.

5　ALEPH 是在西欧核子中心高能电子对撞机 LEP 上进行高能物理实验的一个国际合作组,我国科学家参加了 ALEPH 组,高能物理所是该国际合作组的成员单位。

项目合作要求双方的实验数据和实验方案能够进行及时有效的沟通，因此存放数据的电脑之间迫切需要建立连接。而在远隔重洋的电脑间建立连接，只有通过互联网才能实现。经过近三年的尝试，1987 年 3 月，已经移交给信息控制研究所（航天 710 所）的 M–160 远程终端终于成功地建立了与欧洲核子研究所（CERN）的远程连接。1988 年 7 月，中国科学院高能所采用 X.25 协议通过奥地利电信公司的卫星线路，以一台 VAX785 超级小型机作为子节点与瑞士日内瓦欧洲核子研究所的主机连接。1991 年 3 月，高能物理研究所与美国斯坦福大学直线加速器中心（SLAC）的计算机网络建立连接。不过这些接入均是以远程终端访问的形式访问互联网，并非真正意义上的全功能能接入互联网。

1983 年 7 月，中国科学院计算技术研究所工程师王洪德与另外几位工程师创立了我国第一个计算机机房专业公司——京海计算机技术开发公司。该公司在成立之初承接的第一个项目就是联合国支持的世界银行贷款项目——北京大学霍尼维尔计算机系统改造工程。随后，通过消化、吸收国外引进的计算机机房系统工程和软件工程，[1] 该公司仅成立 11 个月，创产值就达 800 万元，并与国内 28 个省、市的 1200 余个单位、国外 16 家对口公司建立了业务联系 [2]，切身践行了"科学技术是第一生产力"。

第四节　信息化建设打下了中国 互联网发展的坚实基础

20 世纪 80 年代末、90 年代初，中国政府开始认识到信息技术的重要性，并开始实施信息化战略，推动信息化建设。所谓信息化建设，是指在现代社会

1　李国光，王建华．从北京海淀区"电子一条街"的兴起探讨我国智密区建设途径［J］．中国科技论坛，1986（05）：16-18.

2　王先玉．研究所的人才流动结构［J］．科学管理研究，1985（03）：25-29.

中,充分利用信息技术、通信技术等来促进信息交流和知识共享,改进和优化组织、企业、机构或社会的管理和运作过程,通过数字化、网络化、智能化等手段,提高经济增长质量,推动经济社会发展转型和各行业、领域的现代化发展。信息化建设的目标是提高管理效率、降低成本、加快信息传递和决策速度,以及改进服务质量。美国早在 20 世纪 50 年代便已进入信息社会,1956 年数据显示,美国从事信息处理的人员达整体从业人员的一半以上。然而到了 20 世纪 80 年代,在我国信息工业最发达的沿海地区,信息产业的从业人员还只占工业总从业人员的 12%,仅相当于美国 20 世纪 40 年代的水平。因此,推动信息化建设,既是中国迈入信息化社会的战略问题[1],也是我国抓住信息技术革命的发展机遇,缩小同发达国家差距必须迎接的挑战。

一、信息化建设的起步

中国信息化建设起步于经济领域,经济信息化的目的是利用现代信息技术手段对经济活动进行全面、深入和系统的信息化改造,以提高经济运行效率和竞争力,推进经济现代化进程。作为社会信息化中的一个重要方面,经济信息化的发展对加速社会信息化进程,如提升信息传递速度、降低信息交流成本、提高信息共享和流通效率等,具有深远意义。

(一)成立国家信息中心

1983 年 10 月,国务院批准国家计委组建经济信息管理办公室,负责制定全国经济信息管理系统远景建设规划和年度实施计划、信息系统总体技术方案,并展开制定指标体系和统一编码等基础性工作。1986 年,国务院确定重点建设国家经济信息主系统,由国家、省、中心城市和县级城市四级信息中心组成,作为中央和地方各级人民政府及主要综合经济部门进行宏观经济分析、预测、决策服务的主干系统。1987 年 1 月,在国家统计局和国家计委计算中心、国家计委预测中心和国家计委信息管理办公室的基础上,正式组建国家经济信息中心。

1　朱肇新.我国进入信息化社会的物质和精神准备[J].内蒙古社会科学,1984(04):36-37.

1988 年 1 月 22 日，被称为中国改革开放总设计师的邓小平先生亲笔题名"国家信息中心"[1]。现在，人们驱车路过西长安街三里河立交桥时，远远便能看到这六个大字。国家信息中心成立后，以开发信息资源、服务科学决策为使命，围绕决策支持服务、信息技术服务和信息内容服务三大方向，全力打造"四网二库五品"业务品牌。"四网"即国家电子政务外网、国家发展改革委的电子政务内网、中国经济信息网、全国经济信息系统合作网等专业化服务平台。"二库"即基础经济数据库、政务信息库。"五品"即宏观经济监测预测及政策模拟、中国信息社会测评、重点行业（区域）监测分析、电子政务工程研究及咨询评估、网络与信息安全服务等五个拳头产品。它们既是中国政府信息化建设的重点项目，也为互联网的落地奠定了基础。

20 世纪 90 年代初，电子工业部明确提出了国民经济和社会信息化的概念，关于加快国民经济和社会信息化进程的问题，进一步受到中央和地方的重视，国家信息化的步伐明显加快。从 1993 年年底开始，国务院批准成立国家经济信息化联席会议，时任国务院副总理邹家华任主席，这对中国信息化建设具有举足轻重的作用。1993 年，美国开始推动"信息高速公路"的建设，同年，我国也启动了"三金工程"（金桥、金关、金卡），以建设中国的信息准高速国道。其中"金桥"指的是公用信息通信网工程，"金关"指的是经济贸易信息网工程，也就是海关联网工程；"金卡"指的是金融电子化工程，狭义上也可以理解为电子货币工程。[2]"三金工程"一方面为我国规划的信息网络系统工程打下了基础，如我国电子政务筹建过程中的软硬件普及、外部通信网的铺设等[3]；另一方面也在某种程度上加快了我国与国际互联网全功能连接的步伐。

（二）提出"中国高速信息网计划"的构想

在国家经济信息化联席会议以及通信领域专家学者的论证和指导下，我国在 1993 年还提出了"中国高速信息网计划"的构想，并为它取了一个非常

1　国家信息中心 . 国家信息中心简介［EB/OL］.［2023-04-14］. http://www.sic.gov.cn/Column/94/0.htm.

2　冯健 . 中国新闻实用大辞典［M］. 新华出版社，1996：54.

3　温尊平，廖文杰 . 我国电子政务发展现状和趋势分析研究——基于诺兰模型和施诺特模型［J］. 情报杂志，2007（01）：122-124.

有特色的代号 "CHINA"，即 China High-speed Information Network Approach 的英文缩写。"中国高速信息网计划" 以 1993 年至 2000 年为第一阶段，主要任务是在国内部分经济和科技发达地区建立 155Mb/s 传输速率的中高速信息网络，包括京津地区、珠江三角洲、长江三角洲和内陆的成渝地区。建设若干专业性较低的连接政府各级机关、科研院所、大专院校和重要企业事业单位的中低速信息网络。到 1995 年年底，全长 2896 公里、连通 72 个城市的东南沿海光纤通信网络工程顺利竣工，1996 年到 2000 年计划采用城域网技术建设京沈哈、京济宁、京汉广、徐郑、郑西成、杭福贵成、西兰乌等区域光缆干线高速信息网。以 2001 年至 2015 年为第二阶段，即用 15 年的时间建立全国一体化、数据传输速率达到 GB 数量级的高速信息网，服务对象扩大到社会各行各业，并提供家庭化服务。1991 年到 1995 年的 "八五" 期间我国已建成 22 条国家一级干线光缆，总长达 3.2 万公里，使我国省会之间的干线通信全部由光缆覆盖。[1] 这为互联网在我国的大规模普及应用奠定了良好的骨干网络基础。

二、信息技术的发展

信息技术是互联网的基础和核心，对互联网的发展具有极其重要的作用。无论是创建互联网上的各种应用，还是改善互联网的用户体验，抑或是推动互联网的创新，皆与信息技术的进步密切相关。

（一）通信技术的发展得到重视

20 世纪 80 年代初，世界上的大多发达国家相继从工业社会步入信息社会，通信网络的建设和发展得到进一步重视。但当时，作为发展中国家的中国在通信领域的发展却仍有很长的路要走。仅就电话机的数量而言，1980 年我国拥有的电话机数只相当于美国 1905 年、英国 1947 年、日本 1958 年的水平，分别落后于这三个国家 75 年、33 年和 22 年。即便是同发展中国家相比，情况也不容乐观，例如 1980 年的印度，长途电话电路已达十余万条，而我国则仅

---

1 俞华，沈悦林．我国信息高速公路建设计划和现状 [J]．杭州科技，1996（04）：25-27．

有2.2万条。[1]

十一届三中全会召开前夕，邓小平在给一位日本友人的信中强调"应当把通信设备的现代化放在首位"[2]，这表明中国领导人当时已开始关注并重视通信的发展。1984年，邓小平在特区视察时再次指出"要先把交通、通信搞起来，这是经济发展的起点。"[3]这些均反映出了当时的中央领导层对电信在国民经济中作用的全新认识[4]。为了促进中国通信的快速发展，中央还制定了三个"倒一九"优惠政策，即拨改贷投资豁免90%的本息、盈利和外汇收入90%留给邮电部门[5]，所得税上缴10%、非贸易外汇收入上缴10%、预算内拨改贷资金偿还10%本息[6]。这些利好政策保障了邮电通信部门拥有足够的积累来扩大再生产。[7]政府对通信技术的重视及一系列优惠政策的出台，使我国在通信领域的投资和研发力度得到加强，为互联网在中国的筹建奠定了坚实的基础。因为人们通过拨号方式连接互联网，通过电话线路传输数据，使用电子邮件、网页浏览、文件共享等互联网应用，都离不开通信技术的支持和保障。

（二）计算机技术

计算机技术是指涉及计算机硬件、软件和计算机网络的一系列技术和方法。早期的互联网发展需要计算机技术提供硬件和软件基础设施，并依赖于计算机技术提供数据处理和网络通信能力。20世纪80年代以来，我国计算机技术的应用和发展取得了较大成就。20世纪90年代初，我国自行研发的银河二号和曙光一号计算机已达到国际同时期的计算机水平。北大方正集团研制生产的汉字激光照排系统（该技术是北京大学计算机研究所王选教授主持的发明），不但在国内市场占有一席之地而且还进入了国际市场[8]，是我国自

1　吴基传.中国通信发展之路[M].新华出版社,1997:7,13.

2　杨泰芳.中国改革开放辉煌成就十四年　邮电部卷[M].中国经济出版社,1992:11.

3　邮电部办公厅编.九十年代中国邮电通信[M].人民邮电出版社,1993:2.

4　王鸥.中国电信业的发展与体制变迁(1949—2000)[D].中国社会科学院研究生院,2001.

5　梁真,马焕召,陈亚军.第三产业行业发展的现状和问题(一)[J].计划经济研究,1991(S1):58-63.

6　加快通信发展建设的努力不能放松[J].邮电企业管理,1990(02):4.

7　金建.我国邮电通信产业的发展与政策分析[J].中国工业经济研究,1992(05):53-57.

8　宋直元.谈谈通信和计算机技术的融合[J].计算机与通信,1994(01):5-6.

主创新的典型代表。在此项技术的基础之上，由王选主持研制的第一台计算机激光汉字照排系统原理性样机华光Ⅰ型，在1981年7月通过了国家计算机工业总局和教育部联合举行的部级鉴定。这不仅奠定了北大方正集团的起家之业，也为我国电脑的中文处理打下了基础。[1]

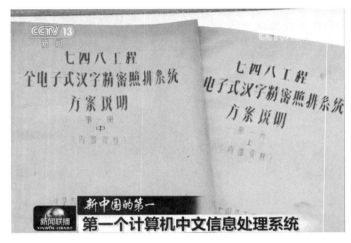

图1-4　新闻联播介绍"汉字信息处理与激光照排系统"所引领的跨时代影响[2]

汉字激光照排系统的诞生，离不开"748"工程的启动。1974年9月，国家计委发文批复，同意将汉字信息处理系统工程列入国家科学技术发展计划，并决定由第四机械工业部负责召集成立汉字信息处理系统工程（简称"748"工程）领导小组及办公室，其目标是攻克汉字精密照排系统、汉字信息检索系统和汉字新闻通信系统这三个子项目。[3]放眼国际，20世纪70年代末、80年代初，英国Monotype公司、美国王安电脑公司、日本森泽公司等外国厂商同样开始了向中国激光照排系统市场的渗透。不过因为没有开发出有效的汉字压缩算法，这些公司并未有效解决汉字信息的存储及输出问题，其相关产品在中国的推广和应用受到制约，这也为我国汉字激光照排技术的研制和发展提

1　汤礼道.中文数据库的历程及特点[J].软件世界，1995（04）：42-35.

2　图片来源：央视网.http://tv.cctv.com/2019/09/02/VIDEXBARRT8PtbnQBJS7XP4u190902.shtml.

3　纪念七四八工程廿周年工作组"748"工程二十周年纪念文集[C].北京大学图书馆藏本，1994：8，96.

供了巨大机遇[1]。王选教授提出的汉字信息处理系统的重大技术创新即体现在汉字字形信息高倍率压缩、高速还原、文字不失真变倍这三方面。汉字激光照排技术在 20 世纪 80 年代的推广应用，使图书、报刊的排版印刷告别了传统的"铅"与"火"，进入了"光"与"电"的时代[2]，可视为出版印刷业的一次历史性的变革。

除了自主研发的计算机技术外，中国还在当时引进、借鉴了国外的 IBM-PC、UNIX 操作系统、超大规模集成电路（VLSI）技术、计算机辅助设计与制造（CAD/CAM）技术等。这些先进技术对推动中国个人计算机的发展、中国的芯片设计和集成电路产业的发展提供了重要支持。

三、我国电子工业迅速发展

电子工业的发展，是信息化发展的基础，对中国互联网的建设具有重要的支持作用。集成电路、传感器、显示器等电子器件，支持上网的路由器、网卡等硬件设备，计算机上的硬盘、闪存、光盘等存储设备，为互联网落地中国提供了技术上的准备。

（一）计算机研制及其设备生产

信息化的基础是计算机，没有计算机，互联网也无从谈起。从 20 世纪 50 年代起，我国就开始了计算机的研制和国产化工作。1956 年在科技部、国防部、工业部的大力支持下，中国科学院计算技术研究所成立，并先后成功仿制了八一型通用电子管计算机（又称 103 机）、104 大型通用电子计算机。其中，104 机在主要技术指标方面达到国际先进水平。103 机和 104 机投入运行后，解决了水坝应力分析、天气数值预报、大地测量、石油勘探等与我国建设事业有密切关系的复杂计算问题。

1978 年改革开放后，我国计算机的研制、生产工作继续跟随世界先进

1　柳卸林.基于本土资源的重大创新——汉字信息处理系统案例研究[J].中国软科学，2006（12）：44-51.

2　李南.告别铅与火的新技术——汉字激光照排系统[J].激光杂志，2010，31（04）：56.

水平,从电子管、晶体管、集成电路到大规模集成电路不断发展,并相继研制出具有世界先进水平的大型计算机和巨型计算机系统,尤其值得一提的是银河系列巨型计算机系统。由国防科学技术大学承担的银河巨型计算机研制工作始于 1978 年,由时年 60 岁的慈云桂担任总设计师。1983 年,中国第一台每秒亿次运算速度的巨型计算机——银河 I 型机诞生并顺利通过国家鉴定,这标志着中国进入了世界上拥有巨型计算机的国家之列。[1]

　　20 世纪 80 年代初期,美西方对中国采取诸多技术封锁和高精尖设备的进口限制,大型计算机这种高精尖设备自然在美国对华贸易的禁售名单内,西欧也受巴黎统筹委员会限制,很多器材和高端设备不能出口中国。但西门子计算机不在此列。世界银行从"中国大学发展计划 II"中划拨 1.45 亿美元,帮助中国进口了 19 台西门子 BS2000 大型计算机。[2] 这批落户于各大研究机构和大学的大型计算机迅速成为各局域网的核心节点主机,在互联网接入中国的过程中起到关键作用。

　　除了大型、中型计算机外,微型计算机发展同样有助于互联网的普及。中国微机的雏形是 1983 年 12 月电子部(电子工业部,下文简称电子部)六所开发成功的微型计算机长城 100(DJS-0520 微机)。这款计算机具备了个人电脑的主要使用特征。1985 年 11 月,中科院计算所成功研制联想式汉字微型机 LX-PC 系统。该系统是在 IBM-PC(包括 XT、AT 及其兼容机)微型计算机基础上,通过安装自行设计的联想式汉卡和汉化操作系统而构成。[3] 这个以销售联想汉卡为主的计算所公司后来改名为联想集团。在长城、联想的带动下,中国的电脑制造企业相继出现,如四通、方正、同创、实达等,它们对中国电脑业的发展起到了重要的推动作用,使中国的个人电脑产业能够紧跟国际步伐。1994 年,中国计算机硬件设备普及率已经达到当时的较高水平。除大学及科研院外,一些中小学也开始开展计算机基础教育,并逐渐使用计算机进

1　司宏伟,冯立昇.中国第一台亿次巨型计算机"银河 - I"研制历程及启示[J].自然科学史研究,2017,36(04):563-580.

2　李南君,维纳·措恩.中国接入互联网的早期工作回顾[J].中国网络传播研究,2007:237-252.

3　陶建华,刘瑞挺,徐恪等.中国计算机发展简史[J].科技导报,2016(14):12-21.

行简单的成绩统计、档案管理、文字处理等工作,这为互联网在我国的普及应用打下了良好的基础。

(二)中关村电子一条街逐渐形成

计算机和互联网在中国的普及离不开一个地方,这个地方名字叫中关村,也被誉为"中国的硅谷"。中关村是中国科技产业的重要中心,也是中国最早发展互联网的地区之一。北京城西北的海淀区中关村附近聚集了中科院、北京大学、清华大学、中国人民大学、北京航空航天大学、北京理工大学等众多中国一流大学,他们中一些最先接触到计算机和互联网的科研人员率先走出象牙塔,在中关村开办各类科技企业和电子公司,并积极探索和开发互联网技术,使中关村成为那个时代全国闻名的电子产品、计算机及其周边产品的集批发零售于一体的集散地,推动了早期互联网在中国的成长。

当时,我们国家各部门和各单位虽从国外引进了数万台电脑设备,但因缺乏配套软件,大多电脑的利用率不到30%。中关村"电子一条街"的电脑公司巧妙地抓住了这个机遇,对部分电脑应用进行二次开发,并取得了较好的收益。例如,1984年6月挂牌营业的四通公司,了解到市场仅售700美元一台的M-2024打印机虽价格便宜但因不能与中国引进的电脑设备联机而无人问津后[1],迅速对其开展二次开发,解决了该打印机同IBM-PC不能联机的三个软件问题,仅此一项就为国家间接节约外汇近9000万美元。[2]因为较高的性价比,该打印机还淘汰了日本东芝TH-3070型机[3],为企业赢得了百万元的创业收入,并在某种程度上提升了计算机的利用率。不仅如此,联想公司的汉卡技术、王码公司的五笔字型输入法、金山公司的WPS中文办公系统等一系列新技术与新产品同样在中关村电子一条街应势而生,有力地支持了计算机的

1　季应波,李抗英.中关村电子街外向型经济发展的现状与趋势[J].国际经济合作,1988(07):9-10.

2　李国光,王建华.从北京海淀区"电子一条街"的兴起探讨我国智密区建设途径[J].中国科技论坛,1986(05):16-18.

3　王建华.民办科技机构的特点作用——探讨我国科研所的改革方向[J].科学学与科学技术管理,1986(11):37-38.

普及应用[1]。

当改革开放的大幕徐徐拉开,作为中国政治文化中心的北京市成为改革开放春风最先吹到的地方之一。从电子产品到电脑一条龙体系,从"两通""两海"到方正、联想,再到新浪、网易、搜狐,中关村不仅是我国高新技术产业聚集效应地的代表,而且还是我国知识科技创新的典范,对我国互联网行业的快速发展和繁荣发挥了积极作用。

---

1 方兴东,杜磊.中关村40年:历程、经验、挑战与对策[J].人民论坛·学术前沿,2020（23）:90–106.

第二章
落地生根：互联网在中国的
早期发展

　　1994 年，互联网落地中国。作为中国社会的"新事物"，互联网以其开放性、交互性、多媒体等技术特性，将平等互惠、万众创新的种子播撒在中国改革开放的土壤里，为中国经济社会发展带来活力。此后，互联网展现出与中国社会极强的接近性与嵌入性，种子快速生根、发芽、成长。互联网逐渐成为中国社会的重要组成部分，并以"互联网＋"形态对中国政治、经济、社会、文化等方面产生深远影响。事实证明，接入互联网对于中国经济社会发展而言是一次关键的历史抉择。那么在当时，接入互联网的决定是如何做出的？起初，从政府到社会是如何理解和看待互联网的？中国互联网早期是如何建设和应用的、呈现出什么样的特点、产生了什么样的社会影响？本章将回顾互联网在中国发展的早期历史阶段，看"水到渠成"背后的"风起云涌"，见"顺理成章"背后的"远见卓识"。

第一节　胆识：中国接入互联网的历史抉择

互联网最早源于军事用途。1969年，美国政府因为冷战需要建立了"阿帕网"，希望以一个分散的、去中心化的指挥系统应对苏联打击其军事指挥中心的潜在威胁，这被认为是互联网诞生的标志。随着互联网的应用与发展，其空前卓越的信息传输能力充分展现出来。这一具有变革性意义的新兴技术很快从军事领域向教育、科研以及后来的媒体、商业、政务等领域蔓延——一个崭新的"互联网时代"随之到来。技术的变革引来了全世界的关注，互联网被视为"掌握未来世界竞争先机的枢纽"，各国加紧研究、部署互联网建设。新一轮的国际竞争围绕互联网而展开，比如美欧围绕互联网通信协议的争夺，最终TCP/IP传输协议"胜出"，成为互联网普遍遵循的基础协议，使得美国在互联网发展初期便占据了互联网规则制定及维护的主导权；又如在美国国家信息基础设施（National Information Infrastructure，简称NII）建设战略的带动下，全球范围内掀起了包括互联网建设在内的信息基础设施建设浪潮。互联网成为基础设施，意味着这种新兴技术逐渐成为综合国力的重要组成部分，日益成为主权国家维护国家安全、建立国际竞争优势的关键。

一、早期关于"要不要发展互联网"的争论

早期，国内对于互联网这项"新技术"的认知十分有限。一方面，互联网的潜在作用和发展前景是当时所无法想象的；另一方面，国内对于互联网的"美国基因"始终保持警惕。风险的确存在，美国《纽约时报》1994年的一篇报道中直言，将互联网推广到中国，重要的目的在于为中国的知识分子，特别

是异见分子提供政治表达和动员的渠道。[1] 彼时，人们对互联网的认识还不深，对互联网的评价也是褒贬不一。在 1995 年的国际大专辩论赛上，初赛第四场的辩题便是"信息高速公路对发展中国家有利还是不利"。在这场辩论中，正方支持者认为信息高速公路带来了一个空前的机会，使发展中国家可以借助新科技的力量跃上时代的潮头，摆脱落后的地位。而反方则认为它将带来一系列弊端，当年报纸上关于互联网的新闻过半是关于互联网可能带来的黑客入侵、垃圾信息、色情信息泛滥等社会难题，依照美国计算机紧急反应小组的报告，在连接数百万计算机的互联网上，1994 年发生了 2241 起安全事故，比1993 年翻了一番。这些信息极大影响了人们对互联网的认知，让乐观者更审慎，让反对者更加坚持已有的偏见。[2]

时任邮电部部长吴基传 2009 年在接受《中国新闻周刊》采访时说："当时对互联网是有担心，但是后来认为互联网从技术上会带来利好的意见占了上风，决定先发展了再说。那时对互联网的担心，有这样两个方面：一是互联网没有管制，当时网上就有黑客、病毒，以及很多有害及色情信息，人们担心青少年的教育问题；二是盈利模式的问题，在网上提供信息的人，怎么获取利益。"[3]

关于中国要不要大力发展互联网的争论，1995 年正是最高潮的时候。这场起始于民间的争论让中国政府开始重视互联网的崛起，不再单纯地认为它只是一门新兴技术，而是从经济、社会发展的高度权衡中国互联网的发展。1996 年，国务院信息化工作领导小组成立，共有 20 多个部委参加，由时任国务院副总理邹家华担任组长。1997 年 4 月，由国务院信息化工作领导小组组织的第一次"全国信息化工作会议"在深圳举行。与会人员再次就是否发展互联网进行了激烈争论。反对者认为，互联网不过是一场骗局，当年美国人用星球大战计划拖垮了苏联，现在又试图把中国拖到互联网的泥淖中去；还有经济学家认为，中国应该以发展工农业为主，搞信息业太超前了。支持者则列

1　Lewis P. H. IDEAS & TRENDS；On the Internet, Dissidents 'Shots Heard' Round the World［N］. New York Times, 1994-06-05（04）.

2　郭万盛. 奔腾年代：互联网与中国 1995—2018［M］. 中信出版社，2018：9.

3　黄艾禾，吴基传：没有互联网国家会更封闭［J］. 中国新闻周刊，2009（29）.

出互联网的种种好处，据理力争。争论的最终结果是，中国决定大力发展信息产业。[1]

二、"趋利避害，为我所用"

国家信息中心作为国民经济信息化联席会议的办事机构，对包括接入国际互联网在内的影响中国信息社会构建的重大决策发挥了重要影响。时任该中心主任的高新民作为联席会议成员之一在接受本研究深度访谈时回忆道，"信息化首先从经济领域开始"，1993年12月份国务院成立的国民经济信息化联席会议，"就相当于现在的信息化领导小组，是国内真正第一个国家层次、政府层次的信息化最高领导小组"。时任国务院副总理的邹家华任联席会议主席。该组织研究全球信息化和全球网络基础设施发展的形势，其中包括对互联网的关注。"当时联席会议做了很多讨论，其中包括1994年我国正式接入国际互联网。这个决策非常关键，如果没有当时接入国际互联网的行为，我国互联网的发展也不会有今日的速度。"[2]

"这个决策过程应该说是比较复杂的，涉及很多内部讨论的问题，主要研究的是接入的利与弊。当时国内有两种意见：一种是我们自己建一个网——IP网（利用IP协议使性能各异的网络的网络层看起来像一个统一的网络，这种使用IP协议的虚拟互联网简称为IP网，其好处是，当IP网上的各主机进行通信时，就好像在单个网络上通信一样，彼此看不见互联网的具体异构细节）。另外一种意见认为互联网是全球性的，我们应该和它融为一体。最后国务院做出要接入国际互联网的决定，当时李鹏总理、邹家华副总理，在众多意见分歧时，做出了重要批示。李鹏总理在决定接入国际互联网时，有两句话、八个字，即'趋利避害，为我所用'，这也是当时我们对互联网的一个方针。"[3]

1　郭万盛.奔腾年代：互联网与中国1995–2018［M］.中信出版社，2018：11.

2　谢新洲，杜燕.互联网管理要在创新前提下定规则——访中国互联网协会副理事长高新民［J］.新闻与写作，2018（05）：76–80.

3　谢新洲，杜燕.互联网管理要在创新前提下定规则——访中国互联网协会副理事长高新民［J］.新闻与写作，2018（05）：76–80.

事实上，互联网并不是当时联席会议的主要议程，联席会议重点研究的是国民经济信息化，而这是需要网络支持的，因此当时是更多地从推进国民经济信息化的角度来谈网络，比如"三金"工程、"十二金"工程。这些都是国民经济信息化联席会议（后改组为信息化领导小组）做出的决策，正是这些决策真正使中国走向信息化。

然而，围绕互联网的争议仍然没有停止——接入国际互联网后，中国要不要发展互联网？以《人民日报》检视主流话语发现，尽管质疑声仍然存在（比如担心"电子信"被"不健康的行业"利用[1]、互联网上的"色情内容"[2]或"电脑色情"[3]"信息革命"加剧"贫富分化"[4]"电脑垃圾"和"计算机病毒"[5]等），但总体基调是"发展互联网（顺应信息革命）是大势所趋"。1996年1月，《人民日报》特地开辟专版介绍互联网，也是"互联网（络）"第一次正式出现在该报文章的标题上——"尽管面临着发展过热、有待管理和技术超载等问题的困扰，互联网络仍然表现出强大的生命力……一个以网络为中心的计算机新时代已经到来，信息社会正迅速成为现实"[6]。

三、站在关键历史节点上的互联网

在改革开放的背景下，作为推进国民经济信息化的重要手段，接入互联网以及发展互联网既是一种"水到渠成"的结果，又在特定的历史阶段被赋予了迈向"现代化"的历史意义。[7]关于"现代化"，我国于1954年召开的第一届全国人民代表大会第一次明确提出要实现农业、工业、交通运输业和国防四个现代化任务；1965年第三届全国人民代表大会进一步明确"把我国建设成为一

1　允文.电子信的喜与忧［N］.人民日报，1994-09-20（07）.

2　张允文.警惕新的"怪物"［N］.人民日报，1995-07-02（03）.

3　马小宁.信息路上起"灰尘"［N］.人民日报，1995-07-27（07）.

4　张勇.信息革命中的美国——几家欢乐几家愁［N］.人民日报，1995-07-16（03）.

5　升平.警惕！电脑垃圾［N］.人民日报，1996-01-03（10）.

6　徐烨.千家万户走进互联网络［N］.人民日报，1996-01-23（07）.

7　谢新洲，石林.基于互联网技术的网络内容治理发展逻辑探究［J］.北京大学学报（哲学社会科学版），2020，57（04）：127-138.

个具有现代农业、现代工业、现代国防和现代科学技术的社会主义强国",并强调实现四个现代化"关键在于实现科学技术现代化";第四届全国人民代表大会再次确立四个现代化为国家发展目标,并强调改革开放的主导目标就是实现社会主义现代化。在基本内涵上,现代化是一个进步的、迈向现代社会的过程。在政治意义上,我国官方话语中的"现代化"更多的是指通过科学技术革命和经济发展,在经济上赶超世界先进水平,在政治上巩固制度变革取得的成果。[1]1995年,中共中央、国务院作出了《关于加速科学技术进步的决定》,提出了科教兴国战略。当年,时任国家主席江泽民在全国科学技术大会上指出:"党中央、国务院决定在全国实施科教兴国战略,是总结历史经验和根据我国现实情况所做出的重大部署。没有强大的科技实力,就没有社会主义的现代化。"[2]

互联网站在了关键的历史节点上。对此,亚信(AsiaInto)创始人田溯宁曾发文论述以计算机网络通信技术为基础的"信息高速公路"与中国现代化的关系,"'信息高速公路'对中国现代化进程的特殊意义和迫切性在于,它有可能对我国现代化建设所面临的又难以用传统方式解决的能源、交通和环境问题,提供一种新型的缓解方法,使中国现代化建设在某种程度上,利用新型技术,不沿用传统的发展模式,就能解决对能源、交通的大量需求,以及对环境的巨大破坏问题"[3]。如果将互联网视为一种新的媒介形态,那么"新闻事业与现代化建设"课题组关于"新闻事业与中国现代化"的探讨同样能够帮助我们理解互联网所肩负的"现代化"期许:"由于人口压力、资源贫乏、资金短缺以及文化科技落后等原因,第三世界国家在社会发展过程中普遍遇到巨大的困难。战后席卷全球的信息传播技术革命的浪潮,为发展中国家加速现代化建设的努力带来了新的机遇和希望。他们希望发挥现代新闻传播媒介以及其他信息技术的巨大潜力,使之成为国家发展的催化剂和推进器,凝聚和激发全社会的积极力量,促进政治、经济、文化、社会生活以及思想观念的进步与变

---

1 陈柳钦.现代化的内涵及其理论演进[J].经济研究参考,2011(44):15-31.

2 中共中央国务院召开全国科学技术大会号召在全国形成实施科教兴国战略热潮[N].人民日报,1995-05-27(01).

3 田溯宁.美国"信息高速公路"计划及对中国现代化的启示[J].科技导报,1994(02):25-26.

革,在较短时间内完成现代化的历史目标。"[1]

四、国家主导互联网建设

　　"国家主导"贯穿着中国互联网发展的始终。1997 年 4 月 18 日至 21 日,国务院在深圳召开了第一次全国信息化工作会议。在中国互联网的发展历史上,这是一次具有里程碑意义的会议。正是在这次会议上,时任国务院副总理邹家华提出了中国信息化建设的 24 字指导方针——统筹规划、国家主导、统一标准、联合建设、互联互通、资源共享。会议提出的国家信息化建设的指导方针、奋斗目标、主要任务和政策措施,对全国信息化建设具有重要的指导作用,对我国信息化建设产生了深远影响。在这次会议之后,中国互联网进入日新月异的快速发展时期。

　　对于政府而言,技术发展是一种"进步"的表现,有助于带动制度调整、冲突调和以进一步维系其政治合法性。互联网的出现因应了这些期待。互联网落地中国后,政府部门就率先主导了互联网的基础设施建设[2],硬件建设的主导性保证了其在互联网使用及其治理上的主导性[3]。与此同步的是政府围绕互联网认知及使用建立的文化和意识形态框架,政府以此带领人们以更符合国家意志的方式理解和使用互联网。比如以加快建设中国"信息高速公路"为目标的"三金工程",便常常与"信息社会"等技术民族主义话语以及建设现代化发达国家的愿景交织在一起。

　　中国接入互联网具有历史性意义。中国科学院院士、中国互联网协会理事长邬贺铨评价中国互联网发展时曾称:"我们起步比美国晚了 25 年,但是这 20 年来中国互联网实现了一个跨越式的发展,应该说(互联网)对我们国家、企业,对我们民众来讲都成为一个重要的信息化的手段,已经深深地渗透

1　《新闻事业与现代化建设》课题组 . 新闻事业与中国现代化[M]. 新华出版社,1992.

2　Plantin J C, De Seta G. WeChat as infrastructure:The techno-nationalist shaping of Chinese digital platforms[J]. Chinese Journal of Communication, 2019, 12(3):257-273.

3　Liang B, Lu H. Internet development, censorship, and cyber crimes in China[J]. Journal of Contemporary Criminal Justice, 2010, 26(1):103-120.

到我们的生产、生活和学习之中。展望未来互联网的发展应该说更加辉煌。"[1] 在成功接入互联网 20 年后，时任中国互联网协会副理事长高新民说："经过 20 年发展，互联网已经成为促进中国经济社会发展的最重要基础设施和创新要素。"[2]

在现代化、信息化建设的引领下，互联网的落地首先指向经济建设。在社会转型的关键时期，面对经济建设和国际竞争的内外双重压力，人们期望借助信息的力量，以"蛙跳"的方式，实现追赶发达国家的目的。正如 ChinaNet 早期广告语中描述的："我们已经错过了文艺复兴，我们也没有赶上工业革命，现在，我们再也不能和信息革命的大潮失之交臂了。"[3] 事实证明，互联网以其连接能力和组织能力，打破了以往条块分割的社会资源分配格局，促进社会资源流动及其价值延伸，为社会主义市场经济发展和产业优化升级带来活力与动力。以互联网为底层技术，带动上层应用持续创新，并以商业化本性带动资本的"涌入"，激荡创业"大潮"。伴随着互联网的普及，互联网的"网络效应"逐渐显现，中国网民登上历史舞台。除了经济领域，互联网逐渐向政治、文化、社会等方方面面渗透，带来生产生活方式的数字化、信息化、网络化变革。互联网已成为中国经济社会发展、中国人民生产生活不可分割的重要组成部分。

第二节　奠基：中国接入互联网的探索与实践

早在中国正式接入互联网之前，就有不少仁人志士先行先试，探索使用互联网，为互联网在中国顺利落地积累了宝贵经验。从个体自发实践到科研院

1　本书项目组访谈资料.被访者：邬贺铨.访谈时间：2015-10-25.

2　本书项目组访谈资料.被访者：高新民.访谈时间：2015-10-28.

3　闵大洪.传播科技纵横[M].北京：警官教育出版社，1998：190.

所领衔再到国家整体布局，从局域网到学术网络再到开放网络，在先行者的推动和后续国家政策的支持下，互联网由点及面，正式在中国落地、生根。

一、"越过长城，走向世界"

20 世纪 80 年代初，学术界出于对科研成果及时检索及发布的需要，对在中国建立互联网接入的需求日益迫切。中国科学院、机械工业部、北京大学、清华大学等几个单位为了促进中外学术界更有效的交流，纷纷开始筹措建设互联网。1980 年，由与信息产业相关的 11 个部委牵头，在香港成立了互联网国际在线信息检索终端，为国内的科研机构提供互联网信息检索服务。两年后，位于北京的国家计算机应用技术研究所通过国际通信卫星，使用国际长途传真线路建立了国内第一个互联网检索终端，并成功与阿帕网连接，进入 DIALOG 数据库系统。不久后，信息研究所也通过国际通信卫星线路连接到欧洲航天局，并进入其信息检索系统，然后通过意大利公用数据网连接到美国的公共数据网络。此后，信息研究所成功地与不同国家的 12 个主要公共信息服务系统建立起连接。据不完全统计，到 1985 年年末，中国已经建立超过 50 个国际在线信息检索终端。[1]

1987 年 9 月 25 日，英文版的《中国日报》刊登了这一消息："中国与世界 10000 所大学、研究所和计算机厂家建立了计算机连接。这个连接通过北京与卡尔斯鲁的两台西门子计算机实现。王运丰教授（原中国国家科学技术委员会电子信息与技术顾问）把这一成果描述为中国大学和研究所与世界计算机网络一体化的技术突破，在卡尔斯鲁厄大学教授维纳·措恩（Werner Zorn）指导下完成，技术团体由来自北京计算机应用研究所、卡尔斯鲁厄大学、西门子公司和美国的科学家们组成。"[2]

那个时代，远程登录互联网主要能实现三个功能：Telnet 远程登录主

1　王东宾．突破美国政府的封锁：中国接入互联网的早期历史［EB/OL］．实验主义治理微信公众号，（2019-01-30）［2022-06-01］. https://mp.weixin.qq.com/s/NosEEfS-rWHjVhjqH6ZGFw.

2　1987 年 9 月 25 日，英文版的《中国日报》。

机、E-mail 发送电子邮件、FTP 远程文件服务。尤其是 E-mail 占据了整个网络 75% 的流量。而我国最早冠以中国字样的国内互联网项目是 1986 年启动的中国学术网（Chinese Academic Network，简称 CANET）的国际联网项目。

　　1983 年，在北京举行的第一届西门子计算机用户研讨会上，时任德国信息计算机中心（RA）主任、卡尔斯鲁厄大学计算机科学教授的维纳·措恩就德国研究网络（CFN）[1] 项目做了专题演讲，介绍了信息技术最重要领域的现状和未来趋势，最关键的是介绍了网络协议和架构的选择以及相应软件的编写。会上，发言者和提问者进行了深入细致的探讨。台下的机械工业部科研院研究员王运丰[2] 听后心潮起伏，久久不能平静。会后，同样对计算机网络抱有极大兴趣的两位学者一见如故，两人开始研究在中国建立计算机网络并连入互联网的可能性。随后，王运丰力邀这位"德国互联网之父"帮助中国接入互联网，并商定以北京市计算机应用技术研究所作为合作单位。

　　但是，这个项目开始就遇上个大问题，没有官方支持，经费没有着落。王运丰和措恩只能从其他科研项目中"挤"出一点钱来，维持运转，项目进展缓慢。科学无国界，专注于计算机网络技术的措恩教授看在眼里急在心上，竟然给当时联邦德国巴登－弗腾堡州州长写了一封私人信件，言辞恳切地介绍了中德之间计算机网络连接的深远意义。州长被科学家的激情和诚恳打动了，更是对遥远东方神秘国度的中国联网充满了兴趣与好奇，罗塔·施贝特州长为这个项目特批了 15 万马克的专款和每年 1.5 万马克的维护费用，这个项目终于得以峰回路转，绝处逢生。

　　有了资金的支持，措恩教授将研究小组一分为二，他本人率领一个小组来到北京，帮助中方团队安装调试从德国带来的可兼容西门子 BS2000 的系统软件，格德·威克（Gerd Wacker）率领一个小组留守在卡尔斯鲁厄大学继续编写网络协议。历尽坎坷，横跨亚欧大陆的两个科研团队终于完成了对邮件

1　德国研究网络（CFN）：早期德国学术界接入互联网的网络机构。
2　王运丰，1938 年留学德国，1952 年回国参加建设，1978 年后致力于中德科技交流，1987 年被德国总统授予"联邦大十字勋章"。

服务器主机西门子 7760/BS2000 在操作系统级别上的软件升级，解决了中德之间电子邮件交换的一切软件问题，建成中国第一个国际电子邮件节点。这些基础工作使中国的计算机具备了以邮件服务器的方式利用互联网发送电子邮件的技术条件。

1987 年 9 月 14 日，双方共同起草一封由英、德双语写成的电子邮件，"This is the First Electronic Mail from China to Germany"（这是第一封中国到德国的电子邮件），邮件内容是："Across the Great Wall, we can reach every corner in the world"（越过长城，我们可以到达世界的每一个角落）。在该邮件上署名的除了王运丰教授、措恩教授和计算机应用技术研究所李澄炯所长外还有十多个中德双方的技术人员。王运丰在措恩教授和中德团队的注视下，郑重地按下发送键，项目组成员们屏息凝神，翘首以待。然而，屏幕上却迟迟没有"发送成功"的显示。几经排查，技术人员发现 CSNET[1] 邮件服务器上存在着一个漏洞导致了死循环，致使这个邮件的发出被延迟。这个问题得到了 CSNET 信息中心的确认：这个问题在电话线路不好的时候会出现。措恩教授的助手米歇尔·芬肯（Michael Finken）在北京与留守卡尔斯鲁厄大学的格德·威克共同努力，用软件弥补了线路不稳造成的发送延迟问题。经过 7 天的努力，这封邮件终于通过意大利公用分组网 ITAPAC 设在北京的 PAD 机经由意大利 ITAPAC 和德国 DATEX-P 分组网穿越了半个地球到达德国。实现了和德国卡尔斯鲁厄大学的连接，通信速率最初为 300bps，这封邮件除了到达德国卡尔斯鲁大学外，随后到达了美国和爱尔兰。至此，我们可以说，1987 年 9 月，CANET 在北京计算机应用技术研究所内正式建成我国第一个国际互联网电子邮件节点，并于 1987 年 9 月 20 日 22 点 55 分向全世界发出了中国第一封电子邮件。而卡尔斯鲁厄大学是 CSNET 在德国的中枢，从某种意义上来说，这一刻中国用国内邮件服务器的方式部分接入了互联网。

"越过长城，走向世界"，1987 年 9 月 20 日，中国向世界发出第一封电子邮件。中国互联网时代的大门开启，中国迈出了通往互联网世界的第一步。

---

1 CSNET：Computer Science Research Network，计算机科学研究网络，于 1979 年由美国威斯康星和其他六所大学以及美国国防部高级研究计划局（DARPA）、美国国家科学基金会（NSF）启动建立，旨在连接各学校计算机系，最终于 1986 年建成。

关于中国第一封电子邮件的争论

1986 年 8 月 25 日，时任高能物理研究所 ALEPH 组组长的吴为民使用北京信息控制研究所（701 所）的一台 IBM—PC 机，通过位于葡萄牙里斯本的 TELEPAC 网络远程登录到欧洲核子研究所的邮件服务器上，并给 ALEPH 项目组长施滕贝格尔教授发送一封电子邮件。20 年后，吴为民在《科学时报》上发表《究竟是谁发出的中国第一封电子邮件》（2006 年 2 月 20 日）[1]，回忆了这段往事。

现在，CNNIC[2] 官方发布的互联网大事记中，以 1987 年 9 月 20 日成功发往德国卡尔斯鲁厄大学以及美国、爱尔兰的电子邮件为中国互联网历史上的第一封电子邮件。究其原因就是之前所有的电子邮件联系，均是使用远程登录，通过国外邮件服务器实现的。1987 年 9 月 20 日的电子邮件，是真正意义上从中国设立的邮件服务器上发出的第一封邮件。

实际上，无论是谁发出中国第一封电子邮件，毋庸置疑的是，中国进入互联网得益于国内外众多科学家的共同努力，许多外国互联网科学家甚至采取对本国政府的管制视而不见的默许态度为中国打开了互联网大门。

这在 1987 年第一封电子邮件连接许可问题的处理方式上可窥一斑。众所周知的是中国第一封电子邮件发送时，CSNET 仅仅是非正式接收（"OK"），而不是正式同意（Permission），这个连接是临时性的，没有任何保证，原因是美国政府否决了这个许可。1987 年，美国国家科学基金会的史蒂芬·沃尔夫（Steven Wolff）的确给了时任国际互联网协会主席劳伦斯·兰德韦伯（Lawrence Landweber）许可，允许给中国开放电子邮件连接。但第二天，白宫就通知他们这个许可无效。在关键时刻，科学家们坚持了科学研究无国界原则，坚持互联网应该排除政治因素的影响，坚持互联网应该是开放的，从而

1　中国社会科学院闵大洪在注意到这篇文章后，于 2 月 22 日在博客上发表文章《中国第一封电子邮件是何人发出的？》，专门探讨了这一争论。

2　中国互联网络信息中心（China Internet Network Information Center，简称 CNNIC）。

将中国纳入国际互联网共同体中。沃尔夫采取既不禁止也不明确同意的默许态度。而兰德韦盾等人也坚信，政府有国别，科学无国界，政治归政治，学术归学术。

第一封电子邮件的成功发送只是中国联通互联网世界迈出的第一步。就在中德第一封邮件成功发送后，措恩教授与王运丰便马不停蹄地向美国国内及世界各地 CSNET 网络连接的管理机构争取中国接入互联网网络的许可。1987 年 11 月，时任美国科学基金会主任史蒂芬·沃尔夫表达了对中国接入国际计算机网络的欢迎，并亲笔签署了认可信。这是一份正式的、对中国加入 CSNET 和 BITNET[1] 的接入许可。美国方面正式认可中国接入 NSFNET 计算机网络收发电子邮件。在此之后的几年里，措恩教授多次派出专家小组去计算机应用技术研究所帮助建立地区域名解析服务器（local DNS）、更新 CSNET/PMDF 的相关软件并帮助中国建立局域网。

然而，好不容易建立的国际电邮信道却由于费用的问题利用率不高。当时每收发一封电子邮件都要花几百元甚至上千元人民币，一封较长 E-mail 的费用甚至超过了中国教授一个月的工资。这对当时清贫的中国科技界和科学家来说是个沉重的负担。

实际上，昂贵的费用是在转发中产生的。那么，既然已经入网，为何还有转发一说？原来，王运丰等人连接的网络并非 Internet 骨干网。第一封邮件是基于 CSNET 和 BITNET 两张网络来发送的。这两张网络虽然隶属于 Internet 的有关组织，正式接入其中也得到了美国方面认可，但其与互联网骨干网之间却是独立运行的。这样一来，中国发送给世界各地的邮件首先要发向德国，再通过德国的服务器进行转发，接收邮件的过程也是一样麻烦。而租用信道的费用非常高，每 1KB 流量的费用超过 6 元钱。那些接入 Internet 骨干网的国家，收发邮件的费用每 1KB 只有几厘钱。

中国学者深深意识到，与世界联网刻不容缓。接入互联网骨干网的呼声，在中国科学界越来越清晰，尤以站在计算机技术尖端的计算所最为心急。

1　BITNET：国际学术网络

二、科研院所：中国互联网早期的"入驻者"

从 1983 年开始，阿帕网上的联网需求从每个节点单独的大型计算机系统与因特网相连转变为将一个局域网络与因特网相连。1986 年 NSFnet 建成（主干网速率为 56Kbps）。NSF 在美国建立了五个超级计算中心，为所有用户提供强大的计算能力。全世界掀起了一个与因特网连接的高潮，尤其是各大学的局域网争相连入因特网。

而在中国，大规模的主干网络建设也在各大城市间次第展开，各大高校和研究机构争相启动"入网"计划。

第一个 X.25 分组交换网[1]CNPAC[2] 于 1988 年年初建成，连通北京、上海、广州、深圳、南京、武汉、沈阳、西安、成都等城市。

同年，中国计算机科技网项目启动，旨在组织中国众多大学、研究机构的计算机与世界范围内的计算机网络相连。

清华大学校园网通过 X.25 网与加拿大不列颠哥伦比亚大学相连，采用 X400 协议的电子邮件软件包开通了国际电子邮件应用。1992 年 12 月底，清华大学校园网（TUNET）建成并投入使用，是中国第一个采用 TCP/IP 体系结构的校园网，主干网采用 FDDI 技术，在网络架构、技术规范以及网络应用等方面均与国际主流互联网应用接轨。

到 1993 年年初，中国科学院高能物理研究所租用 AT&T 公司的国际卫星信道接入美国斯坦福大学直线加速器中心（SLAC）的 64KDECnet 专线也正式开通。专线开通后，由于国家自然科学基金委的大力支持，许多学科的重大课题负责人能够拨号连入高能物理研究所的这根专线，几百名科学家得以在国内使用电子邮件。同年 3 月，国家公用经济信息通信网（简称金桥工程）立项，信息网络体系建设上升到国家层面。

1　X.25 分组交换网（X. 25packet-switcheddatanetwork）指采用国际电联制定的 X.25 的分组交换数据网。
2　CNPAC：中国公用分组交换数据网。

另外一个意义重大的联网项目是中国研究网（CRN）通过当时邮电部的 X.25 实验公用分组交换数据网实现了与德国研究网（DFN）的互联。其重大意义在于中国研究网的成员遍布全国，有位于北京的电子部第十五所和电子部电子科学研究院、位于成都的电子部第三十所、位于石家庄的电子部第五十四所、位于上海的复旦大学和上海交通大学、位于南京的东南大学等科研单位。但中国研究网只能够通过德国研究网的网关与因特网沟通，还未能实现直接与因特网骨干网连接。

而世界银行贷款重点项目"中关村地区教育与科研示范网络（NCFC）"则可以称为中国互联网的雏形。NCFC 项目是由世界银行贷款的一个高技术信息基础设施项目，是目前普遍认同的中国较早的互联网基础工程，业内称之为中关村地区互联网络示范工程。世界银行最初的贷款目的主要是帮助中国在中关村地区建立一个超级计算中心。但在实际开发过程中，逐步演变为不光是建立超算中心，而是在清华大学、北京大学和中国科学院网络中心的计算机之间构建一个互联互通的网络，让科学家们在自己的实验室里就可以使用超级计算机，这成为中国互联网发展的一个重要契机。中国科学院计算机网络信息中心正是因此而得名，即将超级计算机、互联互通的网络和数据库（信息）三大任务结合起来，促进三位一体的信息化基础设施建设。

据该中心主任闫保平回忆，当时美国的一位专家曾经对中方将超级计算中心的贷款用于建立互联网感到不满。而他的意见决定着世界银行对投资成果的绩效评估。获悉此情后，已离开领导岗位的中国科学院材料学老科学家师昌绪先生主动出面，在科学院门口的物业食堂约见这位昔日朋友，大家一边品尝花生，一边喝点小酒，在轻松愉快的气氛中达成共识，确认中国科学院利用世界银行贷款建立互联网的重要性和合理性：互联网的建立，极大地提高了超级计算机的利用效率；中国科学院与中国最著名的两所高校清华和北大的联网同样有利于学术交流和科学分享。美国专家认可中方对世界银行的贷款使用是合情合理的。它从一个侧面反映了一个事实，即通过对外开放中国科学家越来越多地得到了国外同行的理解与尊重。

1992 年，在互联网先行者们夜以继日的努力下，30 多台路由器支持的局域网搭建完成，次年年初实现互联。年底 NCFC 主干网工程完工，采用高速光缆和路由器将三个院校网互联。这个被科研人员称为"三角网"的局域网实际上便是中国互联网的雏形,这为中国下一步全功能接入国际互联网骨干网奠定了基础。

这期间中国多次申请全功能加入互联网,科学界大部分对此持支持态度,但是均被以政治原因拒绝。中国科学院钱华林教授利用参加各种国际会议的机会不遗余力地为中国争取机会,直到 1993 年的 CCIRN(Coordinating Committe for Intercontinental Research Networking,洲际研究网络协调委员会)会议上,设置专门的议程讨论中国加入互联网的问题并得到了大部分专家的支持,为中国加入互联网起到了很大的推动作用。

在国内大张旗鼓地进行网络基础设施建设及互联网连接的大背景下,1990 年 10 月,王运丰教授在卡尔斯鲁厄大学与措恩教授商讨了用中国计算机科技网(CANET)的名义为中国申请国际域名的问题。由于当时国内没有域名解析服务器,大量的连接需要依靠输入 IP 地址去寻址收发信息,大大加剧了使用互联网的难度,迫切需要在国内建立独立的域名服务器。由于当时中国独立申请域名和管理域名服务器的难度很大,基于对措恩教授的充分信任,王运丰教授提出根据中国的英文单词"China"确定 cn 两个字母作为中国的域名并委托措恩教授代理注册中国国家域名,申请成功后暂时由卡尔斯鲁厄大学负责".cn"域名服务器的维护。

措恩教授首先向国际互联网信息中心 InterNIC[1] 询问".cn"域名是否有空缺,在得到了肯定的答复后,措恩正式向国际互联网信息中心为中国申请".cn"顶级域名。不久措恩教授收到通知".cn"域名申请得到批准,并且在卡尔斯鲁厄大学建立".cn"域名服务器。从此在国际互联网上中国有了自己的身份标识。

在中国首届网民文化节上,中国互联网协会理事长胡启恒代表中国互联网社区授予措恩教授"中国荣誉网民"称号,以表达对其为中国进入互联网所作贡献的敬意。

1　Internet's Network Information Center 国际互联网信息中心。

三、中国互联网进入开放阶段

尽管 1987 年 11 月 NSF 就签署了中国进入互联网的批准信，但是这只是打开了互联网的大门，当中国真正想要登堂入室的时候，美国人又不干了，当时互联网上有许多原始的军方背景，还有美国的许多政府部门，美方出于意识形态方面的考虑，不允许中方进入互联网。

在官方之间不断交涉的同时，中国的各界科研人员也在利用参加各种国际会议的机会为此事奔走呼号，中国加入互联网不是为了窃取美国的机密，也不是为了窃取美国的技术，而是为了科学研究，互联网所倡导的开放、平等、共享的理念是中国加入互联网的主要原因。中国有占世界五分之一的人口，互联网没有中国的加入就不能称为国际互联网。

经过不懈努力和耐心解释，1993 年年底，美国国家科学基金会同意中国接入因特网骨干网。然而，又一个障碍出现了。根据当时的国家电信法规，国际专线不能共享，每增加一个新用户进来，就要向开通专线的单位多收 40% 的费用，在时任邮电部副部长朱高峰带着各主管处室的共同协调下，最后的结果是：不额外多收钱，而且要抓紧开通。1994 年，全功能接入的测试非常成功，中国已经具备接入互联网的全部条件。

1994 年 4 月，时任中国科学院副院长的胡启恒专门访问美国国家自然科学基金会，会谈敲定了中国加入互联网的所有事项。几天后，中国实现全功能接入。1994 年 4 月 20 日，通过美国 Sprint 公司连入的 64K 国际专线开通，中国实现了与因特网的全功能连接，成为真正拥有全功能因特网的第 77 个国家。

而从注册之时起就一直由卡尔斯鲁厄大学运行维护的“.cn”域名服务器，也在中国直接接入了国际互联网后，回到了中国，并由中国科学院计算机网络信息中心设置运行“.cn”域名服务器。此后，“.cn”顶级域名的注册和维护工作都由中国科学院网络中心负责，“.cn”域名终于回家了。

由此中国正式加入了互联网国际大家庭。作为中国接入互联网的重要推动者之一，中国科学院前副院长胡启恒院士用这样一句话来形容这一路的坎坷："互联网进入中国,不是八抬大轿抬进来的,是从羊肠小道走出来的。"[1]

中国成功接入互联网,是国际科学家共同体的努力。这种国际合作与共同努力,超越民族与国家边界,超越意识形态,超越政治因素的干扰,促使互联网的形成与统一,并最终形成一种人类自主创造的公共事务(Commons)。今日的互联网,注入了更多的商业因素,更多的国家利益,更多的意识形态。但不可否认的是,唯有以公共事务看待互联网,互联网才是真正意义上的互联网。

全功能接入互联网的中国进入互联网发展的快车道。1995年,中国邮电部电信总局分别在北京、上海开通经由 Sprint 公司接入美国的 64K 专线,并通过电话网、DDN 专线以及 X.25 等方式开始向社会提供互联网接入服务。随后,中国科学院利用 IP/X.25 技术完成上海、合肥、武汉、南京四个分院的远程连接,开始了将互联网向全国扩展的第一步。

同年5月17日,恰逢第27个世界电信日,当时中国电信的管理机构邮电部正式宣布向国内社会开放计算机互联网接入服务。在北京西单电报大楼,邮电部专门设立了业务受理点,普通人只要缴纳一定费用,填写一张用户资料表格,就可以成为互联网用户。中国互联网跨过非开放性学术网络阶段,正式进入开放的社会化网络时代。[2] 中国公用计算机互联网(CHINANET)全国骨干网于1996年1月正式开通,向公众提供网络服务。1997年10月,中国公用计算机互联网(CHINANET)实现了与中国科技网(CSTNET)、中国教育和科研计算机网(CERNET)、中国金桥信息网(CHINAGBN)的互联互通。

中国互联网早期发展大事记

1. 1994年5月,国家智能计算机研究开发中心开通曙光 BBS站,这是中国大陆的第一个 BBS 站。

2. 1994年6月8日,国务院办公厅向各部委、各省市明传发电《国务院办公厅关于"三金工程"有关问题的通知(国办发明电〔1994〕18号)》,三金工程即"金桥""金关""金卡"工程。自此,金

1　胡启恒,中国互联网协会理事长,中国科学院原副院长,为互联网进入中国作出突出贡献。
2　郭万盛. 奔腾年代:互联网与中国 1995-2018[M].中信出版社,2018:3.

桥前期工程建设全面展开。

3. 1994年6月28日，在日本东京理科大学的大力协助下，北京化工大学开通了与因特网相连接的试运行专线。

4. 1994年7月初，由清华大学等6所高校建设的中国教育和科研计算机网试验网开通，该网络采用IP/x.25技术，连接北京、上海、广州、南京、西安等五所城市，并通过NCFC的国际出口与因特网互联，成为运行TCP/IP协议的计算机互联网络。

5. 1994年8月，由国家计委投资，国家教委主持的中国教育和科研计算机网（CERNET）正式立项。该项目的目标是利用先进实用的计算机技术和网络通信技术，实现校园间的计算机联网和信息资源共享，并与国际学术计算机网络互联，建立功能齐全的网络管理系统。

6. 1994年9月，邮电部电信总局与美国商务部签订中美双方关于国际互联网的协议，协议中规定电信总局将通过美国Sprint公司开通2条64K专线（一条在北京，另一条在上海）。中国公用计算机互联网（CHINANET）的建设开始启动。

7. 1994年11月，由NCFC管理委员会主办，中国科学院、北京大学、清华大学协办的亚太网络工作组（APNG）年会在清华大学召开。这是国际因特网界在中国召开的第一次亚太地区年会。

8. 1995年1月，邮电部电信总局分别在北京、上海设立的通过美国Sprint公司接入美国的64K专线开通，并且通过电话网、DDN专线以及X.25网等方式开始向社会提供因特网接入服务。

9. 1995年1月，由国家教委主管主办的《神州学人》杂志，经中国教育和科研计算机网进入因特网，向广大在外留学人员及时传递新闻和信息，成为中国第一份中文电子杂志。

10. 1995年3月，中国科学院完成上海、合肥、武汉、南京四个分院的远程连接（使用IP/X.25技术），开始了将因特网向全国扩展的第一步。

11. 1995年3月，清华大学李星教授第一次当选亚太网络信息中心（APNIC）执行委员会委员。

12. 1995 年 4 月,中国科学院启动京外单位联网工程(简称百所联网工程)。其目标是在北京地区已经入网的 30 多个研究所的基础上把网络扩展到全国 24 个城市,实现国内各学术机构的计算机互联并和因特网相连。在此基础上,网络不断扩展,逐步连接了中国科学院以外的一批科研院所和科技单位,成为一个面向科技用户、科技管理部门及与科技有关的政府部门服务的全国性网络,并改名为中国科技网(CSTNet)。

13. 1995 年 5 月,中国电信开始筹建中国公用计算机互联网全国骨干网。

14. 1995 年 7 月,中国教育和科研计算机网第一条连接美国的 128K 国际专线开通;连接北京、上海、广州、南京、沈阳、西安、武汉、成都八个城市的 CERNET 主干网 DDN 信道同时开通,当时的速率为 64Kbps;并实现与 NCFC 互联。

15. 1995 年 8 月,金桥工程初步建成,在 24 省市开通联网(卫星网),并与国际网络实现互联。

16. 1995 年 12 月,中科院百所联网工程完成。

17. 1995 年 12 月,中国教育和科研计算机网示范工程建设完成,该工程由中国自行设计、建设。

18. 1996 年 1 月 13 日,国务院信息化工作领导小组及其办公室成立,国务院副总理邹家华任领导小组组长。原国家经济信息化联席会议办公室更名为国务院信息化工作领导小组办公室。

19. 1996 年 1 月,中国公用计算机互联网全国骨干网建成并正式开通,全国范围的公用计算机互联网络开始提供服务。

20. 1996 年 2 月 1 日,国务院第 195 号令发布了《中华人民共和国计算机信息网络国际联网管理暂行规定》。

21. 1996 年 2 月 27 日,外经贸部中国国际电子商务中心正式成立。

22. 1996 年 3 月,清华大学提交的适应不同国家和地区中文编码的汉字统一传输标准被 IETF(Internet Engineering Task Force,互联网工程任务组)通过为 RFC1922,成为中国国内第一个被认可为 RFC[1] 文件的提交协议。

23. 1996 年 4 月 9 日，邮电部发布《中国公用计算机互联网国际联网管理办法》，并自发布之日起实施。

24. 1996 年 6 月 3 日，电子工业部作出《关于计算机信息网络国际联网管理的有关决定》，将金桥网命名为中国金桥信息网，授权吉通通信有限公司为中国金桥信息网的互联单位，负责互联网内接入单位和用户的联网管理，并为其提供服务。

25. 1996 年 7 月，国务院信息办组织有关部门的多名专家对国家四大互联网络和近 30 家 ISP 的技术设施和管理现状进行调查，对网络管理的规范化起到了推动作用。

26. 1996 年 9 月 6 日，中国金桥信息网连入美国的 256K 专线正式开通。中国金桥信息网宣布开始提供因特网服务，主要提供专线集团用户的接入和个人用户的单点上网服务。

27. 1996 年 9 月 22 日，全国第一个城域网——上海热线正式开通试运行，标志着作为上海信息港主体工程的上海公共信息网正式建成。

28. 1996 年 9 月，国家计委正式批准金桥一期工程立项。

29. 1996 年 11 月 15 日，实华开公司在北京首都体育馆旁边开设了实华开网络咖啡屋，这是中国第一家网络咖啡屋。

30. 1996 年 11 月，CERNET 开通到美国的 2M 国际线路。同月，在德国总统访华期间开通了中德学术网络互联线路 CERNET-DFN，建立了中国大陆到欧洲的第一个因特网连接。

31. 1996 年 12 月，中国公众多媒体通信网（169 网）开始全面启动，广东视聆通、四川天府热线、上海热线作为首批站点正式开通。[2]

---

1 Request for Comments（RFC），是一系列以编号排定的文件。文件收集了有关互联网相关信息，以及 UNIX 和互联网社区的软件文件。

2 中国互联网大事记（1994 年 5 月—1996 年 12 月），中国互联网络信息中心 2003 年 5 月修订。

四、早期互联网络基础设施建设

随着互联网社会影响力的不断扩张,国家、企业和社会对互联网基础设施的重视日益提高,一系列重要基础设施建设相继启动并不断升级。互联网开始走出科研院所和高等教育机构"象牙塔",进入寻常百姓家。

(一)拨号上网

最早的互联网接入主要通过电话线路。首先是借助电话线将两台以上的计算机连接起来,形成计算机间的交流;然后逐步发展到局域网,通过服务器将更多的计算机互相连接起来;最后才形成广泛连接的互联互通的现代互联网。传统的电话线路虽然能够实现互联互通,但由于其本身是为语音传输服务的,属于模拟信号交换,需要借助于调制解调器进行转换"翻译",才能实现拨号上网。基于电话网和调制解调器实现的早期上网服务,其传输速度低、可靠性差、效率低、价格高,根本无法满足未来计算机大规模组网和突发式、多速率通信的需求。而且,借助于电话线路上网会导致上网与通话冲突。

对于中国的用户而言拨号上网虽然饱受煎熬,但能够上网已属不易。中国接入互联网之际,中国的固定电话发展水平相当低。1980 年,全国公众电话网容量仅为 435 万门,电话用户仅有 214 万户,还不及服务面积仅为内地万分之一的香港的电话数。[1] 到 1995 年,中国电话普及率为 4.66%,即每百人仅拥有 4.66 部电话。[2] 直到 2000 年,中国的电话普及率仅为 20.1 部每百人,城市也不过 39 部每百人。此时移动电话已经出现,普及率为 6.7 部每百人。[3]

虽然自 20 世纪 80 年代开始,中国的电信部门已经开始在全国大规模地铺设光缆。但当时铺设光缆主要是为了接通电话电报和传真业务,并没有考

1　大跨越——中国电信业改革开放三十年回顾之发展篇[J].中国电信业,2008(12):18-23.

2　2000 年前邮电通信服务水平情况[EB/OL].工业和信息化部网站,(2000-01-10)[2022-06-01]. https://www.miit.gov.cn/gxsj/tjfx/txy/art/2020/art_a4716b9227fd4ef6900b8f1feb8792a3.html.

3　2000、2001 年通信业基本情况[EB/OL].工业和信息化部网站,(2002-01-10)[2022-06-01].https://www.miit.gov.cn/gxsj/tjfx/txy/art/2020/art_5189f0e1e30e474598c3900cac3a9ad0.html.

虑到互联网发展的需要。如果依赖既有电话线路发展互联网，中国的互联网业将再次重复其他领域曾经出现的"落后—追赶"的发展模式。所幸，中国政府及时对传统的邮电业进行改革，将邮政与电信分开，将传统的电话业务与新型的网络业务分开，既形成适度竞争，又为通信业创新提供了空间，更为互联网的发展打开了方便之门。由此，互联网骨干线路和支线建设成为网络社会构建的重中之重，并吸引政府、企业和社会资本加入，步入快速上升通道。

在此过程中，互联网专线建设显得尤为迫切。与普通互联网接入相比，专线的特点是客户通过相对永久的通信线路接入因特网。与拨号上网的最大区别是专线与因特网之间保持着永久、高速、稳定的连接，客户可以实现 24 小时对因特网的访问，随时获取全球信息资源，提高商务交易的效率。

到 2003 年，中国的信息通信基础设施已包括光纤、数字微波、卫星、程控交换、移动通信、数据通信、互联网等多种技术手段；长途传输、电话交换和移动通信都实现了数字化；以华为公司为代表的民族通信设备制造企业在一系列关键技术领域取得群体性突破。

（二）骨干网络建设

骨干网一般都是广域网，其作用范围为几十到几千公里，它们是中国互联网正常运行的关键枢纽，决定中国互联网的发展进程。

到 2012 年，中国陆续建成了中国公用计算机互联网（CHINANET）、中国教育和科研计算机网（CERNET）、中国科技网（CSTNET）、中国国际经济贸易互联网（CIETNET）、中国金桥信息网（CHINAGBN）、中国联通计算机互联网（UNINET）、中国网通公用互联网（CNCNET）、中国移动互联网（CMNET）、中国长城网（CGWNET）九大骨干网络[1]，并保持相对稳定。它们是国家批准的可以直接和国外连接的互联网。其他有接入功能的 ISP（互联网接入供应商）想连到国外互联网都得通过骨干网。

其中，前四大网络即中国公用计算机互联网、中国教育和科研计算机网和中国科技网是中国最早的骨干网络，于 1997 年即实现了互联互通，它们更多侧重于为科教和贸易领域提供网络服务。金桥网源于国家"金"字工程建设

1　何可. 中国九大骨干网成为互联网的基础　为国家发展铺就"高速路"［EB/OL］. 中国质量新闻网，（2013-08-16）［2021-04-28］. http://www.cqn.com.cn/news/zgzlb/diwu/753986.html.

的需要。联通、网通、移动等企业则随着中国电信改革的不断深入相继问世，并成为公众网络服务的主阵地。

中国公用计算机互联网是中国最大的因特网服务提供商。1994年由原邮电部（后为工业和信息化部）投资建设，后由中国电信经营管理，于1995年5月正式向社会开放，成为中国第一个商业化的计算机互联网，是国内名副其实的骨干网，由核心层和大区层组成。其核心层由北京、上海、广州、沈阳、南京、武汉、成都和西安8个城市的核心节点组成，提供与国际因特网互联以及大区之间的信息交换通路。北京、上海、广州三个核心层节点各设两台国际出口路由器与国际互联网连接。

中国教育和科研计算机网络由国家投资建设，由教育部负责管理，清华大学等高等学校承担建设和管理运行，属于全国性学术计算机互联网络，始建于1994年7月。它是中国第一个采用TCP/IP和X.25的全国互联网主干网。截至2011年12月，该网已有光纤干线32000公里，主干网传输速率达到2.5—20gbps，网络覆盖全国31个省（市）200多座城市；联网大学、教育机构、科研单位超过2000个，用户达到2000多万人。[1]该网是全国最大的公益性计算机互联网络，也是世界上规模最大的国家学术计算机网络。

中国科技网前身是中国科学院的NCFC和CASNET[2]的两大网络，在1989年10月由国家计委立项，当时主要是利用世界银行贷款建设NCFC。后来在中国科学院"百所"联网、中国科学院网络升级改造等近百项网络工程的建设过程中，于1995年改名为中国科技网，同时连接起中国科学院以外的一批中国科技单位，涉及农业、林业、医学、电力、地震、气象、铁道、电子、航空航天、环境保护等科研领域及国家自然科学基金委、国家专利局等科技管理部门。它属于非盈利、公益性网络，主要为科技用户、科技管理部门及与科技相关的政府部门服务，有专线与美国、法国和日本连接。

---

1   中国教育和科研计算机网CERNET建设及规划［EB/OL］. 中国教育和科研计算机网，（2012-09-04）［2022-06-01］. https://www.edu.cn/info/ji_shu_ju_le_bu/cernet2_lpv6/cngiabc/201209/t20120904_838713.shtml.

2   CASNET即中国科学院网，是中国科学院的全国性网络建设工程，一部分为分院区域网络工程，另一部分是用远程信道将各分院区域网络及零星分布在其他城市的研究所互联到NFC网络中心的广域网工程。

　　长期以来，骨干网通过不断加强自身建设、升级网络设备、扩容带宽、优化网络组织结构，使网络质量得到明显改善，也为全民信息化铺平了道路。它们利用先进的互联网技术，建立开放、透明、共享的数据应用平台，为电子商务企业、物流公司、仓储企业、第三方物流服务商、供应链服务商等各类企业提供优质服务，促进建立社会化资源高效协同机制，提升中国社会化物流服务品质，为全民线上消费以及我国未来商业打造了基础设施。其中，中国电信的163骨干网和中国联通的169骨干网曾经是中国最主要公共网络资源，人们在酒店、宾馆或其他有电话线路的场所，可以通过上述两个账号登录互联网。只是后来随着无线上网的不断发展与完善，163和169拨号上网的历史使命才宣告结束。它们在普及公众上网知识、提供公众上网服务方面作出的历史贡献不可抹灭。

第三节　纳新：互联网落地中国的社会影响

　　互联网的到来，给正处于改革开放转型期的中国注入能量。人们对互联网充满了好奇，一时间，互联网成为新鲜事物，上网成为一件"时髦"的事情。作为一种以信息为资源的服务方式和工具，互联网逐渐展现出传统媒体和传统通信技术难以企及的优越性，社会公众总体上对互联网持接纳态度，彼时的政策环境也相对宽松。

一、"先发展、再管理"

　　经过对互联网的初步探索与应用，国家对互联网的认识在不断丰富，开始研究、制定互联网发展、管理的政策法规。在最初选择接入国际互联网时，国家就明确提出了要坚持"为我所用，趋利避害"原则，表明国家认可互联网的作用和价值，支持互联网在中国发展。为了规范对国际联网的管理，国务院于

1996 年 2 月专门发布了《中华人民共和国计算机信息网络国际联网管理暂行规定》,并在 1996 年 5 月成立了国务院信息化工作领导小组,管理有关国际联网的事务。[1] 总的来说,早期互联网建设的政策导向以国家主导、鼓励发展为主,互联网被纳入以经济建设为中心的国家战略发展规划中。

早期互联网建设遵循"先发展、再管理"的发展逻辑[2],对互联网的管理主要考虑其经济属性,采取相对宽松的管理尺度,而并非采取对新闻媒体那般严格的标准。这在对早期论坛(BBS)的管理中得到体现。彼时,论坛吸引了大量用户参与,颇具影响力。然而,其交互性(普通用户可以借此发布个人言论)引发了监管部门对于非法内容传播的担忧。对此,曾有管理者提出过不允许开设论坛的动议。但考虑到论坛是互联网不可分割的重要组成部分,便最终放弃了"封杀"论坛的想法。[3]

互联网在中国普及的过程,也是中国人思想解放的过程。从一开始的质疑、否定,到好奇、尝试,再到后来的开放、包容,思想解放为互联网创造了良好的发展环境。据中国互联网协会常务副理事长高新民回忆[4],起初很多部门都想用传统的手段和规定去管理甚至限制门户网站,比如用相关条例限制、禁止当时刚刚出现的旗帜广告。出台相关文件之前,高新民作为互联网协会的负责人与工商部门的负责人开了个只有三四个人参加的小型专家座谈会。当时,高新民提出了不同意见,认为出台相关规定的时机还不成熟。当年的工商部门负责人退休后曾经感叹"当时高主任给我提的这个意见是把这个网络给救了"。高新民当时提出不同意见主要基于两点:一是以当时的条件还不便于界定网络和网络广告,边界不清便难以管理;二是网络广告刚刚出现,所占广告市场份额微乎其微,管理成本太高。尽管如此,广告曾经是商业门户网站唯一的收入,如果切断广告来源,网站难以生存。工商管理部门领导倾听了高新民代表互联网协会发表的意见,给予了商业网站相对宽松的广告环境,帮助它们完成了原始积累。

1　谢新洲编著.电子信息源与网络检索[M].北京图书馆出版社,1999.1:59.

2　谢新洲,石林.基于互联网技术的网络内容治理发展逻辑探究[J].北京大学学报(哲学社会科学版),2020,57(04):127-138.

3　闵大洪.中国网络媒体 20 年:1994-2014[M].电子工业出版社,2016:47.

4　本书项目组访谈资料,被访者:高新民,访谈时间:2015-10-28.

二、"它会给您带来知识、信息、成功的机会！"

互联网如一阵春风，为步入 21 世纪的中国带来生机，被国家和人民寄予厚望。但在当时，受制于经济条件、基础设施建设、硬件设备、教育文化水平等现实因素，互联网的普及率很低。对于大多数公众而言，他们首先最为好奇的自然是"互联网到底是什么"。

1995 年邮电部在《人民日报》上刊登的广告是这样介绍互联网的："中国因特网骨干网——ChinaNet 已经与国际因特网连通。您在国内也可以使用因特网业务了，试试看，它会给您带来知识、信息、成功的机会……因特网即国际计算机互联网，是当今世界上普遍使用的全球信息资源网，它已经把当时世界各地的数百万台计算机和 4000 多万户的用户连在一起，使他们之间可以互通信息、共享计算机和各种信息资源。因特网已经成为进行科学研究、商业活动和共享信息的重要手段。"[1] 在这一段带有"成功学"色彩的表述中，"信息"是一个关键词，共出现了 5 次。事实上，始于对美国社会"信息革命"的关注[2]，早在 20 世纪 80 年代中期，"信息"便开始进入主流话语体系，《人民日报》涌现出大量文章介绍"信息"的价值以及实现"信息社会"的愿景。

在互联网的技术语境下，"信息"成为通信、科研、科普、商业等领域的重要"资源"。当时便有学者指出，在信息设备制造、通信网络建设和信息资源开发这三者关系上，要特别重视信息资源开发这个最薄弱的环节，走计算机（Computer）、通信（Communication）、信息内容（Content）"三 C"并举、相互促进的道路。[3] 相应地，"信息"从纯粹指涉电子信息技术而逐渐被视为一种促进经济发展的资源。[4] 互联网作为一种信息服务，以信息资源作为流通介质，逐渐嵌入中国经济社会发展之中，并在其中扮演着"连接器""孵化器"的角色。

1　郭万盛 . 奔腾年代：互联网与中国 1995–2018［M］. 中信出版社，2018：4.

2　张亮 . 美国的"信息革命"说［N］. 人民日报，1983–03–18（07）.

3　乌家培 . 中国式信息化道路探讨［J］. 科技进步与对策，1995（05）：1–4＋77.

4　方晓恬 . 走向现代化："信息"在中国新闻界的转型与传播学的兴起（1978–1992）［J］. 国际新闻界，2019，41（07）：110–127.

互联网作为一种跨时代的"新技术",以其空前的连接能力,极大促进了社会资源的高效流通和优化配置,在进入中国后逐渐释放出独有的"魅力"。最具代表性的事件莫过于 1995 年为救治铊中毒的清华大学学生朱令而发起的"网上会诊"。就在医生们一筹莫展之际,北京大学力学系 92 级本科生贝志诚和蔡全清连入国际互联网,用英文向几个医学论坛发出了求援信件。三个小时后,他们竟收到了来自 18 个国家医学专家的 1635 封电子邮件回信,其中近八成专家根据求援信件中的描述,认定朱令是铊中毒。加州大学洛杉矶分校一位学习远程医疗专业的博士生还为朱令建立了一个专门的网上会诊网页。后来经化验,确定朱令病因确实为铊中毒,并采纳多位外国专家通过互联网传递的建议,使用工业染料普鲁士蓝,最终使得朱令病情得到缓解。尽管由于误诊延误了治疗时机,朱令的神经系统遭到了永久性破坏,但通过这件事,人们真切鲜活地感受到了互联网的力量。

三、"大连金州不相信眼泪"

BBS(电子论坛)是早期网民的重要"根据地""聚集地"。1994 年 5 月,国家智能计算机研究开发中心开通曙光 BBS 站,这是我国第一个真正意义上基于国内网络体系的 BBS 站点;1995 年"瀛海威"开通时便以电子论坛吸引了众多网民,同年基于校内网的"水木清华"论坛与基于 Chinanet 公用网的"一往情深"论坛相继开通,中国第一批网民在此聚集,体验这一新型互动媒介带来的自由表达。

1997 年 11 月 2 日凌晨,一篇题为《大连金州没有眼泪》的帖子从四通利方论坛发出,引爆网络。这篇记载了中国民众对中国足球的希冀与失望的帖子引发了广大网友的强烈共鸣。同年 11 月 14 日,《大连金州没有眼泪》被《南方周末》转载,成为第一个登上报纸媒体版面的网络内容。由此,网络论坛数量开始在 1997 年前后快速增长,具有代表性的有 1998 年成立的、聚集了大批知识精英群体的大型个人社区网站西祠胡同,1999 年成立的、以全球华人网上家园为定位的天涯社区等。网民聚集于此,相互交流、寻求共鸣、碰撞智慧,一些新潮的网络用语如"猫"(指调制解调器 Modem)、"美眉"(指好看的女生）、"GG"（指哥哥）以及网络表情符号（如"：）""：("）等不断涌现。网络论坛成为网络文化的发源地，更演变成社会生活的舆论场。人们纷纷上网获取咨询、结交朋友、表达观点，网络生活开始成型。

四、互联网对社会生活的"有限"嵌入

早期阶段，互联网对中国社会生活的嵌入仍是相对有限的。具体体现在两个方面：在应用功能上，人们的上网活动主要为收发邮件、浏览网页、参与论坛，总的来说以浏览数字信息为主的网络参与形式，信息的表现形态基本为文字。彼时，网络娱乐、电子商务、电子政务等仍未兴起，互联网更多的是为人们提供信息资讯服务。同时，由于上网终端仍主要是计算机，当时计算机普及率仍较低，且上网成本很高，上网仍是一个具有"仪式性"的行为，必须来到计算机前才能操作完成，上网的时间也不会太长。这种在时间与空间上的局限，让互联网的"虚拟空间"仍然禁锢在电脑里，还未真正进入人们的行为习惯和生活方式中。

在用户渗透上，互联网进入中国的早期阶段，我国的网民规模非常有限，互联网对于多数人而言，仍是"可望不可即"的稀奇玩意儿。互联网真正的价值在于"在用户规模化以及产业渗透之后，能够促进生产效率的大幅提高和成本大幅降低"。[1] 因此，网民数量和电脑拥有量是互联网发展的基础。1996年年底，我国上网的计算机还不到1万台，上网人数也仅为10万人。1999年，中国网民数量达到890万人，电脑保有量达到1500万台。但在这1500万台电脑中能上网的只有340万台，平均每台要支持3个上网用户，用户对网络的利用受到较大限制。[2] 通过统计中国互联网络信息中心前五次《中国互联网络发展状况统计报告》（1997年至2000年）发现，尽管人们逐渐认识到"上网并非无用"，网上的内容丰富性也在逐渐增强，但"网络速度慢"和"费用高"始终是早期阻碍人们上网的现实因素。

1　王志东. 互联网：泡沫还是黄金 [J]. 改革先声（新视点），2000（04）：47-48.
2　中国互联网络信息中心. 第5次中国互联网络发展状况调查统计报告 [EB/OL]. 中国互联网络信息中心网站，（2000-01-01）[2022-06-01]. https://www.cnnic.net.cn/n4/2022/0401/c88-823.html.

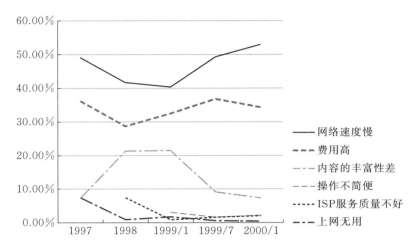

图 2-1　中国互联网络信息中心前五次《中国互联网络发展
状况统计报告》中被访者对互联网的负面评价 [1]

第四节　潮起：中国互联网发展的商业化基因

商业化是推动互联网技术扩散的重要因素。20 世纪 90 年代，互联网伴随着商业化浪潮进入大众视野，互联网全球化即是经济全球化的表现。进入中国后，在服务经济建设的发展导向下，互联网从一开始便具有商业化基因。据原国务院信息化联席会议办公室常务副主任陆首群回忆，在中国接入互联网之际，国际互联网当局负责人曾给出过三点意见，其中第一点便是"从现在开始，互联网开始了商业化运行，可以预见互联网上运作的商业信息将有可能超过教育科技信息，互联网将更加通俗化，更加普及"。[2]

1　1998 年和 1999 年 1 月的数据源为多选题，此处以 100% 的基准对其进行了相对占比的换算。
2　陆首群. 中国互联网口述历史　互联网在中国迈出的第一步[J]. 汕头大学学报（人文社会科学版），2016（04）：100-105＋10.

一、互联网"飞入"寻常百姓家

任何一种媒介的推广都与受众的教育程度相关。报纸诞生时，对人们识字水平提出要求，文盲无法从中获取一手信息，只能通过他人代读或转述获取知识和信息；广播的诞生降低了对信息接收与理解的难度，满足了文盲直接获取信息的需求；电视则进一步降低人们对信息理解的难度，并延长了视觉器官的功能。互联网则是多媒体形态，它全方位地满足人们感知信息的需求。但是，互联网使用曾经对人们的受教育程度提出较高的要求，教育的普及提高了互联网在公众中的认知度和使用率。

早期影响中国公民使用互联网的重要因素便是大量的电脑专用名词让人"丈二和尚摸不着头脑"，更不用说令人头疼的英文专有名词和缩写词。后来，电脑和网络都进行了汉化，使用界面也更加简单友好，"傻瓜式"的网络应用降低了人们应用互联网的文化门槛。但要最大限度地发挥互联网的作用，仍然需要一定的文化水平。

互联网进入中国的历史正好与中国的教育发展进程相吻合。表 2-1 列举了 1982 年—2008 年新中国小学、初中、高中、大专及以上受教育人口占总人口的比例和不同年份人口平均受教育年限。显然，从 1995 年开始至 2004 年的近 10 年间，小学毕业人口比例总体呈下降趋势，初中、高中和大专及以上受教育人口占比皆逐年上升。受教育程度的提高为互联网的大规模普及奠定了群众和知识基础。

表 2-1　新中国各种受教育程度人口占总人口比重（％）和平均年限

年份	小学	初中	高中	大专及以上	平均受教育年限
1982	35.4	17.8	6.6	0.6	5.5
1990	37.2	23.3	8.0	1.4	6.3
1995	38.4	27.3	8.3	2.0	6.7
1996	37.8	28.8	8.6	2.0	6.8

（续表）

年份	小学	初中	高中	大专及以上	平均受教育年限
1997	37.4	29.5	9.6	2.5	7.0
1998	36.8	30.6	9.9	2.6	7.1
1999	35.7	31.9	9.9	2.9	7.2
2000	35.7	34.0	11.1	3.6	7.6
2001	33.8	34.4	11.5	4.1	7.7
2002	32.7	35.3	11.7	4.4	7.7
2003	31.3	35.7	12.5	5.1	7.9
2004	30.4	36.9	12.6	5.4	8.0
2005	31.2	35.8	11.5	5.2	7.8
2006	31.0	36.6	12.1	5.8	8.0
2007	29.9	37.8	12.6	6.2	8.2
2008	29.3	38.4	12.9	6.3	8.3

注：本表："平均受教育年限"数据根据《中国人口统计年鉴》数据计算，"平均受教育年限"为 6 岁及以上人口的平均受教育年限，其余数据发布于《中国统计摘要》。

影响互联网普及的另一个关键因素是上网终端的普及。随着人民生活水平的提高，越来越多的人买得起电脑，通过电脑敲开互联网世界的大门，近距离接触互联网。1997 年 11 月，成立不久的中国互联网络信息中心对外发布了第一次《中国互联网络发展状况调查统计报告》。报告显示，截至 1997 年 10 月 31 日，我国共有上网计算机 29.9 万台，上网用户 62 万户，其中接近八成的上网用户为 35 岁以下的年轻人。[1] 而就在 1996 年年底，我国上网的计算机还不到 1 万台，而上网人数也仅为 10 万人。而到了 2000 年，我国上网计算机总数已达 350 万台，是 1996 年的 350 倍，是 1997 年的 11 倍，其中专线上网计算机 41 万台，拨号上网计算机 309 万台。[2]

1　中国互联网络信息中心. 第 1 次中国互联网络发展状况调查统计报告［EB/OL］. 中国互联网络信息中心网站，（1997–12–01）［2022–06–01］. https://www.cnnic.net.cn/n4/2022/0401/c88–802.html.
2　中国互联网络信息中心. 第 5 次中国互联网络发展状况调查统计报告［EB/OL］. 中国互联网络信息中心网站，（2000–01–01）［2022–06–01］. https://www.cnnic.net.cn/n4/2022/0401/c88–823.html.

二、"信息平台"在先，"媒体平台"在后

技术发展不仅是技术接受、创新扩散的过程，同时也是社会选择、社会建构的过程。中国互联网发展的商业化基因还源于早期管理者、先行者对互联网的认知，即将互联网视为"信息服务"，本质上是一种商业服务。这在对"平台"概念的溯源中得到体现。互联网落地中国后，"平台"的概念悄然兴起。与欧美国家类似，"平台"早期进入我国互联网产业同样始于软件领域，代指软件产品。最早出现在《人民日报》中的"互联网平台"相关概念来自 1996 年一则题为"互联网明年启用监控软件"的新闻报道，一款用于剔除色情和暴力等不良信息、旨在加强互联网络管理的软件被称为"互联网络内容选择平台"，该平台可供用户（主要是家长）限制互联网调阅内容。[1] 1997 年，北京隆安律师事务所社会调查部通过东方网景信息平台进入全球互联网络，该报道将东方网景信息平台形容为"当代最先进的信息传媒"[2]。1998 年，中国国际互联网络新闻中心与美国 GTE 公司达成互联网技术与服务合作，后者将为该中心构建网上浏览下载快捷的信息平台。[3] 1999 年，润迅通信集团进军互联网行业，建立将寻呼业务与网络互联的个人信息平台，推出电子邮件、个人网页、网上查台以及网络秘书等服务。[4]

进入 21 世纪后，"平台"概念更直接地与互联网联系起来，甚至直接将"平台"和"互联网"画上等号，常用词组或短语包括"以互联网为平台""互联网平台""互联网这个平台"等，"平台"通常指的就是整个互联网。互联网为用户提供"平台"，让国内学者拥有参与网上国际会议的渠道[5]，让客户拥有在网上开展个人理财的入口[6] 等。也是在世纪之交，互联网的"媒体属性"才

1　姜岩.互联网明年启用监控软件［N］.人民日报，1996–04–10（07）.

2　蒋建华.法律服务进入国际互联网［N］.人民日报，1997–01–13（05）.

3　费伟伟.中美公司加强互联网技术合作［N］.人民日报，1998–12–09（02）.

4　晓朱.寻呼业开始进军互联网（业内信息）［N］.人民日报，1999–05–31（12）.

5　任建民.国产高速互联网提供平台　我学者参加网上国际会议［N］.人民日报，2001–11–16（06）.

6　陈雪虹.我国首家互联网金融平台开通［N］.人民日报，2000–09–04（02）.

逐渐开始被管理者充分认识。1999 年 10 月 16 日，中共中央办公厅转发《中央宣传部、中央对外宣传办公室关于加强国际互联网络新闻宣传工作的意见》的通知（中办发［1999］33 号），将互联网定位为 21 世纪重要的舆论阵地，明确了网络新闻宣传的方向。2001 年，中国证监会发布《上市公司行业分类指引》，正式将传播与文化产业定为上市公司 13 个基本产业门类之一，传播与文化产业又分为出版、声像、广播电影电视、艺术、信息传播业等 5 个大类，从行业分类上将互联网纳入了传播与文化范畴。2003 年，互联网以"博客中国"网站为基地对互联网色情发起的阻击行动，使论坛有了"媒体"的性质 [1]（即此前不被认为具有媒体性质）。

三、政府的"在场"与"缺席"

在中国，政府为互联网的商业化进程创造了有利的政策条件。随着改革的全面深入，中国社会的发展动力获得有效释放，国内资本市场对互联网发展的影响力日益加深。1990 年 12 月和 1991 年 7 月，上海证券交易所与深圳证券交易所相继成立，使得内地企业改制的进程明显提速。但是，证券对于当时的企业和投资者而言都是新鲜事物。在社会各界对证券交易莫衷一是之际，1993 年，资本市场的概念首次正式出现在我国官方文件中。当年，中共中央十四届三中全会通过了《中共中央关于建立社会主义市场经济体制若干问题的决定》中，首次提出资本市场概念，并明确要求发展和完善以银行融资为主的金融市场，同时积极稳妥地发展债券市场、股票市场。

此后，我国企业上市步伐加快，上市公司数量迅速增加，资本运作在经济运行中的地位迅速上升，人们对资本市场优化资源配置、积聚资本、分散风险等功能有了比较全面的认识。1999 年 7 月《证券法》正式实施，标志着我国资本市场进入了一个有法可依的新阶段。2001 年中国顺利加入 WTO 后，中国的投融资环境变得更加有利，外国资本加大了对中国的投资力度。此时，互联网企业上市的障碍已经较少，但是涉及新闻传播内容的互联网企业仍然面

---

1 曹健，孙存照，孙善清．反黄斗士"博客中国"被黑调查［J］．IT 时代周刊，2002-07-20．

临着诸多前置审核条件，上市融资依然困难重重。2001 年中国证监会发布的
《上市公司行业分类指引》正式将传播与文化产业定为上市公司 13 个基本产
业门类之一。它承认传媒业是产业，而且可以与其他类别的产业一样，按照有
关规定和程序上市融资。从此，正式打开了包括互联网媒体在内的新闻媒体
进入资本市场的大门。

　　2003 年国家加紧制定《国家投融资体制改革方案》和《政府投资管理条
例》，核心就是收缩政府的直接投资范围，全面放开民间投资实业的领域限制。
当年 12 月 31 日国务院颁发了《文化体制改革试点中支持文化产业发展的规
定（试行）》，明确规定："通过股份制改造实现投资主体多元化的文化企业，符
合条件可申请上市。""鼓励、支持、引导社会资本以股份制、民营等形式，兴办
影视制作、放映、演艺、娱乐、发行、会展、中介服务等文化企业，并享受同国有
文化企业同等待遇。""党报、党刊、电台、电视台等重要新闻媒体经营部分剥
离转制为企业，在确保国家绝对控股的前提下，经批准可吸收国有资本和民营
资本。"从而加速了我国新闻媒体进入资本市场的步伐。

　　相较于积极且相对宽松的政策支持以及由政府主导的互联网基础设施建
设，在互联网信息服务和内容建设上，政府却是相对"缺席"的。互联网企业
迅速抢占了信息服务市场，率先占据了具有平台互斥性的用户资源和内容资
源。进入 21 世纪后，伴随互联网的商业化拓展，互联网企业逐渐成为各个阶
段下互联网信息服务和内容建设的关键主体。相较之下，在早期互联网基础
设施建设之后，官方主体在信息服务建设中逐渐缺位。

　　这是由于一方面，尽管信息服务具有公共性（如门户、搜索引擎、论坛、博
客、即时通讯等），但在互联网环境下，其并非如现实社会的基础设施一般要
求建设主体的合法性，高度商业化的市场竞争挤占了政府参与信息服务建设
（以及后来的平台建设）的空间[1]；另一方面，囿于资金、技术、人才等先天条件
的限制，政府参与信息服务建设在策略上存在严重滞后。政府首先依赖于让
主流媒体先上网，但在传统媒体的单向传播思维下，主流媒体多建立的是传
统媒介内容产品的网络版，并没有重视用户参与，没能向"综合信息网站"或

　　1　Van Dijck J, Poell T, De Waal M. The platform society: Public values in a connective world [M]. Oxford University Press, 2018: 15.

"信息平台"的方向发展,信息/内容服务能力有限;其次是政府上网时间晚,于 1999 年开启的政府上网工程错过了互联网早期发展的"开垦期",同时相关运营、管理技术和资源非常有限,使得政府上网后并没能取得预期的效果,距离"全新全 e 为人民服务"的目标相距甚远[1]。政府从一开始便缺席了信息服务基础设施建设,进而缺席了关键的信息公共服务。[2]

四、中国互联网"创业潮"

到 1996 年底,我国国内 Internet 互联网络已基本完成,且带宽也大幅度提高。互联网在我国进入商业化试运行阶段。各地互联网服务提供商(ISP)兴起,仅北京就有 30 多家,如国联世纪互联、瀛海威、讯业、中网、东方网景等。[3]

互联网商业化发展的大潮离不开在互联网发展初期便嗅到互联网商业气息的"先行者""弄潮儿"。1995 年 8 月 9 日,成立仅仅 16 个月的美国网景公司成功在纳斯达克上市。这家公司在上市之前虽然没有一分钱的利润,但凭借让互联网实现大众化的网络浏览器 Netscap(网景),上市第一天股价就从 28 美元攀升到 75 美元,纳斯达克为之疯狂。网景的上市犹如一座灯塔瞬时照亮了美国互联网的天,也让中国的创业者们看到了一丝光亮。通过网景公司,心潮澎湃的创业者们看到了自己的未来,奋不顾身地投入这场因技术革命而掀起的创业大潮。梦想打造中国第一个遍布全国的百姓网并于 1996 年创立"瀛海威"的张树新、志在"把 Internet 带回家"并于 1994 年创建"亚信"的田溯宁和丁健等人、以中国黄页起家的马云、以"免费邮箱"推动电子邮箱平民化的丁磊等,都是其中的代表人物。除了商业化的互联网应用和服务,上网本身也被做成了"生意"。作为人们接触互联网的重要场所,"网吧"从 1996 年开始出现,"出乎意料"地受到人们特别是年轻人的欢迎。

1　郭万盛.奔腾年代:互联网与中国[M].中信出版社,2018:114-115.

2　方兴东.超级网络平台:人类治理第一难题[J].汕头大学学报(人文社会科学版),2017,33(03):3.

3　谢新洲编著.电子信息源与网络检索[M].北京图书馆出版社,1999.1:59.

在这股"创业潮"的背后，是一股汹涌的技术民族主义情绪。技术民族主义提供了一种研究中国互联网基础设施化的关键视角。[1] 这是一种深植于文化本性的思想观念[2,3]，同时也构成了贯穿于现代中国国家发展历程的重要主题[4]。近代历史上长期落后的局面，使得中国人对技术抱有更高的期待，希望借助技术的力量扭转落后的局面。有学者发现，建立领先的信息通信技术（ICT）基础设施的志向是贯穿全中国的，包括国家、政府、企业、公众，并迅速形成了一种技术民族主义趋向。[5] 在互联网发展早期涌现的创业大潮中，便充斥着技术民族主义的"宣誓"和"表态"。瀛海威创始人张树新曾在《人民日报》发表《我们怎样建设自己的信息网络》[6]一文，其中写道："创建我们自己民族特色的中文化网络，已成为时代赋予我们的重任""建立民族化信息产业，不可缺少的一环是能使千百万普通老百姓参与进来""瀛海威公司始终把自己定位在建立中国第一个大众化百姓网，所创立的在线服务'瀛海威时空'实实在在是为广大老百姓服务的""中国信息产业界应当以民族国家利益为重"，等等。类似的还有：回国创办"亚信"的田溯宁、丁健等人立志于"把Internet 带回家"；搜狐创始人张朝阳提出"美国人用 Yahoo！（雅虎），中国人用搜狐"的口号；新浪创始人王志东则高呼"让中国软件与世界同步"。互联网的创业热情、商业抱负、社会责任，都被包裹在了强烈的技术民族主义话语中。

---

1 束开荣. 互联网基础设施：技术实践与话语建构的双重向度——以媒介物质性为视角的个案研究[J]. 新闻记者，2021（02）：39-50.

2 Eley G, Suny R G. Introduction：from the moment of social history to the work of cultural representation[J]. Becoming national：A reader, 1996：3-37.

3 Wang J. The politics of goods：A case study of consumer nationalism and media discourse in contemporary China[J]. Asian Journal of Communication, 2006, 16（02）：187-206.

4 Zheng, Y. Technological empowerment：The Internet, state, and society in China[M]. Stanford, Calif：Stanford University Press, 2007.

5 Qiu J. Chinese techno-nationalism and global WiFi policy[M].//Curtin M and Shah H（eds）Reorienting Global Communication：Indian and Chinese Media Beyond Borders. Urbana, IL：University of Illinois Press, 2010：284-304.

6 张树新. 我们怎样建设自己的信息网络[J]. 人民日报, 1996-07-03（10）.

第三章
行业遇冷：互联网泡沫

20世纪末期，随着互联网技术的飞速发展，互联网公司的投资创业潮席卷全球。中国的众多海外留学生、本土创业者们模仿美国互联网商业模式，利用国内外资本市场，同样掀起了一阵互联网投资创业热潮。然而，好景不长，进入21世纪，一些互联网公司在历经艰难险阻登陆纳斯达克市场后，股价不断走低，收到停牌警告，更有大量互联网企业营收表现欠佳，甚至面临倒闭风险。人们把这个先膨胀、再冷缩的过程，称为"互联网泡沫"。

第一节　虚假繁荣：世纪之交互联网的无序扩张

进入21世纪，伴随计算机科学与信息技术革新以及网络基础设施建设的加快推进，互联网行业的发展速度越来越快。全球范围内，涌现出网景、雅虎、亚马逊等一大批互联网公司。互联网落地中国后，国内的创业者看到了国外互联网的繁荣景象，掀起了一轮互联网创业潮，网易、新浪、搜狐等互联网公司相继成立。这一时期的互联网发展近乎"激进"。一方面，创业成本低、股价上升快，创业者们看到了互联网的发展潜力，大举进军互联网；另一方面，互联网行业的"大好形势"以吸引资本涌入,给股市带来了非理性狂热,营造出"虚假繁荣"的景象。[1]

一、网景公司成为互联网行业的"灯塔"

20 世纪 90 年代,在信息革命和金融全球化的推动下,美国经济从 1991 年 3 月至 2000 年 6 月持续增长,逐渐成为世界互联网技术的中心。[2]十年间,美国将信息技术产业定为国家发展战略,相继出台国家信息基础设施(National Information Infrastructure, NII)计划以及《互联网指导大纲》《电信法》等法令,放松行业管制、促进行业发展。

在此背景下,大量互联网公司开始涌现。1993 年,马克·安得森(Marc Andreessen)发布了一款名为 Mosaic 的浏览器。1994 年,原 Mosaic 公司更名为网景通信公司(Netscape Communications Corporation)。[3]网景浏览器一经推出便大获成功,它操作界面简单,具备按钮、滚动条和下拉菜单等元素,且第一次支持将图片和文本同时置于网页上。1995 年 8 月 9 日网景公司的 IPO[4],被认为是互联网商业化浪潮开始的标志——成立不到 16 个月的网景在美国上市,开盘价 28 美元,一分钟便飙升至 70 美元,两个小时内,500 万股被抢购一空,收盘价为 56 美元。[5]这一年,刚刚毕业的网景创始人马克·安得森,一夜之间身价达到 5800 万美元。当时的微软是世界上市值最高的公司,网景则被比作"互联网领域的微软"。[6]

在网景"成功"的带动下,互联网行业兴起了一轮创业潮。1995 年,杨

1　赵旭,王学锋,于东辉.烧.com——21 世纪中国最大经济泡沫内幕纪实[M].光明日报出版社,2001.

2　聂鸿天.美国互联网泡沫对中国的警示[J].商,2015(42):1.

3　蒋湘辉.因特网点火人——记网景公司缔造者之一马克·安德森[J].每周电脑报,1999(42):84.

4　注:首次公开募股(Initial Public Offering),指一家企业第一次将它的股份向公众出售。

5　方兴东,潘可武,李志敏,张静.中国互联网 20 年:三次浪潮和三大创新[J].新闻记者,2014(04):3-14.

6　吴敏.互联网泡沫的狂欢与散场[J].金融博览,2019(24):2.

致远和大卫·费罗（David Filo）成立雅虎公司,杰夫·贝索斯（Jeff Bezos）成立亚马逊公司,克雷格·纽马克（Craig Newmark）创建大型免费分类广告网站 Craigslist,皮埃尔·奥米迪亚（Pierre Omidyar）创建线上拍卖及购物网站 eBay,等等。根据 1998 年 4 月 5 日美国商务部发表的报告《浮现中的数字经济》记载:1996 年,全球使用互联网的人不足 4000 万,到 1997 年就超过了一亿;1996 年年底,被注册的互联网域名总计 62.7 万个,到 1997 年年底已经达到 150 万个;互联网上的通信量和交易量每 100 天翻一番;1997 年全球电子商务交易总额达到 250 亿美元。[1] 全球的互联网市场,正以难以想象的速度扩张。

网景公司等各种美国互联网公司的创立,也影响了中国的互联网创业者,起到了一定的带动效应。1983 年,汤姆·詹宁斯（Tom Jennings）建立惠多网（FidoNet）影响了马化腾、丁磊等的许多中国早期互联网爱好者。惠多网是一个在超过 3 万个公告板服务器的用户间交换电子邮件、讨论群及其他文件的系统,可被看作一个很简易的 BBS,被称为现代网络论坛的鼻祖。马化腾曾在文章中回忆道:

> 1995 年我用一部 Modem（调制解调器）和一条电话线开通了 FidoNet（惠多网）的深圳站,打开了一个新世界的大门。诞生于 1984 年的惠多网,是我与互联网的第一次亲密接触,这段经历让我对包括 BBS 在内的互联网产品,建立了最基本的认识。当时所有站点都是由热爱电脑通信的发烧友们自发组建,但随着时间的推移,在用户需求的驱动下,BBS 平台的功能不断增加。这是一款优秀互联网产品进化迭代的实例,我从中深受启发。[2]

20 世纪 90 年代末,全球互联网市场的春风吹进了改革开放的中国。此时的中国逐步开放市场,鼓励外商投资,吸引外资,加强与其他国家的贸易往来。在这样的环境下,大批归国的留学生和国内的互联网爱好者开

1　高红冰,姜奇平.网络经济有多少泡沫?[J].IT 经理世界,1999(12):14-15+17.

2　马化腾.用户、产业、社会（CBS）三位一体,科技向善[EB/OL].腾讯网,（2021-12-17）/[2023-10-11].https://www.tencent.com/zh-cn/articles/2201256.html.

始创办互联网事业。[1]1995 年,张树新建立了中国第一家互联网公司瀛海威。1999 年,网易、新浪、搜狐三大门户网站相继问世,成为中国互联网企业的第一个"风口"。所谓"门户网站",是提供综合性互联网信息资源并提供有关信息服务的应用系统,如果网民的活动都从他打开的第一个网站开始进行,那么这个网站将会拥有巨大的访问量和影响力,从而有着巨大的获利可能。这个阶段的雅虎已经成为美国门户网站的巨头,并于 1996 年成功在纳斯达克挂牌上市,引来中国互联网行业对门户网站及其商业价值的关注。

同时,互联网在中国得到快速普及。到 1999 年年底,国内网站数量达到 15000 个,上网用户为 890 万,连续两年保持每 6 个月翻一番的速度;用户平均每周上网时间 17 小时;当年电脑销售量突破 500 万台,总拥有量超过 1500 万台。[2]电脑的逐渐普及、网民群体的增长以及互联网公司的创办,一个庞大且充满可能性的市场即将形成。

二、美股市场掀起"互联网热"

20 世纪 90 年代,美国经济持续增长 110 个月之久,这段时间被人们称为"新经济"。一方面,美国经济迎来较长时期的繁荣,另一方面,世界范围内频繁爆发金融危机,导致大量本国和外国的资金流回或流向美国,为美国股市的火爆提供了充裕的资金基础。1999 年,全美 70% 以上的风险投资涌入互联网,总额达到 300 多亿美元。[3]

1999 年年底,以技术股为主的、美股最具代表意义的市场指数之一,美国纳斯达克（NASDAQ）综合指数以 4069.31 点结束了全年交易,一年内升幅高达 85.5%,而其中网络原始股的涨幅更是达到了 230%。[4]具体来看,美国在

1　赵旭,王学锋,于东辉.烧.com——21 世纪中国最大经济泡沫内幕纪实[M].光明日报出版社,2001.

2　史湘洲,周涛.网络经济:要发展不要泡沫[J].瞭望新闻周刊,2000(12):14-21.

3　薛伟贤,冯宗宪.网络经济泡沫解析[J].财经研究,2004(1):137-144.

4　史湘洲.网络经济:要发展不要泡沫[J].瞭望新闻周刊,2000(12):14-20.

线（American Online）于 1992 年 2 月上市，当时每股只有 0.229 美元，而 1999 年年底已涨到 62 美元；雅虎 1996 年上市时每股为 4.95 美元，1999 年年底股价涨至 432 美元；亚马逊 1997 年上市时股价仅 1.96 美元，1999 年年底已经涨到 113 美元。[1] 据调查，1998 至 1999 年间把名字改成与互联网相关的 63 家公司，仅在改名前后十天时间，股价就平均增长了 125%。[2]

1999 年美国发行的 496 支新股中有 242 支来自刚创业的网络公司，然而其中 224 家公司没有盈利记录，即亏损面达 93%。[3] 尽管许多网络企业盈利微薄，有些甚至亏损严重，市场价值却高过不少全球五百强的传统企业，可见市场对于这些互联网公司热情高涨：1999 年，雅虎公司税后利润不到千万美元，市值却有 1200 亿美元；网景公司更是亏损 3 亿美元，然而市值仍然达到 1300 亿美元。1995 至 2000 年间，股价上涨使美国社会总财富增加了 14 万亿美元，其中泡沫成分占到 1/3 以上。[4]

在 1993 年《中共中央关于建立社会主义市场经济体制若干问题的决定》中，我国官方文件首次提出资本市场概念，并明确要求发展和完善以银行融资为主的金融市场，同时积极稳妥地发展债券市场、股票市场。此后，国际资本大举进入中国，美国国际数据集团、高盛集团、美林集团、雷曼兄弟等国外的大牌投资银行积极介入中国网站的投资、建设与国外上市。[5] 1996 年，张朝阳的爱特信公司获得第一笔风险投资，是中国出现的第一例天使投资案例。[6] 1997 年，四通利方融资成功，将公司的互联网战略向前推进的同时，也为之后新浪网的成立奠定了基础。[7] 1998 年，爱特信公司获得第二笔风险投资，投资者包括英特尔、恒隆、美国国际数据集团等。[8] 1999 年，新浪宣布获得包括高盛集团在内的海外风险投资 2500 万美元，成为当时国内互联网公司获得的最大一笔

1　斯余.纳指重挫·泡沫破灭·网络无罪[J].Internet 信息世界，2000（06）：4-9.

2　方兴东，钟祥铭，彭筱军.全球互联网50年：发展阶段与演进逻辑[J].新闻记者，2019（7）：22.

3　斯余.纳指重挫·泡沫破灭·网络无罪[J].Internet 信息世界，2000（06）：4-9.

4　王春法.新经济是一种新的技术——经济范式[J].世界经济与政治，2001（3）.

5　史湘洲.网络经济：要发展不要泡沫[J].瞭望新闻周刊，2000（12）：14-20.

6　谌丽丹.搜狐将海外上市进行到底[J].国际融资，2003（12）：3.

7　刘韧，李戎.中国.COM[M].中国人民大学出版社，2000.

8　谌丽丹.搜狐将海外上市进行到底[J].国际融资，2003（12）：3.

投资。[1] 同年,8848 网站引进海外风险投资,正式改制为中外合资企业。[2] 而在该年年底,新浪宣布完成 6000 万美元融资,从而在上市前把自己做得规模巨大。[3] 为了扩大市场份额、开发新产品、扩大产品线,互联网公司的融资需求十分旺盛,他们如果能在交易所上市,便能大大拓宽融资渠道。然而,处于世纪之交的国内资本市场尚不发达,网络科技股轮番上市的纳斯达克成为许多初创互联网公司的选择。

1999 年 2 月 17 日,中国最大的电话机生产商 "侨兴环球" 在纳斯达克上市,成为我国第一家境外上市的民营企业。[4] 其首日就发行了 160 万股,并且募集到资金 890 万美元,这给中国互联网企业的赴美计划带来了信心。当时的中国刚刚参与世界市场,互联网公司直接赴美上市面临诸多政策限制,即使交易所接受注册在中国的公司,中国公司赴境外上市也不能绕过证监会,实际上获得其审批同意的概率非常低。[5] 为规避这一个限制,许多公司选择在境外注册上市实体,以协议的方式控制境内的业务运营实体,通过可变利益实体(Variable Interest Entities, VIE)结构登陆美股。这些具有中资背景或主要业务在中国大陆,并在外国股票市场(如纳斯达克)上市的中国公司股票,被统称为 "中国概念股(中概股)"。

而在还处于起步阶段的中国股市里,网络科技股已经开始受到投资者的追捧:一只以 "高科技概念" 作为宣传噱头的股票 "亿安科技",从 1999 年 10 月 25 日到 2000 年 2 月 17 日,70 天内股价从 26 元涨到 110 元,成为中国股市第一只 "百元股"。[6] 从美国到中国,掀起了一轮资本对互联网市场的投资热潮。

1　刘韧,李戎. 中国. COM[M]. 中国人民大学出版社,2000.

2　刘韧. 透析万泉河 8848 和 My8848 事件:鸡飞蛋打[EB/OL]. 新浪网,(2002-01-28)/[2023-10-11]. https://tech.sina.com.cn/path/2002-01-28/786.shtml.

3　刘韧,李戎. 中国. COM[M]. 中国人民大学出版社,2000.

4　赵旭,王学锋,于东辉. 烧.com——21 世纪中国最大经济泡沫内幕纪实[M]. 光明日报出版社,2001.

5　何济川. 去纳斯达克上市应注意什么[EB/OL]. 光明网,(2000-04-05)/[2023-10-11]. https://www.gmw.cn/01gmrb/2000-04/05/GB/04^18381^0^GMC1-008.htm.

6　赵旭,王学锋,于东辉. 烧.com——21 世纪中国最大经济泡沫内幕纪实[M]. 光明日报出版社,2001.

三、三大门户网站相继登陆纳市

正当"中国概念股"炒得火爆时，1999年7月，中华网以"CHINA"为交易代号，成功地登上了美国股市，成为中国第一家在纳斯达克上市的互联网公司。中华网是一家中文网络内容服务商，其主要股东是新华社、香港新世界公司和美国在线。中国最早一批的互联网创业者普遍认为，对于较早应用风险投资创业的中国互联网公司，在海外上市是必然的选择。[1]

作为第一只中国网络概念股，中华网登上纳斯达克首日便狂涨，成为当日纳斯达克最红的一只股票，融资8600万美元。2000年1月，中华网再次发行新股，又募得了3亿美元。中国市场展现出巨大的投资商机，也带动了一大批互联网公司乘势兴起。国内各大互联网公司纷纷开始计划在国外上市，尤其是当时风头正盛的三大门户网站：新浪、网易和搜狐。

新浪由王志东于1998年创立，是服务于中国及全球华人社群的互联网媒体公司，拥有多家地区性网站。新浪的门户网站内容广泛，采用平行结构，以满足中文互联网用户的一般需求。另外，为了迎合网民的专项兴趣，新浪在其网站上也提供垂直结构的内容，包括新闻、体育、社区、金融、技术等。在多轮融资之后，公司不断发展壮大，新浪上市被提上议程。然而，当时中国境内的互联网公司若想申请海外上市，必须把涉及网络内容服务的相关业务和资产分离出来。普华永道负责审计的曹国伟表示："以前参与过很多家企业的上市，但就没见过新浪这么难的，给美国证监会的报告就先后提交了八份。"[2]在上市陷入僵局之时，新浪COO茅道临将曹国伟引荐给王志东，此后，曹国伟便正式加入新浪任职财务副总裁。凭借在财务领域积累的多年经验，曹国伟在一番仔细研究后，为新浪量身定制了一套上市方

1　刘立新.上市给中国公司带来了什么——网易、分众传媒、亚信、空中网高层访谈[J].新财经，2006（08）：34-37.

2　杨威.十年打拼成就网络新传奇　曹国伟：职场人生三级跳[EB/OL].中国新闻网，[2000-04-05]/[2023-10-11].https://www.gmw.cn/01gmrb/2000-04/05/GB/04^18381^0^GMC1-008.htm.

案[1]。2000年3月28日，新浪正式申请在美国纳斯达克上市，这意味着新浪已经得到中国证券监督管理委员会的批准。[2] 2000年4月13日，新浪宣布首次公开发行股票，上市首日发行数量为400万股，每股定价17.75美元，首日最高21.125美元，最低也未跌破开盘价，最后报收20.8美元。新浪成为第一家登上美国纳市的中国门户网站。对此，王志东表示，"能上市本身就是一种成功"，"上市是进入美国资本市场的机会，面临的环境将更加残酷"。[3]

　　网易由创始人兼首席执行官丁磊于1997年创办，主要开发互联网应用、服务及其他技术，推出了门户网站、电子邮箱、电子商务等多种服务。1997年，丁磊受瀛海威启发创立网易公司后，在两年内陆续推出中国第一家全中文搜索引擎、第一家免费个人主页、第一家免费电子贺卡站、第一个网上虚拟社区和第一家网上拍卖平台。1997年，网易推出中国第一家免费邮箱系统。1998年，网易则开始向门户网站模式转型。2000年3月29日，网易向美国证券交易委员会提出上市申请。2000年6月30日，网易在纳斯达克挂牌上市，发行数量为450万股，每股定价15.5美元，首日最高17.25美元，最低10.625美元，最后报收12.125美元。[4] 网易首席运营官董瑞豹曾谈到公司选择在纳斯达克上市有几个原因：一方面，纳斯达克的投资人对互联网公司的兴趣很大，网易可以募集到相对多的资金；另一方面，纳斯达克是一个全球知名的交易市场，也具有较大的吸引力。[5] 实际上，在纳斯达克上市的网易公司并非注册地在中国广州的网易，而是注册地在美国、但在中国境内拥有技术软件开发与服务的外资公司。对于网易上市，丁磊谈道："（这）是我以前连想都不敢想的事，现在却真的变成了现实，我感到非常自豪和高兴。"[6]

　　1　即在开曼群岛注册上市公司A，然后在国内设立一个外商独资企业、不包含网络内容服务的纯技术公司B，同时再设立在国内真正经营业务的C。A通过持股控制B，B又通过独家技术服务协议控制C。

　　2　邓海峰，朱武祥.国外投资银行如何评估中国网络公司新浪海外上市的案例[J].国际经济评论，2000（5）：8.

　　3　邵莹.关于新浪、网易、搜狐上市的49个细节[J].电子商务，2000（04）：15-16+19-21.

　　4　邵莹.关于新浪、网易、搜狐上市的49个细节[J].电子商务，2000（04）：15-16+19-21.

　　5　刘立新.上市给中国公司带来了什么——网易、分众传媒、亚信、空中网高层访谈[J].新财经，2006（08）：34-37.

　　6　邵莹.关于新浪、网易、搜狐上市的49个细节[J].电子商务，2000（04）：15-16+19-21.

搜狐是中国的新媒体、通信及移动增值服务公司,创始人兼首席执行官为张朝阳。1996 年,从美国麻省理工学院毕业归来的张朝阳在北京注册爱特信公司,投资者包括麻省理工学院教授尼古拉斯·尼葛洛庞帝（Nicholas Negroponte）和爱德华·罗伯特（Edward Robert）,这是中国第一家完全依靠风险投资创办的互联网公司。[1] 1998 年,看到了美国雅虎模式的张朝阳,让爱特信公司打造"中国人自己的搜索引擎",正式推出搜狐网。这一年,王志东、丁磊、张朝阳一同被称为"网络三剑客"。2000 年,搜狐开始提供移动互联网内容服务,随后网易、新浪等一批网站均开通 WAP 站点,使 WAP 成为 2000年最具传奇色彩的名词之一。2000 年 2 月 4 日,搜狐向美国证监会提交上市申请时,按要求公布了 13—16 美元的发行价。而在完成上市登记之后,正赶上纳斯达克指数大幅度下跌,搜狐几次推迟了上市时间、变动了股价,将最初的每股 13—16 美元提高到每股 16—19 美元。搜狐用提高价格的作法当赌注,以期平衡一再推迟上市可能造成的市场心理的负面作用。[2] 2000 年 7 月12 日,搜狐登陆纳斯达克,首次公开发行股票。[3] 搜狐上市当天发行数量为460 万股,每股开价定为 13 美元,表明自己尽管看到市场见好,仍然决定低调上市的态度,该日股票价格并未有太大波动。然而,张朝阳最大的遗憾是上市时间太晚,认为"上市是新一轮竞争的开始"。[4] 至此,中国三大门户网站先后在美国纳斯达克挂牌上市,且全部集中在 2000 年。

四、社会各界对互联网的"追捧"

世纪之交,社会对互联网呈现出无限"追捧"的情绪,网民们对其热情拥护,社会舆论表现出积极取向,甚至出现了传统媒体人"跳槽"到互联网行业

1　赵旭,王学锋,于东辉.烧.com——21 世纪中国最大经济泡沫内幕纪实［M］.光明日报出版社,2001.

2　点睛,王景春.互联网时代的狐步与探戈——搜狐上市启示录［J］.新经济,2000（08）：36-40.

3　谌丽丹.搜狐将海外上市进行到底［J］.国际融资,2003（12）：3.

4　邵莹.关于新浪、网易、搜狐上市的 49 个细节［J］.电子商务,2000（04）：15-16+19-21.

的趋势,整个世界都对互联网张开怀抱。

1997 年,中国网民对于互联网的热情在世界杯预选赛中国队主场迎战卡塔尔队这场关键大战后被点燃。中国论坛第一帖《大连金州没有眼泪》迅速传播,更引来众多报纸竞相转载。这使得人们意识到,互联网不仅仅为人们带来新鲜的上网冲浪的娱乐体验,还能够在人与人之间建立联结,从而激荡全社会的情感共鸣。

1999 年年末,中国各大媒体陆续刊出大量网站宣传广告,网上拍卖、网上售书、网上求职、网上保险等网络应用,像冰箱、彩电一样贴近普通百姓的生活。新浪、8848 等品牌,如同海尔、长虹一样引人注目。[1]

《中国经营报》在 1999 年年底的报道中这样形容:"1999 年,对国内的互联网公司而言,是精彩的一年。从电子商务、网络股,到 72 小时网络生存测试、网络官司,再到加入 WTO……热门话题不断。尤其是在这一年中,不少互联网公司通过各种渠道融资,实现了资本扩张。"[2] 报道还总结了一份该年内获得海外风险资金的互联网公司长名单,其中不仅有新浪、瀛海威,还包括中贸网、国中网、实华开等。不难看出,"自从搜狐引进风险投资成功以来,风险投资已经和网络结下了不解之缘"。[3]

2000 年 6 月在北京举行的"中国互联网创业与风险投资大会"上,与海外风险投资家共进早餐的机会在经过数轮竞价后,被一家 IT 企业以 12000 元的创纪录高价"买走"。[4] 而后,成功主办该次大会的中国互联网集团（China Internet Group, CIG）又于 11 月底在深圳举行了"中国资讯科技与风险投资高峰会",CIG 首席执行官吴敏春表示:

> 中国的 IT 产业虽然比美国起步晚,但发展速度异乎寻常。在这样的背景下,国内的优秀资讯企业对资金的需求很迫切,大量的海外风险投资对中国这个巨大市场既非常感兴趣,又因不了解而有些畏

1　史湘洲,周涛 . 网络经济:要发展不要泡沫[J]. 瞭望新闻周刊,2000(12):14—21.
2　中国经营报 . 1999:互联网公司涌动海外融资潮[EB/OL]. 新浪网,（1999-12-22）/[2023-10-13]. http://finance.sina.com.cn/management/report/1999-12-22/15803.html.
3　同上 .
4　硅谷动力 . CIG 总裁吴敏春回答记者提问[EB/OL]. 新浪网,（2000-11-08）/[2023-10-13]. https://tech.sina.com.cn/i/c/41568.shtml.

惧。我们的目的就是要给双方创造一个直接沟通的机会,促进风险投资与企业的相互了解。[1]

另一方面,新兴的网络媒体大举挖掘传统媒体中的"网络人才",而传统媒体中的一些资深记者和编辑也相继"跳槽"进入新兴媒体。2000 年的《光明日报》这样形容:"仿佛一夜之间,几乎所有类型的传统媒体都体验到了人才流失的痛苦。网络,以其充满无限生机和诱惑力的空间,制造了一场颇具声势的人才流动潮……形成这股潮流的力量来自两个方面:一是个人主动投入网络空间,二是网络媒体主动挖了传统媒体的'墙角'。"报道中,BOOK321 的胡振东与人民时空网的黎松均表示,"希望从相关报纸、出版社找到人才"。[2] 随后的几年,还能看到《南方周末》原记者王子恢加盟搜狐任财经频道主编,《环球企业家》原总经理兼执行主编李雨出任网易副总裁,《新京报》原副总编王跃春担任搜狐常务副总编,等等。[3]

相应地,"网络经济"这一概念被媒体反复炒作,网络的作用被无限夸大,网络的前景被描绘得天花乱坠。例如,有媒体报道称:"随着因特网的迅猛发展,网络经济必将在 21 世纪成为全球经济发展的新支柱。对于亚洲来说,把握有利时机,赶乘新千年网络经济的列车,必然有利于提高经济竞争力,再创新的经济发展奇迹。"[4] 凡此种种。这些媒体描述直接影响了民众的心理,在社会上形成了一种浮躁、疯狂、投机的风向。事实上,很多投资者和从业者选择互联网,并不是真的相信它的价值,而是担心落后于形势。[5]

20 世纪 90 年代后期,美联储主席格林斯潘在不同场合多次发出警告,认为股市在该段时间的非理性上涨是不正常的,一旦泡沫崩溃,后果不堪

1　硅谷动力.CIG 总裁吴敏春回答记者提问[EB/OL].新浪网,(2000-11-08)/[2023-10-13].https://tech.sina.com.cn/i/c/41568.shtml.

2　吴一尘.图书网站与传统媒体的人才之争[EB/OL].光明网,(2000-03-30)/[2023-10-11].https://www.gmw.cn/01gmrb/2000-03/30/GB/03^18375^0^GMC1-308.htm.

3　王金榜.创新:报业"突围"的必由之路[J].新闻爱好者月刊,2008(2):9-10.

4　网络世界.网络经济为亚洲发展提供新机遇[EB/OL].新浪网,(2000-02-22)/[2023-10-13].https://tech.sina.com.cn/news/internet/2000-02-22/17936.shtml.

5　沈玉春,沈红芳."网络泡沫现象"引发的思考[J].中国软科学,2001(02):5.

设想。[1]中国工程院院长宋健也曾指出，缺少强大的农业和制造业支撑的信息化存在泡沫风险。[2]然而，这些警世危言在当时并没有得到人们足够的重视。

第二节　遭遇"寒冬"：互联网行业面临泡沫危机

早在 1998 年 7 月，保守经济学家詹姆斯·格拉斯曼便针对亚马逊和雅虎市值过高的现象发表了自己的看法，认为网络股如此狂涨是一种"泡沫"。[3]由于缺乏实体经济的支持，互联网股票市场产生泡沫会导致资源配置低效率、金融市场运行紊乱，甚至危害国家经济安全。[4]

伴随全球互联网的飞速发展以及资本的投资热潮，中国的互联网行业与全球市场早已形成了千丝万缕的联系，美国互联网经济的一举一动无不牵动着国内创业者、投资者的神经。在互联网行业无序扩张、资本市场非理性投资的背景下，美国的纳斯达克指数不断跌破新低，受其影响，中国互联网行业的泡沫开始破灭。

一、纳斯达克指数降至谷底

1995 年至 2000 年，平均每年有 200 家互联网企业在美国上市。截至

1　陈晓蔚.华尔街吹起了网络泡沫[J].上海微型计算机,1999(09):25.

2　陈琳.中国工程院院长宋健指出"信息社会"有清谈误国之嫌[J].思想政治课教学,1999(4):1.

3　斯余.纳指重挫·泡沫破灭·网络无罪[J].Internet信息世界,2000(06):4-9.注：一般认为,"泡沫"指的是虚拟资产的价格上涨持续上升,导致其价值远远大于固定资产等实物资产的现象。

4　聂鸿天.美国互联网泡沫对中国的警示[J].商,2015(42):216.

2000 年年初, 这些企业的平均市盈率达到 220 倍。[1] 一般认为, 市盈率[2] 过高意味着该股票价值被高估, 容易产生泡沫。许多从没赚过钱的网络公司, 股价却能够从几美元卖到几百美元, 这很难不让人产生疑虑甚至警觉。著名经济学家吴敬琏表示: "纳斯达克的泡沫成分已经相当严重, 不利于互联网行业的发展", 却遭到不少激进派学者的冷嘲热讽, 认为用市盈率来衡量股价是工业经济的陈旧思维。[3]

在这样的非理性狂热之中, 互联网泡沫的破灭在所难免。2000 年 3 月 13 日(星期一)的早晨, 大量对微软、戴尔、思科等高科技股领头羊的卖单同时出现, 金额达数十亿美元, 导致纳斯达克在该日一开盘就从 5038 点跌到 4879 点。这一天, 大规模的初始批量卖单引发了抛售的连锁反应: 投资者、基金和机构纷纷开始清盘。[4] 2000 年 4 月 3 日, 在广受关注的 "微软反垄断案" 中, 美国地方法院法官托马斯·杰克逊宣布微软通过 "反竞争手段" 来维持其对个人电脑操作系统市场的垄断, 并滥用这一力量谋取对网络浏览器市场的垄断, 更是引发了一连串的股市恐慌。这一判决沉重打击了投资者对科技股的持股信心, 他们纷纷抛售微软和其他科技股票, 以科技股为主的纳斯达克指数当天剧跌 349.15 点, 创单日下跌点数最高的纪录。[5]

纳指狂泻的, 得不到投资者支持的互联网公司面临倒闭。据美国《财富》杂志统计, 2000 至 2001 年, 美国至少有 519 家 ".com" 公司倒闭; 2001 年全年有 98522 人因此失业。[6] 2002 年 10 月 9 日, 纳斯达克指数降到 1114 点的谷底, 总市值从最高时的 6.7 万亿美元降到不足 2 万亿美元。在这个阶段, eToys、环球电信(Global Telecom)、世通(Worldcom)等知名公司纷纷破产,

1 吴敏. 互联网泡沫的狂欢与散场[J]. 金融博览, 2019(24): 2.

2 注: 市盈率(Price Earnings Ratio, P/E), 也称 "本益比" 或 "股价收益比率", 指的是股票价格与每股收益之比。

3 姜奇平, 黄诚, 廖靖军. 网络股的价值来源与网络股泡沫的矫正——兼评厉以宁和吴敬琏关于网络泡沫的观点[J]. 互联网周刊, 2000(18): 8-9.

4 吴敏. 互联网泡沫的狂欢与散场[J]. 金融博览, 2019(24): 2.

5 张启富. 微软垄断案及其影响[J]. 国际市场, 2001(02): 37-38.

6 苏咏鸿, 叶武滨, 王保平, 王兵, 杜燕鹏. 互联网泡沫反思录[J]. 中国电信业, 2002(05): 42-57.

幸存下来的企业也都元气大伤：市值下降、股价大跌。[1] 经济不景气，消费者信心受挫，许多企业开始缩减投资。2001 年第二季度，美国对外投资增长率下降 14.6％，其中对设备和软件的投资降幅达 15.1％。[2]

二、"网络概念股"股价暴跌

正如中华英才网创始人张杰贤在接受本书作者团队的访谈中提道：

> 2000 年之前，互联网开始火起来，逐渐产生了网络泡沫。1998 年、1999 年、2000 年 3 月份以前，都属于网络泡沫的产生时期。从 2000 年 3 月份开始，网络泡沫就开始破灭。[3]

2000 年以来，纳斯达克股指大幅走低，当时的新闻报道这样形容："众多网站战战兢兢、如履薄冰"，"互联网业充满了焦虑、不安"。对于号称"中国 AOL"的中国国情网，记者前往公司所在的崇新大厦进行探访，发现除极少数行政人员外，其余 100 多号人马均已不知去向，三楼原编辑部的大门已被成都铁路法院贴上封条。此外，报道中还提到被称为中国互联网第一个"烈士"的网站 R518.COM，其在 5 月 18 日上线后仅 13 天，便于 6 月 1 日关闭。记者遍询互联网业界人士，总结道："互联网业处于'市场寒冬'"，究其原因，在于中国互联网股票在纳斯达克市场的持续低迷。[4]

在资本的吸引下，2000 年前后中概股争先在纳斯达克上市。然而，2000 年 3 月互联网泡沫已经开始破裂。[5] 在这种环境下，中概股注定逃脱不了"流血上市、股价大跌"的命运：12 月底，网易收盘价 3.5 美元，是其 15.5 美元发

1　杜传忠，郭美晨．20 世纪末美国互联网泡沫及其对中国互联网产业发展的启示[J]．河北学刊，2017，37（06）：147-153．

2　王洛林等．2001-2002 年：世界经济形势分析与预测[M]．北京：社会科学文献出版社，2002．

3　本书项目组访谈资料．被访者：张杰贤．访谈时间：2016-08-04．

4　北京青年报．新闻调查：网站倒闭潮在中国应验了吗？［EB/OL］．中国新闻报，［2000-07-24］／［2023-10-13］．https://www.chinanews.com/2000-07-24/26/38854.html．

5　赵旭，王学锋，于东辉．烧.com——21 世纪中国最大经济泡沫内幕纪实[M]．光明日报出版社，2001．

行价的 22.58％；搜狐收盘价 1.875 美元，是其 13 美元发行价的 14.42％；曾经的上市标杆中华网收盘价 4.406 美元，是其 20 美元发行价的 22.03％。[1] 到 2001 年 3 月，搜狐、网易、新浪和中华网的股价分别为 1.09 美元、1.97 美元、2.47 美元和 4.25 美元，全部跌至 5 美元以下，成为"垃圾股"。[2] 按照美国证券交易委员会（Securities and Exchange Commission，SEC）的规定，当股价连续 30 个交易日低于 1 美元时，上市公司必须在 90 个交易日内，使股价回升至 1 美元以上且至少维持连续 10 个交易日，否则将被摘牌。

《国际金融报》在 2000 年 7 月刊登《华尔街不是中国网站的天堂》一文，写道："由于中国网络股在华尔街遭到冷遇，给中国网络企业海外融资路蒙上了阴影"，并担忧"美国投资界不再对其他中国的门户网站感兴趣了，也不再相信他们讲的'动人故事'"。[3]

2001 年 7 月，上市刚满一年的网易收到纳斯达克的停牌通知，可谓中概股的"至暗时刻"。[4] 中新社随后报道称："对于海纳全球众多公司的纳斯达克而言，网易的风波至多算一个小小的插曲而已，但对于中国互联网经济而言，这一信号却被放大成也许可以致命的惊雷。"不仅如此，还有人"悲哀地预言"道："中国的互联网公司在短时期内将再也难获外国投资者的青睐。"[5]

三、互联网公司裁员缩支

20 世纪 90 年代后期，互联网泡沫逐渐膨胀，美国上市的互联网科技股虽然市值屡创新高，但真正盈利的寥寥无几。1995 年至 2000 年平均每年上

1　谢天 . 2000 年：中国概念股流血上市［J］. 电子商务，2005（09）：53-54.

2　同上 .

3　魏炎 . 华尔街不是中国网站的天堂［EB/OL］. 国际金融报，（2000-07-20）/［2023-10-13］. http://finance.sina.com.cn/view/market/2000-07-20/42381.html.

4　赵王非 . 网易停牌危机显现：COM 财务隐忧［J］. 多媒体世界，2001（08）：15-15.

5　王以超 . 网易被纳斯达克暂停交易究竟是谁的悲哀？［EB/OL］. 中国新闻网，（2001-09-06）/［2023-10-13］. https://www.chinanews.com/2001-09-06/26/119599.html.

市 200 多家科技企业，仅有 15% 的 IPO 股票盈利。[1]中国的情况也不容乐观。在对新浪前总裁王志东的一次采访中，记者表示"现在是十个网站九个亏"，王志东立即纠正道"据我所知好像不止九个亏"。[2]

2000 年开始，中国的互联网公司纷纷开始裁员并缩减开支。2000 年 12 月 18 日，张朝阳在"搜狐 2000 年度报告会"上宣布，为了对股东负责，早日实现赢利，公司将进行大规模的人员裁减。[3]此次裁员约占搜狐员工总数的 20%，裁员重点主要集中在市场部门、支持部门和频道内容的制作部门。发行了第一支在纳斯达克上市的中概股的中华网，在 2001 年 3 月 28 日发布消息称为了削减开支、降低营运成本，计划出售非核心业务，并进行一次规模较大的裁员行动，将全球员工人数由 2417 人减至 2000 人。[4]此外，公司还将停止在几个国家的运作。而 5 月 18 日，中华网公司发布了一项大规模的业务重组计划，其管理层表示，此次计划将大幅削减成本开支，预定的目标是每年削减 5000 万美元的开支，削减幅度高达 60%。为达此目标，公司准备任命中华网新的管理层，大幅缩减管理层规模，同时在全公司范围内进行裁员。[5]凤凰新媒体副总裁兼凤凰网总编辑邹明在接受本书作者团队的访谈中也谈道：

> 2000 年，中国几乎所有的门户网站一个一个都在美国上市了，那时候我们也做了一个很大的融资计划。然而，互联网泡沫的破灭，阻挡了一大批当时像凤凰网这样的、有雄心壮志的人。我们本来也是要跟着冲出去的，结果一切的融资计划、大的发展计划全部停止。公司迅速地收缩，之前扩张到 100 多人，一下又缩到了 30 人。[6]

在互联网泡沫危机中，中国多家互联网企业面临倒闭，未倒闭的公司也

1　杜传忠，郭美晨．20 世纪末美国互联网泡沫及其对中国互联网产业发展的启示［J］．河北学刊，2017，37（06）：147-153.

2　斯余．纳指重挫·泡沫破灭·网络无罪［J］．Internet 信息世界，2000（06）：4-9.

3　赵旭，王学锋，于东辉．烧.com——21 世纪中国最大经济泡沫内幕纪实［M］．光明日报出版社，2001.

4　中通社．中华网宣布今年六月前裁员四百多人［EB/OL］．中国新闻网，（2001-03-29）/［2023-10-13］．https://www.chinanews.com/2001-03-29/26/81931.html.

5　王羽中．每年削减开支 5 千万美元 中华网计划裁员五百［EB/OL］．新浪网，（2001-03-29）/［2023-10-13］．https://tech.sina.com.cn/i/c/67474.shtml.

6　本书项目组访谈资料．被访者：邹明．访谈时间：2016-10-15.

大多经历了翻天覆地的人事重组:2001 年 1 月 16 日,中公网 CEO 原谢文投资成立的宽信网寻找风险投资无望,宣布"冬眠";3 月 7 日,ChinaRen 网站前 CEO、搜狐副总裁陈一舟宣布离职;4 月 18 日,国内两家著名的专业网站谋求集体生存,ChinaByte 和天极网正式对外宣布,双方合并其在互联网方面的业务;5 月 8 日,网易宣布业绩发布会推迟,后 CFO、CEO、COO 辞职;6 月 4 日,新浪对外宣布创始人、时任总裁、董事王志东辞职;8 月 8 日,8848 网站创始人、"中国电商之父"王峻涛因融资困难,宣布从 8848 旗下 B2C 业务 my8848 的董事长职位辞职;9 月,曾经的中国互联网行业的先行者瀛海威在经历了长达三年的人事重组、转型融资后,再次宣布裁员,从此逐渐淡出公众视野。[1]

第三节   震荡之后:关于互联网泡沫的讨论和反思

世纪之交,在资本的非理性追捧下,互联网行业陷入激进、疯狂的投机浪潮中,理性的声音被淹没。很快,互联网远不如预期的营收表现挫伤了投资者的信心,戳破了由".com"等网络元素编织的虚假繁荣幻象。互联网行业迅速降温,人们开始重新思考:互联网到底是什么、互联网企业应该如何运营、互联网行业应该如何发展?不少专家学者和业界从业者围绕互联网泡沫展开反思和讨论。

一、投资热潮与过度估值

经济泡沫经常出现在过剩资本对新兴产业的追捧之中。互联网泡沫破灭之后,一些专家、学者也集中性地对泡沫危机公开发声,表达自己的观点。经

---

1 苏咏鸿,叶武滨,王保平,王兵,杜燕鹏.互联网泡沫反思录[J].中国电信业,2002(05):42-57.

济学家厉以宁在 2000 年 4 月曾提出："经济总是在有泡沫与无泡沫，泡沫多与泡沫少之中往前发展的。"[1] 互联网泡沫产生于传统产业向网络经济转变的背景之下，产业结构调整导致资本结构重组。[2] 互联网凭借其应用的广泛性、增长的快速性和高成长潜力，很容易受到资本的追捧，"烧钱竞争"以及由此引发的经济泡沫在所难免。厉以宁说："正如长江流经三峡时有泡沫，水库放水时有泡沫一样，经济总是伴随着泡沫前进，绝对没有泡沫是不可能的。"[3]

投资者的理念也在发生变化，与 20 世纪 90 年代中期相比有很大的不同，进入 21 世纪的他们在"炒"未来、"炒"远景。然而，其中不乏一些没有实际内容的、靠人为炒得很大的网络股、科技股。厉以宁认为，互联网泡沫破灭不会影响整个经济发展的大局，但同时提醒道，投资者也要警惕股市风险。[4] 另一位经济学家吴敬琏则表示，不反对网络经济，但反对网络股泡沫。吴敬琏在 2000 年 4 月谈道："网络业确实非常重要，将来整个经济都要变成网络经济，这是肯定的，现在大家都看好这个行业，所以资本向这个行业流动是对的……然而什么东西都没有只是一个劲地吹，就叫互联网企业，这显然就是泡沫。"[5] 因而，增加优质网络股的供给来挤出泡沫，才是根本出路。从宏观的角度来看，网络股市场供求失衡是形成泡沫的根本原因。[6]

伴随着网景、雅虎的一夜暴富，世界的每个角落都流传着网络捞钱的"神话"——网络就是金钱。而后，先是门户网站接二连三地创立，接着又出现了一大批电子商务网站：B2C、C2C、B2B，再到垂直门户包括 IT、财经、招聘、旅游、拍卖等的轮番上阵。不能否认的是，资本在网络发展的过程中，确实起着非常重要的作用。但是，它仅仅起到化学反应中"催化剂"的作用，而不能代

1　中国商务在线 . 厉以宁：只要有实质内容，网络经济就不是泡沫［EB/OL］. 新浪网，（2000-04-16）/［2023-10-15］. https://tech.sina.com.cn/news/it/2000-04-16/22879.shtml.

2　杜传忠，郭美晨 . 20 世纪末美国互联网泡沫及其对中国互联网产业发展的启示［J］. 河北学刊，2017，37（06）：147-153.

3　厉以宁 . 经济泡沫不等于泡沫经济［J］. 当代经理人，2005（01）：1.

4　中国商务在线 . 厉以宁：只要有实质内容，网络经济就不是泡沫［EB/OL］. 新浪网，（2000-04-16）/［2023-10-15］. https://tech.sina.com.cn/news/it/2000-04-16/22879.shtml.

5　中国新闻周刊 . 经济专家吴敬琏：泡沫与网络经济［EB/OL］. 新浪网，（2000-04-29）/［2023-10-15］. https://tech.sina.com.cn/news/review1/2000-04-29/24147.shtml.

6　姜奇平，黄诚，廖靖军 . 网络股的价值来源与网络股泡沫的矫正——兼评厉以宁和吴敬琏关于网络泡沫的观点［J］. 互联网周刊，2000（18）：2.

表物质本身。资本不能代替一切,跟风炒作追捧资本的最终结果只能是加速泡沫的破灭。[1]

8848 的创始人王峻涛在离职后接受采访时说:"他们(指投资人)根本就没把公司业务当回事情,有些资本只把企业当成圈钱、做概念的砝码,根本不在乎企业的经营。"[2]新浪创始人王志东同样表示:"并不是所有的网络公司都真正理解和下决心去做互联网的事业,许多人认为,传统的经济规律在新经济时代已经不存在了,上市成为企业创立的目的而不是手段,股价成为投资的目的而不是结果。"[3]这种只注重"圈钱"而忽视技术创新、价值创造的"热潮",虽然在短期内推动了互联网行业快速扩张,但也不可避免地积累起巨大的泡沫与风险。

有学者反思认为,对于伴随互联网泡沫诞生的大多数公司来说,服务内容的创新并不是他们需要考虑的问题,他们只需热炒高科技概念、吸引媒体和用户的注意力,依靠一个好的"故事"便可以打动投资者,筹集大量资金。因而,市场陷入"编梦、融资、烧钱、上市、再烧钱"的怪圈。[4]

另有学者解释道,互联网泡沫受到了非理性经济的影响,认为投资者的主观偏好和整体市场风向的组合干扰了他们的理性决策,使实际经济行为偏离最优化。互联网行业产生非理性投资的原因可以被归纳为几个方面:投资者"追涨杀跌"的盲从,反应过度与反应不足,以及套利行为。[5]

"追涨杀跌"[6]现象源于市场上的投资者并不总是能保持理性,除了以互联网公司的贴现价格、未来发展前景等作为投资决策的依据之外,他们实际上经常受到群体心理的影响。尤其在互联网行业发展初期,投资者对该行业的情况和前景并不了解,较难准确估计其价值,很大程度上是根据前一期资产价格

1　苏咏鸿,叶武滨,王保平,王兵,杜燕鹏.互联网泡沫反思录[J].中国电信业,2002(05):42-57.

2　刘韧.透析万泉河 8848 和 My8848 事件:鸡飞蛋打[EB/OL].新浪网,(2002-01-28)/[2023-10-11].https://tech.sina.com.cn/path/2002-01-28/786.shtml.

3　斯余.纳指重挫·泡沫破灭·网络无罪[J].Internet 信息世界,2000(06):4-9.

4　苏咏鸿,叶武滨,王保平,王兵,杜燕鹏.互联网泡沫反思录[J].中国电信业,2002(05):42-57.

5　聂鸿天.美国互联网泡沫对中国的警示[J].商,2015(42):216.

6　注:投资者认为,最初价格的上涨将引起更大的上涨,价格一旦下跌将引起更大的下跌。

的上涨或下跌来决定买入或卖出。这种投资心理所主导的股市繁荣背离了实体经济基础,完全建立在投资者的预期之上。而一旦预期未达到,泡沫破灭便势不可挡。

　　投资者反应过度与反应不足[1]的具体表现为,当互联网公司股票过去表现很好时,即使出现一些负面消息,投资者也不会改变自己的利好预期;而一旦泡沫破灭,投资者对股市失去信心,预期降到谷底,即使有利好消息出台,投资者也不会马上作出反应。[2]无论反应过度还是反应不足,都建立在投资者"追涨杀跌"的心理基础之上,对互联网泡沫危机起到了助推作用。

　　在套利[3]心理的作用下,许多投资者买入互联网公司股票并不是为了成为股东、参与公司治理,而仅仅是为了在股价上涨后抛售赚取差价。于是,公司的盈利能力、实际价值都变得无关紧要,只要股价持续走高就行。他们中的许多人其实早已意识到泡沫的存在,也知道泡沫终将会破灭,但谁都认为自己不会是最后一个接盘的人,如同"击鼓传花"。[4]股市由投资变成投机赌博,同样是泡沫快速膨胀以致破灭的一个重要原因。

二、盈利能力与商业模式

　　根源于信息需求的网络经济很清晰地被盖上了"注意力经济"的烙印:许多网站都会显示一定期限内访问人数的统计,这个数字代表着网站对网民注意力的吸引,网站的生存兴衰由它决定。[5]1997年,美国学者迈克尔·戈德哈伯(Michael Goldhaber)谈及"注意力经济",他认为网络时代知识爆炸,信息异常丰富,而人们的时间和精力有限,只能浏览其中极少的一部分信息,因此网络时代最稀缺的资源是人们的"注意力",企业之间的竞争表现为对"注

　　1　注:行为金融学中,反应过度是指投资者造成价格对一直指向同一方向的信息变化有强烈的反应,如股价在利好消息下过度上涨或利空消息下过度下跌,偏离其基本价值。反应不足则是指由于投资者对信息的理解和反应过于保守,导致价格对信息变化反应较为迟钝。
　　2　杨善林,王素凤.股市中的过度反应与反应不足[J].华东经济管理,2005(02):119–121.
　　3　注:套利行为通俗来讲为低价买入、高价卖出、利用差价赚取利益的行为。
　　4　聂鸿天.美国互联网泡沫对中国的警示[J].商,2015(42):216.
　　5　薛伟贤,冯宗宪.网络经济泡沫解析[J].财经研究,2004,30(1):8.

意力"的争夺。他还形象地将网络经济称为"眼球经济"。[1]

　　注意力经济被认为是支持互联网行业"烧钱运动"的基础,网站相信吸引了注意力就会提高点击率,从而增加企业价值,获得更多投资,使得公司股票上市。当时的很多网站都喜欢用点击率、页面浏览量等指标来证明自己的价值,大力对公司进行宣传,而不肯在内容和服务上下大功夫。[2]从这点上讲,所谓的注意力经济绝对是"泡沫经济",如果注意力经济是建立在"注意力"而不是"实力"的基础之上,那它很快将成为视觉垃圾。[3]

　　有学者认为,互联网泡沫的决定因素在于网络公司在经营过程中产生了大量的短视行为,为了抬高自己在网络用户和媒体中的"知名度",提高"注意力",许多网络公司宣传费用在总支出中占的比重高达 70% 至 80%,这些公司"掷千金"铺排场的做法被人们形象地称为"烧钱"。网络公司提高品牌注意力和追求企业成长率的最终目的,是希望能够源源不断地获得风险投资,并且使公司股票上市。所以,大部分网络公司的经营本质基本上可以用"融资"两个字来概括。[4]

　　网络公司这种短视的经营行为往往使他们忽略了企业发展最本质的东西,即不断加强公司自身的建设,重视公司的内部管理,以及为消费者和网络用户提供最优秀的信息产品和信息服务。网络公司倒闭的主要原因几乎都是因经营成本过高、商业运作计划不周、边际利润微薄使得投资公司宣布中止继续注资。[5]一个企业没有赢利能力,指望持续不断的外来投资,很难不成为一个泡沫公司。而如果互联网行业中充斥着大量的泡沫公司,整个网络经济也很难不产生泡沫,并最终走向破灭。

　　作为互联网泡沫破灭的亲历者,《人民邮电报》总编辑武锁宁在接受本书作者团队的访谈中提道:

　　　2000 年网络泡沫破灭以后中国几千家几万家互联网公司倒闭

1　Goldhaber M H. The attention economy and the Net[J]. First Monday, 1997, 2(04).
2　沈玉春,沈红芳."网络泡沫现象"引发的思考[J].中国软科学,2001(02):5.
3　Goldhaber M H. The attention economy and the Net[J]. First Monday, 1997, 2(04).
4　沈玉春,沈红芳."网络泡沫现象"引发的思考[J].中国软科学,2001(02):5.
5　苏咏鸿,叶武滨,王保平,王兵,杜燕鹏.互联网泡沫反思录[J].中国电信业,2002(05):42–57.

了，只有少数活下来……为什么网络泡沫破灭？因为它全是眼球经济，所以资本市场实在等不下去了，就撤资了，网络就破灭了……破灭的原因是还没有商业模式。[1]

世纪之交，"概念"成为是否投资互联网公司的主要判断依据，许多公司靠热炒概念募集了大量资金，股价也在炒作中大幅上扬。有学者分析，多数互联网公司经营的本意是融资而非价值创造，只追求概念上的所谓高新技术含量，吸引用户与媒体的注意力以获得风险投资的青睐并力争上市。而不断涌现的各种门户网站、电子商务网站等吸引了大量风险投资，在满足公司资金需求的同时，也加剧了互联网行业的过度繁荣，积累起较大的行业泡沫与市场风险。"这种只注重融资而忽视以技术创新实现价值创造的商业模式，虽然在短期内有利于助推互联网公司快速发展，但也不可避免地促使其迅速地走向衰落。"[2]

三、行业规范与监管

受自由主义经济理论影响，美国自 20 世纪 70 年代开始放松对电信等行业的政府管制，90 年代更进一步鼓励市场竞争，签订了《北美自由贸易协议》。放松管制、促进竞争无疑大大促进了技术创新和生产力进步，具有积极意义。但是，这同时也导致行业准入门槛过低，大量公司并不具备相应的资质与能力，不正当竞争激烈，过度投资严重，并不利于行业的健康发展。[3]

当时中国的互联网管理制度也存在自己的问题。1998 年，信息产业部成立，成为互联网产业的主管部门。然而，信息产业部隶属于国务院，直接对国务院负责，不是一个独立的行政机构。因此信息产业部只有建议权能，缺乏独立的决策权。另外，作为被管制者的众多电信运营商绝大部分所有权都属国有，由国务院具体实施对国有资产的管理与经营。也就是说，作为管制者的信

1　本书项目组访谈资料．被访者：武锁宁．访谈时间：2016–10–31.
2　杜传忠，郭美晨．20 世纪末美国互联网泡沫及其对中国互联网产业发展的启示[J]．河北学刊，2017, 37（06）：147–153.
3　同上．

息产业部和作为被管制者的电信运营商都处于国务院的领导之下,管制部门既没有从政府机构中独立出来,也没有完全和被管制者斩断关联。缺少完全独立的主管部门,对于互联网的监管效果自然也要大打折扣。[1]

从公司治理的角度来看,20 世纪 90 年代,在美国政府放松管制、审计不力的大环境下,互联网公司高层利用上市融资谋取私利的现象十分普遍:为了获取暴利,故意虚报利润、抬高股价,导致公司市值远远脱离真实的资产价值。而在缺乏外部监管和完善的信息公开制度的情况下,投资者也难以对公司价值进行准确的评估,导致股价泡沫越积越大。随着微软反垄断败诉等消息的曝光,资本市场信心受到严重打击,建立在投资者预期之上的股市泡沫轰然倒塌。[2]哪怕在泡沫崩溃后,每个人所承受的损失也有很大差别:从 1999 年 9 月到 2000 年 6 月,美国互联网公司的内部人员套现超过 430 亿美元,这意味着许多内部人士早在股灾之前就已全身而退,遭到严重损失的大多是散户。[3]

而在当时的中国,像纳斯达克这样的创业板市场尚未形成,互联网企业融资缺乏稳定规范的渠道,再加上管理的落后和法治的缺失,很容易诱发资本市场的投机和欺诈行为。[4]互联网公司创立初期人数较少,组织结构比较自由,但随着公司规模的扩大,利益相关主体增多,公司治理结构不合理、治理能力低下等问题便暴露出来。

此外,中国的互联网行业内部存在严重的产业链失衡现象。一个产业的持续发展需要各个环节准确的定位和合理的分工,互联网行业同样如此:上游的基础设施制造商提供技术工具,中游的电信运营商提供网络带宽和接入手段,下游的网站面向用户提供服务内容和应用,加上与商事交易配套的网上支付、线下物流以及相关的税收政策和法律法规,共同组成了一条完整的互联网产业链。[5]

但在这个时期,消费者与投资者过分高估了网站的地位。1996 年全球注

1　刘新梅,刘胜强.我国电信管制机构改革研究[J].经济社会体制比较,2004(06):44–48.

2　杜传忠,郭美晨.20 世纪末美国互联网泡沫及其对中国互联网产业发展的启示[J].河北学刊,2017,37(06):147–153.

3　吴敏.互联网泡沫的狂欢与散场[J].金融博览(财富),2019(12):81–82.

4　陈浩,马建军.网络经济泡沫的成因分析[J].商业研究,2002(06):7–9.

5　苏咏鸿,叶武滨,王保平,王兵,杜燕鹏.互联网泡沫反思录[J].中国电信业,2002(05):42–57.

册的网站只有十多万家，到 1999 年年底就达到 300 多万家。[1]大量的重复投资缺乏核心技术的支撑，网站水平低、同质化严重，上中游传统行业得不到重视，中国大部分"网络经济"沦为"网站经济"。而随着纳指暴跌，市场信心受挫，资本退出，缺乏产业链合作自救的互联网公司根本不可能维持经营。总的来说，完善的行业监管制度和先进的公司治理结构是规避互联网泡沫风险的重要保障。[2]

第四节　走出低谷：互联网行业探索新发展

短短十年，中国的互联网行业经历了从无到有、飞速扩张后又迅速"降温"的过程。宛如一次行业洗牌，互联网泡沫间接调整甚至在某种程度上优化了互联网行业结构。而互联网泡沫的破灭，也使人们逐渐意识到，互联网行业不能只有"概念"的炒作，互联网企业开始思考如何找到适合的商业模式实现真正意义上的创收。从震荡中"存活"下来的互联网公司回到同一起跑线，努力寻找着更符合行业特性和中国国情的盈利模式。

一、互联网行业结构优化

互联网泡沫的破灭，带来了互联网行业的重组、洗牌，产能落后、空有概念的公司被淘汰，行业结构得到优化。但需要看到的是，互联网泡沫危机并没有从根本上阻止信息技术的创新和发展。有专家指出："一个世纪以来，汽车、微机等新技术、新产品的出现都曾对市场产生过或大或小的冲击，由于非理性

1　徐莉莉，严建新 . 试论网络经济中的泡沫［J］. 海南广播电视大学学报，2001（03）：27-31.

2　陈浩，马建军 . 网络经济泡沫的成因分析［J］. 商业研究，2002（06）：7-9.

狂躁以及由此导致的市场崩溃会造成经济的短期震荡,而在震荡过后,新技术、新产品推动经济长期增长的作用仍会显现出来。"[1]

1999 年创办前程无忧的甄荣辉目睹了互联网泡沫的破灭,他在接受本书作者团队的访谈时有如下感言:

> 互联网冬天后的曙光给我印象最深。2000 年互联网泡沫破灭了,中国第一批在美国上市的时候都是门户网站,三大门户网站上市以后就面临互联网冬天,那冬天是挺苦的。但是能熬过冬天到 2002 年年底携程上市了,2004 年后面的大概一年半,百度、腾讯也上市了,我觉得最难忘的是这个冬天的结束到之后曙光的出现,在这个时候能熬过这个冬天的才是最有生命力的。[2]

面临泡沫危机,互联网行业处在重新洗牌的关键时刻。E 龙网创始人唐越直言:"对我们来讲,互联网只是一个工具而已。使用这个工具不是我们的目的。互联网公司要盈利,还得靠每个行业,只不过互联网使我们融入每个行业中去了。我根本就不认为互联网能脱离传统而存在。"[3] 互联网不是远离传统,而是对传统产业价值的增加。软库中华基金北京代表石春明认为,投资风向变了,把传统公司变成在线公司,是新的投资重点。[4]

逐渐地,互联网行业开始寻求向实体经济融合,或探索改造传统产业的可能性。2000 年 4 月,联想集团推出了酝酿已久的 FM365 网站,内容涵盖从新闻到购物的方方面面。"再不用四处搜寻,到此一站即可满足需要",联想总经理杨元庆称,他的目标是,一年之内让 FM365 进入国内网站前十。同月,海尔集团总裁张瑞敏开通了海尔电子商务体系。TCL 集团副总裁吴士宏则宣布实施让每个家庭与互联网相连的"天地人家,伙伴天下"的发展战略,为中国百姓家庭提供互联网接入、网上信息和服务。北大方正集团表示一半以上的人将从原来业务中剥离出来,从事新的因特网业务。首钢集团则宣布将投资 100 亿元进入互联网产业。[5]

1　吴敬琏. 中国的网络泡沫并不大[J]. 领导决策信息,2001(23):17.
2　本书项目组访谈资料. 被访者:甄荣辉. 访谈时间:2016-04-29.
3　斯余. 纳指重挫·泡沫破灭·网络无罪[J]. Internet 信息世界,2000(06):4-9.
4　同上.
5　同上.

良好的实体经济是互联网产业健康发展的基础,也是避免泡沫危机的前提。对于这一点,新浪创始人王志东做了一个生动的比喻:"网络就像蒸汽机,结合了马车、帆船、织布机才能带来真正的工业革命。"[1] 大量互联网企业在资本市场的冲击下倒闭,但这也淘汰了众多缺乏创新能力的"伪互联网公司",改善了此前的无序竞争状态。幸存下来的企业大都在技术、管理等方面具有优势,他们迅速在市场上恢复活力、站稳脚跟。

在2001年倒闭的网站中,电子商务公司占比较高,其中一个重要原因就是这些公司往往只注重网站建设,缺乏与供应链、仓储和物流行业的紧密合作。在经历了8848的探索以及当当、易趣、卓越的艰难发展后,随着移动支付环境和线下配送渠道的完善,我国庞大的消费市场开始发挥优势,电子商务低成本、高利润的规模化效益逐渐显现,其市场总值从1999年的800万美元增长到2003年的100亿美元。阿里巴巴于2007年11月6日在香港上市,首日股价收盘逼近40港元,市场价值超过250亿美元,与价值20多亿美元的三大门户拉开一个数量级。由于电子商务与传统产业结合紧密,主流社会更加信任、更加踏实,也有助于提升互联网的社会影响和社会形象。[2]

二、"收费"还是"免费"

互联网的商业化进路不仅有"发展""成功",也有"困难""失败"。在遭受互联网泡沫带来的巨大经济创伤后,互联网企业亟须寻求新的创收方式。于是,互联网行业开始掀起"收费运动",电子邮箱、个人主页、搜索引擎等均开始推出收费服务,寄希望于将运营成本摊派到用户一侧。不料,此种做法遭到了用户的强烈反对和抵制。

2002年3月,263邮箱宣布于5月结束免费。伴随着263用户的纷纷声讨,一时间舆论哗然:"263停止免费邮箱服务该不该召开价格听证会?263

1　方兴东,潘可武,李志敏等.中国互联网20年:三次浪潮和三大创新[J].新闻记者,2014(04):12.

2　林峰.网事浮沉报告[J].新经济,2010(09):38-43.

的行为是否有价格倾销之嫌? 是不是一种强制销售行为? 是否违背了诚信原则?"[1] 有的用户在抗议之余,甚至要将 263 告上法庭。

　　虽然 263 是第一个彻底告别免费邮箱的网站,但绝非第一个因"收费"而受到声讨的网站。2001 年 8 月 3 日,新浪将原有 50MB 的免费邮箱容量缩减到 5MB,并正式推出收费邮箱服务;9 月 25 日,TOM163 推出"随身邮"收费邮箱服务;10 月 16 日,中华网宣布不再提供部分免费邮箱服务;10 月 17 日,21CN 宣布将其免费邮箱容量降至 5MB。尽管各家网站的电子邮箱从"免费"到"收费"的步子迈得格外小心,但是,每前进一步都在用户中引起强烈的震动。许多用户表示,意识里还没有接受收费邮箱的模式,也不会为电子邮箱付费。[2]

　　相较之下,个人主页收费得到的声音要缓和不少。网易在 2001 年 4 月率先推出个人主页的收费服务,并将收费金额定为三个标准,即小虾级用户每年 300 元,大虾级用户每年 700 元,龙虾级用户每年 1500 元。在这之前,网易做了针对个人主页收费问题的在线调查,发现有 35.5% 的用户愿意为个人主页支付一定的费用。对此,《北京青年报》评论道:"网站要继续生存,从收费项目上赚取利润维持运营是无可厚非的,关键是看靠什么挣钱。如果仅是把已经成型的免费产品改成收费,恐怕收不上钱还会招来骂声,但若作为增值的服务推荐给网民,情况就会不同。"[3]

　　与电子邮箱和个人主页相比,搜索引擎对于商业网站进行收费,则受到了舆论的普遍认可。2001 年 9 月,搜狐正式推出面向企业网站的分类搜索收费增值服务,在符合收录标准的前提下,使接受该服务的网站得以享受搜索优先权,以较低的成本更有效地进行网站宣传。《经济日报》在 10 月的报道中谈到"网站以一个什么样的切入点来收费才不至于招来骂声一片"时,认为"不久前的电子邮件收费,很大程度上就是一个败笔,既没有招揽到多少用户,没能收到多少银子,又伤了广大网民的心,使网站失去了良好口碑",并表示"搜索引擎作为互联网上仅次于电子邮件的第二大常用服务,是企业从事互联网

　　1　苏咏鸿,叶武滨,王保平,王兵,杜燕鹏.互联网泡沫反思录[J].中国电信业,2002(05): 42-57.

　　2　同上.

　　3　李佳.网站向何处去 主页收费意义又何在[EB/OL].北京青年报,(2001-04-09)/ [2023-10-17].https://tech.sina.com.cn/i/c/61923.shtml.

推广和网络营销的最重要途径之一，在此基础上推出的增值服务更加具有收费的基础"。最后总结道："网站不是不能收费，而必须要使用户感到'物有所值'。"[1]

三、互联网企业寻求盈利

经过暴风雨的洗礼，互联网行业的幸存者们积累了更丰富的市场经验，当年稚嫩的创业者在经历互联网泡沫涌起与崩溃后更加成熟。网易在经历发展低谷和退市风波后，凭借服务提供商[2]和网络游戏两大支柱业务重登纳斯达克。丁磊瞅准小额代收费的手机短信作为网站增收的重要途径，进军短信业务，并成立无线事业部，很快实现盈利。短信业务的上扬，让丁磊能够招募到更多的人投入网络游戏的开发，逐步形成正向循环。2003 年 10 月 10 日，网易股价升至 70.27 美元，是 2001 年最低时刻的 110 倍。

关于手机短信业务，不得不提到中国移动在 2000 年推出的"移动梦网计划"，该计划确定了电信运营商和数百个服务提供商的多赢合作模式，形成完整的产业链。[3]初期，"移动梦网计划"是为了支持刚刚开通的 WAP 业务[4]，然而随着互联网泡沫的破灭，WAP 业务甚至还没热起来就被人们抛弃。不久后，短信业务异军突起，中国移动认识到必须调整策略，便将"移动梦网计划"的基础业务转向短信，并出台业务发展计划和收入分摊计划。最终，中国移动确定短信业务的收费按通信费与信息费独立的模式进行，信息费完全由服务提供商依照市场需求自由定价，只需与运营商分成即可。于是，没有了风险投

1　刘雁军.鱼与熊掌可兼得 互联网站收费应有好的切入点[EB/OL].经济日报，[2001-10-11]/[2023-10-17]. http://news.enorth.com.cn/system/2001/10/11/000162676.shtml.

2　注：服务提供商（Service Provider, SP），是移动互联网服务内容、应用服务的直接提供者，常指电信增值业务提供商，负责根据用户的要求开发和提供适合手机用户使用的服务。

3　苏咏鸿，叶武滨，王保平，王兵，杜燕鹏.互联网泡沫反思录[J].中国电信业，2002（05）：42-57.

4　注：WAP 为 Wireless Application Protocol（无线应用协议）的简称。WAP 业务是为移动终端用户提供的 INTERNET 应用服务，提供了通过手机访问互联网的途径，是移动通信的一种基本的数据业务。

资和收入来源的互联网公司,仿佛抓住救命稻草一般积极投入其中。[1] 此后,手机用户通过发送短信即可获取天气预报、股票信息,甚至浏览网页新闻、进行在线聊天。

为重新引起投资者的关注,新浪、搜狐、网易等互联网公司纷纷"出招",以图生存。在参与"移动梦网计划"、分享短信产业链的优势之后,新浪形成了其在新闻和评论方面的竞争力;搜狐打造自己的门户矩阵,推出 17 个地方版,并建立和携程、搜房、三九健康网等网站的战略合作伙伴关系;网易作为中国原创网游的先行者,则愈来愈把重点放在网络游戏上。三大门户网站的发展方向逐渐出现分化,呈现出"术业有专攻"的态势。2002 年第三季度,搜狐公司宣布首次实现全面赢利,新浪和网易也相继宣告赢利。[2]

2003 年,效仿 Google 开展搜索引擎服务的百度和专营在线票务服务的携程相继在纳斯达克上市,股价一路走高,中概股再次成为纳斯达克市场的投资热点。与互联网泡沫膨胀时期不同的是,这一次的股市繁荣并非概念冲动,而更多基于网络实体经济的扩大。从三大门户到百度、携程,股价升值的背后是营业收入的持续增长。互联网行业从原来的"网站经济"成长为一个综合了固网运营商、移动运营商、设备制造商、网络提供商和用户等多方力量的新兴产业链,这是网络经济此后健康发展的根本原因所在。[3]

互联网泡沫破灭之后,再也没有一个风险投资者敢把钱随意给到一个毫无赢利能力的".com"公司。同时,败走资本市场也让互联网企业重新思考,单单只做内容、媒体,依靠广告、佣金等方式,是否足以抵挡住资本市场的波动和金融危机的侵蚀? Web 2.0 概念正是在这样的背景下被提出。

2004 年,蒂姆·欧瑞利(Tim O'Reilly)提出 Web 2.0 的概念,对应的是移动互联网,用户不再只是内容接收方,还是可以在线阅读、点评、制造内容的内容提供方,并与其他用户进行交流沟通。提供服务的网络平台成为中心和主导,聚集起海量网络数据。与 Web 1.0 比较,Web 2.0 所描述的是一种应用环境,以博客(Blog)、社交网络(SNS)、聚合内容(RSS)等应用为核心,依据

1　彭俊.不一样的"计划"从"移动梦网计划"说起[J].通信世界,2003(03):13–14.

2　谢天.2000 年:中国概念股流血上市[J].电子商务,2005(09):53–54.

3　林峰.网事浮沉报告[J].新经济,2010(09):38–43.

六度分隔、XML、Ajax 等理论技术来支持互联网运营。

　　2006 年被称为中国的"博客元年"，不仅专业的博客网站以爆炸式的速度增长，传统网站包括新浪、搜狐、网易等也纷纷提供博客服务。博客以个人为中心，给大众提供了一个自由抒发感情、表达观点的舞台，是发表言论的最好载体。以新浪为首的门户网站的介入催生了博客的飞速增长，当时每日用户增速达数千人次，在吸引公众眼球的同时，博客无形中形成了以自身为载体的小圈子以及人际关系网。[1]Web 2.0 作为注重人本思想的新型网络信息组织方式，强调互动参与、共建共享，受到越来越多风险投资的支持。不论是专业化的 Web 2.0 网站还是传统门户的 Web 2.0 重构，这些典型应用都制造着更高效的"眼球经济"。[2]

　　1　杨俊敏 . 博客红遍中国 Web2.0 步入"个性时代"［EB/OL］. 荆楚网，（2006-04-28）/［2023-10-17］. http://www.cnhubei.com/200604/ca1054616.htm.

　　2　张丽丽 . 从 Web2.0 到 Web3.0——看互联网泡沫消长［J］. 图书情报工作，2008，52（12）：4.

第四章
重整旗鼓：PC 时代的互联网

　　受到千禧年全球互联网泡沫破灭的影响，中国刚刚发展起来的互联网企业遭受集体重创。非理性繁荣的泡沫被现实扎破，中国和美国的基本国情不同，在政治、经济、文化等各领域存在巨大差异，照搬美国硅谷模式并非一条可持续的发展路径，中国互联网人开始重新思考如何探索并发展互联网的中国式道路。

　　依据不同的标准，可以将中国互联网的发展历程分为不同的阶段，本书以接入互联网的主要方式和终端为依据，将互联网发展历程划分为 PC 时代、移动时代以及智能互联时代。本章即从历史视角来概述 PC 时代的中国互联网发展图景。PC 互联网并非一个严谨的学术用语，而是为区别于移动互联网来说的传统互联网，指用户以个人计算机为终端，通过宽带技术和实体网线接入网络，获取互联网服务。以此为依据划分中国互联网发展的原因，一是接入互联网的技术和终端对互联网的整体发展有重要影响，包括信息生产与传播方式、用户的使用习惯与消费行为、产品功能与服务、经营方式与商业模式等都会随着接入方式和终端的不同而呈现出不同的发展逻辑。二是相较于以中国互联网发展的某些具象特征为依据的划分方式，以技术和终端的划分方式更具有一般性，可以将同时期国内外互联网的发展进行横向比较，更加突出中国互联网发展的特色。

　　站在历史的长河中回望，中美互联网发展的历史性大分流就开端于互联网泡沫破灭之后。互联网泡沫的破灭，让中国互联网企业立足本土化，思考并尝试走出与美国互联网模式不同的发展路径，从网络游戏、电子商务、网络视频、社交媒体等各领域入手，展开积极的"自救运动"，逐渐勾勒出中国特色互联网发展蓝图。

第一节　因地制宜：本土互联网企业盈利模式探索

20 世纪 90 年代初期，互联网的商业化和全球化为资本市场注入了新的活力，与互联网相关的概念成为当时市场追捧的对象。但实际上当时互联网的商业化还处于起步阶段，商业模式和经营方式都比较单一。互联网信息服务企业最初都是以网络接驳作为主要业务方向，而将信息服务仅仅视为上网服务的附加值，并在很长的一段时期内采取"免费模式"。1999 年到 2000 年，国内互联网开始商业化，基本对标美国互联网的商业模式，一大批以"风险投资 + 硅谷经历 + 美国网站成功商业模式"为特征的互联网企业相继涌现。正因如此，2001 年美国的互联网寒冬也严重影响了国内互联网的发展。国内互联网人开始从硅谷模式下的亦步亦趋逐渐走出迷茫，开始思考中国互联网发展的核心价值，结合国情思考商业模式的变革以及创新，这些尝试和改变为处于迷茫和萌芽阶段的中国互联网发展带来了曙光。

一、战略转折：从对标模仿到挖掘本土用户需求

如果说互联网从落地中国到逐渐商业化的最初五年，其发展还处在蹒跚学步阶段的话，2000 年全球互联网泡沫的破灭，就为萌芽期的行业带来了振聋发聩的第一声惊雷，要想走出低谷，中国的互联网必须要闯出自己的道路。

模仿国外成功的互联网商业模式固然是可以快速获得市场和资本认可的

捷径，但仅限于初期阶段，随着市场的扩大，很多问题也随之而来，创业者和从业者们想要开辟中国式互联网发展道路还面临很多困难[1]，包括：产业发展与政策支持不同步，企业软硬件维护成本较大成为负担[2]，同质化严重[3]，互联网普及率较低，消费者意识不成熟等[4]。其中，市场规模与用户接受度问题是当时互联网企业面临的重要问题。

当时人们对互联网的理解和认识比较浅，企业在宣传产品之前，先要普及互联网知识。原焦点科技董事兼副总裁姚瑞波回忆市场初创时谈道："我们最早做商业的时候，很多人也不知道互联网是做什么的，我们经常要做的事就是给大家做科普。南京以前有个金陵图书节，是在金陵图书馆举办的读书活动，那会儿有安排一些演讲，我还去那儿给大家普及过互联网知识。以前有展会，我们还印了很多资料，去介绍什么是互联网，互联网能给大家带来什么，所以那个年代大家对互联网知之甚少（更别说购买相关服务和产品了）。"[5]

随着用户普及与认知的提高，仅靠概念"圈地跑马"已经行不通，中国互联网发展必须要有切实内容和实际价值。2000年4月15日，当时北京大学光华管理学院院长厉以宁教授在香港科技大学公开演讲时提出了这样的观点：只要有实质内容，网络经济就不是泡沫[6]。仅依靠新概念吸引用户眼球只是企业发展初期的经营手段之一，要想走得长远，必须依靠切实的内容，创造实际价值。在当时，切实内容指的是互联网企业发展要有立足点；创造实际价值指的是要能够提供有价值的内容和服务，满足用户需求。虽然当时互联网的普及率低，但是中国巨大的人口规模就预示着我国具有推动互联网发展的

1　李默风.模仿和拷贝挫伤价值创造力，互联网集体面临商业模式拷问[J].IT时代周刊，2007（01）：26–27.

2　严亚兰，查先进.中国因特网站点信息服务成本收益分析[J].中国图书馆学报，2001，27（1）：32–34.

3　宋文墨，毛基业.浅探互联网应用中的同质化与差异化[J].清华大学学报（自然科学版），2006（S1）：1154–1159.

4　朱建华，何舟.互联网在中国的扩散现状与前景：2000年京、穗、港比较研究[J].新闻大学，2002（02）：10.

5　本书项目组访谈资料.被访者：姚瑞波.访谈时间：2016–08–06.

6　厉以宁：只要有实质内容，网络经济就不是泡沫[EB/OL].中国商务在线.（2000–04–16）/[2023–08–01].https://tech.sina.com.cn/news/it/2000–04–16/22879.shtml.

巨大市场力量，这也给创业者和经营者们以巨大的市场信心[1]。在现实困境与市场前景的双重驱动下，互联网的创业者和经营者开始聚焦互联网本土化，对海外商业模式进行进一步改造，找准市场切入点，洞察本土用户需求、增强用户互动、提高用户体验等。

随着科技的不断进步与消费者需求的不断变化，从网络游戏到电子商务，从网络视频到社交网站，再到汇聚"入口"搭建平台，PC 时代互联网经营者们开始挖掘本土用户价值，在众多尝试下带领不同领域的互联网产业走出低潮，试图闯出一条中国式的互联网发展道路。从本章第二节开始，将具体阐释不同领域的中国互联网行业是如何走出低谷、创造新价值的。

二、模式转变：从"免费"到"付费"的尝试

在内外交困的背景之下，寻找合理的盈利模式是互联网企业和市场健康发展的共同要求。在 21 世纪初期，资源配置的红利还未分享到众多的门户网站上。早期电话上网速度较慢，制约了用户的增长速率，众多 ISP 企业难以形成规模经济[2]，从而导致网站平均成本高于消费者愿付的价格，网站盈利短时间内看似遥遥无期[3]。在网站拿不出具体有效的盈利模式的情况下，很容易面临风险投资纷纷撤场的困境。[4]因此寻找合理的盈利模式，是摆在众多互联网企业面前的首要命题，这也是经济市场有序运行的应有之义。

在众多尝试当中，从"免费"到"付费"的思维转变是具有标志性意义的，虽然这一阶段的这种尝试并没有获得成功，但是这种探索为未来互联网的高速发展提供了巨大的商机。而首先尝试这种转变的是电子邮箱领域。

1　一清．涅槃中重生的互联网产业［J］．互联网天地，2004（08）：3-5.

2　陆荣根．国内 ISP 的发展与市场分析［J］．世界计算机周刊，1997（44）：9-10.

3　邱均平，段宇锋，颜金莲．我国互联网信息服务业经营的现状分析［J］．中国图书馆学报，2001（04）：33-36＋67.

4　顾万明，段世文．电子信箱收费：网站最后一根救命稻草？［J］．记者观察，2001（09）.

电子邮箱服务是 PC 互联网时代重要的信息服务之一。电子邮箱服务随着我国接入国际互联网而被广泛使用,最早应用于科研和教育机构,如:清华大学、北京大学、中国科学院高能物理研究所、北京化工大学等[1]。随着应用的发展,电子邮箱从科研机构逐渐进入商业领域,开始了其商业化发展。由于电子邮箱系统的维护、更新费用不菲,促使邮件服务提供者率先寻找盈利方式。早在 1998 年 263 就开启了邮箱收费模式的尝试。但是该服务没上线多久,就因其成本较大,被新浪、网易、搜狐的免费邮箱模式冲击,而重新搭建免费邮箱系统[2]。后经过调整,263 邮箱在 2002 年 5 月 21 日起停止免费邮件,开始实行全面收费。升级之后的 263 邮箱为每月 5 元(一年 50 元)、15 兆空间,可发送 8 兆的大文件,并提供了跨手机平台收发邮件服务、防病毒、系统反垃圾邮件等应用功能。[3]

邮箱付费也是为了提升准入门槛,减少资源浪费。部分用户把搜狐的大容量邮箱当作一种资源加以利用,导致了一人多账户、注册但不使用等现象发生。邮箱免费注册时代曾经有很多用户申请多个免费邮箱用以保证收信质量,电子邮件服务提供商认为这是对网络资源的一种浪费[4]。电子邮箱不同于物质产品的特点在于它具有使用上的不可转让性。电邮地址和电话号码、注册商标一样是一种无形资产。因此,存在更换邮箱地址的转换成本。当电邮地址已被"箱主"广泛通知其客户、朋友、上司等后,更换电子邮箱虽然不需要付费,但也要付出更换邮箱的边际成本——新一轮通知的电话费、交通费、误工补助以及在此期间的其他损失。

彼时邮箱收费定价策略可谓"八仙过海,各显神通"。包括:保留免费邮箱但容量极小,大空间邮箱需要付费模式,如 TMO163 电子邮箱、新浪邮箱;免费与付费并举,但免费用户需阅读广告模式,如 21CN;高举免费大旗趁虚而入,后期收费政策摇摆不定,如搜狐;完全取消免费业务,如 263。

"收费风波"激起千层浪。邮箱收费政策之后,各企业电子邮箱用户数量

1　吴世琪 . Internet 网的电子邮件应用[J]. 微型机与应用, 1996(01): 24-32.

2　藏青 . ICP 的盈利点?［N］. 中国计算机报, 2001-03-22(A01).

3　安丰庆 . 263 免费邮箱的"猝死"[J]. 计算机周刊, 2002(13): 5.

4　有上千万用户的 263 将全面停止免费电子邮件[EB/OL]. 中国新闻网,(2002-03-18)/［2023-08-1］. https://www.chinanews.com/2002-03-18/26/170579.html.

锐减。中国互联网络信息中心第 10 次《中国互联网络发展状况统计报告》[1]
显示，网民平均每周收到 6.5 封电子邮件，每周发出电子邮件 5.3 封，网民人均
拥有 1.6 个 E-mail 账号。而在 2000 年 1 月，网民平均每周发出 10 封电子邮件，
E-mail 账号数达到了人均 4 个。以 263 为例，在 2002 年 3 月宣布全面推行收费
邮箱后的两个月内，用户数锐减至 59 万，相当于收费前的 3%[2]。同时，263 还面临
着品牌形象损失和技术责任的风险。用户质疑部分邮箱收费是否合理。有用
户指出，263 在推出邮箱时，并未预告邮箱会变免费为收费，并在服务条款中允
诺用户享有永久使用权。[3] 也有用户质疑 263 是以免费旗号网罗用户，赚取高曝
光度与风险投资后，又"过河拆桥"，并认为 263 这种行为有商业欺骗之嫌。[4]

　　但是另一方面，业界和学界对于"邮箱收费"大多持乐观态度。邮件服
务提供商主要分为两大类，一种是门户网站，内容是支撑门户的核心，而电
子邮件则是服务内容的一部分。二是专注电子邮件服务垂直领域，即纯粹
的电子邮件的运营商、服务商。8848 创始人王峻涛认为：商业运作始终是推
动网络发展的最大动力，网站逐步收费是发展趋势，网站存在的目的就是赚
钱，只有赚了钱才能给网民提供更好的服务，但收费模式要慎重。[5] 新浪网总
裁汪延同样表示，263 实施电子邮件全部收费是互联网走向成熟、更加回归
传统价值链的体现，至于这一收入模式和市场定位是否成功，还需要市场检
验。[6] 中国科学院大学经营管理学院教授吕本富认为，收费邮件服务作为一个
新生事物因服务提供商高品质的服务而出现高速增长是很正常的事情。[7] 收

────────────

　　1　中国互联网络信息中心. 第 10 次中国互联网络发展状况调查统计报告［EB/OL］.（2002-
07-16）/［2023-08-01］. https：//www.cnnic.net.cn/NMediaFile/old_attach/P020120612484921379852.
pdf.

　　2　科普知识：你所不知道的电子邮件发展史［EB/OL］. CBSi 中国·ZOL，（2009-07-13）/
［2023-08-01］. https：//soft.zol.com.cn/141/1410105.html.

　　3　263 突然变脸 宣布取消免费邮箱［EB/OL］. 人民网 – 市场报，（2002-03-19）/［2023-08-
01］. https：//tech.sina.com.cn/i/c/2002-03-19/107328.shtml

　　4　对话：263 是先知，还是"叛徒"［EB/OL］. 科学时报 – 中关村周刊，（2000-09-09）/［2023-
08-01］. https：//tech.sina.com.cn/internet/china/2000-09-15/36877.shtml？from＝wap

　　5　王峻涛：网站从免费走向收费是趋势 收费模式要慎重［EB/OL］. 新浪科技，（2002-03-
19）/［2023-08-01］. https：//tech.sina.com.cn/i/c/2002-03-18/107247.shtml

　　6　汪延：263 邮件全收费说明互联网更加回归传统价值链［EB/OL］. 新浪科技，（2002-03-
19）/［2023-08-01］. https：//tech.sina.com.cn/i/c/2002-03-18/107240.shtml

　　7　本书项目组访谈资料. 被访者：吕本富. 访谈时间：2018-02-06.

费邮件作为一种与免费邮件不同的服务,其服务标准制定问题已经上升到一个新的探讨层面上。如果邮件服务上升到电信级标准,邮件收费是很自然的事情。

完全收费模式未能得到市场认可,"免费"引流模式初现端倪。邮箱付费虽未被当时的市场认可,但是从免费向付费转型的思维模式已经在互联网经营者心中深深扎根。邮箱的收费策略难言成功,曾经名目繁多的邮箱产品在之后也大都不了了之。此后,互联网产品的"收费"旗号打得更加小心翼翼。更多的服务提供者开始利用"免费"引流,获得一定的稳定流量后,通过提供增值服务获利。"免费"成为新的营销招牌,"付费"虽然极少被直接提及,但却隐藏在每一个打着"免费"大旗的产品背后。

三、应用创新:从海外引入到中国式改造

从 1998 到 2000 年,一大批互联网公司拔地而起,更有领先者纷纷在海外上市,试图创造中国互联网神话,中国互联网集体进入一种狂欢当中,但是这是非理性繁荣下的泡沫,其背后危机重重,最终导致了千禧年互联网泡沫的破灭。总体来讲,这一阶段中国互联网呈现出这样的特点:第一,从 ISP 转向 ICP[1],门户模式兴起;第二,开启了"人人办网"的创业热潮,其商业模式模仿硅谷,对标美国互联网公司,并未找到自己的盈利模式;第三,资本进入,互联网企业开始以上市为目的各种演练和炒作。后来互联网人发现,这种"风险投资 + 硅谷经历 + 美国网站成功商业模式"为特征的网站并不适合本土化的可持续发展,因而开始从模仿转向针对本土化特点的中国式改造,其中最能体现本土化改造特点的当属腾讯旗下的社交产品 QQ。

1996 年,三个以色列青年成立了 Mirabilis 公司,开发出了一款在互联网上能够直接交流的软件——ICQ,即"I Seek You"(我找你)的谐音,向注册

1　注:ISP 即 Internet Service Provider,互联网服务提供商,ICP 即 Internet Content Provider,互联网内容提供商。

用户提供即时通讯服务。[1] 相较于电子邮件，ICQ 的互动性要更高，同年 11 月就风靡了整个网络世界。1998 年年底，如日中天的 ICQ 被美国在线（AOL）以 2.87 亿美元的价格收购。[2] 随后，中国互联网创业者们开始模仿该应用软件产品，试图在中国市场进行推广。尽管当时市场已经有三款汉化版的类 ICQ产品推出，腾讯公司开发的 OICQ（中文网络寻呼机）却是后来居上，一跃成为当时用户规模最大的即时通讯应用，腾讯也以此为起点，发展出了不同的商业模式。

　　1999 年 2 月 10 日，OICQ 上线发布，OICQ 并不是 ICQ 的简单中文版，而是以此为基础的微创新。[3] 1998 年年底，美国个人电脑已经非常普及，很多中产家庭都拥有一台个人电脑。但是在中国，1998 年年底我国上网计算机数为 74.7 万台，上网用户数为 210 万，七成以上是 30 岁以下的青年人[4]。人们大多是在单位或者网吧里面使用电脑，当人们换一台电脑上线的时候，登录 ICQ 中原来的内容和好友列表就都不见了。由于用户上网环境的不同，腾讯对此进行了改良，将用户内容和还有列表的信息存储从电脑客户端搬到了后台的服务器中，避免用户内容信息丢失的问题，以此适应中国当时的上网环境。同时，为了大大节约服务器成本，使得单台服务器可以支持更多的客户端，腾讯采取了 UDP（User Datagram Protocol，用户数据报协议）技术，而不是其他即时通讯软件通常所采用的 TCP（Transmission Control Protocol，传输控制协议）技术。此外，为提高用户体验，腾讯设计了离线消息功能，添加在线陌生网友为"好友"功能，同时丰富了用户头像的视觉，增加了提示音等功能，此外还通过用户投票，确定了以"企鹅"为形象的品牌标识。2000 年 11 月，腾讯推出 QQ2000 版，将 OICQ 正式更名为 QQ。[5]

　　当时，QQ 虽然迅速获得了大量（近 1 亿）的用户，但其在盈利模式上还

　　1　以色列年轻人独霸电脑业［J］. 中国青年研究，1998（06）：31.

　　2　彭梧. AOL 甩"包袱"腾讯竞购 ICQ［EB/OL］. 新京报，（2010-04-07）［2022-06-01］. https://www.bjnews.com.cn/detail/155143393914029.html.

　　3　吴晓波. 腾讯传 1998—2016：中国互联网公司进化论［M］. 浙江大学出版社，2017. 1：164.

　　4　中国互联网络信息中心. 第 3 次中国互联网络发展状况调查统计报告［EB/OL］. 中国互联网络信息中心网站，（1999-01-01）［2022-06-01］. https://www.cnnic.net.cn/n4/2022/0401/c88-812.html.

　　5　吴晓波. 腾讯传 1998—2016：中国互联网公司进化论［M］. 浙江大学出版社，2017. 1：196.

是几经波折。以广告为主的美国式互联网盈利模式在 QQ 产品上并没有获得较好的效果，一是因为 QQ 的广告展位比较小，二是 QQ 的用户年龄也较小，消费能力有限。因此，腾讯开始尝试不同的盈利方式。首先尝试的是"会员模式"，即提供会员服务，向付费会员提供免费用户享受不到的服务，会费为每月 10 元，但是由于当时的网上支付方式缺失，其效果不佳。后尝试 QQ 号码注册收费，经历了重大舆论风波，一时成为众矢之的，2003 年 6 月，腾讯又重新采用免费方式。[1] 几次营收业务尝试的失败，使得腾讯更加迫切希望找到盈利的出口。

2002 年初，腾讯从网络游戏中的"游戏币"中获得启示，推出了"Q 币"[2]，后者成为革命性收费产品"QQ 商城"和"QQ 秀"中的一把盈利利器。2002 年，QQ 推出了群聊功能[3]，QQ 用户可以自主建立 QQ 群，邀请好友加入，随时进行聊天，分享文件、图片以及音乐，同时群动态功能还能帮助用户即时了解群里的大事件和群友们的最新变化。群聊功能的开发使得传统的一对一的单线关系升级到多对多的交叉型用户关系，标志着社交网络概念在中国的出现，虚拟社区也由此逐渐形成。

腾讯又从韩国 sayclub.com 社区网站的"阿凡达"功能中获得了启示，2003 年 1 月上线了"QQ 商城"和"QQ 秀"。2003 年 3 月，QQ 秀，即 QQ 虚拟形象系统正式收费，QQ 用户可以用 Q 币购买衣服、视频和环境场景等设计自己的个性化虚拟形象。在 QQ 商城中，有各种虚拟道具，例如服饰、配饰、皮肤等等，用户除可以自己购买外，也可以送给 QQ 好友。QQ 秀上线半年，就有 500 万人购买了这项服务，平均花费为 5 元左右。[4] 在腾讯推出 QQ 秀的同时，其对标产品 ICQ 由于一直没有找到实现盈利的方式，在北美及欧洲市场的市场份额也逐渐被 MSN 和雅虎通瓜分。QQ 秀在商业上的成功，使得腾讯从模仿者成为超越者。

1　吴晓波.腾讯传 1998—2016：中国互联网公司进化论［M］.浙江大学出版社，2017.1：248-254.

2　吴晓波.腾讯传 1998—2016：中国互联网公司进化论［M］.浙江大学出版社，2017.1：263.

3　吴晓波.腾讯传 1998—2016：中国互联网公司进化论［M］.浙江大学出版社，2017.1：273.

4　吴晓波.腾讯传 1998—2016：中国互联网公司进化论［M］.浙江大学出版社，2017.1：278-285.

从 20 世纪 90 年代中期到 2000 年互联网泡沫破灭，中国互联网企业早期发展模式一直被人诟病的主要原因是对国外模式的模仿。但实际上，通过对 QQ 这个应用发展历程的梳理可以发现，尽管是以仿效开始，但在盈利模式和用户价值挖掘方面早已超越了对标应用的发展模式。这主要表现在，一是对 ICQ 进行了微创新，为适应当时中国的上网环境，腾讯将信息留存从客户端转移到服务器端，先后研发了断点传输、群聊、截图等创新功能；二是结合本地区的网络环境、用户习惯以及国家政策等，对原应用进行了商业化改进，创新推出了会员服务、虚拟道具、Q 币等，使其更符合本地用户习惯，提升本土用户体验等。更为深远的影响是，腾讯依靠 QQ 实现了用户资源的积累，挖掘本土用户价值，并以创新的盈利模式实现了用户资源到资本资源的兑现，也为后来腾讯的发展奠定了扎实的基础。经历了第一轮互联网经济的疯狂与破灭，更多的互联网创业者与经营者们也如腾讯一样，开始从战略、思维和应用层面转型，寻求新的发展道路。

第二节　率先突围：网络游戏的黄金十年

2001 年的纳斯达克股灾给予中国乃至世界互联网公司迎头痛击，商业模式的模糊与盈利能力的匮乏成为整个互联网界亟须攻克的难题，盈利能力极强的网络游戏产业开始进入各大公司与创业者的视野之中。网络游戏产业也从借鉴模仿到勇立潮头，成为率先走出低谷的垂直领域。

一、门户转型：网易的"梦幻西游"

经历了"流血上市"的重创之后，新浪、搜狐、网易三大门户网站开始了自救运动以挽颓势，网易依靠网络游戏业务在转型之战中率先突出重围。2003

年 10 月发布的福布斯中国富豪榜中,网易创始人丁磊成为首位互联网出身的中国大陆首富,而另一位进入富豪榜前十的盛大创始人陈天桥也是因为网络游戏而身价倍增。[1]

　　中国网络游戏的公司化运作最开始实行的是海外游戏国内代理的经营路线。从 2001 年开始,《传奇》《千年》《奇迹》等游戏陆续进入中国市场,并且很快风靡大江南北,《奇迹》和《传奇》成为大受欢迎的新星。这一阶段,网络游戏产业主要呈现出三个特点:一是游戏模式多元化;二是盈利模式简单而清晰;三是游戏公司的商业模式初现端倪,"代理为主,运营为王"成为中国游戏公司的制胜法宝。

　　早期最成功的代理游戏来自盛大公司代理的韩国 WEMADE Entertainment 公司制作的游戏《传奇》。盛大在代理运营取得成功之后,迅速转向自主研发与代理运营并行的战略[2]。由于代理获得的收益毕竟是原创游戏公司收入的分成,因此,在初步试水游戏巨大的可能性后,互联网人大胆突破,着手培养自己的网游制作班底。网易就是依靠网络游戏从低谷中崛起的典型,网易向网络游戏的战略转型,被认为是时间最早、规模最大的跨界成功案例。

　　在国内网游公司纷纷沉醉在韩国网游带来的巨额收益之中时,网易毅然选择自力更生,培养自己的网游制作班底。2001 年 12 月,网易推出了自主开发的大型网络角色扮演游戏《大话西游 Online》[3],2004 年 9 月,《梦幻西游 Online》获得"亚太数字娱乐峰会唯一重点推荐网络游戏"奖[4],"第二届中国网络游戏年会年度网络游戏'金手指'——'最佳创新'"奖和"China joy 杯最受玩家欢迎的十大网络游戏"奖,成为当时中国网络游戏

1　2003 福布斯中国富豪榜揭晓,丁磊仍居榜首[EB/OL].中国经济网,(2003-10-30)[2023-08-02].http://www.ce.cn/ztpd/tszt/hgjj/2004/zgfhb/zgfhdt/t20031030_2092907.shtml

2　黄漫宇.从盛大看网络游戏运营企业的主要商业模式[J].中南财经政法大学学报,2005(04):114-118.

3　网易大事记[EB/OL].网易游戏,(2013-07-25)[2023-08-02].http://game.163.com/news/2013/7/25/442_384317.html

4　《梦幻西游》获"唯一重点推荐网络游戏"殊荣[EB/OL],网络游戏,(2004-09-03)[2023-08-02].https://xyq.163.com/news/2004/09/2-2-20040903092943.html.

市场表现最好的产品之一。2000 年前，我国网络游戏发展重要节点归纳如表 4-1。

表 4-1　2000 年之前我国网络游戏发展重要节点

时间	重要事件
1996 年	中国第一款 MUD（Multi-User Dungeon）[1] 文字网络游戏《侠客行》诞生。
1997 年	网络创世纪推出，它是历史上第一个可用的图形网络多人 RPG（Role-playing game，角色扮演游戏），它第一次允许上千名玩家同时在线互动。
1998 年	鲍岳桥、简晶、王建华始创联众游戏世界，是中国历史上真正意义的第一家游戏平台。
2000 年	在联众游戏世界韩文版开始运行的同时，中韩合作双方联袂举办首届"中韩网络围棋对抗赛"，创下了当时规模最大的网络围棋比赛人数记录——12140 人，该赛事创下吉尼斯世界纪录并得到吉尼斯的正式认证。
	第一款真正意义上的中文网络图形 MUD 游戏《万王之王》正式推出。
	第一款国人自制 RPG《网络三国》上线。

二、集体入场：网络游戏初具规模"代理运营"仍是主流

网易的成功虽然使国产网络游戏名声大噪，推动了其后续的发展，但是不可否认的是，2001 年至 2005 年，网络游戏市场的主流仍是韩国游戏，国内代理运营模式依旧大行其道。陈天桥的盛大公司无疑是其中的佼佼者。1999 年 11 月，盛大成立，推出了中国图形化网络虚拟社区游戏"网络硅谷"。[2] 然

1　注：多使用者迷宫，后又被称为 Multi-User Dimension（多使用者空间）或 Multi-User Domain（多使用者领土）。

2　《传奇》的国服发展史［EB/OL］．B 站，（2021-12-05）［2023-08-02］．https://www.bilibili.com/read/cv14298922/．

而,盛大最初的顶峰,源于代理《传奇》所收获的成功。2000 年年底,韩国一款网络游戏找到当时最成功的网络游戏公司华彩,进行合作谈判。华彩请来进行体验的玩家表示这游戏不值得运营,于是这款游戏只好转投他家,签给了当时上海一家名不见经传的小公司——盛大,这款游戏叫《传奇》。《传奇》的同时在线人数突破 50 万[1],并迅速登上各软件销售排行榜首,也造就了陈天桥及盛大公司的财富神话。

无独有偶,第九城市的发展路径和盛大公司极其相似。1999 年 8 月,第九城市前身 Gamenow 正式推出国内第一个网络虚拟社区。2002 年 7 月,第九城市集团与韩国 Webzen 公司合作,成为《奇迹》(MU) 在中国地区的独家代理运营商。在 2003 与 2004 年,《奇迹》几乎是中国网络游戏市场上,唯一能和《传奇》分庭抗礼的产品。2004 年 4 月,第九城市与暴雪娱乐签署中国战略合作协议,获得世界顶级网络游戏《魔兽世界》在中国大陆地区的独家代理运营权。[2]

盛大与第九城市的一大区别在于,盛大在代理运营取得成功之后,迅速转向自主研发与代理运营并行的战略,而第九城市虽然也在研发方面有所投入,但却将资源集中于国外顶级网游代理权的获取上。事实上,这一时期的网络游戏产业已经进入高速发展时期,随着市场规模的扩大,各大企业的竞争格局已经凸显,寡头竞争的局面愈发明显,大公司开始进行横向与纵向扩张。第九城市在 2004 年 4 月战略注资目标软件(北京)有限公司,以此进入国产网游的研发领域;而盛大更是在 2003 年与 2004 年陆续收购网吧管理软件公司(成都吉胜科技有限责任公司)、美国 ZONA 公司,投资北京数位红软件技术应用有限公司、上海浩方在线信息技术有限公司等。

2004 年底,网游产业已经基本发展成熟,形成了以盛大网络、第九城市、浩方在线、网易、金山、光通通信等网游巨头企业为主的市场格局。其中,有像盛大、第九城市这类"生于斯、长于斯"的专业游戏公司,也有如网易、

1　中国互联网 20 年"流量 – 变现"演化史[EB/OL].网易,(2021–11–09)[2023–08–02].https://www.163.com/dy/article/GOCFPDPM051480G7.html.

2　暴雪娱乐与第九城市签署中国战略合作协议[EB/OL].新浪游戏,(2004–04–01)[2023–08–02].http://games.sina.com.cn/newgames/2004/04/040117571.shtml.

新浪、金山这种跨界而来的互联网企业。在 2004 年中国十大最受欢迎的网络游戏（见表 4-2）之中，网易独占两席，跨界公司占四席，可见其影响力之大。

表 4-2　2004 年中国十大最受欢迎网络游戏

产品名称	公测时间	收费时间	运营公司
传奇	2001 年 9 月	2001 年 11 月	盛大
传奇世界	2003 年 7 月	2003 年 9 月	盛大
梦幻西游	2003 年 12 月	2004 年 1 月	网易
奇迹	2002 年 9 月	2002 年 11 月	九城
剑侠情缘	2003 年 9 月	2003 年 12 月	金山
魔力宝贝	2002 年 1 月	2002 年 2 月	网星
大话西游	2002 年 6 月	2002 年 8 月	网易
天堂 II	2004 年 8 月	2004 年 11 月	新浪
仙境传说	2003 年 1 月	2003 年 5 月	智冠
传奇三	2003 年 5 月	2003 年 8 月	光通

三、免费 + 增值：“巨人”开启“征途”

2005 年 11 月发生了一件震动网游界的大事，盛大宣布《热血传奇》《传奇世界》《梦幻国度》等三款游戏采用“游戏免费，增值服务收费”策略，旗下游戏全面实行免费模式，由此开创了网游行业盈利新模式——CSP（come-stay-pay，先试用后付费）[1]。从此，CSP 模式成为与计时收费模式并行的两大网游收费策略。那么，是什么缘由，让网络游戏公司放弃本已证明过的“聚宝

1　盛大宣布传奇等三款游戏永久免费［EB/OL］.京华时报,（2005-12-01）［2023-08-02］.
http://people.techweb.com.cn/2005-12-01/29852.shtml.

盆",转而采用这种风险较大、前途未卜的策略?

这种转变,一方面根源于整个中国国情和互联网消费环境。当时的中国,经济和生活水平都有了跨越式的发展,但是快速增长的经济、消费水平并没有和相应的消费观念、习惯相匹配。彼时,人们的版权意识和付费意识还相对薄弱,搭便车现象多发。这一现象在盗版重灾区的互联网行业,尤其是游戏产业更加普遍。也就是说,网民已经习惯于免费地使用产品,单机游戏的盗版和管理混乱的问题迅速蔓延至网络游戏领域。另一方面,是由于网络游戏内部发展的需求。随着玩家人数的增长,市场暂时性地趋于饱和,每个游戏所能容纳和吸引的相对用户数已经平衡,所以计时收费的盈利能力开始下降。与此相反,由于网络游戏的互动性与社会性,玩家迫切地需要将虚拟和现实世界联通,而当时最主要、最直接的桥梁便是——虚拟、现实货币的交换。也就是说,金钱不仅仅需要用来维持游戏的在线时间,更需要用来提高用户在游戏中的地位,包括虚拟人物等级、装备、饰品等。[1] 很显然,增值服务的盈利能力正在迎头赶上,甚至超越计时收费。

尽管 CSP 这一模式为盛大首创,各大国产、国外网游争相模仿,但在初期阶段,其最成功、最典型的案例仍属史玉柱的巨人网络。2006 年 8 月 5 日,征途正式版《风雨同舟》开始运营[2];2006 年 11 月 11 日,《征途》同时在线人数突破 68 万,是本土原创作品第一次占据中国市场最高点[3];仅运营不到一年,2007 年 5 月 20 日,《征途》同时在线突破 100 万[4],是继《魔兽世界》和《梦幻西游》后,全球第三款同时在线人数突破 100 万的网络游戏(《魔兽世界》面向的是全球市场,《梦幻西游》与《征途》基本为中国市场);到 2008 年 3 月 3 日,《征途》创下新纪录,最高同时在线人数突破 150 万大关。《征途》用户规

---

1   廖祖海.中国网络游戏商业模式的发展和变革[J].华中师范大学学报(人文社会科学版),2010,49(04):111-116.

2   《征途》11 年历史回顾,打动亿人心[EB/OL].搜狐,(2016-04-19)[2023-08-02].https://www.sohu.com/a/70168713_119029.

3   《征途》最高同时在线人数突破 68 万[EB/OL].新浪游戏,(2006-11-12)[2023-08-02].http://games.sina.com.cn/o/n/2006-11-12/1059175091.shtml.

4   《征途》同时在线突破 100 万[EB/OL].新浪游戏,(2007-05-21)[2023-08-02].http://games.sina.com.cn/o/z/zt/2007-05-21/1357261105.shtml?from=wap.

模的快速增长，就得益于"免费 ＋ 增值收费"的形式，即通过滚雪球的方式积累用户数量，结合游戏模式的设置（以 PK、攻城为主），引导玩家进行增值消费。

从产品的角度来看，这一时期的网络游戏数量巨大且制作精良，市场表现大有"风水轮流转"之势。总体而言，主要分为三大阵营：一是回合制游戏。回合制游戏起源于桌面战棋类游戏，敌我双方在封闭空间中采用回合制计时，使用技能进行轮流攻击，充分考验玩家策略和配合的同时，留有闲聊、放松的余地。[1]代表作有《梦幻西游》《大话西游》和《问道》等，网易可以说是中国回合制网游的先驱与领军企业。二是角色扮演类游戏。这类游戏可以说从中国网游发轫就已经存在，是最"古老"也是最受用户欢迎的游戏。在游戏中，玩家会扮演一个虚拟角色，进行打怪、升级、做剧情等操作，甚至可以与其他玩家进行组队、PK 和战争等行为。[2]这类游戏给予玩家极大的自主性，即使是相同的角色也会由于各种不同的选择而迥然相异，它带给玩家的虚拟社会感是最强的。并且，由于游戏研发技术的进步，角色扮演类游戏往往是大型 3D 游戏，能够带给玩家极致的声光画面体验，这也是回合制网游所欠缺的。[3]《巨人》《天龙八部》和《醉逍遥》等游戏都属此类，向来是各大排行榜的常客。三是专题类游戏，包括即时战略、射击、动作、体育、生活、网页游戏等。专题类游戏囊括的范围较大，由于游戏主题具备某种特色，这类游戏比较容易吸引目标玩家进入，但是成为爆款的概率较小，射击、体育、棋牌类游戏因主题和制作较为符合大众需求，也诞生过《街头篮球》这样的优质游戏。

2005 年至 2010 年可谓网络游戏发展的黄金阶段，各大专业游戏公司摩拳擦掌，秣马厉兵，而互联网公司也不甘寂寞，跨界竞争。网游巨头盛大推出了《冒险岛》《永恒之塔》《彩虹岛》《热血英豪》《龙之谷》等诸多爆款游戏；网易凭借及时转型和深厚的研发能力也占据一席之地，旗下的西游系列作品长盛不衰，《梦幻西游》更是斩获诸多大奖，受到市场和用户的青睐；而专注于

1　刘再明.回合制游戏在坚持中重塑辉煌［J］.互联网周刊,2014（01）:28-29.
2　乱花渐欲迷人眼　说不清的"游戏分类"［J］.电子计算机与外部设备,2000（10）:178-179.
3　任乐毅.主要网络游戏类型及盈利模式的研究［J］.中国科技信息,2006（05）:174.

休闲游戏模式的腾讯也按捺不住,通过代理、研发、借鉴,制作出《问道》《QQ炫舞》等招牌游戏,表现良好;第九城市则延续其代理、运营本色,靠《魔兽世界》继续保持领先优势。其他诸如完美时空、畅游、空中网、世纪天成、久游网、金山等都取得了不错的业绩。

凭借中国网游市场规模和用户数量的急剧增长,以及网络游戏投入产出比和盈利能力强的特点,活跃的中国网游公司在这一阶段掀起上市热潮:2007年7月,完美时空登陆纳斯达克[1];2007年10月,金山在香港联交所挂牌[2];2007年11月,福建网龙在香港联交所挂牌[3];2007年11月,巨人网络在美国纽交所上市[4]。再加上此前的盛大、九城,以及由门户进军网游的搜狐、网易、腾讯以及中华网,中国已经有了十家海外上市网游服务商,至此,十巨头格局隐隐形成。

至此,中国网游产业的产业链已经逐渐完善,并且显现出了自身的特点。在2001年至2004年这一阶段,网游产业已经初步形成,进入高速发展的初期,其主要的产业链是"开发商——代理运营商——渠道商——用户"[5]。开发商主要为韩国、美国等国外游戏研发公司,这些外国公司在国内寻找合适的代理运营商进行游戏发行、推广与运营,后者构成中国网游产业的主体,也是产业中最成功、规模最大的主流公司类型。由于采用计时收费的盈利模式,点卡的销售、推广也必不可少,线下的点卡承销商承担部分面向用户的工作,点卡售卖点主要集中于网吧、零售商店和电脑耗材专卖店等。

2005年至2010年,中国游戏公司在得到资金、技术的支持后扩大了规模,不再甘于受国外游戏研发公司的制衡,许多公司开始自主研发游戏,如网

1　完美时空上市首日大涨27.5％ 收盘价20.4美元［EB/OL］.新浪科技,（2007-07-27）［2023-08-01］.https://tech.sina.com.cn/i/2007-07-27/04011640570.shtml

2　金山首日上市开盘价3.9港元 高出发行价8.33％［EB/OL］.新浪科技,（2007-10-09）［2023-08-01］.http://www.techweb.com.cn/news/2007-10-09/261215.shtml

3　网龙公司于香港联合交易所创业板上市［EB/OL］.新浪科技,（2007-11-02）［2023-08-01］.http://games.sina.com.cn/n/2007-11-02/0924220362.shtml

4　巨人网络首日收盘18.23美元 较开盘价下挫0.11％［EB/OL］.网易科技,（2007-11-02）［2023-08-02］.https://www.163.com/tech/article/3S9A5F5C00092ES6.html

5　尚慧,郑玉刚.中国网络游戏产业发展现状的实证研究［J］.改革与战略,2009,25（01）:166-169.

易、盛大、巨人网络等。同时，国外优质网游的授权、谈判事宜也没有落下，相关竞争仍旧激烈，大多数公司采用混合经营战略，即一方面自主研发游戏，增强研发实力与经验，降低成本，另一方面则争取优质国外网游的代理权，以提高自身平台的品牌价值。[1] 在这一阶段，中国网游企业已经积累了足够的技术、经验和品牌实力，尤其是在代理、运营方面经验丰富。不仅如此，规模较大的网游企业通常同时经营数个甚至数十个游戏。集约化的网络游戏平台应运而生。与联众的休闲游戏模式不同，网络游戏平台是网游企业打造的综合性游戏平台，囊括旗下的各类大型游戏、手游等，并且可以用统一账号登录。[2] 这样一来，不仅减少了用户的进入成本，更提高了用户黏性和忠诚度。

综上，这一时期的产业链转变为"开发商（自研、他研）——代理运营商（网络游戏平台）——渠道商（线上、线下）——用户"。事实上，代理运营商向开发领域的投入便是纵向兼并的表现。而对于下游产业，由于电子商务的发展，支付方式变得多样化，代理运营商得以直接利用线上渠道和用户实现对接，从而减少渠道环节的让利成本。[3] 当然，实体点卡仍旧存在，线下渠道商也依然活跃，但是这种情况随着线上支付的发展和普及，逐渐衰弱。

四、网吧与端游：从"共荣共生"到"分道扬镳"

网吧是我国信息化进程中出现的新生事物，对于中国 PC 互联网的发展起到了推动作用。网吧虽然诞生于国外，但却在中国得到了繁荣发展。在技术与娱乐化的双重推动下，中国网吧成了与网络游戏紧密关联的产业，吸引了广大青少年群体，并得以快速发展，形成了与世界其他地区网吧不同的行业

1　庹祖海.中国网络游戏商业模式的发展和变革[J].华中师范大学学报（人文社会科学版），2010，49（04）：111-116.

2　孙靖.网络游戏产业的发展与管理研究[J].同济大学学报（社会科学版），2007（01）：101-106.

3　刘拓知，戴增辉.中国网络游戏产业发展研究[J].中国证券期货，2010（04）：89-90.

特色。

网吧是指通过计算机和互联网向社会公众提供信息浏览、查询、收发电子邮件以及其他相关服务的盈利性经营场所[1]。网吧的"吧"字源于英文的"bar"，最开始指的是酒吧，后来人们对"吧"的理解更加宽泛，凡是可以小聚的场所都可以称为"吧"，一般情况下，这些场所可以提供酒水、茶饮、咖啡等饮料或食品。网吧也称为 Internet Café，电脑咖啡屋，是古老的咖啡文化与现代的电脑技术相结合的场所，1994 年诞生于伦敦，迅速蔓延到欧美各大城市，又在日本、中国台湾地区登陆，向全世界辐射，成为千禧年的一道独特的文化景观。[2]大陆网吧主要是模仿台湾网络咖啡屋的模式，并随着大陆信息产业的迅猛发展和国际互联网的形成，在北京、上海、广州、深圳等大城市出现并向国内其他地区蔓延。

据相关资料了解，在 1996 年 5 月，大陆历史上第一家网吧"威盖特"在上海出现[3]，当时还不叫网吧而是叫作电脑室，上网可以打局域游戏和休闲。当时全国的平均工资大约是每月 500 元，但网吧上网费用就达 40 元 / 小时，上网的价格较高。[4]当时上网是一种身份的象征，上海的新贵们在这里学习上网。1996 年 11 月 19 日，北京第一家网络咖啡屋"实华开网络咖啡屋"在首都体育馆西门开业[5]（图 4-1），创始人叫曾强，收费以美元计价，3 分钟 2 美元，时间长有优惠，但是也要高达每小时 50 元人民币，来上网的人主要是在京工作的外国人以及高级白领。1998 年，克林顿访华时还特意到实华开参观（图 4-2）。

但当时的网吧规模非常有限，上网收费较高，消费人群较少，"飞宇网吧"经营模式的出现，才使得网吧在北京乃至全国快速发展起来。1997 年 10 月，王跃胜在北京大学小南门外的一套 120 多平方米的房子里，开办了"飞宇

1　王受仁．新世纪网吧管理与预防青少年违法犯罪［J］．青少年犯罪问题，2002（01）：18-20.

2　侯益秀．网吧路在何方［J］．每周电脑报，1998（42）：27＋29＋31.

3　中国网吧简史：从红色警戒到魔杰电竞［EB/OL］．（2020-08-04）/［2023-07-21］．https://baijiahao.baidu.com/s?id=16740722044981725574&wfr=spider&for=pc.

4　中国网吧的变迁史：回头望，让子弹飞一会［EB/OL］．雪球，（2019-06-10）/［2023-08-02］．https://xueqiu.com/9337898762/127991552.

5　1996 年，北京人开始与互联网结缘［EB/OL］．北京日报，（2019-10-17）/［2023-08-02］．https://news.china.com/focus/hlwdh2019/13003192/20191017/37232180_1.html.

图 4-1　北京第一家网吧"实华开网络咖啡屋"

图 4-2　1998 年克林顿访华与实华开创始人曾强交流

网吧"（图 4-3），当时有 25 台电脑。[1] 开业免费 3 天，第 4 天开始收费，价格为每小时 20 元，一个月下来，平均每天才有七八个人光顾。当时人们对互联网没有概念，也不会上网，王跃胜经过几番考察思索决定要先培养人们的上网兴趣以及培训人们的上网技能。于是定下每天早上 7 点到 9 点，飞宇网吧免费上网并免费培训上网知识。由此，网吧的生意逐渐火爆起来，飞宇网吧也开设了很多分店。2001 年，北京大学南门所在的那条街几乎成为网吧一条街，共有 18 家飞宇分店。[2]

1　唐潇霖,刘源 . 网吧连锁　掘金千亿[J]. 互联网周刊,2003（22）:26-34.
2　白天 . 农民王跃胜和他的飞宇网吧一条街[J]. 乡镇论坛,2002（08）:40-43.

图 4-3   北京"飞宇网吧"

随着 PC 互联网的发展,上网价格降低,网吧越来越多,到 2004 年年底,全国合法网吧的数量已经达到 10 多万家[1],网吧行业已经发展成一个颇具规模的产业。网吧在 PC 互联网时代得以迅速发展有以下几个原因:

第一,网吧为那些受客观条件限制无法在家中或单位上网的消费者提供了上网的场所。现代信息高速公路使得网络信息获取和交流成为可能,网上冲浪成为一种潮流。据 CNNIC 2003 年 7 月发布的《中国互联网络发展状况统计报告》显示,我国个人上网电脑台数达到 2572 万台,而上网人数达到 6800 万。[2]这就意味着其中有近 2/3 的人没有自己的上网电脑。我国从 20 世纪 90 年代中期开始在大城市开通数据业务,普及程度不高,同时由于经济发展水平的限制,不是所有家庭都能够购买电脑,利用单位、学校电脑上网的比例也是有限的,网吧的作用由此显现,成为最为理想的上网场所。随着上网价格的下降,上机服务特惠卡平均下来一个小时在 10 元左右,普通上班族也

---

1   文化部调查报告:最高时有 70％ 的网民玩网络游戏[EB/OL]. 中国新闻网,(2004-10-31)[2023-08-02]. https://news.sina.com.cn/o/2004-10-31/16374097041s.shtml.

2   中国互联网络信息中心. 第 12 次中国互联网络发展状况调查统计报告[EB/OL]. 中国互联网络信息中心网站,(2003-07-17)[2022-06-01]. https://www.cnnic.net.cn/n4/2022/0401/c88-885.html.

可以消费,有些地区的网吧对青年学生群体还另有优惠,可以达到每小时 4—6 元。

第二,网吧从提供上网服务到娱乐化经营方向的调整,拓宽了消费群体,网游玩家成为其主要的用户群体。早期光顾网吧的人群主要包括在本地工作的外国人、本地白领,网吧所提供的信息浏览、电子邮件等上网服务没有更大的用户基础。而当时面向青少年的电子游戏厅则更为火爆,于是网吧经营者开始转向电脑游戏,开始吸纳热衷电子游戏的时尚青少年,从单一的上网服务场所向着娱乐化方向发展。1998 年,腾讯公司开发出了即时在线沟通工具——OICQ,网络聊天这一时尚的沟通方式迅速在青少年群体中流行开来,从而也拓宽了网吧的上网服务功能。2000 年,作为一种新的娱乐形式,网络游戏在国内开始流行,并逐渐超越单机电脑游戏,成为网吧最主要的也是最有吸引力的服务类型,网游玩家逐渐成为网吧的第一大用户群体。

第三,网吧借助用户基础与软硬件技术优势,与网络游戏产业深度合作,得以快速发展。与在家电话拨号上网不同,网吧是以专线接入互联网的,速度较快,网吧可以提供一般家庭不能具备的硬件配置,电脑的配置较高,速度较快,同时可以为游戏迷提供联机对战的机会,营造了一种惬意而又热烈的网游氛围,成为网民玩电脑端网络游戏的重要场所。从《热血传奇》《魔兽世界》《反恐精英》《梦幻西游》《跑跑卡丁车》《穿越火线》到《英雄联盟》《绝地求生》,只要有现象级的端游问世,网吧就始终门庭若市,不缺少光顾的玩家。网吧与网络游戏的合作方式也很广泛。网吧可以参与网络游戏的推广,借助网吧渠道开展网络游戏的推广,是网吧与网游的主要合作模式。同时,网吧可以参与网游区域运营。以国内知名网游运营商网易为例,在其官方网站上,可以看到征集二级运营合作伙伴的公告,在伙伴目标中,就包括地方网吧。在 2005 年,在《传奇》饱受私服侵袭的时候,盛大就宣布了其区域化运营策略,一些长期与盛大合作的渠道伙伴可以在盛大的支持下,架设合法的服务器,运营盛大授权的网络游戏。通过区域化运营,盛大提高了渠道伙伴的积极性,并借机打击了私服,两者获得了双赢。

当时网吧主要分布在市区和大中专院校周边,网吧一方面成为青年群体沟通联络、消闲娱乐的重要场所,对青年学习互联网知识和信息技术、了解世界、开拓视野、洞悉网络文化具有重要的意义;但另一方面也产生了诸多负面

影响,带来了严重的社会问题:

首先,网吧违章经营问题突出,黑网吧带来严重安全隐患。网吧的投资小、利润高,在高利润驱动下,很多经营者采取各种隐蔽性手段开设非合法性的黑网吧[1]。一是无证经营网吧。根据《互联网上网服务营业场所管理办法》的规定,我国"网吧"经营行政许可的基本制度是:网吧业主必须首先取得文化部门核发的《网络文化准营证》、通信部门核发的《经营许可证》以及公安部门核发的《信息安全合格证》,三证都齐全才能得到工商营业执照,这就是所谓的"网吧"经营"三证一照"制度。[2]由于当时对网吧场所控制发展,审批程序严格,少数经营者法制观念淡薄,不经审批就擅自对外营业或经营者冠以其他名目暗地里经营网吧。[3]不少网吧挂羊头卖狗肉,经营电脑赌博游戏,使许多青少年沉湎其间,影响极坏。二是非法通宵营业,形成治安管理的盲区。一些网吧场所业主为争取客源,在激烈的市场竞争中采取包机优惠上网的营销方式,吸引大批青少年通宵上网,这样既影响了青少年的学习和身心健康,又极易成为违法犯罪分子的栖身之地。据 2001 年的统计数据显示,全国无证和证件不全的网吧占总数的 30.6%[4]。2002 年 6 月 16 日,北京蓝极速网吧火灾[5]震惊全国,政府开始加大力度在全国范围内整顿黑网吧。[6]

第二,传播反动腐朽思想。境内外反动势力利用网络进行反动渗透,直接危害国家的安全和人民的根本利益,特别是毒害青少年一代。一是黑社会上网,大肆渲染暴力恐怖活动,使青少年效仿而仇恨社会,造就了一批暴力分子,给社会带来严重后果[7]。二是邪教组织上网,极力宣扬种族歧视,煽

1　邓莉,袁群华.网吧管理的国际经验借鉴与中国的选择[J].商场现代化,2004(12):17-18.

2　陈保中.权力边界、政府信用与行政法治——以对"网吧"的治理为例[J].国家行政学院学报,2002(06):60-62.

3　钟发斌,杨健."网吧"治理:问题与对策[J].中山大学学报论丛,2003(04):141-145.

4　王平,卢向东.网吧管理及其产业化发展的政策法规初探[J].现代情报,2004(06):223-225.

5　蓝极速网吧火灾事件:2002 年 6 月 16 日凌晨 2 时 40 分左右,北京市一非法营业的网吧发生火灾,该网吧名为"蓝极速网吧",位于海淀区的石油研究院内 28 号楼西侧一幢 2 层楼的 2 层,此次火灾造成 24 人死亡,13 人受伤,是新中国成立以来北京市伤亡最多的一起火灾。

6　2002 年 6 月 16 日 北京非法网吧"蓝极速网络"发生火灾 造成 24 人死亡[EB/OL].人民网,(2017-06-16)[2023-08-04].http://m.people.cn/n4/2017/0616/c2771-9157671.html.

7　丛卓义,郭娓.论网吧行业的阵地控制[J].江西公安专科学校学报,2009(06):54-58.

动民族仇恨,破坏民族团结。宣扬邪教理念,破坏国家宗教政策,煽动社会不满情绪,以至组织暴力事件。国内一些不法分子也利用网络发布危害国家安全的信息,如传播邪教"法轮功"等。三是网上演变,一些西方国家利用网络给他们带来的各种便利,到处传播他们的价值观、生活方式和意识形态等,对我国青少年产生潜移默化的影响。尤其是西方敌对势力出于对我实施"西化""分化"的战略,利用互联网超越国界的作用,在网上建立了诸如"八九风波""西藏独立""中国人权"之类的网站或网页,每日每时都在发布着颠倒是非、混淆黑白的信息而进行渗透活动,图谋对青少年进行网上演变。

第三,成为青少年沉迷网络的温床。2002 年的一项研究指出,彼时中国约有 157 万名学生沉迷上网,超过七成沉迷网络聊天及色情网站,超过三成沉迷网络游戏。[1] 当时网吧数量多,价格便宜,营业时间自由,成为学生党上网的首选。网吧受到非议的一个重要原因便是吸引了很多学生花费大量时间在网络游戏方面,尤其是未成年群体。[2] 同时随着互联网的迅速普及,网络黄毒也随之泛滥。网吧经营者不重视社会责任,在经济利益驱动下,罔顾管理规范,为青少年提供渠道登陆各种含有暴力、色情、赌博、反动等内容的网络游戏或网站,并提供通宵和食宿等各种便利。2004 年,有学者对浙江、湖南和甘肃三省六市青少年的网吧认知和使用行为进行调查发现,在受访青少年中(N=1275),有近一半(48.7%)的青少年在最近三个月有在网吧通宵的经历。[3]

在 PC 互联网时代,网吧伴随着电脑端网络游戏的发展而快速崛起,但也因为其带来的负面影响而遭受社会诟病。随着居民消费生活水平的提升、家庭电脑的普及以及相关管理举措的加强等,除了因为网速或是游戏要求而特意到网吧的极速体验者,大部分人都逐渐更习惯在自己家里上网冲浪。网络游戏的消费群体与网吧的消费群体逐渐分离。

1　朱美燕,朱凌云.透视青少年"网络成瘾综合症"[J].中国青年研究,2002(06):20–22.

2　傅才武.网吧作为网络文化载体的形态、特征和功能[J].华中师范大学学报(人文社会科学版),2007(01):117–123.

3　黄少华,孙秀丽.青少年网吧认知量表的建构与检验[J].兰州大学学报,2006(05):41–47.

第三节　异军突起：电子商务的蓬勃发展

　　一定社会发展阶段的主导技术结构会影响当时经济生产的范围、规模和水平。[1] 以互联网为代表的信息技术的创新对现代经济发展有巨大的推动作用。随着电子数据交换（EDI）技术应用范围的扩大以及电子交易与支付手段、物流管理等方面的日益成熟，电子工具从商务的局部环节入手扩展为贯穿商务全过程[2]，形成了电子商务的概念。2000年互联网泡沫破灭后，业界对于刚出现的电子商务对企业经营产生的潜在影响抱有极大希望[3]，中国互联网企业将其视为自救运动的重要抓手，并在探索与尝试中，逐渐摸索出具有中国特色的 PC 电商之路。

一、转机：电子商务迎来新机遇

　　2000年国际互联网泡沫破灭，国外市场开始质疑以亚马逊为代表的 B2C 模式，在这种大环境下，我国电子商务也进入寒冬期。2000年，我国做电子商务的网站有上千家，大部分没有盈利能力，多半属于炒作概念或处于观望状态。少数网站虽然吸引到了充足的风险投资，但是这些网站没有可行的商业模式，缺乏自身造血功能，完全依赖外来风险投资度日。只有极少数网站开展了实质性的电子商务业务，比如8848、中国商品交易中心等，但即便是这些网站，也仍然没有真正实现盈利。一时间，人们对互联网的信心受挫，伴随着纳

1　王春法.新经济：一种新的技术——经济范式？［J］.世界经济与政治,2001（03）：36-43.
2　王可.电子商务与新时代的生意经［J］.信息与电脑,1994（05）：10-11.
3　林丹明.电子商务的发展、应用和影响［J］.汕头大学学报,1997（02）：1-7.

斯达克指数暴跌，更多的投资者撤资或者保持观望状态。互联网的投资骤然减少，导致一些公司无以为继，相继倒闭。直到 2002 年，一些电子商务网站的经营才开始逐渐恢复，寻求盈利。

最先从提供商业信息资源开始蓄力发展。根据《中国电子商务白皮书（2003 年）》报告显示，2002 年，提供网络信息资源的网站中，提供产品信息的商业网站占比近八成，其次是提供企业信息的网站（68.7％）和商贸信息网站（49.5％）。[1] 此外，电子商务经营者开始将目光从 B2C 拓展到 C2C 模式。

2003 年我国暴发"非典型性肺炎"（简称"非典"）疫情，并迅速形成流行态势，严重影响了社会生活和经济发展。这一偶然事件，使得电子商务远距离、非接触的特点被市场和消费者看到，整个行业逐渐回暖，并迎来新的发展。由于非典病毒的近距离、接触式传染的特征，迫使人们在非典期间尽可能远离商场、超市、办公大楼等公共场所。电子商务不需要人员的直接接触就可以方便地完成交易，在非典期间其优势得到充分展现，这也让电子商务的概念自发地进入人们的日常生活。非典期间，诞生了在中国电子商务发展史上比较重要的两家网络零售公司，即淘宝和京东。2003 年 5 月，阿里巴巴上线了 C2C 商品交易网站淘宝网，2003 年年底，淘宝的交易额达到 4000 万元。[2] 此外，其 B2B 业务量也有显著提高，第一季度网站注册用户数比 2002 年第四季度提高了 50％[3]。阿里前 CEO 卫哲回忆道，非典造成的现实困境让大家将目标转移到互联网，这给了当时遇到困境的阿里巴巴一个市场机会以及企业使命与责任感。[4] 最早从事传统数码销售业务的京东在非典期间遭受重创，创始人刘强东想到利用互联网减少库存，组织员工到各大网站论坛发帖，利用 QQ 进行

1　《中国电子商务白皮书（2003 年）》之一：中国电子商务发展报告［R/OL］.中华人民共和国商务部，（2005-05-11）［2023-08-11］. http：//dzsws.mofcom.gov.cn/article/dzsw/wang-zhanjianjie/200505/20050500088399.shtml.

2　电子商务发展史（1991-2021）［EB/OL］.知乎，（2023-01-05）［2023-08-11］. https：//zhuanlan.zhihu.com/p/393119019

3　赵廷超. SARS 肆虐中国电子商务阳光灿烂［J］.电子商务世界，2003（05）：28-41.

4　大佬"非典"生死年：被隔离阿里反获推广，刘强东误打误撞创京东［EB/OL］.网易，（2020-02-04）［2023-08-11］. https://www.163.com/dy/article/F4HSUS7T051986UM.html

口碑营销[1]，京东转危为安。2004年1月，京东涉足电子商务领域，网站正式上线运营。

关于非典倒逼我国电子商务发展是过去比较流行的观点。但是，一个行业真正的发展离不开政策环境、基础设施、行业积累以及用户基础等综合因素的支持。政府积极推动电信改革和发展，启动了系列重大互联网和电子商务工程项目，为电商的发展打下了坚实基础。[2]网络基础环境稳步夯实，网络支付环境进一步改善，物流配送条件逐步改善。2003年中国企业信息化500强中，近五成企业实现了网上交易，网络交易额得到4457亿元。面向消费者的电商业务也逐渐发展，2003年有过网购经历的网民比例超过四成。[3]

二、分流：易趣与淘宝之争

易趣与淘宝之争，是电子商务发展史上一次相当激烈的同业竞争，也是中美电子商务模式之争。2002年，全球最大网络零售商eBay通过收购易趣网33％的股份进军中国电商市场。2003年6月，eBay以1.8亿美元收购易趣全部股份。易趣是我国首家C2C电子商务平台，由创始人邵亦波于1998年在上海创立，模仿的是eBay模式[4]。2003年，易趣在C2C电商市场份额占比72.4％，合并后的eBay易趣在我国C2C市场的份额达到80％[5]。

————————

1　尤文静，汪洋．互联网背景下中小企业应对外界冲击的策略研究——基于非典时期京东经验借鉴[J]．中小企业管理与科技（上旬刊），2020（05）：110-111．

2　《中国电子商务白皮书（2003年）》之一：中国电子商务发展报告[R/OL]．中华人民共和国商务部，（2005-05-11）[2023-08-11]．http://dzsws.mofcom.gov.cn/article/dzsw/wang-zhanjianjie/200505/20050500088399.shtml．

3　同上．

4　易趣消亡史[EB/OL]．经济观察报，（2022-07-29）/[2023-08-13]．https://baijiahao.baidu.com/s?id=1739698336151463225&wfr=spider&for=pc．

5　曾拥有80％市场占有率的易趣网，宣布将于8月12日关停[EB/OL]．一财网头条，（2022-07-25）[2023-08-13]．https://baijiahao.baidu.com/s?id=1739310798360447535&wfr=spider&for=pc．

被收购后的易趣并未进行本土化的战略调整，反而更加倾向于美国电商的运营策略，即 eBay 模式。eBay 是拍卖模式，卖家在网上开店需要交纳 2％的交易服务费和登录费。2003 年 5 月，马云宣布阿里巴巴进军 C2C 领域，成立了淘宝网。淘宝与易趣就此拉开了市场争夺战，其间，"口水战""烧钱战"不断。2003 年易趣在谷歌、百度等搜索引擎以及三大门户网站上线了"要淘宝，到易趣""想圆淘宝之梦？来易趣吧"等这样的广告，淘宝很难再从大的网络平台获得流量[1]。淘宝与易趣以及相关投放平台进行了多轮交涉，但是效果甚微，易趣一时占据上风。但是易趣有一个潜在隐患，就是 eBay 模式在中国市场的本土化问题。时任淘宝网执行总经理孙彤宇谈及此说道："虽然淘宝网还没有想清楚应该如何盈利，但是把 eBay 这种收费模式照搬到中国能否成功，大家已了然于心。"[2]

淘宝网抓住了这个市场机会，采取免费策略与行业老大 eBay 易趣开展竞争，免除商家的开店费、交易费。同时，避开易趣广告投放的主要大平台，转战成百上千的小网站，以及利用电视、户外、地铁等传统广告投放渠道，为品牌推广铺路。淘宝借助免费和推广迅速获得了大量中小企业商家和网络消费者[3]。2004 年 7 月，淘宝就已经在流量方面超过了易趣，2004 年 11 月，淘宝网在线商品数额达到 300 万，而易趣只有 20 多万[4]。实践证明，淘宝的免费策略是符合当时中国电子商务发展现状的，由于整个行业还处于初期发展阶段，降低商家成本是吸引买卖双方在平台交易的重要因素。此外，淘宝网深刻洞察用户的需求，不断建立和完善信用与安全保障体系，控制并降低交易风险，在 2004 年推出了在线交易安全支付工具"支付宝"，并对这一支付工具进行大力的宣传和推广，宣称全面赔付受骗用户的损失，试图解决消费者的后顾之忧，而易趣在支付方面已经落后。随后易趣江河日下，2005 年，淘宝网占领全国 C2C 市场份额 72.4％，eBay 易趣的市场份额下滑到 26.7％[5]。

1　赵飞 . 马云：封杀淘宝的就是易趣［J］.IT 时代周刊，2003（24）：30-31.
2　胡小娟，徐亚岚，江兰等 . 电子商务 决胜中盘［J］.互联网周刊，2004（18）：22-26.
3　肖明超 . 淘宝：紧随 eBay 易趣的 C2C 淘金［J］.中国中小企业，2005（09）：54-56.
4　李大韬 . 当易趣遭遇淘宝［J］.知识经济，2005（02）：42-44.
5　易趣消亡史［EB/OL］.经济观察报，（2022-07-29）［2023-08-13］. https：//baijiahao.baidu.com/s?id=17396983336151463225&wfr=spider&for=pc.

2022 年 8 月 12 日,易趣网停止运营,运营 23 年的 C2C 电商平台正式落下帷幕。

　　易趣与淘宝之争实际上不仅仅是收费和免费模式之间的较量,更是中美模式的竞争,两者之间的竞争和结局并不是中国互联网史上的个案,其中也反映了很多国际大型互联网企业进入中国市场后反而落败退出中国市场的共性问题。收费模式的差异只是其中的一个原因,还有本土企业被收购后管理决策层转移的问题,国际总部对本土市场的变化和需求无法及时响应,于是在竞争激烈的互联网领域错失先机。同时,中美互联网用户在消费观念、习惯等方面也有很大差别,这都会影响其在电商平台上的消费决策和行为。在易趣与淘宝这场竞争的硝烟中,最重要的还是易趣本土化运营战略的失策,而淘宝则立足本土市场,深挖市场需求和本土用户价值。

三、团战:团购网站的升温

　　Groupon 作为团购模式先行者,开启了电子商务新的经营和消费模式。Groupon 不同于传统的电子商务网站,它没有种类繁多的二级页面与琳琅满目的产品分类,每天只在网站首页提供一件商品的限时团购。这种模式节省了消费者大量的时间成本,用户只需要决定购买或者不购买,简单明了。而在规定的时间内,只要团购人数达到预设人数,团购便可以完成。[1]之后,顾客即可凭借团购凭证到店消费。但 Groupon 每日只有一款推荐产品,这也让它无法提供超级市场般的一站式购齐服务,用户的自主选择性较弱,主要是作为日常用品消费之外的一种补充。[2]

　　团购网站的崛起得益于社交媒体的迅速发展,社会化网络营销、网络口碑营销不仅扩大了团购信息的传播范围,还精准定位了目标消费群体[3]。同时,团购价格是吸引用户的重要因素。网络团购模式的基本组成部分就是商家、消

1　王培 . Groupon 模式与团购新趋势［J］. 销售与市场（管理版）,2010（08）:81–83.
2　郭新梅 . Groupon.com:团购一天一次［J］. 互联网天地,2010（01）:76.
3　王培 . Groupon 模式与团购新趋势［J］. 销售与市场（管理版）,2010（08）:81–83.

费者和作为中介的团购网站。Groupon 与商家签订团购协议，团购网站以较低的折扣吸引用户，根据团购的人数和订购产品的数量，消费者一般能得到从5％ 到 40％ 不等的优惠幅度，商品折扣最大可以到 2—3 折，甚至更低[1]。用一定规模的消费者吸引商户，对高利润率行业的商家而言，通过团购带来大量订单，在较低的生产成本下扩大了市场影响力，增加盈利，同时加快营运资金的周转。团购网站则用来自商户的佣金实现盈利。这种商业模式实现了商户、团购网站、消费者间的共赢，迅速受到各方的追捧。[2]

这种团购模式被引入中国后，又经本土化创新，在资本和消费者的助推下，成为互联网市场"风口"，大量市场主体进入该领域。由于该模式门槛较低，各团购网站为了抢夺用户，开始实行价格战，形成了 PC 互联网发展史中著名的"百团大战""千团大战"。

在社会经济向好、技术进步、网民基数达到一定规模的情况下，美团网、满座网、拉手网、窝窝网等团购网站如雨后春笋般不断涌现。自 2010 年 3 月至2011 年 3 月，中国市场团购网站数量呈现爆发式增长，达到 3265 家，市场呈现"千团大战"的局面。表面繁荣的团购大战背后，经济资本起着主要的推动作用，因看到团购行业火爆而迅速涌入的资金又反过来助推了团购市场的继续发展。2010 年中国网络团购网站共获得 13 笔融资，涉及 9 家团购网站，融资金额近 7 亿元人民币，其中拉手网、满座、酷团等知名网站累计获得投资达千万元[3]。

不过团购市场野蛮生长之后带来的是全行业的重新洗牌。团购网站的重心是本地化的连接平台，作为信息交换的媒介，团购网站之间同质性很高，市场和资本都不需要数量如此之多的相似网站[4]。而一些团购网站为了扩大自己的规模，盲目进行线下布局，对商家的资质审核过于放松，带来的后果是一些无良商家甚至骗子商家的入驻，给部分平台的声誉造成了很大的损害。而在

1　齐雯. 网络团购商业模式研究：基于 Groupon［J］. 人力资源管理，2010（10）：93.

2　林旭耀. 基于 Groupon 网络团购模式的网络营销策略研究［J］. 中国商论，2010（26）：19—20

3　团购网站：年增长逾 3000 家 资本"疯投"加剧行业泡沫 资本窥伺电子商务"钱景"泡沫后市场将洗牌［EB/OL］. 中国文化报，（2011-04-22）［2023-08-13］. http://www.ce.cn/culture/whcyk/gundong/201104/22/t20110422_22379343.shtml.

4　袁楚. 同质化的团购网站没有前途［J］. 互联网天地，2010（06）：13.

2010 年发生的 1288 团购网事件更是引发了全社会要求加强团购行业监管的呼声。2010 年 5 月 1 日上线的 1288 团购网在一次团购中,由于商家卷款走人、用户付款后不发货、拖延退款被警方调查,1288 网因此成为国内首家团购骗子网站。[1] 这一事件之后,越来越多的团购骗局被曝光,浩浩荡荡的团购网站中滥竽充数的成员逐渐被清除,团购市场加速洗牌。

随着时间的推移,团购热度褪去,市场逐渐饱和,资本方相继撤出,团购大战在 2013 年年底迎来了决胜时刻。美团确立了行业老大地位,以绝对市场优势,将大众点评、拉手、窝窝团、糯米网等竞争对手甩在了身后,而其余的众多团购网站或者倒闭,或者转型。

第四节　兵家必争:技术与内容驱动的网络视频

网络视频作为继文本、图像、音频后出现的重要内容呈现形式与传播方式,在互联网泡沫破灭后,成为中国互联网企业走出低谷的又一个强有力的业态和抓手。PC 互联网时代,中国互联网发展整体比美国起步晚、发展慢,但仅以网络视频领域而言,中国网络视频产业的萌芽与发展却丝毫不落下风。

一、起步:流媒体技术促进网络视频发展

受制于 Flash、流媒体等互联网视频技术,直到 2004 年,视频网站的初创期才姗姗来迟,但谁也没有预料到,视频网络就此开启了"井喷式"发展。视频领域不仅成为门户网站业务拓展的方向,更成为继网络游戏之后互联网领

1　丁乙乙. 蜂拥而上团购网站未老先衰　1288 二折挂牌贱卖无人问津[J].IT 时代周刊,2010(13): 58–59.

域创业的又一风口，一大批商业视频网站应运而生，PC 互联网时代主要的商业视频网站成立时间如表 4–3 所示。

表 4–3　互联网时代主要商业视频网站成立时间

时间	视频网站
2004 年 11 月	乐视网上线
2004 年底	搜狐视频成立（前身搜狐宽频）
2005 年 4 月	土豆网上线
2005 年 4 月	56 网上线
2005 年 5 月	PPTV 上线
2005 年 6 月	PPS 影音上线
2006 年 5 月	六间房上线
2006 年 7 月	酷 6 网上线
2006 年 12 月	优酷网上线
2007 年 6 月	AcFun 上线
2009 年 6 月	Bilibili 上线
2010 年 4 月	爱奇艺上线
2011 年 4 月	腾讯视频上线

这一时期，网络视频产业实现了从无到有、从零到一的历史性跨越。值得注意的是，在很多互联网垂直领域，中国互联网的起步和发展似乎比美国要慢上一拍，然而在网络视频领域，中国网站可谓"敢为人先"，并没有落在美国后面。2005 年 2 月 YouTube 成立，4 月 23 日，联合创始人杰瑞德·卡里姆上传了 YouTube 的第一支视频[1]，要晚于土豆网的 4 月 15 日；长视频网站的翘楚 HuLu 更是在 2007 年 8 月才正式命名[2]。截至 2010 年 9 月，土豆网注册用户数量达到 7107 万。[3]中国有 200 多家网络视频企业迅速崛起，在资本的推动下，

1　第一个在油管发布的视频是什么［EB/OL］.网易，（2022–01–13）［2023–08–05］. https://www.163.com/dy/article/GTJIV8BL0552BPOV.html.

2　互联网商业发展史重磅梳理（1969–2022）［EB/OL］.网易，（2022–06–14）［2023–08–05］. https://www.163.com/dy/article/H9QLBBAE0516OR7R.html.

3　土豆招股书透露注册用户数达 7107 万［EB/OL］.网易，（2010–11–10）［2023–08–05］. https://www.163.com/tech/article/6L4SHCRR000915BF.html.

产业规模很快便形成了[1]。

二、差异：用户内容分享与专业化生产

在视频网站诞生之前，创始人们就已经开始思考用户的需求以及商业模式，这将贯穿整个网络视频产业发展的始终。在网站初步上线成功后，得到投资的企业便开始大刀阔斧的改革，以期能够实现原有的构想。可以说，在这一时期，生存下来的视频网站都探索出独有的商业模式，培养了各自的核心竞争力和用户黏性，视频行业呈现出差异化竞争的特点，可谓"八仙过海，各展所长"。网络视频网站的商业模式，也可以看作平台所提供的内容与功能的集合。

从这个视角来看，主流的商业模式主要分为：一是以 UGC（User Generated Content）内容为核心竞争力的视频平台，代表网站是优酷、土豆、酷6、56 网等等。UGC 内容，即是"用户生产内容"。在这一模式中，视频网站只提供平台服务，视频内容的生产者和消费者都是平台的用户，生产者将内容资源上传到网站，而消费者进行在线观看或者下载，平台的作用是提高传输速度、扩大生产者与消费者的规模以及保证良好的视频规范和制式。因此，在这一类网站中，平台的品牌知名度塑造成为重中之重，差异化竞争的驱动力较弱，同质性较强，资源与资本的较量异常激烈。

二是以 PGC（Professional Generated Content）内容为核心竞争力的视频平台，代表是乐视网、PPS、PPTV 等。PGC 内容的原意是"专业生产内容"，即这类内容是由专业的影视制作团队所制作，大到传统的电影、电视剧、纪录片、综艺节目等资源，小到一定规模的工作室、制作团队所制作的节目。[2] 由于流媒体与 P2P 技术的发展，整合已有的在线视频资源成为视频平台的主要发展方向。视频平台通过整合线上、线下的 PGC 视频资源，将其分门别类（比如分为电影、电视剧、综艺、体育、纪录片等），以此提供给用户观看，节省了用

1　王晓红，谢妍 . 中国网络视频产业：历史、现状及挑战［J］. 现代传播（中国传媒大学学报），2016，38（06）：1–8.
2　张丽，曾建雄 . 视频网站转型期的发展、问题与路径探究［J］. 编辑之友，2013（07）：46–48.

户的搜索成本与时间成本。在这一模式中，用户的搜索成本转移到视频平台提供者之上，对于视频资源的搜索、整合能力以及在线播放技术的比较成为聚焦点，这也是 PPS、PPTV 等视频客户端能够比网站更容易吸引用户的原因之一。除了以上两大类之外，还有垂直细分类、直播类等商业模式，但并非主流，且大多可以被划分到以上两大类之中，就不再赘述。在这一阶段，视频产业的产业链实际上已经逐渐清晰起来，形成了"UGC 内容——视频平台——用户"和"PGC 内容——视频平台——用户"两大类，当然，这并不意味着两者的泾渭分明。事实上，由于互联网的开放性与共享性，两者在同一视频平台上往往是相互依存的。但从近十年的发展历程来看，这一时期形成的核心竞争力模式延续到了后来的寡头竞争时代。

这一时期的视频产业高速发展，商业和盈利模式都得到拓展，更奠定了产业链的雏形，对后来的发展影响深远。然而，不可避免的是，一个初创产业必须面临"年轻的错误与代价"。

第一，当时的网络视频市场缺乏有效的法律监督和管制，存在大量危害市场和产业的行为与现象。事实上，当时对于整个互联网的管理力量都相对薄弱，偏安一隅的网络视频产业更成"漏网之鱼"。最典型的现象要属网络黄色、暴力内容的泛滥[1]。黄色暴力内容通过视频网站进行传播，增加隐蔽性的同时，又扩大了传播范围与效率。更有甚者，一些不法分子建立视频网站专门从事情色服务，例如快播等。

第二，版权的违规盗用异常猖獗。版权问题并非仅仅网络视频领域的个案，但绝对是其不良发展的诱导因素之一[2]。国家在当时并没有在视频领域加强互联网版权治理，而视频网站上大量的 PGC 内容都可能涉及版权问题，这导致的一个严重后果是，各大公司通过技术、人脉甚至违法手段获得视频资源，并且不经同意便上传至视频网站。以北京市为例，2005 年北京市各级法院共审理与网络有关的著作权案件 66 件；到 2008 年，仅上半年便审理同类案件 1304 件，比 2005 年增长近 40 倍，比 2007 年增长 7 倍[3]。版权是当时中国网

1　张孝虎. 网络视频行业的问题与对策[J]. 传媒，2012（10）：56-57.
2　周建青. 网络视频盗版现象探析[J]. 中国出版，2012（11）：46-49.
3　王晓红，谢妍. 中国网络视频产业：历史、现状及挑战[J]. 现代传播（中国传媒大学学报），2016，38（06）：1-8.

络视频争夺的重要资源。[1]

对于网络视频公司而言,囿于正规版权交易成本和带宽成本过高,盈利模式虽然有所突破,但盈利能力仍然有限。由于市场不成熟,价格线模糊,并没有公认的标准,网络视频版权交易成本虚高,以致中小企业铤而走险,从事非法的勾当。另一方面,当时的几大领军企业,诸如优酷、土豆等网站,都处于亏损而需要资本注入的窘境之中,盈利模式则仅仅只有单纯的广告和初步的增值服务,进而导致入不敷出。

三、井喷:资本入场与竞争白热化

与互联网其他领域的企业相类似,整个网络视频产业的发展离不开资本的推动。最早创立的一批网络视频网站企业,都获得过一轮又一轮的风险投资与融资。而风险投资的最终目标,就是推动企业上市以获得投资回报。在这一阶段,视频网站的商业模式已经逐渐发展成熟,产业与市场规模也逐步扩大,企业的投资人与创始人都开始谋求赴美上市的途径,并将之付诸实践,主要视频网站的融资历程如表4-4所示。

表4-4　早期三家主要视频网站融资历程

	优酷网	土豆网	酷6网
第一轮	2005年11月,成立之初拥有300万美元"搜索资金"	2005年12月获得来自IDG的80万美元投资	2007年5月,获得德丰杰和德同资本千万美元级投资,创13天融资神话
第二轮	2006年12月1200万美元获硅谷Sutter Hill Ventures、国际投资基金Farallon Capital和Chengwei Ventures三家风投1500万美元注资	2006年5月,土豆再获寰慧投资、集富基金及IDG投资的850万美元	2008年7月,获得第二笔投资,新增了UMC、SBI等若干家投资人

1　邢立双.中国网络视频发展态势及前景展望[J].电视研究,2012(03):62-64.

（续表）

	优酷网	土豆网	酷 6 网
第三轮	2007 年 11 月，2500 万美元，源于 Bain Capital（贝恩资本集团）旗下一支基金及三家既有股东追加注资	2007 年 4 月 16 日，获得 1900 万美元的第三轮融资，该轮投资由今日资本和 General Catalyst Partners 主导	2009 年 11 月，正式加盟盛大集团。
第四轮	2008 年 7 月，4000 万美元，包括新增 3000 万美元的注资以及 5 月进行的 1000 万美元技术设备贷款	2008 年 4 月，完成第四轮 5700 万美元融资，投资方为 IDG、General Catalyst、GGV 和美国洛克菲勒家族	—
第五轮	2009 年 12 月，4000 万美元。该轮投资已成为投资管理咨询公司领头，还包括贝思资本的 Brookside Capital、对冲基金 Maverick Capital 和风投公司 Sutter Hill Ventares	2010 年 8 月，此次投资土豆网的是淡马锡，其第一次涉足网络视频，领投 3500 万美元。土豆网股东 IDG 中国（IDG China）及纪源资本（GGV）等追投 1500 万美元	—
第六轮	2010 年 9 月，获得来自成为基金、Farallon Funds、Brookside Capital、Maverick Capital、T.Rowe Price New Horizons Fund 和摩根士丹利小企业成长基金的总共 5000 万美元投资	—	—

上述三家视频网站最终都成功上市。2009 年 11 月，酷 6 网与华友世纪合并上市，成为全球第一家上市的视频网站[1]；2010 年 8 月 12 日，乐视网在深

1　华友世纪变身酷 6 网 首家视频网站曲线上市［EB/OL］.南方都市报，（2010-06-03）［2023-08-05］. http://finance.sina.com.cn/roll/20100603/08198051323.shtml.

圳证券交易所敲响开市宝钟,是首家在国内上市的视频网站[1];2010 年 12 月 8 日,优酷网在纽交所上市;2011 年 8 月 17 日,土豆网于纳斯达克上市[2]。

在这一阶段,视频网站大规模融资并集体上市,视频产业的商业模式已经完成第一次建构,也得到了国内外资本市场的认可。在 2012 年之前,互联网巨头纷纷将战略目光投向视频产业。2010 年,百度宣布创立奇艺视频(后改名"爱奇艺"),2011 年,腾讯视频宣布正式上线。跨界而来的互联网巨头迅速在视频领域开疆拓土,大量的资源、人脉、技术与内容的支持让整个视频市场的竞争格局变得更加复杂,也拉开了寡头竞争的序幕。

第五节　新战场:社交网站的快速崛起

从 BBS 到个人博客,从校内、人人到豆瓣小组,再到微博的崛起,PC 互联网时代的社交网站虽然在商业模式与盈利能力方面未有实质性突破,但是其应用与发展扩大了网络用户规模、增加了用户使用黏性,促进了人们之间观点、兴趣的分享以及关系的建立和维护,为后续移动社交媒体功能服务的优化与商业模式的多元化奠定了基础。

一、交互开端:BBS 与博客的兴衰

BBS 的英文全称是 Bulletin Board System,中文一般翻译为"电子公告板"。这是一种基于 Telnet(远程登录)协议访问的互联网应用。BBS 诞生

　　1　上市近十年 乐视网"落幕"[EB/OL].中国经济网,(2020-05-15)[2023-08-05]. https://baijiahao.baidu.com/s?id=1666711758827088713&wfr=spider&for=pc.
　　2　优酷在美国纽交所成功上市 市值 27.68 亿美元[EB/OL].网易科技,(2010-12-08)[2023-08-05].https://www.163.com/tech/article/6NDT3U1R00094J6M.html.

于 20 世纪 70 年代的美国，主要用于 BBS 成员之间的信息交流与网络通信。后随着 WEB 服务的兴起，BBS 开始强调主题性和交流性，诞生了 Forum（论坛）。个人计算机开始普及之后，BBS 被广泛应用。BBS 在早期主要具有发布新闻、发布交易信息、发布个人感想、互动式问答的功能。

　　中国大陆最早的 BBS 站是 1991 年建的北京长城站，受限于互联网尚未在中国落地，当时用户访问量每天只有十几人。1994 年春，中国大陆首个网络 BBS 站——曙光 BBS 站开通。1995 年，随着计算机及其外设的大幅度降价、互联网在国内的快速发展，BBS 及 Forum 逐渐被认识，1996 年更是以惊人的速度发展起来，1997 年达到一个发展顶峰，各种 BBS 站大量涌现，BBS 论坛功能不断改进，内容涉及的领域无所不包。后来，由于发展的无序和管理的不善，在网络泡沫的冲击之下，很多 BBS 迅速消亡。

　　当时国内的 BBS 站，按其性质可以划分为两种。一种是商业 BBS 站，如新华龙讯网；另一种是业余 BBS 站，如天堂资讯站以及很多校园 BBS。由于使用商业 BBS 站要交纳费用，且其所能提供的服务与业余 BBS 站相比，并没有其他优势，所以其用户数量不多。业余 BBS 站中的业余并非代表服务和技术水平的业余，而更多指向非商业性质。一般 BBS 站都是由志愿者开发的。其目的是推动中国计算机网络的健康发展，提高广大计算机用户的应用水平。早期国内 BBS 站架构软件都是由国外引进的，没有中文说明，很多站长都热心于将国外互联网的相关资料翻译在站内进行交流。多数业余 BBS 站的站长，基于个人关系，相互之间频繁交流电子邮件，逐渐形成了一个全国性的电子邮件网络 China FidoNet（中国惠多网）。各地用户都可以通过本地的业余 BBS 站与远在异地的网友互通信息。这种跨地域电子邮件交流是商业 BBS 站无法比拟的。业余 BBS 站凭借这种优势，吸引了更多的用户加入和使用。

　　在 PC 互联网早期，BBS 虽然在盈利方面并没有直接帮助互联网企业走出低谷，但是泡沫破灭后，进入调整阶段的国内 BBS 成为现实社会的重要组成。BBS 所提供的信息交流、知识传播、文化建设、舆论监督等功能，扩大了网络用户规模，增加了用户的使用黏性。而用户规模的扩大和交互功能的开发与应用为后续互联网的发展奠定了基础。但也正是因为 BBS 商业模式的单一与盈利能力的薄弱，随着网络应用的多元化，BBS 很快被局部化、边缘化。

　　BBS 的许多特性被逐渐分化为专门的应用与服务，例如新闻网站、电子商务网站等,其中 BBS 允许个人发表意见、评论和知识共享的功能被专门分化出来成为博客网站。博客不断优化发展出与 BBS 不同的功能与定位,成为 PC 互联网时代用户重要的社交应用之一。

博客实际上并不是一种技术创新,而是一种网络应用。它综合了个人网站、门户、新闻网页等多种原有的网络表现方式,并且不断演进,推陈出新。综合来说,博客就是按照时间倒叙排列,以日记为形式,以链接为重要表达手段的一种沟通方式[1]。从传播模式来看,博客在一定程度上是自我传播与大众传播的混合体[2],是自媒体的早期代表[3],便成为了个人网络出版的有力工具[4]。

我国博客的发展经历了“西学东渐”的过程,博客这个名称是英文单词“Blog”意译而来。1997 年 12 月约恩·巴格尔(Jorn Barger)第一次使用了“Weblog”这个正式的名字。2002 年 8 月,由方兴东、王俊秀等人兴办的国内第一个较大规模的博客网站“博客中国”正式成立。[5] 2002 年 12 月,由千龙研究院和博客中国网站联合举办的“首届博客现象研讨会”召开。这次会议的召开,说明了博客已被当作一个重要的传媒现象、社会现象而引起社会关注。2004 年到 2006 年,博客在中国的发展进入了快速成长阶段,博客的用户规模在这一阶段快速扩大(如图 4-4 所示),博客也进入商业化发展阶段。

几家国内的博客服务商开始寻求风险投资。2004 年 7 月,博客中国获得了第一笔风投,由软银亚洲投入,不到 100 万美元,中国博客网获得了 IDG 技术创业投资基金的风险投资,同年 10 月,BlogBus 获得维众中国约 20 万美元的风投。[6] 良好的用户基础和市场前景吸引了更多的参与主体,传统门户网站

1　麦尚文,丁玲华,张印平.博客日志:一种新的网络传播方式——从传播学角度看 blog 的勃兴[J].新闻界,2003(06):37-38.

2　周海英.“博客”的传播学分析[J].江西社会科学,2004(07):170-172.

3　邓新民.自媒体:新媒体发展的最新阶段及其特点[J].探索,2006(02):134-138.

4　金兼斌.博客——个人网络出版的理想、现实与未来[J].新闻与传播研究,2004(04):53-61+96.

5　中国博客发展大事记[EB/OL].中国青年报,(2006-01-20)[2023-08-05].http://zqb.cyol.com/content/2006-01/20/content_1303642.htm.

6　李琳.博客网站:商业化进行时[J].管理与财富,2005(08):57-58.

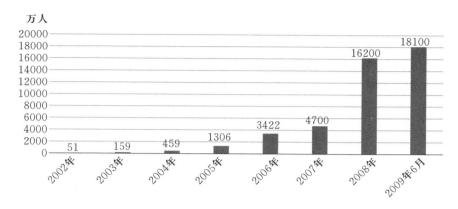

图 4–4　中国博客用户规模（2002—2009 年）[1]

在"自救运动"中也捕捉到了博客的市场潜力，立足自身特点涉足博客服务
（如表 4–5）。新浪博客主打名人、明星博客，搜狐博客以社区服务为依托，网
易博客则结合自身网络游戏业务开展。[2] 根据 CNNIC 发布的《2007 年中国互
联网博客市场调查报告》显示，截至 2007 年 11 月底，中国博客空间达到 7282
万个，2007 年博客作者规模达到 4700 万，如何利用博客的参与性、互动性和
圈层性的特点，挖掘博客在娱乐营销上的价值，成为博客盈利模式的探索方向
之一[3]。

表 4–5　主要门户网站推出博客服务时间线

时间	事件
2005 年 6 月	腾讯推出 QQ 空间（Qzone）
2005 年 9 月	新浪推出博客服务
2005 年 11 月	搜狐博客上线
2006 年 9 月	网易博客上线

1　中国互联网络信息中心 .2008–2009 博客市场及博客行为研究报告［EB/OL］. 中国互联
网络信息中心网站,（2009–07–17）［2022–06–01］. https://www.cnnic.net.cn/n4/2022/0401/c123-
851.html.

2　方兴东、张笑容 .2005—2006 年中国博客发展与趋势［J］. 国际新闻界, 2006（05）: 44–47.

3　中国互联网络信息中心 .2007 年中国互联网博客市场调查研究报告［EB/OL］. 中国互联
网络信息中心网站,（2007–12–27）［2022–06–01］. https://www.cnnic.net.cn/n4/2022/0401/c123-
859.html.

　　当时国内博客的主要盈利模式包括网络广告、无线增值服务、付费、电商、网络游戏等模式。[1,2]网络广告仍然是博客的主要盈利方式,当时各博客服务商在网络广告商的营收都收效甚微。[3]虽然有了一定的用户基础,但是用户信任度较低[4],其他盈利模式的用户消费习惯也未养成。新浪在推出博客服务时并非为了直接获取营收,而是希望作为资源整合的重要部分,提高用户黏性[5]。2008年,博客用户规模得到了大规模增长,一方面缘于用户聚集的规模效应,另一方面与当时的系列重大新闻事件息息相关,例如北京奥运会、华南虎事件、汶川大地震等[6]。但是由于博客内容生产的非强制性,以及变现手段的匮乏,博客的盈利能力较弱,用户的流动性较大,并未形成成熟的商业模式。2008年5月,开心网、校内网等社交网站在娱乐化和生活化方面的强势表现,使得博客用户增长出现大幅度下滑。

　　BBS与博客虽然在商业性方面建树有限,但在社会性方面做出了更多努力。尽管均未能在商业实践中真正成为将互联网企业拉出低谷的"救命稻草",但是,BBS和博客都显著扩大了互联网的用户规模和社会影响力,提高了用户黏性,增强了社会联结,展现出极强的社会效益。

二、社交拓展:从"校内"到"人人"

　　互联网的开放性、交互性为个人生产内容、发表观点意见提供了场域。但是在PC互联网早期,论坛、博客的内容较长,真正进行内容生产的网民还是少数。对于大多数人而言,建立博客、定期发帖、培养和维护忠实读者群,需要耗费巨大精力。虽然博客在理论上面向所有人,但实际用户群体带有很强的

1　匡文波.博客盈利模式初探[J].广告大观(媒介版),2006(03):92.

2　史玲.国内博客的盈利模式初探[J].科技管理研究,2007(03):90-91+93.

3　莫小勇.中国博客经济:"有人气,没财气"[J].资本市场,2005(10):76-78.

4　中国互联网络信息中心.2007年中国互联网博客市场调查研究报告[EB/OL].中国互联网络信息中心网站,(2007-12-27)[2022-06-01].https://www.cnnic.net.cn/n4/2022/0401/c123-859.html.

5　宋妍.新浪博客,后来的先行者?[J].互联网周刊,2005(31):12.

6　关于博客对新闻生产及舆论形成与传播的影响在本书第七章详细展开。

精英色彩，有一定的门槛。普通网民更希望构建一个能够简单便捷的、和亲朋好友分享信息的工具，在这种市场需求下，SNS（Social Network Service，社交网络服务）出现了。

　　1997 年，基于六度分隔理论 [1]，六度空间网站（www.sixdegrees.com）率先开始关注普通个人，延续了"关注个人"这一理念 [2]。网站允许用户个人建立个性化的朋友名单，能查阅朋友资料、给朋友发送信息。虽然后来该网站 [3] 由于运营不善而关闭，但这种"关注个人"的理念已渗入其他产品，"个人门户"成为流行思维。2004 年，哈佛大学的马克·扎克伯格（Mark Zuckerberg）创建脸书（Facebook）[4]，并最终发展成全球最大的社交媒体。从 2005 年起，类似 Facebook 的校园 SNS 网站开始在国内激增，如校内网、QQ 空间、开心网等。社交网站是更加注重用户交互的互联网模式，用户既是网站内容的浏览者，也是网站内容的生产者 [5]。SNS 带来了日常社交的普及，不局限于严肃话题，更倾向于个人日常生活的分享。这是具有转型意义的，人与内容的交互开始向人与人的全民社交转化。

　　受到全球网络技术、市场与社交媒体发展的影响，中国本土化的社交网络产品相继出现，它们形态各异，百花齐放，包括视频分享、SNS 社区、问答、百科等等。2005 年成立的校内网（后更名为人人网）和豆瓣网、2008 年成立的开心网等共同拉开了中国社交网站市场的大幕。

　　2003 年，早年曾在美国留学的清华大学的王兴带着创业梦想归国，他将目标锁定在 SNS 网站领域。当时，美国的 SNS 网站 Friendster 已在美国占据一席之地，随后 Facebook 开始了其突飞猛进的发展态势，但在中国 SNS 网站市场依然是一片空白。2005 年 12 月，中国首个校园 SNS 网站——"校内

　　1　六度分割理论：1967 年，哈佛大学心理学教授斯坦利·米尔格拉姆（Stanley Milgram）试图描绘一个联结人与社区的人际联系网，做过一个实验，发现了"六度分割"现象，概括地说，"你和任何一个陌生人之间所间隔的人不会超过六个，最多通过六个人你就能够认识任何一个陌生人"。
　　2　站长帮.社交媒体的发展史，它起源于上世纪 70 年代末［EB/OL］.（2022-09-04）［2023-08-06］.https://www.zhanzhangb.com/4532.html#%E7%AC%AC%E4%B8%80%E4%B8%AA%E7%A4%BE%E4%BA%A4%E7%BD%91%E7%BB%9C.
　　3　Six Degree 平台至今仍然存在，但是从 2017 年起界面再未更新。
　　4　潘京，孙玲.美国大学校园网络热［J］.国外科技动态，2006（02）：23-27.
　　5　张瑞."校园 SNS"火爆的学理思考［J］.传媒观察，2007（02）：53-55.

网"在王兴等人的努力下初步投入使用,网站率先在清华大学、北京大学以及中国人民大学三所高校试运营[1]。2006年春节过后,校内网正式上线,面向的人群主要是网络用户中的活跃群体——大学生。上线7个多月后,校内网的覆盖面迅速扩大到700多所高校,注册用户30多万人,且当时平均每天仍在以2000余人的速度不断增长[2]。

校内网最主要的特点是只允许拥有特定大学IP地址或者大学电子邮箱的用户注册,以此保证注册用户绝大多数都是在校大学生。校内网是在注册时就要求实名注册,同时采取向各个大学定点开放、甄别IP和资料审核的方式,对实名要求比较严格。用户注册之后可以上传自己的照片、更新状态、撰写日志、留言等。网站鼓励大学生用户实名注册、上传真实照片,让大学生在网络上体验到现实生活中的社交乐趣。

校内网牢牢抓住大学生消费群体这一细分市场,对特定用户群体进行价值挖掘。这种差异化的市场定位巧妙地避开了与其他类型网站的直接竞争。在2006年,学生网民已经成为网民大军中的重要组成部分。学生网民具有自身的特点,比如,易于接收新知识、敢于尝试新鲜事物。对于人际交流,很多人已经开始不满足于现存的腾讯QQ、网易泡泡等聊天工具,也不满足于只能添加文字、图片和视频的简单博客和学校BBS上匿名的互动交流。大学生群体渴望更具互动性的交流,而这个机会恰恰被校内网抓住了。

校内网的出现满足了学生网民群体的众多需求。第一,校内网的出现将中国大陆各大高等院校以及高中的学生群体聚集到一起,可以形成基于熟人的关系网络[3]。第二,校内网提供的服务内容多样,聚集了当时网络所流行的各种新鲜事物和功能服务,网站提供的即时聊天工具、博客功能、互动游戏应用程序等,可以为同时在线的好友提供在线聊天的机会,满足了学生群体的互动交流需求。

精准的用户定位意味着精准的经营目标,即为学生网民群体量身定做一个以学生为主体的集互动、娱乐、社交为一体,服务学生群体并从中赚取利润的社交型网站。学生群体是一个有着巨大规模的稳定用户群,而只有具有

1　彭韧.校内网王兴的月亮与六便士[N].21世纪经济报道,2006-11-06(027).

2　张广,肖洪,刘昊翔.校内网现象分析[J].北京教育(高教版),2007(Z1):33-35.

3　郑宇钧,林琳.当校园SNS照进现实——校内网的人际传播模式探讨[J].广东技术师范学院学报,2008(03):29-35.

一定规模的稳定用户群才有可能为网站创造商业价值。至 2007 年,校内网已经占据中国高校 SNS 网站 75% 的市场份额[1]。为进一步拓展市场并获得资金支持,校内网于 2006 年 10 月被千橡公司收至麾下,并在同年年底完成千橡公司 SQ 校园网与校内网的合并[2]。2007 年 11 月 20 日,校内网在北京宣布正式进军白领、高中市场,试图成为向所有中国互联网用户提供服务的 SNS 网站[3]。2009 年 8 月 4 日,校内网改称人人网,将用户定位从校园扩展到全社会[4]。

三、功能叠加：社交网站的游戏化发展

为了提高用户对社交媒体产品的黏性,延长社交媒体产品的生命周期,社交媒体服务提供商会对其产品进行不断的功能优化。在众多开发的新功能中,社交媒体的游戏化给社交网站带来了新一轮的用户增长,其中较为具有代表性的就是开心网。

开心网是由北京开心人信息技术有限公司(kaixin001.com)于 2008 年创办的一个社交媒体平台,创始人是新浪企业服务前副总经理程炳皓。与校内网的市场定位不同,开心网将目标群体锁定在白领,后渗透到高校大学生群体中。很多白领每天在开心网上花费大量时间来抢车位、偷菜,热衷于朋友买卖、花园菜地等游戏。开心网给工作关系带来了新的沟通方式和文化氛围,一时之间风靡白领市场。2008 年 8 月,开心网的日均 IP 访问量已达到 72 万人次,日均 PV(页面浏览量)浏览量也达到 3000 多万人次,Alexa(一个统计发布网站流量排名的网站)全球排名 400 名左右。[5] 截至 2009 年 7 月,短短一年多时间,开心网已拥有累计注册用户超过 4000 万,每日登录用户达 1000 万,

---

1　"网生代"爱给自己贴标签[EB/OL].齐鲁晚报,2009-05-11(C14).

2　朱海燕.如何续写一个互联网品牌——访校内网团队[J].程序员,2007(11):92-93.

3　邢帆.校内网渗透白领和高中市场[J].每周电脑报,2007(43):57.

4　"校内网"走出校内 更名为"人人网"[EB/OL].财新网,(2009-08-05)[2023-08-05].https://companies.caixin.com/2009-08-05/100052893.html

5　曹敏洁.揭秘开心网:创始人无专属办公室月薪 9000[N].东方早报 // 新浪网,(2008-09-12)[2022-06-01].https://tech.sina.com.cn/i/2008-09-12/05522453139.shtml.

页面浏览量超过 10 亿，Alexa 全球网站排名中，开心网位居中国网站第十位，居中国社交网站第一位。[1]

　　开心网通过社交游戏加强了工作中人际关系的沟通网络。2005 年全球市场用户规模最大的即时通讯软件 MSN 进入中国市场[2]，成为中国企业白领商务群体常用的即时通讯软件[3]。白领通过 MSN 进行沟通的内容基本围绕着工作展开，较为单调。开心网瞄准了白领群体进一步的社交和娱乐需求，希望通过社交游戏增进工作关系的互动，提高用户黏性。因此，开心网除了提供基本的社交功能之外，也成为网页小游戏的集合平台。其中，开心网借鉴了 Facebook 的"朋友买卖"（Friends for Sale）和"争车位"（Parking War）这两款小游戏，在用户群体中引起反响，迅速聚集用户。此外，开心网在借鉴成熟游戏产品的基础上，通过功能优化提高了游戏的趣味性。例如，增加了道具卡和附加功能，在抢车位游戏中，开心网还推出了"拉力赛"等新玩法吸引用户参与，这是 Facebook 没有的。这些网页小游戏缓解了白领群体的工作压力[4]，填补了工作社交中网络娱乐性的需求，一时之间在白领群体中流行开来。

　　开心网主要通过病毒式传播迅速扩大用户群体。开心网的邀请模式不但包括 MSN 绑定、邮件邀请，还推出了 QQ 用户绑定，支持 gmail、163 等在内的 10 类邮箱，无形中扩大了开心网"病毒"传播的疆域。针对用户不同生活圈里的好友，开心网提供了不同的邀请代码，并且还通过各种方式激励用户邀请好友。例如，"朋友买卖"需要虚拟货币，而主动挣钱的方式只有让"奴隶"打工——每人每天不会超过 60 元（虚拟货币）。而邀请新用户则可以得到 500 元。同样，"争车位"邀请新用户可以获得 6000 元，相当于一辆车停 10 小时赚到的钱。这种病毒式营销虽然在前期为开心网带来了用户规模的扩大，但是后期在网友对游戏的新鲜感降低之后，这种病毒式营销遭到了网友的抵

1　孙冰. 非死不可的开心网之争［N］. 中国经济周刊 // 新浪网，（2009–11–11）［2022–06–01］. https://finance.sina.com.cn/g/20091111/08166950230.shtml.

2　十年 MSN：曾经辉煌 入土为安［EB/OL］. 搜狐网，（2016–05–10）［2023–08–08］. https://www.sohu.com/a/74468873_176462.

3　陈青. 中国即时通讯：整合与变革的前夜［J］. 中关村，2005（01）：70–72.

4　吴浩. 社交网站背后的隐忧——基于 120 位"开心网"用户的实证调查［J］. 中国青年研究，2009（09）：48–51.

触和反感[1]。

　　开心网虽然在 2008—2009 年迅速聚集了广大的用户群体,但是用户需求挖掘、商业模式和盈利能力等方面的不足,最终使其难以为继,2010 年开心网开始走下坡路。开心网的初衷是希望通过社交游戏来增强用户黏性,但在运营实践中,"偷菜""抢车位"等模式更偏向游戏社交,通过游戏来维持熟人关系网络,这个定位的产品生命周期很短,游戏并非熟人社交的刚需。原开心网主管市场的副总裁郭巍在接受网易科技采访时说:"开心网的崛起建立在几个火爆的社交游戏基础上,但对于人与人社交中的一些刚性需求的挖掘是不够的,这也是后来危机产生的关键所在。"[2]此外,开心网的盈利模式依然围绕着网络广告而展开,尤以植入式广告为亮点[3]。但随着用户的流失,这种盈利方式很难带领开心网走出低谷。在企业战略上,开心网错过了上市、微博模式的风口等,更是错失了移动互联网转型的契机,在 2016 年 7 月 20 日,被赛为智能收购[4]。

四、圈层聚集：社交媒体的趣缘文化

　　随着用户需求日趋多元化,除了在满足用户娱乐性需求之外,社交媒体开始向满足用户更多元的精神文化需求迈进。在喧嚣浮躁的互联网浪潮之中,豆瓣网在以"速度取胜"的网络环境中或许显得格格不入,但它顺应了用户定位精准化以及内容细分化、专业化、小众化发展趋势。以兴趣为中心的圈子社交、寻求身份认同的文化属性、弱关系下的商业特征、用户生产内容为主的信息属性,使得豆瓣网在众多社交媒体产品中脱颖而出。

　　豆瓣网的创始人——留美物理学博士杨勃,创办网站的初衷来源于自身

　　1　"奴隶买卖"背后的社交迷失［EB/OL］.新浪网,（2008-10-10）［2023-08-08］.https://news.sina.com.cn/o/2008-10-10/074114554403s.shtml.

　　2　程炳浩:开心网如何从巅峰走向没落［EB/OL］.网易科技,（2016.-07-08）［2023-08-08］.http://tech.163.com/special/kaixinwangceshi/?showmenu.

　　3　胡旭,童莉.浅析 SNS 中的植入式广告——以开心网为例［J］.青年记者,2010（02）:70-71.

　　4　错失移动端转型最佳时机　开心网被 A 股上市公司收购［EB/OL］.新华网,（2016-07-22）［2023-08-08］.http://www.xinhuanet.com//zgjx/2016-07/22/c_135532447.htm.

作为一个读书人的理想,"假如有这么一个网站,里面有和我差不多的人,我们可以相互交流,知道现在什么是比较好的东西,并且能写出来与大家分享感觉"[1]。这是他设计豆瓣网的出发点和核心理念。2004 年 9 月,杨勃为自己的旅行网站制作了商业计划书,豆瓣网站于 2005 年 3 月份正式上线,很快豆瓣注册用户便突破万人,日点击量超过 20 万。[2] 到 2012 年,豆瓣的月覆盖用户超过 1 亿,日均 PV1.6 亿[3]。

豆瓣网虽然在构建时参考了标签提取、亚马逊网的内容推荐等功能,但在发展过程中,不断优化技术、深耕内容、沉淀文化,成长为具有中国文化特质的网络社区。2005 年 4 月,豆瓣小组开通藏书功能,同时增加了用户在"豆瓣小组"的发言修改功能,使得用户对某书籍的评论和讨论分开进行,用户只需要通过关键词搜索,就可以看到豆瓣网内用户对书籍的收藏情况[4]。随着豆瓣小组"爱看电影"的迅猛发展,2005 年 5 月豆瓣电影单列开通。"标签"看似在网站内弱化,却促成了"标签列表"的发展,该项功能成为豆瓣电影和豆瓣读书子页面的重要部分。网站还在后台增设了代码生成器,用户点击"看过""在看""想看"的书或者电影都可以自动显示在自己的博客页面上,这为用户分享个人兴趣和文化体验提供了方便。2005 年 7 月左右,豆瓣音乐单列开通,推出"同城",为组织线上线下活动提供了有利的条件。2005 年 10 月,豆瓣二手图书及影碟交换功能上线,提高了网站的使用功能。读书、电影和音乐构成了豆瓣社区的主要文化类别。同城、小组和友邻则构成了豆瓣的沟通与交流系统,我读、我看和我听组成了豆瓣用户的表达方式。

用户生产内容与评论、平台上的功能设计、社区文化氛围,以及线上线下文化活动的联动与融合,为豆瓣的商业模式和盈利能力提供了基础。豆瓣网

1　豆瓣网创始人杨勃的创业经历:把爱好变成事业[EB/OL].(2017-01-02)[2023-08-10]. https://mp.weixin.qq.com/s?__biz=MzA4NDc4OTgzOQ==&mid=2673376508&idx= 6&sn=84117f7f618a3a963842480b5d03ef24&chksm=854d03dcb23a8acaa67dbe006c59ceefb 118896fce4656cf787b5960dcde5d92a2f5a7951870&scene=27.

2　非亚.杨勃:一个人的"豆瓣"生意[J].今日财富,2006(02):14-15.

3　豆瓣十年,一个典型经营社区的起伏兴衰[EB/OL].(2015-12-02)[2023-08-10]. https://zhuanlan.zhihu.com/p/20380813.

4　豆瓣成长史[EB/OL].豆瓣网,(2014-12-18)[2023-08-10]. https://www.douban.com/ group/topic/70378234/?_i=2956061l0lZm4l.

上的专业与非专业用户对有关书籍、电影、音乐、影视等文化内容的评分、评论成为豆瓣网的核心价值，并在此基础上可以向上下游延伸，构建了自己的商业及盈利模式。例如，豆瓣读书中用户分享的书单、书籍的评分以及相关评论、甚至电子图书网站的比价评论，都成了用户消费书籍的重要参考[1]。基于此，豆瓣网通过与网上零售商以及线下出版商之间进行合作分成来获取收益。

　　社交网站以互动为基础，建立、扩大和巩固了关系网络。社交网站的交互性促进了用户参与和生产，无论是 BBS、博客、网络社区还是社交游戏网站，都极大激发了用户使用的积极性，提高了用户使用黏性，扩大了用户规模，为多元化的商业模式提供了市场基础。

　　从传统媒体网络版的实现，到新闻、门户网站的兴起，再到搜索引擎的广泛应用，互联网技术为信息的发布、传播、呈现及接收提供了各种可实现的工具。中国互联网企业为了走出低谷，在网络游戏、电子商务、网络视频、网络社交等不同领域寻求突破口，越来越多的参与主体积极投入互联网行业。PC 互联网时代的发展离不开这些市场主体的参与，技术与市场的更迭也带来了企业市场影响力的变化。早期由新浪、搜狐、网易三大门户网站引领行业发展，到转型期的百花齐放，从经营者引入海外模式到深耕本土用户需求和产品创新，经过本土市场淬炼之后，又分别形成了以搜索、电子商务、社交为"入口"的互联网巨头：百度、阿里巴巴和腾讯，改变了 PC 时代中国互联网的市场格局。而很多曾经在 PC 互联网浪潮中乘风破浪的企业，在移动互联网时代又有了不同的命运！

1　殷国鹏．消费者认为怎样的在线评论更有用？——社会性因素的影响效应［J］．管理世界，2012（12）：115–124.

第五章
弯道超车：移动互联网

到了 2010 年左右，随着 3G 等移动通信技术的进步以及智能手机的普及，属于 PC 互联网时代的故事已经接近尾声，移动互联网时代的大幕缓缓拉开。中国移动互联网时代的起点可以界定在 2010 年，其发展历程则可以划分为三个阶段："基建"时期（2010—2014）、"腾飞"时期（2015—2017）以及"鼎盛"时期（2018—2020）。划分的标准大致如下：将 2015 年作为划分"基建"时期和"腾飞"时期的分界线，是因为中国移动互联网的基础设施建设到了这一年基本完成，行业的主要产业格局也基本形成，"基建"时期到此基本结束。而 2015 年被界定为"腾飞"时期的开端，是因为 4G 技术在这一年开始普及，移动互联网进入了飞速发展阶段。将 2018 年作为划分"腾飞"时期和"鼎盛"时期的分界线，是因为这一年是线上流量见顶的一年，也是新市场开拓与新模式探索的一年。

本章节将首先分析移动互联网出现的时代背景，然后以时间为线索对中国移动互联网发展过程中的标志性事件进行回顾，并结合事件发生的背景，分析其背后的政策、市场和技术逻辑。最后，归纳和讨论移动互联网的普及给中国社会带来的主要影响。

第一节　中国移动互联网出现的背景

在 2000 年左右，一种新的认知开始在中国出现，即上网并非一定要通过 PC 端，移动端口同样也可以成为接入互联网的选择。[1] 于是，政府、运营商和互联网企业便开始了早期对移动互联网的探索。然而，由于网络技术、智能终端以及操作系统等因素的限制，早期的探索并没有能够使得移动互联网在中国得到普及。到了 2010 年左右，移动互联网终于真正落地，并且逐渐开始普及。移动互联网在中国的起步，可以说占据了"天时""地利"与"人和"。所谓"天时"，是指 3G 技术的普及以及移动终端革新；所谓"地利"，是指中国特色的社会背景；所谓"人和"是指政府、运营商和互联网企业的共同努力。

一、早期探索：从移动梦网谈起

2000 年 11 月，中国移动推出了"移动梦网计划"，这一业务使得用户能够通过 CMWAP（China Mobile Wireless Application Protocol，中国移动无线应用协议）接收图片和声音类信息，以及访问某些大型的移动互联网 WAP 网站。这一尝试成为 2G 时代中国移动核心业务之一。2002 年 5 月 17 日，中国移动率先在全国范围内正式推出 GPRS 业务。到了 2005 年，中国移动又推出手机报业务，用户可以通过短信订阅新闻、体育和娱乐等多元化的内容。这一服务不仅丰富了移动互联网的使用场景，也为中国移动的业务体系提供了有力的补充。[2] 除了中国移动以外，中国联通也在移动互联网领域展开了探索。

1　倪光南.掌握核心技术实现跨越式发展［J］.经济视角，2001（01）：39-40.
2　邵素宏.移动业务迎来发展新机遇［N］.人民邮电，2005-12-09（005）.

2001 年 12 月 22 日,中国联通 CDMA 移动通信网一期工程如期建成,并于 2001 年 12 月 31 日在全国 31 个省、自治区、直辖市开通运营。[1] 除了运营商,诺基亚等手机生产公司也在进行着探索。2005 年,全球手机巨头诺基亚在中国市场推出了 N90 手机。这款手机通过 2G 网络支持视频和移动 QQ 等交互服务,展示了诺基亚对于移动互联网的探索和实践。[2]

　　尽管各大公司和运营商都在积极探索,但由于当时的带宽和智能终端技术的局限性,这些尝试大多还停留在概念层面,并没有达到大规模普及的程度。因此,虽然各方都在进行积极的尝试,但这一时期还不能算作真正的移动互联网时代。然而,这些早期的探索无疑为后来移动互联网的爆发性增长奠定了坚实的基础。

二、技术背景:移动终端与 3G 技术

　　到了 2010 年前后,移动互联网开始真正意义上在中国落地。这一进步离不开当时重要的时代背景,即技术层面的关键性突破。技术的革新往往是导致行业发生变革和转变的根本触发因素。[3] 哈佛大学教授克里斯滕森曾经为了解释这一现象,提出了"破坏性技术"的概念,用来代指一种新兴的、有潜力完全改变行业竞争格局的技术。这种破坏性技术可以分为两类,"低端破坏"和"新市场破坏"。"低端破坏"通常发生在成熟的市场,新的产品或服务在某些方面的性能低于市场主流产品,但其成本低廉、简单易用,满足了市场中对功能要求不高但对价格敏感的用户群体的需求。随着时间的推移,这种新的产品或服务的性能会逐步提升,最终可能会完全取代原有的产品或服务。"新市场破坏"则是指新的产品或服务创建了一个全新的市场,吸引了原本非消

　　1　郎为民,李建军,胡东华. 移动互联网的前世今生[J]. 电信快报,2012(08):10–13.

　　2　快乐分享　诺基亚 N Series 系列新机三款[J]. 数字通信,2005(10):18–19.

　　3　Bower, J. L., & Christensen, C. M. (1995). Disruptive technologies: catching the wave. Harvard Business Review, 73(1), 43–53.

费者群体的注意，然后随着性能的提升逐渐侵蚀原有市场。[1]这一点用来解释中国移动互联网出现的技术背景同样适用，这种破坏性技术可以从移动终端的革新和3G技术的普及两个方面来分析。

2007年，苹果公司推出了第一代iPhone[2]。这一款创新的因特网通信设备，被认为是移动终端的全新变革。[3]虽然最初的iPhone并没有在中国市场上销售，然而这一产品的出现同样深深地影响了中国的移动终端市场。最直接的影响体现在2008年左右出现的一个全新的名词"山寨机"[4]。在中国，iPhone的发布引发了极大关注，甚至在官方引进之前就已经有大量"水货"流入中国市场。然而，昂贵的价格使得iPhone并不适合所有消费者，特别是对于普通消费者来说，其价格远超出他们能承受的范围。此时，国产山寨机的出现，如Hiphone等[5]，填补了这一市场空白。这些山寨机以其低廉的价格、快速的创新速度和对市场需求的敏锐洞察，迅速在中国市场占据了一席之地。山寨机生产商快速复制并改进了iPhone的部分设计，使得智能手机的触屏操作和丰富的应用得以在更广泛的用户群体中普及，推动了中国移动终端市场的革新。同时，面对来自山寨机的竞争，正规手机制造商也被迫加速自身的创新步伐。随着中国政府对知识产权保护的加强以及消费者对手机品质要求的提升，山寨机的市场份额逐渐萎缩。相反，一些中国本土的手机制造商，如华为、OPPO、vivo、小米等，通过持续研发和创新，逐渐崭露头角，他们的产品在设计、性能和价格等方面已经能够与国际知名品牌抗衡。[6]例如魅族M9等产品，在功能、外观等层面上基本上可以与当时的iPhone4看齐。[7]

除此之外，3G技术在这一时期的普及，也对中国移动互联网的出现和发展起到了不可忽视的作用。3G技术，即第三代移动通信技术，能提供高速的

1　Christensen, C. M.（1997）. The innovator's dilemma: When new technologies cause great firms to fail. Boston, MA, USA: Harvard Business School Press.

2　连晓东. iPhone来了！[N]. 中国电子报, 2007-01-18（B08）.

3　李莎莎. 苹果公司推出iPhone　引发电话全新变革[J]. 办公自动化, 2007（05）: 24-25.

4　王君丽. 山寨机的"草莽"生存道[J]. 商务周刊, 2008（09）: 15.

5　赵春旭. 山寨手机　创造一个疯狂时代[J]. 经营者, 2008（13）: 24-25.

6　李佳芳. 国产智能手机制造商渠道策略[J]. 中外企业家, 2013（24）: 156-157.

7　田超. 魅族M9"给力"进行中　国产神器能否创造奇迹？[N]. 通信信息报, 2011-01-26（B07）.

数据传输和多媒体服务，包括视频电话、视频流媒体、移动电视等。这一技术的普及，彻底改变了用户的上网体验，进一步推动了移动应用和服务的创新和发展。3G 技术在中国的普及始于 2008 年 4 月，当时中国移动通信集团公司在北京、上海、天津、沈阳、广州、深圳、厦门和秦皇岛 8 个城市启动了基于 TD-SCDMA 标准的 3G 网络试商用。这一突破性的步骤预示着中国即将全面进入 3G 时代。[1] 确实，到了 2009 年 1 月，中国工业和信息化部正式发放了三张 3G 牌照，分别给中国移动（TD-SCDMA）、中国联通（W-CDMA）和中国电信（CDMA2000 EV-DO）。这一政策举措标志着中国正式进入了 3G 时代。[2]

三、社会背景：社会流动与人口红利

技术上的突破，是移动互联网得以在中国出现和发展的基础。但是移动互联网能够在中国以如此惊人的速度普及、腾飞并达到繁荣，离不开中国特有的社会背景。首先，中国特有的城市化进程和教育发展轨迹造成了中国人口、特别是年轻人的高度流动性，由此表现出的周期性城乡流动、城市扩张带来的通勤时间增加以及越来越频繁的旅游和公务出行，都为中国移动互联网的高速增长提供了最坚实的社会需求，这就是中国移动互联网不同于欧美诸国的最大特点也是中国移动互联网一枝独秀的根本原因。[3] 其次，中国的人口红利是移动互联网在中国得以腾飞的重要基础。庞大的人口数量代表着移动互联网的潜在用户基数规模巨大。这不仅仅意味着市场空间的广阔，同时暗含着丰富的数据资源、创新动力以及细分领域。[4] 除此之外，年轻人群体的规模逐步壮大同样意义重大。国家统计局 2010 年第六次人口普查的数据显示，15—

　　1　3G"中国标准"TD-SCDMA 测试和试商用在 8 城市启动［EB/OL］. 中国政府网站，（2008-03-28）［2023-08-26］. https://www.gov.cn/jrzg/2008-03/28/content_931263.htm.

　　2　工业和信息化部为移动、电信、联通发放 3G 牌照［EB/OL］. 中国政府网，（2009-01-07）［2023-08-26］. https://www.gov.cn/jrzg/2009-01/07/content_1198562.htm.

　　3　王迪，王汉生. 移动互联网的崛起与社会变迁［J］. 中国社会科学，2016（07）：105-112.

　　4　郭靖，郭晨峰. 中国移动互联网应用市场分析［J］. 通讯世界，2010，No.186（08）：48-51.

29 岁的年轻人占全国总人口的 24.63％，人数达到了 3.3 亿人，是数量相当庞大的人群。[1] 年轻群体不仅是消费的主力军，更是创新的中流砥柱，是移动互联网发展的重要旗手。

第二节　"基建"时期（2010—2014）

2010 年至 2014 年这五年，称得上是中国移动互联网的"基建"时期。在这一时期，移动互联网从一个模糊的概念，逐渐成为一种清晰的趋势。到了 2014 年，移动互联网发展的重要基础，如移动社交、移动支付、4G 网络、智能移动终端及其开发系统等已经基本夯实；移动互联网的基本产业构成，如短视频、直播、本地服务、手机游戏等，也随着步入"4G"时代而基本成型。本小节将从 2010 年的千团大战开始讲起，沿着时间线索，回溯"基建"时期中国移动互联网的重要节点和发展逻辑。

一、混沌中开新篇（2010）

2010 年，可以说是中国移动互联网的奠基之年，也是移动互联网从模糊的概念开始逐渐落地的一年。

上一章中我们讲述了自第一家网购网站上线以来，中国电子商务行业爆发了所谓的"千团大战"。到了 2010 年的互联网市场，充满了竞争带来的混乱和不确定性。当我们回顾这场大战时，难免惊叹当时中国市场的活跃程度和竞争激烈程度。在"千团大战"的试炼下，大多数团购网站都难逃折戟沉沙

1　中华人民共和国统计局．第六次全国人口普查汇总数据［EB/OL］．（2011-07-23）［2023-08-26］．http://www.stats.gov.cn/sj/pcsj/rkpc/6rp/indexch.htm.

的命运。而诸如美团等在市场竞争中杀出一条血路的初创企业，无不成了影响后来移动互联网发展的重要力量。[1]

对于当时的互联网三巨头 BAT（百度、阿里、腾讯）来说，千团大战也同样影响着他们的企业定位以及战略部署。百度是"千团大战"的直接受益者。谷歌于 2010 年 3 月 23 日退出中国市场以后，百度成为国内一家独大的搜索引擎。因此，"千团大战"过程当中的网页访问、网站点击等为百度带来了丰厚的利润。阿里推出了聚划算，并在 2011 年直接加入"千团大战"。[2] 此外，阿里也投资了美团，进入本地生活服务。[3] 这些举措可以看出在即将到来的移动互联网时期，阿里的定位依旧是平台，聚焦点依然是电商。腾讯在这场竞争当中则相对置身事外，依旧扎根在自己的 QQ 业务当中，对团购领域的纷争显得并不关心。值得一提的是，这一年腾讯收购了"Discuz!"，从此打通了 QQ 与各大论坛之间的联系。[4] 可以看出，腾讯将自己在移动互联网时期的主战场仍然放在社交领域。时任腾讯副总裁吴宵光在 2011 年谈腾讯电商未来新机会的时候，着重强调了腾讯要做的是"社区化电子商务"。[5] 在"千团大战"当中，许多团购网站都会在微博释放自己的营销信息，这一举动为微博带来了大量的流量，在很大程度上助推了微博后续在移动互联网时期的发展。

2010 年，对于中国智能手机开发系统的革新同样是关键性的一年。在 2010 年的下半年，安卓系统在中国迅速崛起，形成了所谓的"安卓生态"。然而，早期的安卓系统并没有针对中国市场进行优化和改良，因此在应用上存在一定的障碍。[6] 基于此，小米在安卓系统的基础上开发出了 MIUI 系统。[7] 这套系统无论是从视觉感官上，还是从运行的流畅程度上都是安卓系统的进一步

1 魏蔚.美团：如何杀出千团大战［N］.北京商报，2014-07-30（C04）.

2 李娟.淘宝聚划算：团购平台整合者［N］.中国经营报，2011-04-04（C05）.

3 熊立.美团完成 B 轮 5000 万美元融资 阿里集团领投［EB/OL］.网易科技，（2011-07-07）［2023-08-26］.https://www.163.com/tech/article/78BTESKU000915BF.html.

4 卢倩仪.Discuz! 接受"招安"，一石激起千层浪［J］.中关村，2010（10）：70-71.

5 陈曦.吴宵光：四个关键词解读腾讯电商未来发展［J］.广告大观（综合版），2011（12）：82-83.

6 丛健，康源.安卓超越需跨过本土化难题［N］.中国企业报，2010-11-23（007）.

7 沧海.黎万强：小米的灵魂是 MIUI［J］.电脑爱好者，2012（01）：23.

优化。此外,2010 年的中国仍然处于"前智能手机时代",很多的用户依然使用的是非智能或中低端智能手机。这些手机的处理器往往低于 1 GHz,搭载安卓系统的运行难度较大。为了解决这一问题,创新工场旗下风灵创景公司定位中低端智能手机,基于安卓系统开发了点心操作系统。[1] 无论是 MIUI,还是点心 OS,都体现出了中国软件工程师基于中国实际情况,对操作系统进行的本土化改造。此外,基于"安卓生态",Kik 和米聊在 2010 年年底上线中国移动应用市场,中国的移动社交开始起步。

二、真正的开端(2011)

如果说 2010 年的移动互联网是混沌与明朗交界处,体现了从 PC 互联网时代向移动互联时代过渡的话,那么自 2011 年开始,移动互联网便正式迎来了它的开篇之年。之所以将 2011 年视作开端,是因为这一年发生了太多的标志性事件,每一件都深刻诠释着这个时代与 PC 时代的不同,都在宣告着移动互联网时代真的来临了。

(一)移动社交的兴起

让我们从上一小节最后提到的移动社交开始讲起。2010 年 10 月 19 日,Kik 进入中国市场。Kik 是一款由加拿大公司 Kik Interactive 开发的即时通讯(IM)软件。最初的 Kik 只是一款针对智能手机用户的纯文本聊天应用,主打的是短信走流量从而实现免费。[2] 然而,由于运营商在短信方面已经给出了许多优惠政策,因此对当时的人们来说,短信免费并不是一个特别吸引人的差异化优势。基于此,小米在 2010 年 12 月,推出了一款类 Kik 的社交软件——米聊。米聊支持发语音、图片以及表情,这在很大程度上重新定义了 3G 时代的即时通讯,米聊也一度成为人们认为的极具发展潜力的社交工具。[3]

1　梁利峥 . 点心 OS：搭车 Android［J］. 经理人，2011（ 07 ）：46–47.

2　盛嘉 .Kik 引发的短信热潮［J］. 互联网天地，2011（ 04 ）：64–65.

3　李璐 . 米聊：突破手机沟通枷锁［J］. 通信世界，2011（ 25 ）：45.

　　然而,腾讯的迅速介入给米聊带来了极大的挑战。腾讯在社交领域有着统治性的地位以及无可比拟的竞争优势。仅仅在米聊发布不到两个月,腾讯便在 2011 年 1 月 21 日,推出了即时通讯产品微信。[1] 微信的出现,标志着中国的移动社交进入了一个新的纪元。回过头来看微信的成功,离不开两个方面的原因。一方面,腾讯本身在社交领域有着很深的积淀,腾讯的导流为微信提供了庞大的用户基础。另一方面,微信本身就是一款内容十分出色的应用,微信的初创团队也十分善于学习、勇于创新。在 TalkBox 风靡一时的时候,微信团队迅速响应,深入探索背后的技术逻辑,学习其运营模式,很快在微信 2.0 版本中推出了语音功能。[2] 随后,又在微信 2.5 当中推出了视频功能和“附近的人”功能。凭借着语音功能、视频功能以及“附近的人”等功能,加上软件本身卓越的稳定性,微信很快在即时通讯市场脱颖而出。[3]

　　回顾微信初创到成熟的发展历程,不难看出这个团队对移动互联网技术逻辑把握得相当精准。语音和视频功能,基于带宽的提升以及 3G 技术的普及;“附近的人”功能,则基于智能手机的普及所带来的基于位置服务(Location Based Services, LBS)的兴起。

　　此外,基于“附近的人”,一种新的社交模式在移动互联网时代开始兴起,即陌生人社交。除了微信,陌陌是这种社交模式的典型代表。[4] 如果说,诸如微信等传统的线上社交,是将线下社交关系转移到线上交流的话,那么陌生人社交则完全基于不同的逻辑,它是在线上创造社交关系,这种社交关系有可能发展成为线下社交。一个是社交关系从现实到虚拟,另一个是基于虚拟创造关系。

　　谈到这里,我们会发现移动社交似乎全部是由互联网企业主导和推动的,传统的运营商在其中并没有发挥很重要的角色。难道是运营商没有发现这一商机和趋势? 答案自然是否定的。中国移动的飞信、中国联通的超信、中国网

1　程久龙 . 微信 PK 短信　腾讯“挑逗”运营商[N]. 21 世纪经济报道,2011-01-25(020).

2　唐学鹏、陈静旋、林星安 . 被微信“伤害”的小伙伴们[J]. 21 世纪商业评论,2013(25):58-59.

3　解析微信营销的五种模式[J]. 互联网周刊,2012(17):50-51.

4　王菲 . 移动社交 App 大比拼[N]. 上海金融报,2014-12-16(B16).

通的灵信都是运营商进军移动互联网业务的重要产品。尽管超信和灵信因为重组的问题过早夭折，但是飞信却一直坚持到 2022 年才停运。在 2010 年，飞信甚至突破了 5 亿用户。运营商的底蕴加上这么庞大的用户基础，飞信按理来说应该很有机会成功。然而，飞信在很长一段时间内都仅限于移动用户之间互通，一直没有做成开放的平台型软件。[1] 这在很大程度上限制了飞信的发展。换言之，飞信的发展路径没能遵从移动互联网追求开放的基本规则。当飞信反应过来、开始改变的时候，微信已经占据了很大的市场份额，飞信再想翻盘已无力回天。

（二）贯穿始终的手机游戏

手机游戏，在整个移动互联网的发展过程中扮演着很重要的串联角色。手机游戏的兴起与风靡，不仅改变了游戏行业的格局，同样深刻地影响了后来的移动支付、直播行业、移动社交等方方面面。因此，手机游戏将是我们分析中国移动互联网发展的重要线索之一。

2011 年，同样是手机游戏在中国兴起的一年。这一年，人人游戏将《乱世天下》移植到 iOS，获取了大量的利润 [2]，触控公司在 4 月 11 日发布了手机端《捕鱼达人》[3]，顽石互动在 5 月 4 日发布了《二战风云》[4]，如是的例子数不胜数。许多的游戏公司看到了移动互联网市场的巨大潜力，纷纷想要从之前的社交游戏或者页游转型做移动端游戏。

这一时期手机游戏的兴起，至少可以给我们理解当时移动互联网的发展趋势提供以下几个方面的启示。首先，游戏转移至移动端，很大程度上也可以反映用户上网行为正在从桌面端转移到移动端。其次，手机游戏的出现产生了大量的交易需求，尽管线上支付在当时已经较为成熟，但是游戏市场仍然需要更加便捷、快速的移动支付。最后，手机游戏的兴起，代表着智能终端的普及率得到了一定的提高。但是游戏的快速迭代，对操作系统和移动终

　　1　张乔．微信凶猛　陌陌、米聊、飞信面临生死考验［N］.中国计算机报，2012-09-24（008）.

　　2　人人推出首款跨平台游戏《乱世天下》［EB/OL］.新浪科技，（2011-10-11）［2023-08-26］.https://tech.sina.com.cn/roll/2011－10－11/16146163465.shtml.

　　3　陈逸辰．手游版权纷争：剪不断理还乱［J］.IT 时代周刊，2013（24）：42-43.

　　4　二战风云 iPhone 中文版登陆 APPSTORE［EB/OL］.新浪游戏，（2011-06-08）［2023-08-26］.http://www.97973.com/n/2011－06－08/1354504397.shtml.

端也提出了更高要求,这在某种程度上也在倒逼着操作系统和移动终端的革新。

（三）不只是地图,更是一种模式

2011 年 5 月 17 日,高德地图上线。[1] 作为一款主打移动端的导航地图,高德地图可以说是一款相当成功的产品。但是,高德地图的上线不仅仅让我们多了一款可以在手机上使用的地图软件,其背后更体现出一种中国移动互联网发展的基本逻辑。一款移动互联网产品想要成功,必须同时符合技术、政策和市场三个方面的要求。在技术层面上可以分为两个方面来讨论。一方面,数据需要有相应的分析技术来挖掘价值。这也就对应用背后的技术提出了很高的要求,所以诸如云计算、大数据等可以算得上是移动互联网的"重要基础设施"。另一方面,数据的采集接口也非常重要。移动互联网时期的应用创新强调对移动终端的传感器进行深入探索,从而实现应用服务与线下实际需求深度联结。比如高德地图,以及前文提到的"附近的人"功能,这些 LBS 的出现,本质上都是基于对智能终端定位系统的深度探索。从政策层面上来讲,任何产品都必须本着合规合法的原则,同时能够解决社会发展中的关键问题或与社会发展进程相适应（如移动地图应用与道路建设）。从市场层面上来讲,能够满足用户的使用需求是产品成功的必要条件,但是资本的因素同样可以决定产品的兴亡成败。

三、渐成巨浪（2012—2014）

2012 年年初开始到 2014 年年末,移动互联网的建设可谓如火如荼,遍地开花。在这一段时期,移动支付作为其他移动互联网应用场景的重要基础,逐步走向了成熟。此外,这一时期还是互联网从 3G 时代跨入 4G 时代的重要阶段。因此,在移动支付发展和网络通信技术革新的推动下,网约车、短视频以及直播等各种移动互联网场景逐渐搭建起来。回顾这三年的变革,我们可以明显地感觉到技术革新是行业发展的根本动力,运营商、互联网企

1　"高德地图"（Amap）上市打造"移动生活位置服务门户"［J］. 电信科学,2011,27（05）:16.

业和政府的三方协同合作是行业腾飞的重要保障。到了 2014 年,手机已经成为中国网民的第一大上网终端,手机网民占总网民的比例超过 80%。[1]至此,再也没有人质疑移动互联网是不是伪概念了,变革的暗涌终成为滔天巨浪。

（一）移动支付开始普及

可以说,移动支付是移动互联网发展过程中,最重要的前置性基建之一。没有移动支付,网约车就无从谈起；没有移动支付,直播行业难以从资讯娱乐向电商消费领域扩展；没有移动支付,更不会有后来的共享经济热。除此之外,移动支付超越了中国移动互联网有别于西方的重要特色。

2012 年 4 月 24 日,中国银联与手机浏览器提供商 UC 优视签署战略合作协议,推出基于 UC 浏览器的银联移动安全支付解决方案,为电商、阅读、游戏、团购等各类网站及其用户提供安全、便捷的移动安全支付服务。这一事件被认为是中国开启全民移动支付时代的标志。[2]2013 年 6 月 9 日,中国移动与中国银联共同推出了移动支付联合产品——手机钱包,客户通过手机钱包客户端下载电子卡应用到 NFC-SIM 卡后,拿着近场通信（NFC）手机便可实现商户消费、刷公交、刷门禁等,为工作生活带来极大的便利。[3]同年 8 月 22 日,中信银行与中国联通签署了手机钱包业务全面合作协议,通过手机钱包把金融功能植入手机,把手机打造成金融服务的平台。[4]

如果说上述的移动支付业务仍然是传统银行业务的延伸,那么支付宝和微信支付则是互联网企业主导的第三方支付的代表,其背后是阿里和腾讯两大巨头。

1　中国互联网络信息中心.第 34 次中国互联网络发展状况统计报告［EB/OL］.中国互联网络信息中心网站,（2014-07-21）［2022-06-01］.https://www.cnnic.net.cn/n4/2022/0401/c88-765.html.

2　UC 浏览器与银联合作支持银联卡直接支付［J］.互联网天地,2012（05）:1.

3　中国移动与中国银联共同推出移动支付联合产品——手机钱包［EB/OL］.四川省人民政府网,（2013-06-09）［2023-08-26］.https://www.sc.gov.cn/10462/10778/10876/2013/6/9/10276032.shtml?cid=303.

4　王浩.中信银行布局互联网金融　携手联通打造手机钱包［EB/OL］.人民网,（2013-08-25）［2023-08-26］.http://finance.people.com.cn/money/n/2013/0825/c218900-22685240.html.

让我们先来回顾支付宝的发展历程。支付宝起源于电商平台——淘宝网,最初作为解决线上交易信任问题的第三方支付工具。早期的支付宝只能被定义为在线支付工具,离移动支付工具相去甚远。2008 年 2 月 27 日,支付宝发布移动电子商务战略,推出手机支付业务。[1] 至此开始,支付宝才开始有了移动支付的色彩。然而,支付宝真正崛起并成为一款成熟的移动支付应用,是在 2013 年 6 月推出余额宝之后。这款现象级产品的推出,其实是为了应对"双十一"的支付场景下,移动支付订单过剩,远远超出算力承受极限而导致的卡顿、崩溃等情况。余额宝的出现,使得用户在 2013 年"双十一"中的支付行为十分流畅,增加了用户的黏性。[2] 在 2013 年 11 月 13 日,支付宝手机支付用户突破一亿大关。[3]

不同于支付宝,腾讯并没有十分火爆的电商业务,因此微信支付的诞生,更多来自微信内商业场景的倒逼作用。随着微信社交生态的形成,越来越多的经济活动基于微信而产生。然而,每次都跳转到其他应用是一件十分烦琐的事情,微信急需一款内嵌在微信应用内部的移动支付程序。因此,在 2013 年年底,微信在张小龙的带领下,上马了微信支付模块。然而,微信支付的真正爆火,源于 2014 年春节前推出的微信红包。这种符合中国人传统消费观念的支付行为,配合春节这一大时间背景,微信红包爆发出惊人的能量。[4] 在这之后,微信支付快速崛起,在移动支付领域开始与支付宝并驾齐驱。

到了 2014 年,中国移动支付的发展景象可以说是一派蓬勃。2014 年 8 月 2 日,中国互联网协会与新华社《金融世界》联合发布《中国互联网金融报告(2014)》。该报告显示,2014 年我国手机支付用户规模达 1.25 亿人,同比增长 126%,手机支付、网络银行、金融证券等相关各类移动应用累计下载量超过 4 亿次。其中,支付宝钱包下载量占比达 58%。在 2014 年的天猫"双

1　张韬.阿里巴巴抢食移动电子商务[N].上海证券报,2008-02-28(B06).

2　林军,胡喆.沸腾新十年(上):移动互联网丛林里的勇敢穿越者[M].电子工业出版社,2021,p316-322.

3　北京晨报.支付宝手机支付用户数跃升全球首位[EB/OL].中国新闻网,(2013-11-15)[2023-08-26].https://www.chinanews.com/fortune/2013/11-15/5506548.shtml.

4　徐琦,宋祺灵."微信红包"的"新"思考——以微信"新年红包"为例,分析新媒体产品的成功要素[J].中国传媒科技,2014(03):27-30.

十一"购物节中,无线端成交量占比 42.6%。12 月 8 日,支付宝发布十年对账单,数据显示移动支付笔数占比超过 50%。[1] 这些数据无不代表着一件事情,那就是中国移动支付进入了爆发式增长的阶段。而爆发式的增长,就意味着更多的支付场景已经或者将要被打开。这一年发生的许多事情都可以例证这一观点。美团外卖和饿了么等应用在这一年快速发展,体现出移动支付在本地生活类支付场景中的运用;接下来我们将要提到的网约车,也体现出移动支付应用场景的拓展。可以说,在移动支付的加持下,移动的不再仅仅是互联网,更多的是场景。

在回顾了移动支付的发展之后,我们可以更加深入地思考一个问题,为什么移动支付这种如此便利的支付方式,能够在中国如此迅速地普及和风靡,而在西方国家却没有取得类似的效果? 其中的原因耐人寻味。

在理解为什么移动支付能够在中国快速发展,而在西方国家相对滞后的原因之前,我们首先需要了解中国和西方国家在金融基础设施上的差异。中国的金融体系相较于西方国家较为不发达。在移动支付兴起之前,中国的许多地方,尤其是农村和小城市,并未被信用卡或借记卡系统充分覆盖。许多人并未拥有银行账户,因此支付通常以现金进行。而在西方国家,银行系统早已深入社会的各个角落,[2] 信用卡和借记卡支付已经成为人们日常生活的一部分。因此,移动支付的出现就像一股清流,迎合了中国市场的需求,为广大没有接触过电子支付的用户提供了便利,得以迅速地推广。另一方面,西方国家的金融体系已经非常成熟,信用卡和借记卡支付方式已经非常普及且使用便利,因此对于移动支付的需求并不强烈。在西方国家,信用卡和借记卡的流通程度非常高,几乎每个人都拥有至少一张信用卡或借记卡。此外,这些国家的金融系统也提供了许多便利的服务,如线上购物、无线支付等,这使得移动支付想要在这样的环境中发展,面临着巨大的挑战。[3] 总之,中国的金融基础设施的不发达为移动支付的发展提供了空间,它填补了信用卡系统未能覆盖的

1　新华社《金融世界》,中国互联网协会. 中国互联网金融报告（2014）[R].2014-08.

2　Claessens M S, Kodres M L E. The regulatory responses to the global financial crisis: Some uncomfortable questions[M]. International Monetary Fund, 2014.

3　Blanchett D, Kowara M, Chen P. Optimal withdrawal strategy for retirement income portfolios[J]. Retirement Management Journal, 2012, 2（3）: 7–20.

市场,满足了人们对便捷支付方式的需求。而西方国家成熟的金融体系和深入人心的信用卡习惯,使得移动支付的优势并未得到充分体现,从而导致其在这些国家的发展相对滞后。

这种发展趋势的迥异,同时体现出中国和西方在文化和消费习惯上的差异。在中国,集市、夜市和街头小贩等小额交易的场所非常常见,这些地方通常不接受信用卡支付,因此移动支付如支付宝和微信支付等应用,通过二维码支付的方式,方便快捷地满足了这些场景下的支付需求,为其在中国的快速普及提供了条件。中国人也习惯于在集市和夜市等地方购买商品,移动支付非常适合应用于这样的消费场景。而在西方国家,大规模零售和连锁商店的普及率要高于中国,[1] 这些地方通常都接受信用卡支付,因此移动支付在这样的环境下并没有显著优势。此外,西方国家的人们也较少在街头小贩或集市等地方购物,而更倾向于在大型超市或购物中心进行消费,[2] 这些地方的支付方式通常都是信用卡或借记卡,[3] 因此移动支付在这样的环境下应用场景较少。

在这三年的快速增长过程中,阿里、腾讯等互联网企业的努力是至关重要的。然而,在中国的语境下,资本在市场逻辑下的发力只是一个方面,国家在政策层面的扶持、保护以及规范同样功不可没。

早在 2010 年,中国人民银行便发布了《非金融机构支付服务管理办法》[4],为移动支付提供了法律依据,这在全球范围内是首次对移动支付进行全面规范的法规,显示出政府对于移动支付的重视。2012 年 12 月 14 日,中国人民银行正式发布中国金融移动支付系列技术标准,涵盖应用基础、安全保障、设备、支付应用、联网通用五大类 35 项标准,从产品形态、业务模式、联网通用、安全保障等方面明确了系统化的技术要求,覆盖中国金融移动支付各个环节

1　Basker E. The causes and consequences of Wal-Mart's growth[J]. Journal of Economic Perspectives, 2007, 21(3): 177-198.

2　Thomas A, Garland R. Grocery shopping: list and non-list usage[J]. Marketing Intelligence & Planning, 2004, 22(6): 623-635.

3　Ching A T, Hayashi F. Payment card rewards programs and consumer payment choice[J]. Journal of Banking & Finance, 2010, 34(8): 1773-1787.

4　中国人民银行. 非金融机构支付服务管理办法[EB/OL]. 中国政府网,(2010-06-21) [2023-07-20]. https://www.gov.cn/flfg/2010-06/21/content_1632796.htm.

的基础要素、安全要求和实现方案,确立了以"联网通用、安全可信"为目标的技术体系架构。至此,中国金融移动支付系列技术标准已经确立。[1]2015 年 1 月 13 日,中国人民银行印发了《关于推动移动金融技术创新健康发展的指导意见》,明确了移动金融技术创新健康发展的方向性原则,即"遵循安全可控原则、秉承便民利民理念、坚持继承式创新发展、注重服务融合发展",同时提出了推动移动金融技术创新健康发展的保障措施。[2]从这些国家出台的政策来看,移动支付发展获得了国家密切的关注,政府在保护和支持的同时,也在尽全力规范市场的秩序。这是移动支付得以健康有序发展的重要保证。

(二)网约车补贴大战

2014 年 1 月,滴滴打车与快的打车两家网约车品牌之间爆发了历时 4 个月的"补贴大战"。表面上看,这场大战是两家网约车公司为了争夺市场份额而发动的价格战,是一种恶性竞争行为。然而,如果我们深入分析这场商战,就会发现它并非我们想象的那般简单。看似是滴滴和快的在疯狂烧钱对垒,其背后的本质其实是腾讯和阿里在移动支付领域,对网约车这一 LBS 的支付场景的争夺。[3]

滴滴打车和快的打车的竞争当中,我们可以发现一个有趣的细节,即滴滴打车只能使用微信支付,而快的打车只能使用支付宝进行支付。因此,滴滴和快的争夺市场份额、培养用户习惯的过程,其实暗中也是微信支付和支付宝争夺用户的过程。网约车补贴大战实质上是阿里和腾讯的支付大战。

虽然说这场补贴大战在商业领域看来,是一场两败俱伤的恶性竞争,但是客观来说,这场大战对移动互联网的发展起到了一定的推动作用。首先,这场大战改变了人们的出行观念,从依赖传统出租车和公共交通逐渐转向

---

1 央行正式发布金融行业移动支付技术标准[EB/OL].第一财经,(2012-12-14)[2023-08-27].https://www.yicai.com/news/2334993.html.

2 人民银行《关于推动移动金融技术创新健康发展的指导意见》[J].中国信息安全,2015(2):1.

3 王称."快的打车"PK"滴滴打车"移动支付大战一触即发[J].中国电信业,2014(02):66-67.

便捷、个性化的网约车服务，推动了出行方式的多样化。其次，通过与移动支付紧密结合，补贴大战极大地促进了移动支付在中国的普及和发展。这不仅仅是支付工具的替换，更是一次生活方式的革新，让数字经济更加深入人心。最后，补贴大战极大地降低了大众对移动互联网应用的接受门槛，加速了从 PC 互联网时代向移动互联网时代的转型。这一系列变革和社会接受度的提升，为后续其他移动互联网业务提供了更为广阔的市场空间和应用场景。

（三）4G 时代来临

除了移动支付的普及，网络传输技术在这一时期同样发生了质的突破，"4G 时代"来了。2013 年 12 月 4 日，工信部正式向三大电信运营商发放 4G 牌照，中国移动、中国电信和中国联通均获得 TD-LTE 牌照，这标志着 4G 从网络、终端到业务都已正式进入商用阶段[1]，因此 2013 年也被称为"4G 元年"。在 4G 牌照发放的前后，运营商为 4G 技术的配套业务同样做足了准备。2013 年 11 月 6 日，中国移动率先推出了 4G 手机发售活动，共推出四款支持 TD-LTE 网络的智能手机，分别是三星 N7108D、索尼 M35t、酷派 8736、海信 X6T，可以实现 2G、3G、4G 多模式切换[2]。这为 4G 技术的普及提供了有效的移动终端。与此同时，由于 4G 技术对流量的需求较大，电信运营商纷纷发布流量产品。2014 年 1 月 23 日，中国电信在广东举办了中国电信综合平台开发运营中心成立发布会，同时发布了数据流量产品"流量宝"，提出流量三网流通、可转赠索取交易[3]。2014 年 11 月 25 日，中国联通正式发布了与之类似的"WO＋流量银行"[4]。在政府和运营商的共同努力下，中国移动网络得以快速建设、多款 4G 千元机相继推出、4G 资费不断下降。据工

1　工业和信息化部向移动、联通、电信发放 4G 牌照［EB/OL］. 中国政府网，（2013-12-04）［2023-08-27］. https://www.gov.cn/zhuanti/2013-12/04/content_2595144.html.

2　本刊讯 . 北京移动 4G 出击 "骁龙"占先［J］. 通信世界，2013（30）：11.

3　常亮 . 4G 时代流量莫愁 中国电信综合平台启动［EB/OL］. 中关村在线，（2014-01-23）［2023-08-27］. https://4g.zol.com.cn/430/4303732.html.

4　鲁义轩 . 中国联通"流量银行"再掀流量经营热潮 开启全民流量交易时代［J］. 通信世界，2014（32）：19.

信部数据，2014年中国发展4G用户9000万人，总量达9728.4万人。[1]某种意义上说，中国在2014年年末，已经基本上从"3G时代"成功迈入了"4G时代"。

4G技术的普及对移动互联网行业的影响，主要体现在音频和视频的传输两个方面。4G技术极大地改善了视频和音频传输的效率和质量，为多媒体内容的流行创造了条件。在4G网络下，数据传输速度得到了显著提升，这使得高清、甚至是4K级别的视频流可以更加流畅地在移动设备上播放。此外，更加快速的传输速度降低了缓冲和延迟，提升了用户体验。对于音频来说，4G同样带来了明显的改进。以前，由于传输速度的限制，音频质量往往需要被压缩到较低的水平以保证流畅性。但在4G网络环境下，即使是无损音质的音频也能轻松传输。

4G技术带来的视频和音频传输技术的革新，直接催生出两个在后来中国移动互联网发展过程中的重要领域，即短视频和直播。4G技术对短视频行业的崛起起到了催化作用。高速的数据传输不仅让用户能够快速加载和流畅播放短视频，极大地提升了用户体验，还让内容创作者能够制作更高质量和更吸引人的视频内容。在2014年，随着4G技术的快速普及与发展，市场上出现了大批的短视频应用。后来在短视频领域大火的秒拍以及美拍皆成立于2014年，这一年也被称为短视频兴起之年。除此之外，4G技术高带宽低延迟的特点，同样为直播行业的兴起提供了技术支持。高清流畅的画面、音画同步、实时互动等直播的要素得以实现。此外，移动支付的普及，也为送礼物、打赏等基本的直播模式提供了可能性。在2014年4月，斗鱼直播正式上线。同年5月，战旗直播也随后登场。由此开始，短视频和直播这两个影响中国移动互联网整体走向的行业迅速兴起，并很快走向繁荣。

1　工业和信息化部：2014年我国4G用户已超9700万［EB/OL］．中国政府网，（2015-01-27）［2023-08-27］．https://www.gov.cn/xinwen/2015/01/27/content_2810782.htm．

第三节　"腾飞"时期（2015—2017）

　　2015 年至 2017 年，中国的移动互联网迎来了"腾飞"时期。这一时期，移动互联网市场逐渐走向秩序与规范。同时，伴随着 4G 技术的应用与普及，移动互联网行业到达了一个新的高度。直播行业在这一时期成为风口，短视频迅速发展成为主流，共享经济在这一时期迅速崛起，社交电商也在这一阶段突飞猛进。一时间，移动互联网行业百花齐放。到了 2017 年，更是出现了许多现象级的移动互联网产品，如抖音、拼多多、王者荣耀等。移动互联网的发展逐渐迈向高潮阶段。

一、承上启下（2015）

　　2015 年，是中国移动互联网发展过程中具有承上启下意义的重要一年。上文我们提到，中国在 2014 年已经从 3G 时代迈向了 4G 时代，可是中国全面进入"4G 时代"是在 2015 年。[1] 同样是这一年，中国的移动互联网行业迎来了整合与并购，市场竞争走出白热化，整个市场从混乱失衡走向了健康有序。所谓承上启下，既是指"基建"时期遗留下的一些问题，如本地生活行业和网约车行业的恶性竞争，在这一年基本得到了解决，这些移动互联网基础性行业的发展自此以后走上正轨，又是指在 4G 等移动互联网技术进步的基础上，诸如知识付费、在线教育、直播等许多崭新的行业开始逐渐兴起并走向繁荣，移动互联网产业一时间百花齐放。

　　1　科技日报．中国全面进入 4G 时代［EB/OL］．中国网信网，（2015-02-28）［2023-08-27］．http://www.cac.gov.cn/2015-02/28/c_1114461752.htm.

（一）承上：合并与收购

2015 年 2 月 14 日，正值情人节当天，滴滴打车与快的打车正式宣布合并。截至目前，这仍然是中国互联网历史上最大的未上市公司合并案，合并后的滴滴快的公司估值达到了 60 亿美元。[1] 为什么滴滴打车和快的打车，能够忽然之间从本来已经白热化的市场竞争中走出，握手言和，一笑泯恩仇呢？其原因大体看来有三。其一，据《中国打车 App 市场季度监测报告 2014 年第 4 季度》数据显示，截至 2014 年 12 月，中国打车 App 累计账户规模达 1.72 亿，其中滴滴、快的两家公司的市场份额分别为 43.3％ 和 56.5％。[2] 可以说，整个打车市场的用户群体已经几乎被滴滴打车和快的打车两大巨头全部占据，几乎没有可以继续拉拢的用户群体；其二，两者作为移动支付的推广前端，培养用户使用习惯的目的也已经基本达成；其三，在市场份额已经相对固定的情况下，两者之间进行合并，形成"超级平台"，可以实现"双赢"。基于此，继续进行"烧钱"大战的意义已经不大，合并才能使得两者利益最大化。[3]

除此之外，在移动互联网的其他领域中，也在发生着类似的合并与收购。在分类信息服务行业，58 同城和赶集于 4 月份合并[4]；在视频行业，优酷和土豆于 8 月份合并[5]；在本地生活服务行业，美团与大众点评在 10 月份合并[6]；在互联网旅行行业，携程和去哪儿于 10 月份合并[7]；在线婚恋交友平台领域，世纪佳缘和百合网于 12 月合并[8]……类似的案例数不胜数。可以说，发生在 2015 年的各种合并与收购，是中国移动互联网市场的一次自发性调整，也是中国移动互联网行业走向秩序和稳定的关键。

1　王早霞.滴滴快的合并：互联网新生力量［N］.山西日报，2015-03-03（C03）.

2　易观分析.中国打车 APP 市场季度监测报告 2014 年第 4 季度［R］.2015-01.

3　刘昭郡.滴滴打车、快的打车合并战略的分析［J］.现代商业，2016（11）：125-126.

4　杨鑫健，吴茜.仇杀十年的 58 同城和赶集网为何要在一起［B/OL］.澎湃新闻，（2015-04-17）［2023-08-27］.https://www.thepaper.cn/newsDetail_forward_1322104.

5　showalk.阿里收购优酷土豆 你应该知道的三个真相［EB/OL］.网易科技，（2015-10-17）［2023-08-27］.https://www.163.com/tech/article/B64L3G27000948V8.html.

6　周路平.重磅！美团、大众点评正式宣布合并！［EB/OL］.搜狐新闻，（2015-10-08）［2023-08-27］.https://www.sohu.com/a/34601949_120731.

7　张枭翔.携程和去哪儿宣布合并，百度将成携程第一大股东［EB/OL］.澎湃新闻，（2015-10-26）［2023-08-27］.https://www.thepaper.cn/newsDetail_forward_1389317.

8　杨鑫健.世纪佳缘与百合网成功"牵手"：中国互联网公司再现合并［EB/OL］.澎湃新闻，（2015-12-08）［2023-08-27］.https://www.thepaper.cn/newsDetail_forward_1406131.

　　然而,这些合并难道仅仅是资本之间的逐鹿到了不得不偃旗息鼓的地步,抑或各大公司都已成为强弩之末,只能通过合并来保全自己？事实上,在合并浪潮这一表现的背后,是复杂的资本、市场和技术逻辑。从资本角度来看,众多风险投资和私募资本涌入这一领域,驱动企业走上“烧钱”以快速获得市场份额的道路,但这样的模式是不可持续的。因此,企业开始寻求通过合并或收购来整合资源和提高运营效率,以期早日实现盈利或至少减缓亏损的速度。这样的动作也给早期的投资者提供了一种有效的资本退出机制,满足了他们追求高回报的需求。从市场角度,合并与收购不仅可以实现规模经济和成本效益,还可以更进一步通过整合,消除行业内的资源冗余和功能重叠。这样不仅提升了行业整体的运营效率,还通过形成更高的市场进入壁垒,减少了新进竞争者的威胁。更进一步来说,企业通过合并与收购也寻求在多个垂直或水平领域内进行多元化布局,以构建更为全面和综合的业务生态系统。从技术角度,合并与收购通常伴随着庞大量级的技术和数据整合。这不仅提升了参与企业的数据分析和用户画像能力,也使它们能够在用户体验、个性化服务和商业决策方面取得更大的突破。这一切都加强了合并后企业在市场中的竞争地位,而且也极大地提高了其数据资产的内在价值。

（二）启下：百花齐放

　　2015 年不仅是中国移动互联网市场走向规范的一年,还是许多细分领域真正开始崛起的一年。移动互联网的普及带来了许多新的消费需求,基于这些需求产生的许多行业也是从这一年开始兴起。

　　最为直观的便是直播行业。正如上文所提到的,4G 时代的到来使移动直播行业得以兴起和发展。然而,带宽的提升只是直播兴起的必要条件,而非充分条件。除了数据传输的速度,直播同样与数据流、储存和分发等多个技术环节息息相关。直播行业想要勃兴,离不开强大的云计算能力做后端支撑。而恰逢此时,国内的云计算研究如火如荼,[1] 腾讯和阿里也紧抓腾讯云和阿里云的业务,向云计算的研究领域注入了大量的资本。[2]4G 技术的普及加上云计

　　1　李锋,苏萌,于秀艳.我国云计算产业发展现状及发展对策探析[J].科技创业月刊,2015,28（20）:22-24.

　　2　包芳鸣,陈瑶.云计算大势所趋,巨头混战阿里云势头猛[N].21 世纪经济报道,2015-12-14（018）.

算的飞速发展,直播行业的发展可以说在这一年占尽了"天时"。

在 2015 年 5 月,映客在 App Store 上线。[1]映客可以称得上是国内第一款成熟的、现象级的社交直播产品。此外,映客也是首款搭配了视频美颜技术的移动直播平台。这一功能使得直播的门槛大大降低,主播们不再需要依赖专业的录音、录像设备,仅仅依靠手机的前置摄像头、智能美颜功能加上稳定的网络,就可以开始一场直播,这是移动直播开始抓住下沉市场的前奏。2015 年 6 月正式上线的花椒直播,本来走的是依赖明星的精英路线。在受到了映客模式成功的影响之后,同样改做了秀场直播。[2]而花椒和映客的一炮而红,同样刺激着曾经的网络直播巨头 YY 的神经。自 2015 年开始,YY 也着手对直播内容进行改革。YY 能够在后来的"千播大战"当中迅速崛起,主要得益于其平民化的路线。YY 一开始就没有走明星主导的精英路线,而是选择培养从平台成长起来的草根主播。这是后来移动直播领域一个重要的平台思维,即明星带来的流量属于明星,而平台培养出的草根主播的流量属于平台。[3]除此之外,谈到这一年的社交直播兴起,陌陌上线直播业务是绕不开的一个重要事件。虽然陌陌上线直播的时间相比其他应用较晚,但是很快它便占据了娱乐直播领域的大部分市场份额。可以说陌陌直播的成功,占据了天时、地利、人和。所谓"天时"即为上述技术的进步;所谓"地利",是指陌陌本就是做陌生人社交起家,进而做社交直播可以说有着天然的连续性;所谓"人和",是指陌陌的用户群体与社交直播的用户群体有着十分相似的用户习惯。因此,陌陌直播很快便在后来的"千播大战"当中占有了一席之地。[4]虽然说,这几家直播平台或许并不是一直稳立潮头、最为红火的几家,但是他们对后来直播行业的模式和思维起到了至关重要的奠基作用。

兴起于 2015 年的并非只有直播行业。基于对生鲜消费的需求,拼好货(拼多多的前身)等社交电商崛起;基于对在线教育的需求,跟谁学等在线教

1　汪晓慧.互联网公司卖出硬件公司价格 映客登陆港交所 市值破百亿[EB/OL].经济观察网,(2018-07-12)[2023-08-27].http://www.eeo.com.cn/2018/0712/332194.shtml.

2　孔令晨.从"花椒直播"探究我国的互联网直播[J].科技传播,2016,8(17):109-110.

3　宋斯文雅.网络草根视频主播传播形态研究[D].暨南大学,2016.

4　何菲.全民直播,素人变现[J].IT 经理世界,2016(09):41-44+40.

育公司开始勃兴；基于中产阶级在短时间内获取知识的需求，得到 App 于 2015 年 11 月上线，"知识付费"就此兴起，内容创业自此蔚然成风。

二、开始腾飞（2016）

如果说 2015 年是腾飞的序曲的话，那么从 2016 年开始，中国的移动互联网便真正地进入了突飞猛进的时期。这一年，被称作"直播元年"。直播行业开始了著名的"千播大战"，直播开始出现更多的细分领域，从 2015 年的网络直播、游戏直播以及社交直播，逐渐发展出新的带货直播、短视频直播等。也是在这一年，字节跳动入场短视频行业，短视频领域逐渐从各种形形色色的平台遍地开花，走向抖音、快手双雄并起。同样是这一年，ofo、哈啰单车、摩拜单车等共享单车开始出现，自此掀起了共享经济的浪潮。

（一）直播成为风口

2016 年的直播行业可以说是高歌猛进的一年。2016 年 5 月，淘宝直播上线，首次开创了直播带货这种新的直播模式。[1] 淘宝直播培养出来了一批成功的带货网红。在直播带货刚刚起步，尚不被人所看好的时候，一些网红敢于尝试新的模式，将大部分的精力从已经取得一定成就的传统电商领域，转移至直播带货。渐渐地，凭借着持之以恒的努力和淘宝对头部主播的流量倾斜，很快成为淘宝直播的头部 IP。这也为淘宝直播提供了一种思路。同年，美 ONE 响应淘宝直播，提出了"BA（Beauty Advisor，专柜导购）网红化"的战略，试图将一批线下专柜的导购打造成为带货的网红。淘宝直播带货的创新，不仅改变了直播行业的风貌，也改变了传统电商行业的运营模式，具有深远意义。

快手也在 2016 年开始做直播。快手直播对整个直播行业最大的影响，是开创性地推出了直播 PK 的功能。这一功能的推出对中国移动互联网的直播行业产生了多维度的影响。首先，这一功能显著提高了用户参与度和平台停留时间，进而为平台和主播带来更多的商业变现机会。同时，PK 功能激励了

1　淘宝直播正式上线：8 成用户为女性 可边看边买［EB/OL］. 网易数码，（2016–05–12）［2023–08–27］. https://www.163.com/digi/article/BMT1NKDH00162OUT.html.

主播产生更多样化和高质量的内容,不仅提升了平台的整体内容水平,也为主播个人品牌的建设提供了有力支持。PK 模式巩固了快手在直播行业中的竞争地位,也在整个行业内形成了一种新的趋势。

虽然直播带货和 PK 模式很大程度促进了直播行业的繁荣,但是与此同时也产生了诸多乱象。直播带货领域出现了越来越多的网红带假货的现象;快手的 PK 功能上线以后,也逐渐出现了利用打赏功能,打擦边球和诈骗的行为。如果任由市场自由发展下去,那么很快直播行业就会沦为一片法外之地。基于此,国家从政策和法规的层面对直播行业进行了监管。2016 年 4 月,文化部查处斗鱼、熊猫 TV 等多家网络直播平台。[1] 同年 4 月 13 日,北京互联网文化协会颁布了《北京网络直播行业自律公约》[2];9 月 9 日新闻出版广电总局下发《关于加强网络视听节目直播服务管理有关问题的通知》[3];11 月 4 日,国家网信办发布了《互联网直播服务管理规定》,实行"主播实名制登记""黑名单制度"等强力措施,且明确提出了"双资质"的要求[4];12 月 2 日,文化部印发《网络表演经营活动管理办法》,对网络表演单位、表演者和表演内容作出了进一步的细致规定。[5] 一系列规章的出台对网络直播起到了积极的规范作用。从上述这些政策可以看出,国家对直播行业的发展一直以来给予着高度的关注。正是有了国家的政策领航和法律规制,直播行业得以在飞速发展的过程中,保持健康有序。

(二)短视频双雄并起

快手和抖音是中国短视频行业最具代表性的两款现象级产品,被称为

1　文化部举办第二十五批违法违规互联网文化活动查处工作新闻通气会[EB/OL].文化部政府门户网站,(2016-04-14)[2023-08-01]. https://www.mct.gov.cn/hdjl/xwfbh/201604/t20160414_507633.htm.

2　北京市网络文化协会发起网络直播行业自律公约[EB/OL].中国网信网,(2016-04-15)[2023-08-27]. https://top.chinadaily.com.cn/2016-04/15/content_24587191.htm.

3　新闻出版广电总局下发《关于加强网络视听节目直播服务管理有关问题的通知》[EB/OL].中国政府网,(2016-09-27)[2023-08-27]. https://www.gov.cn/xinwen/2016-09/27/content_5112297.htm.

4　国家网信办发布《互联网直播服务管理规定》[EB/OL].中国网信网,(2016-11-04)[2023-08-27]. http://www.cac.gov.cn/2016-11/04/c_1119846202.htm.

5　文化部.文化部关于印发《网络表演经营活动管理办法》的通知[EB/OL].中国政府网,(2016-12-02)[2023-08-27]. https://www.gov.cn/gongbao/content/2017/content_5213209.htm.

"短视频双雄",引领了全国甚至全球的短视频流行热潮,不仅推动了网络内容表现形式的革新,更打破了移动互联网应用的格局。

最早的快手叫作 GIF 快手,诞生于 2011 年 3 月,其主要功能是制作动图。早期的 GIF 快手抓住了用户在使用微博、QQ、微信等进行社交的过程中产生的"斗图"需求,吃到了最早的移动社交红利。然而,GIF 快手在看到了移动互联网未来的发展趋势以后,并不甘于仅仅成为一款工具应用,而是想要自己构建社区。于是在 V2.4 的版本当中,快手在主界面上内嵌了一个"火热 GIF 秀"的模块。然而这个模块一开始上线的时候并没有取得太好的反响,大家依旧是将快手当作一个动图生成工具来使用。快手团队认为可能是社区在 V2.4 的版本中仅仅是一个内嵌的模块,并不能引起用户足够的重视。于是,在随后上线的 V3.4 版本当中,快手团队大改了应用界面,开始主打短视频社区。不同于其他的视频或短视频应用,快手从一开始就在做去中心化。在快手的短视频社区里,只有 UGC,没有 PGC,也没有 KOL(Key Opinion Leader,关键意见领袖)。[1] 可以说,在快手进行短视频创作的门槛非常低,而这也正是快手公司所希望的。快手一开始瞄准的就是下沉市场,是一款服务于普通人的产品。正如快手的联合创始人程一笑所说:普通人的生活有人在意,这件事非常重要。[2] 这句话在现在听起来依然令人动容。除此之外,下沉赛道在当时也是一条几乎没有巨头选择的赛道,快手得以冲突围。2013 年,快手发布 V4.0,这次升级全面更新了内容分发引擎,使得内容生成可以做到"千人千面"。自此,快手基本完成和贯穿了创始人程一笑的三个理念,即普惠、简单、不打扰;用户导向、数据驱动;AI 贯穿全业务流程。[3] 快手在短视频行业迅速站稳脚跟并且成为一方霸主。

2016 年 9 月,字节跳动推出了短视频产品抖音。其实抖音并非字节跳动公司的第一款短视频产品。在抖音之前,字节跳动就尝试着推出了一款对标

1　未来智库.快手专题分析报告:快即是慢,慢即是快[EB/OL].未来智库网,(2019-10-17)[2023-08-27].https://www.vzkoo.com/read/d2a77d850315aa614666991f12cbfd54.html.

2　快手创始人程一笑:普通人的生活有人在意,这件事非常重要[EB/OL].投资界,(2018-12-02)[2023-08-27].https://news.pedaily.cn/201812/438383.shtml.

3　快手创始人程一笑:我们为什么要创立快手?[EB/OL].人民网,(2018-12-02)[2023-08-27].http://it.people.cn/n1/2018/1202/c1009-30437080.html.

快手的、以"短视频＋直播"为主要模式的短视频产品——火山小视频。由于是对标快手，火山小视频也在努力开拓下沉市场。然而，为了做出一款与快手不同的、更加纯粹的且具有独特竞争优势的产品，字节跳动推出了抖音。[1]抖音的开创性首先体现在竖屏全屏上，这种画幅格式更能够突出视频当中人的特点，同时这种产品内容也很难被搬运到其他平台。除此之外，算法推荐本就是字节跳动的看家本领。这种技术很顺利地被应用在了抖音上，从而使得推荐内容更加符合用户的爱好和习惯。随着抖音迅速发展，短视频领域逐渐从"一超多强"走向"双雄并起"。

（三）共享单车热

谈到 2016 年的中国移动互联网行业，还有一件事情不得不提，那就是共享单车热。[2]这一年，ofo 将业务范围扩展到全国 24 座城市[3]；同年 4 月，摩拜单车也进入了量产并且开始在上海运营[4]；哈啰单车也在这一年正式上线。一时间，城市的大街小巷遍布五颜六色的共享单车。在见证了共享单车的繁荣后，甚至有人将共享单车与支付宝、高铁以及网购并称为中国的"新四大发明"[5]，可见共享单车在国人心目中的重要地位。

共享单车其实是一个起源于西方的概念。早在 1965 年的荷兰阿姆斯特丹，第一批共享单车便已经诞生，彼时的共享单车被称作公共自行车。然而，这些自行车往往在投放不久之后，便遭到不同程度的破坏与损耗，因此运维成本相当高。基于此，西方的共享单车一直是一个停留在概念层面的想法。而中国在移动互联网时期出现的共享单车，却是实现了无桩化、随扫随骑的真正意义上的共享单车。为什么共享单车可以在中国取得成功，而在西方却达不到如是的效果呢？原因可能如下。第一，人口众多，市场需求大。据公安部统计数据，截至 2024 年 6 月底，全国机动车保有量达 4.4 亿辆，其中汽车 3.45

1　温卢.今日头条的下一个互联网风口：短视频[J].北方传媒研究，2018（02）：50–53.

2　解释摩拜和 OFO[J].中国科技信息，2017（07）：4–5.

3　李根.ofo 宣布入驻厦门成都 覆盖全国 24 城市日订单总量过 150 万[EB/OL].新浪科技，（2016–12–16）[2023–08–27]. http://tech.sina.com.cn/i/2016–12–16/doc-ifxytqax6292650.shtml.

4　梦欣.上海摩拜单车投放量达十万辆[EB/OL].网易新闻，（2016–12–20）[2023–08–27]. https://www.163.com/news/article/C8MOK9UT00014Q4P.html.

5　吴浩."新四大发明"的思想史意义[J].人民论坛，2019，（07）：73–75.

亿辆；机动车驾驶人 5.32 亿人，其中汽车驾驶人 4.96 亿人。[1] 这个数据意味着我国还有很大一部分人没有自己的汽车，这也就为共享单车提供了市场。第二，移动互联网发展迅猛。伴随移动互联网技术快速发展，移动网络终端广泛普及，移动支付和移动应用更加便捷，为共享单车提供了技术基础。第三，与国家重大战略对接。共享单车与我国"创新、协调、绿色、开放、共享"的新发展理念相契合，与生态文明建设、健康中国等战略相呼应。相关数据显示，2024 年共享单车用户人均年减碳 39.0 公斤。[2] 第四，政企协同形成治理合力。在《关于鼓励和规范互联网租赁自行车发展的指导意见》等一系列政策指导下，企业的主观能动性得到充分调动，在压缩投放量的同时，纷纷加大运维人员投入力度，在地方有关部门的指导下，采用分时分段大面积调度、回收破损废弃车辆等方式实现共享单车的供需平衡；提升共享单车骑行、停放软硬件条件，不断加大骑行道、电子围栏建设力度，加大用户不文明停放惩戒力度，并通过发布规范用户停放行为联合限制性公约、倡议书等方式，多管齐下推进共享单车文明骑行停放建设。[3]

三、走向繁荣（2017）

到了 2017 年，中国移动互联网已经从高速发展，进入了繁荣阶段。这种繁荣最直接的印证便是市场中出现了大量的现象级产品。这一年，抖音迅速爆火，短视频应用成为主流应用；这一年，下沉市场被进一步地挖掘，"拼多多"开创了一条社交电商新赛道；同样是这一年，人民网三评王者荣耀，这款现象级的手游同时改变了直播和电竞两个行业。

（一）抖音

从 2017 年春节到 2018 年春节，就在这短短的一年时间，抖音实现了从起

1　全国机动车达 4.4 亿辆 驾驶人达 5.32 亿人［EB/OL］. 中国政府网,（2024-07-08）［2024-09-01］. https://www.gov.cn/lianbo/bumen/202407/content_6961935.htm.

2　中国城市规划设计研究院, 中国城市规划学会等 . 2024 年中国主要城市共享单车／电单车骑行报告［R］. 2024.9.

3　赵乐瑄 . 共享单车十年：更科学、更文明、更绿色［N］. 人民邮电报, 2024-09-20.

步到大火的过程,成为一款现象级的短视频产品。2017 年的春节后,带着抖音水印的"搓澡舞"挑战视频在各大网站疯转。同年 4 月,策划团队又推出了魔性歌曲"一只猫"的挑战。不出所料,这一次的挑战又一次在社交媒体上疯狂传播。[1] 渐渐地,到了 5 月份,抖音的日活人数从 30 万增长到了百万,这也标志着抖音进入用户爆发增长期。

然而,抖音的崛起使得彼时作为短视频行业霸主的快手产生了强烈的危机感。2018 年春节期间,抖音与快手之间的商战从春运广告打到春晚赞助再打到定向营销,双方旗鼓相当。而反转则发生在抖音请来一众明星进行红包推广之后[2]。这种模式其实并不陌生,前面我们讲到过微信支付在春晚时期的红包活动,两者可以说是如出一辙。这一波"奇袭"使得抖音日活在短短七天内,迅速从 3000 万人增长到 6200 万人。到了 2018 年 4 月,抖音的用户规模已经逼近甚至赶超快手,快手一家独大的格局已经彻底被打破了。除了抖音,同样感到危机的还有腾讯等互联网巨头。2018 年 4 月,腾讯对字节系的短视频链接分享进行了全面的限制。可见,在互联网的开放互联属性下,涌动着出于商业利益而设置接入壁垒的暗流。社交媒体平台的"圈地运动"愈演愈烈。有观点认为,如果腾讯不加以限制,那么可能会有一部分抖音用户只用抖音进行内容生产,但是分享还是集中在朋友圈。而腾讯的限制令一出,抖音便成了所有用户不得不使用的第一场景,而抖音本身的用户并不来自微信,因此这番举措不仅没有达到限流的目的,反而促进了抖音打造自己的品牌独立性。

透过这些复杂的商战我们可以看出,抖音能够成为现象级的产品,靠的并不是资本的炒作,因此也就不惧资本的胁迫。抖音制胜的法宝,归根到底是对技术的格物致知,对市场的精准把握,以及对中国移动互联网行业的深度理解。这也是很多其他在移动互联网时期发展起来的互联网企业所具备的共同优点。

(二)拼多多

2017 年,一个响亮的名字开始在电商领域打响——拼多多。这一年的 4

1　林军,胡喆.沸腾新十年(下):移动互联网丛林里的勇敢穿越者[M].电子工业出版社,2021:165-166.

2　抖音的 2018:现象级短视频 APP 的成长记[EB/OL].36 氪,(2019-01-12)[2023-08-27].https://www.36kr.com/p/1723135721473.

月,拼多多首次触顶 IOS 电商细分领域第一名。这种越级式的飞速增长,令京东和淘宝两大电商巨头感到了深深的危机感。拼多多究竟有着怎样的独门秘诀,可以如此迅速地发展壮大,成为现象级的电商平台?

这就不得不提到拼多多开创的全新电商模式,即社交电商模式。拼多多的社交电商模式主要依赖于社交网络和团购的结合,以实现快速的用户增长和商品销售。在这个模式中,用户可以通过拼多多平台选择商品,然后通过社交媒体邀请亲友参与团购,从而获得更低的商品价格。而从某种程度上来说,拼多多的飞速崛起,所依托的主要是微信移动社交带来的社交流量。2015年到 2016 年是拼多多刚刚起步的时候,这一阶段它主要依靠微信群来推广商品和团购活动。用户可以在微信群里发起或参与拼团,然后通过社交网络引入更多的用户。这种模式极大地降低了拼多多的用户获取成本,同时也利用了社交网络的口碑效应来扩大其影响。这是拼多多能快速吸引用户并形成规模的关键因素之一。到了 2017 年 1 月,微信上线小程序功能。这一功能被拼多多迅速地发掘并跟进,进而更进一步巩固了来自微信平台的用户基础。[1]

拼多多的成功可以说是现象级的,但是这种模式却为我们思考移动互联网的底层逻辑提供了深刻的启示。首先,拼多多充分展示了如何通过移动社交平台低成本、高效地获得流量。这不仅减少了市场推广的成本,还加速了用户增长。其次,在流量获取后,拼多多通过各种优惠和个性化推荐成功地将流量转化为实际销售,实现了流量的高效变现。再者,拼多多非常注重用户心理,利用团购和社交分享等机制,让用户在参与的同时也能享受到实惠,增强了用户黏性。最后,无论是短视频领域的快手,还是电商领域的拼多多,其成功的背后都有一个共同点,那就是抓住了中国规模庞大的下沉市场。

(三)王者荣耀

2017 年春节过后,手机游戏领域也出现了一款现象级的产品,即王者荣耀。到了同年 7 月,人民网更是连续发布了三篇评论来点评王者荣耀。[2] 一时

1　丁毓 . 拼多多 弯道超车的社交电商[J]. 上海信息化,2018(03):72–74.

2　这三篇评论文章分别是:人民网一评《王者荣耀》:是娱乐大众还是"陷害"人生;人民网二评《王者荣耀》:加强"社交游戏"监管刻不容缓;人民网三评《王者荣耀》:过好"移动生活"倡导健康娱乐。

间,王者荣耀这款手游的热度到达顶峰,引发了各界对现象级移动网络游戏的思考。王者荣耀作为一款现象级手游,在一定程度上确实导致了未成年人的沉迷,对未成年人的身心健康造成了一定的影响。然而,如果我们只看到了王者荣耀的一些浅层次的负面影响,并因此一味采取限制措施,那我们对于这个产品甚至整个网络游戏行业的理解就显得有些狭隘。在某种程度上,王者荣耀这款游戏,同时改变了游戏直播行业和电子竞技行业的格局。

首先,王者荣耀带火了手游直播这个领域,同时改变了游戏直播行业固有的格局。在 2015 年以前,游戏直播的主体依然是围绕着经典的端游进行,如英雄联盟、穿越火线等。[1] 而端游的知名主播几乎平均分布在斗鱼和虎牙两个平台,两者之间的竞争一度陷入僵持状态。到了 2015 年,王者荣耀上线以后,虎牙很快便预见到了这款游戏对未来直播行业的影响,将资源向以王者荣耀为代表的手游直播方向倾斜。经过两年的深耕,到了王者荣耀在 2017 年春节大火之时,虎牙已经在手游直播领域站稳了脚跟,形成了对斗鱼独特的竞争优势。此外,在王者荣耀爆火之后,此前一直不温不火的移动电竞开始进入了高速发展的阶段,越来越多的手游赛事开始逐渐出现。[2]

第四节　"鼎盛"时期（2018—2020）

2018 年到 2020 年,称得上是中国移动互联网发展的"鼎盛"时期。所谓鼎盛,首先体现在手机网民的规模上。2018 年,中国手机网民规模达到了8.17 亿,占全部网民的 98.6%。[3] 在接下来的两年里,这一数据持续增长。到

1　艾瑞咨询.2015 年中国游戏直播市场研究报告（行业篇）［R］.2015–02–05.

2　艾瑞咨询.2017 年中国游戏直播行业研究报告［R］.2017–09–14.

3　中国互联网络信息中心.第 43 次中国互联网络发展状况统计报告［EB/OL］.中国互联网络信息中心网站,（2019–02–28）［2022–06–01］.https://www.cnnic.net.cn/n4/2022/0401/c88-838.html.

了 2020 年,中国手机网民规模已经达到了 9.86 亿,占比达到了 99.7％。[1] 然而,鼎盛的背后往往意味着饱和。工信部数据显示,2019 年我国国内市场上监测到的 App 数量整体呈下降态势,[2] 2020 年 App 数量持续减少[3]。可以明显地看出,这三年移动互联网行业的发展增速明显放缓,线上流量的红利已经基本见顶。这也就迫使许多移动互联网企业开始琢磨开辟新的市场空间,试图将线上与线下业务相结合。线上 App 的数量供过于求,从 2018 年开始,许多 App 开始走向整合,新的"聚合模式"开始出现。此外,饱和也就意味着移动互联网的发展已经遇到了瓶颈,需要有新的破坏性技术来打开局面。恰逢此时,5G 技术和人工智能技术取得了质的飞跃,在技术层面上已经有了"开新篇"的基础。到了 2020 年,移动互联网时代似乎即将迎来它的终章,随之而来的是一个由新技术、新需求引领的人工智能互联网时代。

一、到达顶峰（2018）

2018 年以后,中国的移动互联网发展逐渐走到了顶峰。线上流量见顶,流量红利几近消失,移动应用市场甚至供过于求。基于此,移动互联网企业开始将目标瞄准线下市场,以求找到新的突破口。兴起于 2018 年的社区团购和社区便利店便是很好的例证。此外,移动互联网市场也开始逐渐从百花齐放走向整合。

（一）新市场：线上 + 线下

在谈到兴起于 2018 年的社区团购之前,我们不妨来思考一个问题,即移

---

1   中国互联网络信息中心 . 第 47 次中国互联网络发展状况统计报告［EB/OL］. 中国互联网络信息中心网站,（2021–02–03）［2022–06–01］. https://www.cnnic.net.cn/n4/2022/0401/c88–1125.html.

2   工业和信息化部运行监测协调局 . 2019 年互联网和相关服务业运行情况［EB/OL］. 工业和信息化部网站,（2020–01–21）［2022–06–01］. https://www.miit.gov.cn/jgsj/yxj/xxfb/art/2020/art_8de8b4bf7a0a48969cadbea5599b9b77.html.

3   工业和信息化部运行监测协调局 . 2020 年互联网和相关服务业运行情况［EB/OL］. 工业和信息化部网站,（2021–02–01）［2022–06–01］. https://www.miit.gov.cn/jgsj/yxj/xxfb/art/2021/art_12c3219068d34c0494df817942a29fe5.html.

动社交电商想要从线上市场切入线下市场，影响其成功的关键因素是什么。其实仔细想来无外乎三点：首先，是如何获得客源；其次，是如何精准把握用户信任结构，从而获取用户的信任；最后，是如何确保便捷性以及性价比，从而使得用户愿意去选择。上述三点同时指向了一个答案：社区团购。

首先，社区团购的本质仍然是我们上面提到过的社交电商模式，其主要客源来自社区的微信群。这一客户群体，可能看上去并不是那么的庞大，一个社区微信群最多也就500个成员。然而，这却是一个人员构成相对稳定、有着基本相似财富结构的群体，因此消费需求趋近且稳定。因为，社区微信群并不是一个在线上组织起来的社群，而是由线下同一个社区的居民自发组织而成，是线下关系向线上转移。而居住在同一个社区的居民群体，往往处于相近的社会阶层，同时相对稳定。这一消费群体虽说规模不是特别巨大，但是用户特征较为明显，用户数量非常稳定，是优质的长期客户群体。其次，居住在同一社区的居民，虽说不是互相都认识，但是地理空间上的近邻，使得人与人之间更容易相信彼此。正如前文提到的，发展到2018年前后，线上团购行业出现了过饱和状态。团购的产品鱼目混珠，许多用户开始不信任传统团购商品的质量。然而，这种基于社区"半熟"关系的新型团购模式，由于团长和参团的都是本小区的居民，更容易取得用户的信任。最后，社区团购只需要用户在微信群里下单，便能够送货上门，因此便捷度很高。此外，由于团长也是社区的居民，为了赢得街坊邻里的口碑，他们在选择产品的时候往往也会精益求精。这种严选之下的商品，往往能够保证较高的质量和性价比。从2018年开始，食享会、十荟团、兴盛优选、考拉精选等一系列社区团购品牌开始出现，一时间社区团购成为一个风口。[1]

除此之外，与社区服务相关的社区便利店，同样在2018年出尽了风头。然而，社区便利店的逻辑与上述的社区团购还略有不同，这种模式体现的是一种线下与线上的"双向奔赴"。一方面，诸如便利蜂等一些线下便利店开始尝试自建App，通过采集用户数据，从而形成便利店附近居民的用户画像，再使用算法推荐模式来优化商品调配。同时，他们也利用线上App来进行自营的

1　新经销.2018—2019年中国社区团购行业发展报告［R］.2019-05.

外卖配送,尝试利用移动互联网进行赋能。[1]另一方面,移动电商的巨头们也在尝试挖掘线下实体便利店的潜力,在 2018 年左右,苏宁小店、天猫小店、京东便利店开始大规模普及。

(二)新模式:聚合

由于市场上的应用远远超出了用户的需要,平台(功能)聚合便成了移动互联网领域的大势所趋。其中,网约车领域的聚合最具有代表性。这一年发生了震惊全国的"5·6 郑州空姐打车遇害案"[2]。随着舆论不断发酵,人们开始对顺风车这一网约车模式的安全问题产生质疑。迫于压力,滴滴开始了全面的整顿,并于 2018 年 9 月 27 日宣布"无限期"下线顺风车功能[3]。在滴滴陷入舆论漩涡自顾不暇之时,高德地图趁机,在地图内嵌入了打车功能。用户在使用高德地图搜索目的地进行导航的时候,会发现在驾车模式旁边多出了一个打车选项。而在这个选项当中,高德整合了市面上几乎所有的打车 App,用户可以根据喜好勾选自己想要的品牌之后,同时呼叫网约车。这种新的"聚合"模式,为用户在打车的时候提供了最优解,大大减少了用户在眼花缭乱的打车 App 之间选择的时间。高德打车一经上线,便受到了用户广泛的好评。[4]移动互联网聚合趋势的背后,互联网平台企业竞相构建"平台生态"的商业版图可见一斑。平台通过功能聚合拓展自身服务能力的同时,也极大提升用户的迁出成本。

二、新的飞跃(2019—2020)

2019 年 6 月 6 日,工信部正式向中国电信、中国移动、中国联通、中国广电发放 5G 商用牌照,中国正式进入 5G 商业元年。[5]正如当年 4G 技术的出

1　任慧媛.便利店扩张潮:火热,水更深![J].中外管理,2018(07):108–110.

2　彭瑜.空姐乘滴滴遇害案嫌疑人已锁定,遇害前微信同事称司机想亲她[EB/OL].澎湃新闻,(2018–05–10)[2023–08–27].https://www.thepaper.cn/newsDetail_forward_2122092.

3　刘珜.滴滴发布 27 项整改措施 顺风车业务继续无限期下线[EB/OL].人民网,(2018–12–19)[2023–08–27].http://finance.people.com.cn/n1/2018/1219/c1004-30475167.html.

4　白杨.聚合打车平台崛起:用户流量的再分配[N].21 世纪经济报道,2022-11-16(008).

5　黄鑫.我国正式开始 5G 商用[N].经济日报,2019-06-07.

现和普及一样,5G 技术同样对中国移动互联网的发展产生了重大的影响。此外,从这一阶段开始,诸如人工智能、大数据、云计算等前沿技术的发展和应用皆取得了质的飞跃,工业互联网、物联网、车联网等新的应用场景逐渐出现,这些似乎都已经超越了传统意义上移动互联网的概念范畴。可以说从这一时期开始,属于移动互联网的时代悄然落幕,新的互联网时代的大幕正在缓缓拉开。

（一）5G 时代来了

　　5G 是新一代宽带移动通信技术,具有高速率、低时延和大连接等特点,对中国移动互联网的发展具有重要意义。首先,5G 技术的应用可以支持更高清、更流畅、更丰富的视频、音乐、游戏等内容服务,满足用户对高品质信息消费的需求,从而大幅度地提升用户体验,极大地促进了直播和短视频行业的发展。其次,5G 进一步促进了移动互联网的创新应用,催生出更多新业务、新模式、新业态,如云 VR/AR、车联网、智慧城市、智慧医疗等,拓展了移动互联网的应用场景和价值空间。最后,5G 加速了移动互联网的融合发展,实现与云计算、大数据、人工智能、区块链等新一代信息技术的深度融合,为各行各业提供数字化、网络化、智能化的解决方案,推动了经济社会的转型升级[1]。

（二）新冠疫情与移动互联网

　　2020 年蔓延全国的新冠肺炎疫情对许多行业都造成了严重的冲击,给人们正常的生产生活带来了极大不便。人与人大规模的隔绝,如果发生在前移动互联网时代,带来的经济损失将不可想象。可以说,移动互联网在疫情期间扮演着不可替代的角色。从线下场景到线上场景,移动互联网充当着链接现实和虚拟的纽带,使得社会的基本运转得以保证。以移动社交为例,线下交流的骤减,使得微信在这一时期发挥了大众信息中枢的作用。疫情期间的出行政策、核酸检测政策等,大都通过微信公众号发布,随后通过各种微信群通知传播给群众。除此之外,亲朋好友之间的交流与联系也大多通过微信。从某种程度来说,正是有了微信等移动社交 App 的存在,才能保证这一时期信息传播系统的正常运行。

　　1　唐维红,唐胜宏,廖灿亮.跨入 5G 时代的中国移动互联网——《中国移动互联网发展报告（2020）》发布［J］.中国报业,2020（17）:32-35

从另一个方面来看,也正是由于大量的社会活动从线下转移到线上,移动互联网行业反而在这一时期得到了进一步的发展。首先是直播和短视频行业,这一时期人们大都处于居家状态,日常的娱乐活动大为受限。因此,看直播、刷短视频成了许多人的主要娱乐方式,这进一步促进了行业的繁荣。其次,由于集体防控通常以社区为单位,社区团购在这一时期同样取得了极大的进步。

(三)终章? 是新的篇章

关于移动互联网的时代是否到 2020 年前后就告一段落,没有人能给出一个准确的答案。但是,可以肯定的是到了 2020 年,中国互联网又出现了新的局面。如人工智能、大数据、云计算等技术开始在行业中普及和应用,资本市场也开始将重心从移动互联网向人工智能互联网、工业互联网、物联网转移,国家则从政策层面支持这些新业态的发展。在 2021 年出圈的"元宇宙"概念、2023 年爆火的 ChatGPT,似乎都在宣告着新旧时代的交接,移动互联网的概念已经正在被一种新的互联网概念取代。然而,正如站在 2010 年的互联网先驱们面对即将到来的移动互联网巨浪一样,2020 年的互联网从业者同样在面对着一场即将来临却暂时看不清面目的时代浪潮。或许移动互联网的时代还会自此延续许多年,抑或自此已经迈入了新的时代。如果进入了新的时代,那么这个时代究竟是一个什么样的时代,是人工智能互联网时代? 抑或是产业互联网时代? 这些问题即使是身处 2024 年的我们也很难回答清楚。因此,本书仅将其 2020 年看作移动互联网时代终章的一个模糊时间点,旧的篇章可能仍未停笔,但是新的篇章已然开始书写。

第五节　移动互联网与社会变迁

移动互联网已经渗透到了中国社会的方方面面,给中国社会带来了剧变。移动互联网时代,"移动"的不仅是互联网,更是场景的"移动"。这种社会场景移动得以实现的最本质原因,是移动互联网带来的时空边界的破除。在场景移动的基础上,不仅人们的生活方式发生了变化,人与人之间的互动关系也在被重新定义,人们的社交方式被一定程度的重塑。基于这种人与人、人与社会之间互动关系的重构,同样促进了社会资源在这一时期的流动。然而,值得注意的是移动互联网给中国带来的社会变迁是多维度、多层次的,场景移动及其带来的影响仅是众多的线索之一。但是,透过这一条线索,我们已经可以感受到移动互联网给中国社会带来的巨大影响。

一、时空重构

虽然说 PC 时代的互联网,已经在某种意义上开始对时空边界进行重构,但是由于从 PC 端接入互联网存在着很大的限制,因此这种重构的影响范围十分有限。而到了移动互联网时代,由于智能终端的移动性和便携性,这种限制在很大程度被解除了。这种互联网接入门槛的大大降低,带来了移动互联网使用时间的大幅度延续以及应用空间上的无限延展。[1]基于此,时空边界从真正意义上开始被打破,许多传统的场景开始转移至线上。以微信支付、支付宝为代表的移动支付改变了传统的支付场景;以拼多多为代表的社交电商改变了传统的购物场景;以微信、陌陌为代表的移动社交改变了传统的社交场景;虎牙、斗鱼等直播平台,以及抖音、快手等短视频平台的出现,改变了传统的娱乐场景……可以说,人们生活的各种场景(特别是衣食住行等基本方面),在移动互联网时期都发生了显著的变化。

二、社交方式重塑

伴随着时空重构带来的社会场景的改变,人与人之间的关系以及社会交往方式也在移动互联网时代发生了变化。陌生人社交、虚拟社群、虚拟交往等

1　王迪,王汉生.移动互联网的崛起与社会变迁[J].中国社会科学,2016(07):105–112.

概念并非移动互联网时期的产物,其最早出现是在 PC 时代。然而,由于 PC 端互联网接入的限制,人与人之间的社交方式依然是以线下为主。换言之,在 PC 时代,社交的主要场景并不在线上。而到了移动互联网时期,时空界限被打破,社交场景也逐渐从线下转移到了线上。随着移动互联网的大面积普及,越来越多的人可以接入互联网,线上社交才真正成为主流的社交方式。而线上社交的内涵也在移动互联网时期被极大拓展和丰富。除了以微信为代表的即时通讯和熟人社交模式,更多元的网络社交关系形态开始涌现,如陌生人社交、兴趣圈层等,重塑了人们的社交方式和社会关系。

三、社会资源流动

在新的社会场景和社交方式的推动下,移动互联网时代的社会资源流动也表现得尤为活跃和高效。移动社交不仅加速了信息的传播,也为服务和商品提供了全新的分发渠道。例如,社区团购和社交电商通过微信等社交平台融入人们的日常生活,极大地促进了商品和服务的流通;直播和短视频作为特殊的陌生人社交形式,除了促进信息的流动之外,通过打赏、购买等方式,实现了资本和商品的流动;与传统的支付方式相比,移动支付如微信支付和支付宝更为便捷,大大减少了交易的时间成本和空间限制,从而使资本能更快速、更自由地流动。此外,诸如拼多多、美团、滴滴等平台化的商业模式,通过数据和算法高效地整合了各类社会资源。这些平台不仅简化了供应链,还提供了更为个性化和精准的服务,从而极大地提高了社会资源的使用效率。

除了流动效率以外,移动互联网的普及同样促进了社会资源在城乡之间的流动。尤其是移动支付和社交电商的出现,打破了地理空间上的隔阂,不仅促进了农村资源向城市的流动,同时加速了城市资源向农村的流动。一方面,利用移动支付和社交电商等平台,农民可以直接与城市消费者进行交互,实现商品和资金的即时流动,减少了中间环节,提高了市场响应速度,使得农村的高质量产品能被更多消费者看到、购买,促进了农村电商的快速发展。另一方面,城市资源流向农村的路径也因移动互联网而得以扩宽。通过拼多多等社交电商平台，城市优质的产品和服务得以向农村地区推广。农村的劳动力人口可以通过移动社交平台、求职招聘平台等获取城市就业机会的信息，城市里的用人单位也可以通过平台来招募劳动力。此外，在线教育、远程医疗、互联网公益等在移动互联网时期快速发展，为农村输送了教育、医疗、人才、知识、资金等流动的社会资源和支持。

第六章
"人人皆网"：网民的力量

　　互联网的出现和发展让网民这一新兴群体登上历史舞台。随着互联网的普及，网民规模逐步扩大，网民由分散在政府、科研院所、高校、媒体、创业企业等社会部门的一个个散点日益形成具有共同价值观和文化特征的群体，网民群体的文化主张也经历了一个由小众到大众的过程。互联网嵌入社会程度加深，网上网下界限日益模糊，网民及其网络活动的社会影响渐强，网民也愈发积极且广泛地参与社会公共事务，展现出"网民的力量"。本章从网民规模、网民行为、网民心理等角度梳理网民群体在中国社会中的成长，理解中国网民如何通过与技术的互动实践改造现实。

第一节　"网民"：一个新名词

　　互联网的兴起和快速普及，催生了"网民"这个新概念。互联网落地中国，让"网民"这一概念进入中国的社会文化情境，被赋予独特的历史文化意涵。概念是以理论的方式把握的真实，往往凝结了人们看待事物的认知观念，从侧面反映出事物发展的状态及趋势。本章以"网民"为切口体察中国互联网发展历程，不妨先从"网民"这个概念入手。

一、英文"网民"概念的来源与内涵

英语"网民"一词最早由米切尔·霍本（Michael Hauben）创造。1995年，他在一篇以互联网用户为研究对象的论文中，将"公民（citizen）"和"网络（net）"两个单词组合，派出生"netizen"这个新单词。在他看来，网民并非所有人，亦非所有在线之人。那些为个人私利而来，或者仅将网络当作一种服务的人，不属于他所说的网民概念。只有积极参与网络并对网络发展作出贡献的活跃在线者，才能被称为网民。真正的网民理解协同文化的内涵和交流的"公共"属性。他们以建设性的方式讨论问题，通过电子邮件交流、沟通，并且对新加入网络的网民给予帮助。[1] 显然，霍本特意区分了"网络用户"和"网民"两个概念。网民由"citizen"一词演变而来，强调公共性、参与性，只有当网络用户在虚拟的网络空间中如同在现实社会中一样参与公共生活、相互发生行为联系、共同培育社区意识时，网络用户才被赋予了"网民"的身份。

二、"网民"在中国的内涵

中国语境下网民概念的定义并非始终如一，即随着现实情况不断更新。作为中国第一家权威的互联网发展数据调查发布机构，中国互联网信息中心（CNNIC）于 1997 年 11 月发布第 1 次《中国互联网络发展状况统计报告》时，当时并没有引入"网民"的概念，而是使用了"网络用户"这个名词。直到 2000 年 7 月，其发布第 6 次报告时（从 1999 年起每年 1 月和 7 月各发布一

1　郭玉锦，王欢. 网络社会学［M］. 中国人民大学出版社，2005：77–78.

次报告），才第一次出现"网民"一词 [1]，并用斜体字标注：CNNIC 将中国网民定义为"拥有独立的或者共享的上网计算机或者上网账户的中国公民"。半年后，即 2001 年 1 月，CNNIC 发布第 7 次调查报告时，同样通过"注"的方式，重新定义中国网民为"平均每周使用互联网 1 小时（含）以上的中国公民"。2002 年 CNNIC 发布第 9 次调查报告时，则专门增加"概念说明"，明确定义网民为"平均每周使用互联网至少 1 小时的中国公民"。2006 年 7 月第 18 次报告中，CNNIC 将网民定义增加了一个条件，即"6 周岁及以上"，此时中国网民定义为"平均每周使用互联网至少 1 小时的 6 周岁以上中国公民"。最终版本的定义始于 2007 年 7 月 CNNIC 发布的第 20 次报告。其中，CNNIC 将中国网民定义为"半年内使用过互联网的 6 周岁及以上中国公民"，并专门在页下脚注解释道："第 19 次及以前的《中国互联网络发展状况统计调查》将网民定义为：每周上网不少于 1 个小时的 6 周岁及以上中国公民。"

"每周上网一小时"的统计口径是为了在互联网起步阶段统计出更具有实质意义的活跃网民数。随着互联网的发展和普及，目前我国上网人群已绝大多数是活跃网民，"每周上网一小时"和"半年内用过互联网"这两个统计口径之间调查出来的数据已非常接近（差距在 3% 以内）。为了能跟国际接轨，CNNIC 将网民的统计口径从"每周上网一小时"调整为"半年内用过互联网"。但是，第 21 次报告在其澳门报告中仍旧沿用"平均每周上网一小时及以上"的网民定义。不考虑更丰富的社会层面的意义，仅从官方统计口径看来，"网民"关注的是使用频率、年龄和国籍，注重"参与"，但并未强调"责任"。表 6-1 为 CNNIC 报告中的中国网民定义的演变。

由此可见，从统计角度看，中国的"网民"以物理"参与"为标准，更多考虑"上网时间""年龄"和"国籍"三个指标，而无需判断诸如"责任"和"上网目的"等主观性因素。

1　中国互联网络信息中心于 2000 年 7 月发布《中国互联网络发展状况统计报告（2000/7）》时，称"本统计报告由三部分组成：中国互联网络发展的宏观概况、网民行为意识调查结果及近年来互联网动态发展状况。"此前报告中，均没有"网民行为意识调查结果"的表述，此后则一直保留。

表 6-1　CNNIC 报告中的中国网民定义的演变

时间	网民的定义	出处
2000 年 7 月	拥有独立的或者共享的上网计算机或者上网账户的中国公民	第 6 次报告
2001 年 1 月	平均每周使用互联网 1 小时(含)以上的中国公民	第 7 次报告
2002 年 1 月	平均每周使用互联网至少 1 小时的中国公民	第 9 次报告
2006 年 7 月	平均每周使用互联网至少 1 小时的 6 周岁以上中国公民	第 18 次报告
2007 年 7 月	半年内使用过互联网的 6 周岁及以上中国公民	第 20 次报告
2008 年 1 月	报告中仍旧沿用"平均每周上网1 小时及以上"的网民定义	第 21 次报告

注:此表根据 CNNIC 历年发布的《中国互联网络发展状况统计报告》整理

　　除了官方的统计学定义以外,国内早期研究互联网的学者也从不同的理论视角对"网民"概念作了界定。

　　新闻传播学学者认为"网民"泛指在网络上传播和接收信息的上网者。[1]沿袭新闻传播学中受众研究的传统,"网民"比"受众""网络受众"等概念更强调主动性和交互性,个体在网络传播环境中不再是被动的、静态的信息接受者,而是可以同时扮演信息传播和接受者等多重角色,甚至可以替代传统媒体发布高质量、有影响力的信息。因此有学者认为,从外延上看,"网络受众"是"网民"的子集,是组成部分。社会学学者则认为,"网民"是社会上经常互动的"上网者"形成的新的人类社群。[2]这一视角的定义更强调网民在虚拟世界中的互动行为、社区维系和群体身份。

　　本书既关注统计学意义上"网民"的规模和结构的变迁,也期望从历史纵

1　匡文波.网民分析[M].北京大学出版社,2003:1.
2　郭玉锦,王欢.网络社会学[M].中国人民大学出版社,2005:77-78.

深的角度探究作为"新社会群体"的网民如何使用和发展互联网并借此影响个人生活和社会进程。综合已有的定义,本书对"网民"采取较为宽泛、中性的定义,包括信息传播者和接收者在内的互联网使用者,无论个体和群体,都是本章所指代的"网民"。

三、中国网民规模的变迁

1997 年,出于掌握互联网发展情况、寻求决策依据的需求,在原国务院信息办和中国互联网络信息中心工作委员会的主导下,由 CNNIC 联合其他单位开展对上网计算机数、用户人数及其分布、信息流量分布、域名注册及其分布等方面信息的统计。1999 年起,CNNIC 决定于每年 1 月和 7 月发布统计报告。从 1997 年到 2023 年,CNNIC 共发布 53 次报告,为本节描述和分析网民规模与结构的变迁提供了数据基础。[1]

本节以一年为单位周期,选取 1997—2023 年间的部分报告,摘取网民数量、增长率和互联网普及率的数据如表 6-2。

表 6-2　1997—2023 年网民数量、网民增长率、互联网普及率统计表

年份	网民数量（万）	网民增长率（％）	互联网普及率（％）
1997 年	62	—	0.1
1998 年	210	238.7	0.2
1999 年	890	323.8	0.7
2000 年	2250	152.8	1.8
2001 年	3370	49.8	2.6
2002 年	5910	75.4	4.6

1　中国互联网络信息中心 . 中国互联网络发展状况统计报告［EB/OL］. 中国互联网络信息中心网站,［2022-06-01］. https://www.cnnic.net.cn/6/86/88/.

（续表）

年份	网民数量（万）	网民增长率（％）	互联网普及率（％）
2003 年	7950	34.5	6.2
2004 年	9400	18.2	7.2
2005 年	11100	18.1	8.5
2006 年	13700	23.4	10.5
2007 年	21000	53.3	16.0
2008 年	29800	41.9	22.6
2009 年	38400	28.9	28.9
2010 年	45700	19.1	34.3
2011 年	51300	12.2	38.3
2012 年	56400	9.9	42.1
2013 年	61800	9.5	45.8
2014 年	64900	5.0	47.9
2015 年	68800	6.1	50.3
2016 年	73100	6.2	53.2
2017 年	77200	5.6	55.8
2018 年	82900	7.3	59.6
2019 年	90400	9.0	64.5
2020 年	98900	9.4	70.4
2021 年	103200	4.3	73.0
2022 年	106700	3.4	75.6
2023 年	109200	2.3	77.5

注[1]：此表根据 CNNIC 历年发布的《中国互联网络发展状况统计报告》整理；

注[2]：普及率主要指上网用户人数占当时总人口的比例。

　　图 6-1 展示了上表中统计的 1997 年至 2023 年中国网民规模的变化。

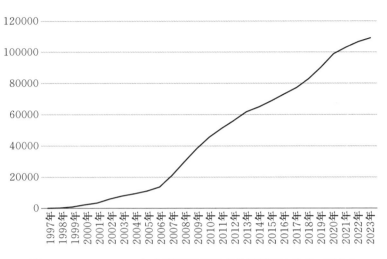

图 6-1　1997—2023 年中国网民规模变化折线图（单位：万人）

第二节　网民入场（1994—2000）

　　互联网落地中国后，网民群体开始出现，成为中国社会群体中的一种新身份、新样态。伴随互联网技术扩散，我国网民群体从规模到组成呈现出阶段性特征。同时，不同历史阶段互联网普及程度和应用方式不同，网民参与的网络活动及其带来的社会影响同样呈现出阶段性差异。中国互联网发展初期（1994 年至 2000 年），是网民的"入场"阶段。在这个阶段，我国网民以 70 后高学历城镇男性为主，人们主要通过门户网站获取信息、满足娱乐需求，新闻组、BBS 与博客拓展了人们交流互动的方式，人们在匿名社交中体验新鲜、自由，也感受到了网络连接带来的"无组织的组织力量"。

一、70 后高学历城镇男性为主

1994—2000 年,互联网这一新兴技术在中国实现了从无到有的初期扩散。这一阶段,中国网民的增长速度与世界发达国家互联网发展早期的网民增长速度基本相似。1994 年到 1997 年期间,中国的上网计算机数达到了 29.9 万台,上网人数达到了 62 万人。1997 年,中国电信面向国内推出了价格较为低廉的 163 网和 169 网,普通民众只需要去电信局申请账号和密码,再借助一根电话线就能接入互联网。从 1997 年到 2000 年 6 月,根据 CNNIC 每半年一次的统计报告,我国互联网用户从 62 万人增长到了 1690 万人。截至 2000 年 6 月,中国专线上网的用户约为 258 万人,拨号上网用户约为 1176 万人,同时使用专线与拨号上网的用户约为 256 万人,使用其他设施上网的用户约为 59 万人,互联网用户的总量较半年前增长了近 90%,其中每周上网时间在一小时以上的人数占全部用户的 99.8%。根据 Computer Industry Almanac 公布的数据,截至 1999 年年底,全球有 2.59 亿网络用户,中国的上网人口位列第八名。[1]虽然这一阶段互联网在中国的渗透率还较低,但考虑到中国当时近 13 亿的人口基数,中国互联网用户规模在国际社会仍然相当可观。图 6-2 为 1997—2000 年中国网民规模及上网方式构成的变化。

互联网扩散初期对个人的信息素养和技能有一定要求,因此主要是专业技术人员、国家行政管理人员、高校研究人员等高学历群体在使用。年龄方面,主要分布在 18—30 岁这一年龄区间,换算成出生年份则为 70 后人群;性别方面,以男性为主,男性占比远高于实际人口中占比;地域方面,主要分布在北京、上海、广东三大地区。[2]

---

1 陈扬乐.中国 Internet 用户人口学特征研究[D].华东师范大学,2001.
2 马思宇.我国网络人口的现状与发展特征[J].人口研究,2000(05):76.

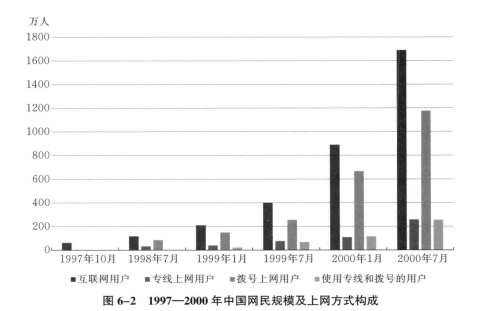

万人

图 6-2　1997—2000 年中国网民规模及上网方式构成

（图例：■ 互联网用户　■ 专线上网用户　■ 拨号上网用户　■ 使用专线和拨号的用户）

二、门户网站成为网民上网的主要入口

　　2000 年以前,互联网在中国的普及率较低,只有不到 2% 的人口接入了互联网,互联网商业化进程也处于初创和萌芽阶段。1995 年,中国第一家 ISP（互联网接入服务提供商）瀛海威成立。瀛海威取自英文 Internet Highway（信息高速公路）的谐音。成立之际,公司在北京中关村南大街竖起广告牌,写着"中国人离信息高速公路还有多远——向北 1500 米"（即瀛海威网络科教馆的位置）。这一广告语成为中国互联网服务商业化的重要标志。1997 年,搜狐、网易、四通利方（新浪前身）等一批互联网门户网站开始进入大众视野中,面向大众提供互联网应用服务,中国互联网商业化元年就此开启。1997 年 6 月,网易公司成立,并先后推出了免费主页、免费域名、虚拟社区等互联网服务项目。同时,以人民网、为代表的中央级新闻门户和以上海热线、武汉热线为代表的地方综合性门户网站逐步建立。1999 年,腾讯正式推出即时通讯软件"OICQ",后改名为 QQ,2000 年 5 月,QQ 同时在线人数突破十万。2000 年,李彦宏等人在中关村创立百度,2001 年推出独立搜索引擎,

直接服务用户。

这一阶段，互联网的开放性、便利性、互动性以及网上信息的丰富性和服务的多样性初显，查询和获取信息是网民上网的首要目的，其次包括学习新技术、收发电子邮件、网络社交、休闲娱乐、获取免费资源等。由于这一阶段网民中从事科研、教育和计算机行业的高学历人群占据大多数，网民信息需求以社会新闻和科技信息为主。互联网功能逐步从单一走向多元化、大众化，满足信息搜寻、娱乐休闲、社会互动等多种需求。

三、新闻组、BBS 与博客：匿名社交的兴起

1994 年 5 月，国家智能计算机研究开发中心开通曙光 BBS 站，这是中国大陆的第一个 BBS 站。1995 年堪称中国 BBS 元年，第一批 BBS 首先在高校和科研院所问世。1999 年 5 月，北约轰炸中国南斯拉夫大使馆事件发生后，人民日报网络版开通"强烈抗议北约暴行 BBS 论坛"，并于同年 6 月更名为"强国论坛"。[1] "强国论坛"这一名称取自网友提出的"抗议是为了强国"的口号。论坛开通十天内，帖子累积量就达到了 4 万条。[2] 此次事件中，BBS 成为网民表达爱国主义情绪的重要平台，也成为疏导民意的重要窗口。

如果说个人主页是网上"能住人的房子"，那么网易就是中国互联网社会最早的"房地产开发商"。1997 年 5 月，网易创立。截至 1999 年，中国超过 90% 的个人主页都在网易上。虽然这些主页都是"个人"的，但通过与各类网站的链接、用电子邮件同其他主页的拥有者交流、使用留言板或 BBS 论坛进行互动等方式，很多个人主页实际上成为小型的网络社区。它们也是中国互联网空间中，博客这一后起之秀的前身。2002 年，博客被引入中国内地。博客中国（blogchina.com）、中国博客网（blogcn.com）的开通，为中国博客的

1　强国论坛 20 年大事记［EB/OL］. 人民网，（2019-05-09）［2022-06-01］. http://www.people.com.cn/32306/426648/index.html.

2　牛军：炸馆后美国担心北京当局诉诸民族主义［EB/OL］. 凤凰卫视网，（2009-05-14）［2022-06-01］. https://phtv.ifeng.com/program/zmdfs/200905/0514_1655_1156575.shtml.

发展搭建了最早的平台。随后,和 BBS 一样,博客也首先在中国高校中赢得了支持。2003 年 3 月,南开大学、中国科技大学等高校的博客相继开通或进入测试阶段,博客在高校开始迅速发展。继个人主页之后,网易再次成为商业门户网站中博客的首倡者,天涯社区则成为国内第一个将 BBS 公共社区与个人博客相结合的网站。

回顾 BBS 落户中国的历史之前,有必要提及另一个与其同属网民讨论类的社区形式——新闻组(Usenet newsgroup)。此类平台并未在中国流行,主要因为当时中国计算机网络还极度稀缺,只有少数科研人员和高校师生可以接触。新闻组虽然在中国的影响力不及 BBS 和论坛,但其在朱令事件中仍然发挥了重要作用,该事件也成为了国内早期网络救助行动的里程碑。1995 年年初,清华大学学生朱令突然身患重病,腹痛脱发,关节肌肉酸痛,一筹莫展之际,为了帮助确诊病情、寻找病因和治疗方案,朱令的高中同学、北京大学力学系 92 级学生贝志诚、蔡全清等人通过 UsenetNews 中的科学医疗讨论组(Sci.med)等国际网络社区发出求救邮件。出乎意料的是,仅 3 个小时后就开始收到反馈,最后收到世界各地 3000 多封回件。其中多数回复认为朱令属于典型的铊中毒。身居海外的中国网民还积极帮助搭建服务平台,为国际医学专家对朱令进行远程诊疗提供网络支持。此事对刚刚接入世界一年的中国互联网意义非凡,它首次让普通人感受到互联网络远程协作的强大潜力,在网络社区播撒下互助的种子,培育网民间信任与分享的网络精神。

这一阶段,网民以匿名的方式聚集在聊天室、门户网站留言区、论坛等地就社会新闻发表个人观点、交换意见,在辩驳和协商中形成对公共事件的一致性态度和认知。这一网络空间为网民提供了自由表达的途径,在政府的积极引导下,这些讨论区成为中国社会新兴而活跃的的公共领域。

表达门槛和成本的降低并不意味着网络上的身份平等,网络社区逐渐演化出独特的社会"分层"。中国网民分层现象最早出现在 BBS 和论坛中,逐渐形成了发帖者、跟帖者、旁观者、管理者等不同角色。网民们还创造了别具特色的新名词来形容不同的网民角色,比如"潜水者""灌水者""围观者""吃瓜群众"等。社交媒体进一步扩张后,尤其是微信的兴起,中国传统的熟人社会出现了向网络空间整体迁徙的现象,网民分层与现实社会阶层的重合度在逐渐增加。

第三节 网民力量初现（2000—2008）

进入 21 世纪，伴随互联网在中国的快速普及，中国网民规模量级快速攀升，网民的力量开始显现出来——既有虚拟社区兴起体现的组织动员力，也有民意上网凝聚的舆论传播力；既有激活网络游戏、电子商务的消费力，也有孵化出网络文化景观的创造力。网民愈发成为中国社会发展不可忽视的关键力量。

一、2005 年网民规模破亿，2008 年跃升世界第一

2000 年以后，我国网民年增长率结束了翻番的历史，再也未超过 80%，但仍保持较高的发展速度。从 2003 年起，网民增长速度明显放缓，年增长率开始低于 50%（2003 年为 48.47%，2004 年则降为 27.94%），放缓趋势一直持续到 2007 年（年增长率回升到 31.71%）。此后进入新一轮增长，2008 年增速重回 50% 以上，达到 56.17%，成为中国互联网第二个十年的增速峰值，此后增速再度走低。从普及率方面看，截至 2006 年 12 月，在东部和中部发达地区的各个省份中，网民在人口中所占的比例都超过了 10% 甚至 20%，在一些西部省份，网民比例也在接近 10%。截至 2008 年 6 月，中国互联网总体普及率达到 19.1%，仍然低于全球平均水平（21.1%）。

其中，2001 年到 2005 年间，中国网民总量经过 5 年的发展进入亿级规模（2005 年 7 月达 10300 万），过亿的网民数量可以视作中国互联网发展第一个十年最令人振奋的发展成果之一。直到 2006 年 12 月网民规模达到了 1.37 亿后，互联网普及率才超过了 10%，进入罗杰斯创新扩散理论中的"起飞阶段"。从世界排名看，2002 年以前，中国网民数量长期处于世界第三位，次于

美国和日本。截至 2002 年 12 月 31 日,中国网民数量达到 5910 万,总量超过日本,跃居全球第二,仅次于美国。中国网民总量世界第二的地位一直保持到 2008 年。2008 年 7 月 CNNIC 在北京发布《第 22 次中国互联网络发展状况统计报告》称,截至 2008 年 6 月底,中国网民数量达到了 2.53 亿,首次大幅度超过美国,网民规模跃居世界第一位。

如图 6-3,这一阶段,80 后逐渐取代 70 后成为互联网的主要使用人群。2000 年以前,18 岁以下网民占比非常少,而从 2001 年开始,该年龄段群体占比第一次增加到 15.1%。此后,该群体所占比例不断扩大,到 2008 年中国网民总数跃居世界第一时,他们所占比例达到了 19.6%,超过了 25—30 岁网民所占比重(18.7%)。在此时期,网民主体为 30 岁及以下的年轻群体,这一网民群体占中国网民的 68.6%,超过网民总数的 2/3。

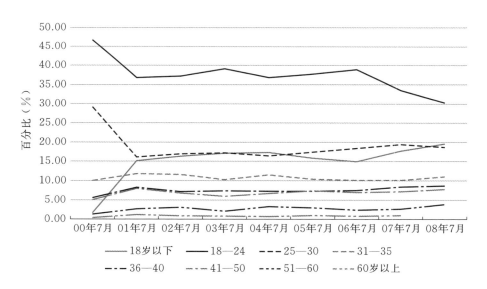

图 6-3　2000—2008 年网民年龄结构变化折线图

注:2008 年 1 月的报告中 51-60 岁和 60 岁以上两个类别

合并为 51 岁以上,数据为 3.9%

这一阶段网络人口腾飞式增长的原因主要有:国民经济持续快速增长,基础设施进步,为网络普及提供了硬件上的便利条件;互联网商业化进程加快,功能不断拓展,娱乐性、社交性较强的商业网站快速发展,互联网逐渐褪去了扩散初期冰冷的精英化色彩；计算机和上网的价格降低；互联网使用教育培训和宣传推广开始加强，政府机构、事业单位等积极开展互联网使用的教育培训和宣传推广工作。

二、虚拟社区兴起与舆论聚合

进入 21 世纪，伴随着中国互联网商业化进程的加快和资本运作的密集程度加剧，门户网站、网络论坛、搜索引擎、即时通讯、博客等互联网特色服务和应用相继兴起。一些研究人员将以论坛、博客为代表的网站的繁荣称为"Web2.0"时代，强调用户生产和消费内容的参与性、交互性、去中心化等特征。

借助着论坛、博客的兴起和发展，网民的表达渠道不断拓宽，表达成本日益降低。用户不仅是互联网的读者，同时也成为互联网的作者；在信息的传播模式上由单纯的"读"向"写"以及"共同建设"发展，由被动地接收向主动创造发展。传统媒体自上而下、一对多传播的特征在网络环境下逐渐消解，网络媒体的影响力日益提升。

在论坛、博客等虚拟社区中网民可以就社会热点事件表达和交流个人意见，各种社会意见在网络上充分互动并引起碰撞与共鸣，意见互动的过程中优势意见压倒多数，最后聚合成为主流意见。互联网变革了舆论的存在方式，塑造了舆论新生态。以普通网民为代表的声音从舆论边缘进入了中心，传统舆论权威的舆论控制被打破，网络舆论力量突显。2003 年的孙志刚事件可以视作网络舆论与现实政治互动的一个标志性事件。

2003 年 3 月 17 日，在广州一家服装公司做设计师的孙志刚因无暂住证，被带到黄村街派出所。3 月 18 日，孙志刚被送往广州收容遣送中转站，同日又被送往广州收容人员救治站，3 月 20 日在救治站内死亡，系遭工作人员殴打致死。事件由《南方都市报》等媒体披露后，在各大 BBS、新闻网站上面引起了热烈讨论。在巨大的舆论压力下，有关部门迅速查处了相关人员。2003 年 6 月 22 日，政府发布了《城市生活无着的流浪乞讨人员救助管理办法》，并且废止了自 1982 年开始实施的《城市流浪乞讨人员收容遣送办法》。传统媒体披露,个体事件经 BBS 进入公共讨论的范畴,发酵后上升为公共事件,网民形成一致的舆论进而加速了法律法规的修改和完善,这是互联网首次在公共决策方面发挥重要作用。

"孙志刚事件"首次进入公众视野是来源于《南方都市报》这一传统媒体的深度报道。但实际上,事件吸引报社记者的注意却是通过 BBS。2000 年以后,中国最有名气的 BBS 分别是西祠胡同、西陆论坛、天涯社区、凯迪社区,号称"四大社区"。时任《北京青年报》记者的宋燕在西祠胡同担任新闻业务方面版块的版主,与很多传统媒体的记者和编辑熟识。据宋燕回忆,孙志刚去世后,有网友在西祠胡同新闻业务版面上提供了线索,希望有媒体能够采访。时任《南方都市报》深度报道组记者的陈峰接下了这个任务,进行了采访、撰写了稿件,4 月 25 日,《南方都市报》发表了《被收容者孙志刚之死》,并得到宋燕所在的《北京青年报》转载,第二篇报道由《北京青年报》首发,实际上作者还是原班人马。宋燕总结道:"从一开始整个过程都是在西祠里面,运作是在西祠里面的,包括线索、包括谁领谁发。这个事件缘起也是网络缘起,实际上算是一个小圈子的事情。消息没有在网络上传开,那就是个秘密的版,就我们能看。"[1] 经过《南方都市报》等传统媒体的报道,"孙志刚事件"引起了广泛的社会反响,其余 BBS 也相继出现了相关讨论。时任天涯网总编辑胡彬认为,让天涯 BBS 取得全国性影响力的标志性事件就是孙志刚事件。"(孙志刚事件)掀起了全国性的网络抗议。"[2] 曾担任人民网总裁的何加正也认为"孙志刚事件"意义重大,人民网在该事件中起到了推动作用,是人民网发挥社会影响力的典型案例之一。[3]

以这一事件为起点,互联网逐渐变为公众表达个人诉求、获得社会关注、参与政治生活的一种低成本且便捷的途径,2003 年也被称为"网络舆论元年"[4]。一些通过线下途径无法解决的事件可以借由互联网引起网民关注,建构为社会公共议题后形成社会舆论,直接或间接影响公共决策。

1　本书项目组访谈资料.被访者:宋燕.访谈时间:2016-07-26.

2　本书项目组访谈资料.被访者:胡彬.访谈时间:2016-07-09.

3　本书项目组访谈资料.被访者:何加正.访谈时间:2016-07-26.

4　苏涛,彭兰.技术载动社会:中国互联网接入二十年[J].南京邮电大学学报(社会科学版),2014,16(03):1-9.

2007 年，"厦门 PX 化工厂"事件是网民自发组织的网络行动影响政府决策的典型例子。PX 化工厂是厦门定于 2007 年 7 月开工的一个重点投资项目，由于 PX 具有较高致癌性，当地居民担心化工厂会影响民众的健康。当地政协委员在两会期间向政府提交议案，建议暂缓该项目。这一消息经过网络披露后，当地居民通过网络论坛、QQ 群进行讨论并号召，抗议该项目的开工。随着网络抗争的升级，网民利用网络进行动员，组织无过激行为的线下"散步"行动，最终成功使得 PX 化工厂项目迁址。与此同时，政府、社会也将互联网作为收集民情民意、汇聚民众智慧的渠道，重视并发挥其舆论监督的功能。

2008 年，在"5·12 汶川地震"、北京奥运会等具有国际影响的事件中，网民扮演起记者的角色，在互联网上发布文字、图片等记录和报道身边发生的真实新闻，成为一些传统媒体的信息源，对外塑造并传播了中国形象，对西方社会一些带有偏见的不实报道予以了有力回击。

三、网民人口红利与网络消费升级

开启商业化进程后，互联网本身成为一种消费对象。随着互联网功能的开发与完善，人们越来越多地消费网络内容，即信息和在线服务。网络内容最初主要表现为新闻信息且多为"免费午餐"，后来随着互联网与传统的消费产品和服务平台的融合，新型消费模式和支付平台得以构建，人们的消费行为出现平台转移，由网下向网上迁徙，完全意义上的网络消费逐步崛起，并深刻影响着人们的日常生活。网民规模的快速扩大使其成为极具潜力的消费群体。这一阶段，在巨大人口红利的刺激下，网络游戏、电子商务、付费网络文学兴起，逐渐培育出消费型网民，重构网络消费生态。

2007 年，完美时代、征途、金山、久游等游戏公司上市，网络游戏成为中国互联网第一收入来源。而在电子商务方面，2003 年，淘宝网上线，在"非典"中伴随着消费增长率的上涨带来了电子商务的井喷。电子商务在 2003 年至 2005 年复苏回暖，网络购物在这个时期快速发展。2007 年，阿里巴巴在香港上市，首日市值超过 250 亿美元，超越谷歌（Google）和百度，标志着中国互联网新的竞争格局的来临。2003年10月,阿里巴巴推出了独立的第三方支付平台——支付宝,正式进军电子支付领域,极大地改善了淘宝网用户的消费体验,展示了电子商务全面发展的雏形。

　　除了游戏和电子商务,以网络小说为代表的内容付费也成为网民消费的重要领域。中国网络小说的正式起步要追溯到1998年发表的长篇网络小说《第一次的亲密接触》。21世纪初,大批网络小说网站诞生,在"全民写作"的热潮下,小说质量良莠不齐的问题开始出现。2003年,起点中文网宣布建立"VIP付费阅读模式",其他网站如"晋江文学城""17K文学网"等纷纷效仿,网络小说市场化和商业化进程加速。读者在阅读了一定量的免费章节后,必须付费才能阅读剩下的章节,为作者及网站带来了稳定的收入来源,盘活了网络小说市场,为网络小说及网络文学的长远有序发展奠定基础。

四、万众创新与草根文化

　　这一阶段,由于互联网技术的开放性与平等性,互联网已经不再是一个简单的网络集成和通信工具,而演变为一种文化生产与传播的平台。网民在网络空间中生产、传播、消费文化产品,网民的创新性和创造力显现,网络文化的受众面、参与度、丰富性、多样化不断增加,大众化和草根性的特征显著,并对精英主流文化造成冲击。

　　网络视频短片《一个馒头引发的血案》无意间成为网络草根文化挑战精英文化的一次历史性事件。这部短片以电影《无极》和某电视台的一档法制节目为素材,截取了大量《无极》中的画面,通过重新组合和再次配音,以搞笑的方式将剧情重新演绎成了一个杀人案件的侦破过程。短片以电视节目为串联,其中还穿插了几段杜撰的广告,一经传播便受到网民的热捧。电影《无极》的导演公开指责该短片的制作者胡戈侵犯自己的著作权,并欲诉诸法律。但令人意外的是,网民们此次表现出对"精英文化"的蔑视,力挺胡戈所代表的"草根文化",加深了中国网络文化的大众性。

第四节 网络社会形成（2008—2013）

随着移动互联网发展与移动上网终端普及，上网门槛大幅降低，上网方式愈发多样。网民规模进一步扩大，网民群体范围进一步向低学历、低收入群体扩展。以微信、微博等平台为代表的社交媒体兴起，重新编织了中国的"人情社会"，带来"人人皆媒"的社会媒介化趋势。互联网舆论监督与社会动员能力达到新高度，网民政治参与程度加深、方式增多，互联网对现实生活的影响愈发广泛而显著——一个网络社会正在形成。

一、低学历、低收入、年轻群体入网

2008年之后，网民数量的增速开始放缓，每年的网民增长率持续下降，但总体仍保持着快速增长的趋势。从技术层面来看，这一阶段，移动互联网的发展与普及为中国互联网普及率的增长创造了条件。3G、4G网络技术的开发、无线技术的发展、智能手机的出世极大地降低了上网的门槛，削减了上网费用。另一方面，2003年4月，我国开始农村党员干部现代远程教育试点工作，并着手农村信息服务站建设，2006年提出"村村通电话、乡乡能上网"的规划以及"村村通宽带"等政府工程的推进，这些发展基础设施的举措开辟了农村网络人口增长的渠道。[1] 截至2012年6月，中国手机网民数量首次超过电脑网民，手机（3.88亿部）首次超越台式电脑（3.80亿台）成为第一大上网终端。

从2007年开始，高中及以下学历的网民数量增长迅速，受到上网费用降低和智能手机普及的影响，更多收入较低的年轻群体入网。中国网民从少数

---

1 祝长华,谢俊贵.中国网络人口发展的特征、进程与趋势[J].韶关学院学报,2020,41（09）:1-6.

精英人士向更具多元性的社会大众群体拓展。中小学生成为互联网新用户的主要来源。2010 年初中和小学以下学历网民分别占到整体网民的 27.5％和 9.2％，增速超过整体网民。大专及以上学历网民占比继续降低，下降至 23.3％。在网民学历向下扩散的过程中，初中学历群体取代高中学历群体成为网民主力。性别结构方面，2008 年前后，网民的性别比例逐渐接近全国人口的性别结构。

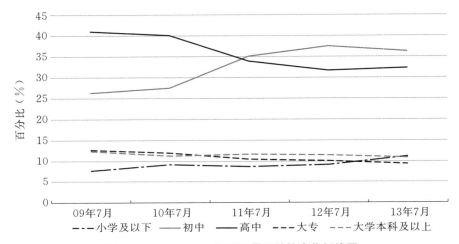

图 6-4　2009—2013 年网民学历结构变化折线图

注：2009 年之前学历的统计类别与 2009 年之后不一样，故从 2009 年开始绘制

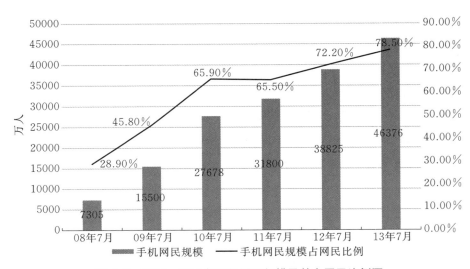

图 6-5　2008—2013 年手机网民规模及其占网民比例图

二、社交媒体深化了线上线下的社会联结

2005年12月，校内网（后改名为人人网）创立。2008年，开心网成立。2009年，新浪微博开始内测。2011年，微信上线。社交媒体的兴起伴随着移动互联网、基于位置服务（LBS）的发展，带领中国网民来到了即时通讯、广泛互联的时代。

人们之间保持联络越来越依赖于网络工具，即时通讯工具也在不断地推出更丰富的社交功能以满足人们多元化、个性化的社交需求。从文字聊天到图文、音视频聊天，从添加个人账号到"扫码加微信""面对面建群"，即时通讯工具将线上和线下社会联结，并赋予社会互动更多的可能性，极大提升了社会联结的效率和效果。从2010年开始，网民即时通讯使用率开始上涨，于2011年12月达到80.9%，即时通讯一跃成为使用率排名第一的网络应用。

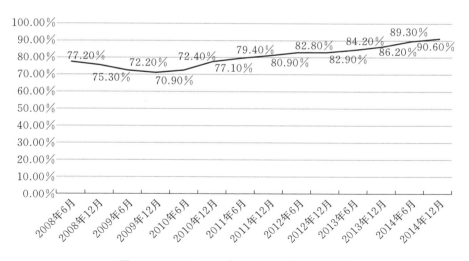

图6-6 2008—2014年网民即时通讯使用率

以微博和微信为代表的社交媒体相较于Web2.0时期网络媒体的重要特征在于可以帮助个人在线上和线下同步构建、扩展以自己为中心的社交网络，内容的传播和关系的编织同步进行，网民的社会化联结程度加深。传统社会

中的人际关系结构在网络层面进行重构和扩展。社交平台的信息聚合和分享以及协同合作的功能也为网民提供了一个公共交流的信息聚合"市场",促进了民主决议。社交媒体将互联网和日常生活整合到一起,线上与线下的联结形成社会关系的良性互动。2011年上半年,微博用户规模急剧扩张,使用率从2010年底的13.8%飞跃至40.2%,随后逐年提高,于2013年6月达到56%,渗透率过半,随后由于微博监管力度加大、其他社交媒体兴起等原因使用率开始回落,2015年下降至30%左右。

图6-7　2010—2015年网民微博客使用率

社交媒体提升了网络社交的影响范围,形成了以"趣缘"为特点的圈层联结。移动互联网的发展以及社交媒体的出现,让人们的诉求表达、联系建立变得更加容易。以微博、知乎、豆瓣为代表的社交媒体和网络社区,使得兴趣相同的人们有了聚集的平台与渠道,形成了各种各样的趣缘圈子,丰富了人们的人际关系与交流方式。自媒体的出现,给网络社群提供了更多元的发声渠道和组织方式。网络社群成员不仅可以在平台分享自己的兴趣、观点,同时一些公益社会组织还利用网络平台实现线下的社会动员。互联网不仅丰富了人们的社会生活,满足了人们对美好数字生活和交往的需求,同时促进了有效的社会组织动员,提高了社会效益。

三、互联网舆论监督与社会动员能力达到新高度

这一时期,以社交媒体为沟通工具和信息中枢,互联网的舆论监督和社会动员能力达到新高度。云南景宁"躲猫猫"案、湖北巴东邓玉娇案、杭州"欺实马"等事件因为网友的关注和热议获得了公众的注意,舆论力量介入,推动事件向更公正的方向发展。

面对一些社会上的不公正事件,网民用调侃、讽刺、戏谑的形式创作出一些切合语境、有一定趣味性、能快速传播的"流行语",用"围观"的力量自下而上倒逼现实社会。从本质上看,"围观"就是关注,网民关注公共事件并通过点赞、转发、评论等便捷且低成本的形式积极制造、传播网络意见,形成网络舆论,进而引发群体情绪、群体行为,产生一定的社会影响。互联网的匿名性、连接性、交互性,使围观参与者不需要在同一时刻、特定场所聚集,发动者、参与者的界限也变得很模糊,极大降低了参与围观的成本,使网络围观成为普遍流行、低成本、高效率、很实用的解决社会问题的方式。互联网的舆论监督力量持续上升,网民自发、快速地汇聚在一些公共事件的周围,形成了一个具有实时性的表达意见、引导舆论的网络意见群体。意见领袖型"大V"脱颖而出,他们凭借一些独到的见解和号召力,在网络信息传播的过程中一定程度上引领了舆论走向。

以社交媒体代表的互联网为媒介和平台,"一个公共舆论场早已经在中国着陆,汇聚着巨量的民间意见,整合着巨量的民间智力资源,实际上是一个可以让亿万人同时围观,让亿万人同时参与,让亿万人默默做出判断和选择的空间,即一个可以让良知默默地、和平地、渐进地起作用的空间"[1]。

用户生产内容(UGC)成为网络内容生态的重要组成部分,而网络社群是UGC的重要生产主体,伴随其社交网络的拓展、社会资本的积累,越来越具有内容生产甚至舆论引导的潜能。"一点上网,多点传播",社交媒体的舆论影响力乃至社会影响力逐渐放大,越来越多的社会议题、政治议题进入其中,

---

1 笑蜀.关注就是力量 围观改变中国[J].南方周末,2010-01-13.tml.

成为重要的舆论场域。对于网络社群而言,社交媒体兼具"社交"和"媒体"双重属性,为其组织活动提供了极大便利,进一步提升了网络社群的行动力和影响力,及其与线下社会的联动力。

四、政务新媒体促进网民政治参与

社交媒体时代,政府机构主动融入新型传播格局,在微信、微博等社交平台上开通官方账号,用新型的"政务新媒体"保持与公众的实时沟通互动,重视网络舆论监督的力量。2011年10月中旬,成立仅5个月的国家互联网信息办公室举行"积极运用微博客服务社会经验交流会",鼓励党政机关和领导干部更加开放自信地用好微博。截至2011年3月底,在新浪微博开通并认证的中国政府机构(包括官员)账号达到3000余个。[1] 政务新媒体的重要性得到了官方的重视,通过对网络空间的积极参与实现对网络舆论和社会秩序的引导,在社会治理创新、政府信息公开、新闻舆论引导、汇聚民情民智、消解群体隔阂、提升政府形象等方面发挥作用。网民在享受政务新媒体提供的公共服务、政务服务的同时,也借助政务新媒体表达意见、伸张诉求、监督公权,以更积极平等的姿态与政府达成良性沟通。

然而,网民对公共生活和公共事务的影响仍然是一个充满争议的话题。目前主要的舆论载体,即微博、微信、今日头条等平台的技术属性导致这些平台的信息分发和社会网络构建方式会让网民更多地接触到跟自己观点和态度接近的信息。比如今日头条之所以被诟病造成"茧房效应",就是因为其算法推荐机制主要基于用户已有的阅读兴趣和倾向推荐内容,导致用户越来越难以接受不同观点,价值观在定型后就很难被撼动,逐步被算法塑造。舆论群体的极化效应可能导致一些极端化、不理性的行为(如人肉搜索、网络谩骂、舆论审判等),扰乱社会秩序。

---

1 禾刀.沟通是关键 有无微博不重要[N].中国青年报,2011-07-05(02).

第五节 人人参与的网络生态（2013至今）

2013年后，中国网民成长模式由高增长率进入高覆盖率阶段。农村人口和老年群体成为网民规模新的增长点。在庞大的用户规模和强烈的市场需求下，外卖、网约车、红包等新的网络商业模式，以及直播、短视频等新的网络内容生产传播方式相继涌现。静态的"人口红利"向动态的"全民参与"转移，中国互联网又焕发出新的生机和更多可能性。

一、总体增速放缓，农村人口和高龄群体进一步增长

2013年是一个新的分界点。中国网民增速开始低于10％，走入个位数增长率新周期，与之相对应的是互联网普及率于2016年突破了50％。这一阶段，网络人口继续增长，但由于网络人口基数庞大，增幅渐缓。从此，中国网民成长模式由高增长率进入高覆盖率阶段。

新增网民中，手机网民的数量占绝大多数。截至2014年6月，中国手机网民规模达到5.27亿，手机上网的网民比例为83.4％，首次超越80.9％的传统PC上网比例，手机作为第一大上网终端设备的地位更加巩固。截至2022年12月，中国网民规模达10.67亿，较2021年12月新增网民3549万人。互联网普及率达到75.6％，较2021年12月提升2.6个百分点。其中，手机网民规模达10.65亿，网民中使用手机上网人群占比达到99.8％。

此外，农村地区通信能力的改善也成为提高中国互联网普及率的重要利好。截至2022年12月，中国网民中农村网民占比28.9％，规模达3.08亿，城乡地区互联网普及率的差距进一步缩小。互联网基础设施的完善、网络与实体产业的深度融合、网络服务的持续渗透让更多地区、更多阶层的人群进入网

络空间,不断改变网民结构。未来,农村人口、老龄人口和贫困群体依旧是互联网的普及对象和网民规模的增长点。

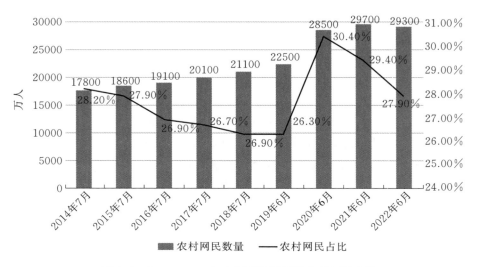

图 6-8　2014—2022 年农村网民数量及农村网民占比

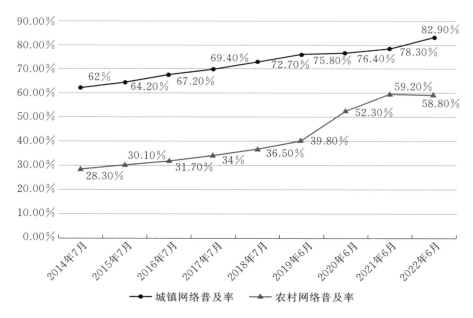

图 6-9　2014—2022 年城镇、农村网络普及率

二、互联网商业新生态的创新与繁荣

2012 年开始，伴随着移动互联网的发展，网络购物使用率上涨迅速，到 2020 年达到了 80%。在生产和消费模式方面，以外卖、在线预订、打车软件和微信红包为代表的全民参与的网络商业模式兴起。中国网约车最早出现于 2010 年 5 月。经过一轮又一轮激烈的市场竞争，2015 年 10 月，滴滴快车成为第一个获得运营网约车资质的打车软件公司。2016 年，经国务院同意，以交通部为首的七部门联合发文，正式颁布《网络预约出租汽车经营服务管理暂行办法》，确定了网约车的合法身份，制定了正式的运行规则。网约车有效解决了资源协调和分配的问题，扩充了就业岗位，为一些暂时未能就业或者希望增加收入的人提供了较为灵活、低门槛的就业途径。

"外卖骑士"，是伴随着网上订餐的兴起与火爆而随之诞生的一个新兴从业人员的称呼。从最初的顾客自提、电话订餐送餐，到现在的美团外卖、饿了么、百度外卖等这些基于互联网而诞生的外卖平台催生了外卖配送服务，外卖在线上订餐与支付、等待配送、配送成功这一简化流程、提高效率的过程中，也提供了新的就业方式。"外卖骑士"大多不需要高学历，并且多来自二、三线城市甚至农村，只需要驾驶轻便的电动车、熟悉路线、准确配送即可。最初，中国的配送服务大多还是由肯德基和麦当劳等快餐店提供，以肯德基为例，肯德基在中国平均每年新开 450 家快餐店，半数都会提供外卖配送，肯德基正是依靠这一服务打响品牌。而随着互联网的兴起与发展，新兴互联网产业纷纷涌现并争夺市场份额，作为餐饮界的"新秀"，以饿了么、美团外卖为主的互联网外卖行业快速入局，通过搭建外卖配送算法和平台，组建外卖配送事业群，进一步优化物流配送环节。这也在客观上加大了人力资源的投入力度，进一步吸纳了劳动力。

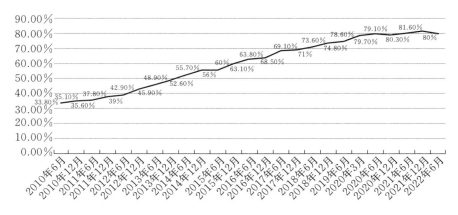

图 6-10　2010—2022 年网络购物使用率（占网民比例）

2015 年春节,微信、支付宝两大平台之间的"红包大战"让电子红包成为当年春节最火爆的话题。网络支付与线下真实场景的结合顺应了网络支付平台化发展思路,促进了网上支付商业模式和变现途径的创新。收发红包作为中国春节的传统习俗,具有较强的场景特性,伴随着人际关系的构建和维系。红包与网络支付相结合的方式,一方面将商业性的经济行为置于人际互动的背景下,借红包互动传达社群互动和情感交流;另一方面丰富了红包的社会意涵,重塑着人际关系的利益格局。[1]

三、直播、短视频等新应用吸纳全民参与

2016 年以来,随着网络带宽的增加、带有摄像功能的智能手机的普及和"增速降费"政策的落实,网络直播和短视频业务快速增长,一跃成为国内互联网行业增速最快的领域。网络直播和短视频的形式降低了表达门槛,用户可以以较低的成本发布一些具有互动性、趣味性、真实性、创新性的视频内容,充分实现了表达和创造的需求,将观看者的身份转化为制作者和传播者,继而成为网络内容生态的参与者、建设者。

1　刘少杰,王建民.中国网络社会研究报告(2016)[M],中国人民大学出版社,2016:133.

网络直播并不是新鲜事物，从 2005 年开始，以"YY""9158"为代表的 PC 端秀场直播就初现端倪。在电竞游戏直播的推动下，2014 年前后，网络直播迎来新的发展机遇期。2016 年是移动直播的元年，用户可以通过手机上的客户端，借助移动互联网随时随地观看移动秀场直播。截至 2016 年 12 月，网络直播用户规模达到 3.44 亿，占网民总体的 47.1%，以秀场直播和游戏直播为主。直播还孕育了新型互联网经济形态，一些关注度高、受欢迎的主播可以通过观众打赏等方式获得高额收入，甚至改变人生轨迹。受到利益的吸引，资本持续涌入直播行业，斗鱼、花椒等已经具有一定规模的网络直播平台在 2016 年获得大量融资。针对直播中出现的信息劣质、低俗色情等问题，国家也从 2016 年年底起加大对网络直播行业的监管力度。国家互联网信息办公室于 2016 年 11 月发布《互联网直播服务管理规定》，推行"主播实名制登记""黑名单制度"等措施。

从 2017 年起，尤其是 2018 年春节期间，以快手、抖音为代表的短视频应用下沉至三、四线城市，迅速占领市场，用户规模持续扩大。截至 2018 年 6 月，综合各个热门短视频应用，短视频用户规模达到 5.94 亿，占整体网民规模的 74.1%，合并短视频应用的网络视频使用率达到 88.7%，规模达 7.11 亿。短视频市场的异军突起获得了各方关注，吸引了资本的大量涌入，百度、腾讯、阿里巴巴等互联网巨头持续在短视频领域发力。资本的密集投入也加强了资源整合，提高了生产效率，加深了内容生产的专业度与垂直度，PGC（专业生产内容）带动 UGC（用户生产内容）、规模化生产与自主创意并重的短视频市场日趋成熟。

一个全民直播和短视频的时代已然到来。直播与短视频的流行使得网络交流从"图文时代"步入"视频时代"，重构了信息传播和网络社交模式。人们可以借助全景化的视频信息和较强的互动性，向潜在观众尽情地呈现和表达自己。与传统媒体时代相比，全民参与时代的直播、短视频最显著的变化是在移动化、个性化、私人化的过程中，所处空间实现了由公共空间向私人领域的转向，"在内容上从对宏大客观事件的报道转向对日常琐事的传播，在技术手段上则由专业化团队运作转到人人借助手机和自拍杆发声"。[1]

1　袁爱清，孙强．回归与超越：视觉文化心理下的网络直播［J］．新闻界，2016（16）：54-58.

　　在商业力量的驱动下，短视频与其他领域的融合加深。以短视频为核心，视频内容生态圈辐射直播、电商、游戏、文学、社交、电影票务等多种服务，带动整个数字娱乐市场上下游产业的繁荣，加深了以内容为基础的不同生态圈之间的竞合关系。

图 6-11　2016—2022 年网络直播用户规模及网民使用率

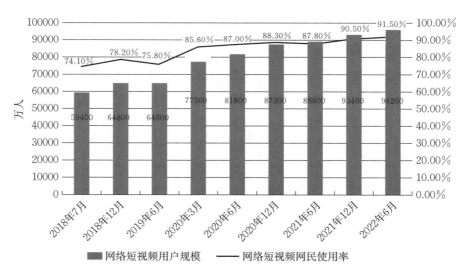

图 6-12　2018—2022 年网络短视频用户规模及网民使用率

第六节　网民何以重构社会

互联网在影响着我们的生活方式的同时，也作用于人际关系的构建和组织的形成，进而形塑着新闻出版、知识生产、集体行动等重要的社会机能。社会话语权不再为少数群体所垄断，来自各个阶层的声音已汇成一股洪流，席卷着整个社会，零星的舆论火点也能积聚成燎原之势。新媒介环境孕育了一种新的集体行动形式——线上集体行动。而且现实情况表明，线上集体行动与传统的线下集体行动并不是界限分明的，两者可以有效联动、同时进行、互为补充，将线上的虚拟人际网络关系与线下的正式或非正式的组织关系纳入同一网络，大大改变了集体行动的面貌。在网络社会，集体行动已经从线下延伸到线上，其活动空间与以往也有了很大不同。那么网民在互联网上是如何被动员起来的？随着技术特征的演进和社会环境的变化，网民何以重构社会？本节着重解答这一问题，并从"国家—社会"的视角理解网民的力量及其社会影响。

一、技术、市场、政治：三重维度下的网民意涵

在互联网不断嵌入现实，与现实社会的缠绕联结日益加深的同时，网民的主体性逐渐突显并增强，作为一种集体性身份在不同的领域以实际行动发挥现实影响。"网民"一词的含义也从一个和技术相关的中立指代逐渐扩展出了市场与政治层面的丰富的社会意涵。本节结合不同阶段的网民行动特征，从技术、市场、政治三个维度重新理解和拓展"网民"一词。

从技术维度看，网民是一个中立的词汇，主要指民众中使用互联网的人群，即互联网用户，是一些具有特定身份标识的散落的个体。CNNIC 发布的

《中国互联网络发展状况统计报告》对于网民的定义由"平均每周使用互联网至少一小时的中国公民"变为"过去半年内使用过互联网的6周岁及以上中国公民",之后又将"中国公民"改为"中国居民"。虽然统计标准发生了变化,但是本意都是接触并使用新技术的中国公民,是对某种人口特征的客观描述。

从市场维度看,网民则是生产和消费的主体,规模化的网民行为拓展了互联网商业模式,是互联网经济的动力源泉,同时创造了巨大财富。2000年之后,在中国互联网商业化浪潮的席卷之下,SP(应用服务)、网络游戏和网络广告成为互联网行业的主要收入来源。2008年之后,中国网民数量持续攀升,互联网普及率超过全球平均水平,网民规模居世界第一位。电子商务、互联网金融、共享经济的崛起与中国庞大的人口基数和网民规模有着分不开的关系。

从政治维度看,1998年7月,全国科学技术名词审定委员会发布的第二批信息科技新词中,将"网民"界定为因特网用户,注释称"使用这个词意在强调责任和参与"。[1] "网民"一词从源头便与公民身份相联系,具有政治属性。伴随着网络媒体,尤其是社交媒体的发展,网民的表达工具和参与渠道日益丰富,动员能力逐步增强,能够通过网络舆论的力量影响和改变现实社会。在这些实践中,"网民"成为利用互联网积极参与公共事务和决策的"公民"群体,分享了"公民"在当代中国政治语境中的身份意识与价值诉求。而随着网络用户规模的不断扩大以及"网络问政"、电子政务的发展,"网民"已经逐步被吸纳进群众话语体系内,成为网络时代"群众"的表现形式。习近平总书记的"网上群众路线"就为"网民"赋予了"群众"的政治属性。继承了"公民""群众"等概念中的政治意涵,在个体的集体性实践中,"网民"成为网络空间内具有政治属性的新身份群体。

二、结构和话语:网络动员中的个人与集体

以BBS为代表的网络应用的动员机制在于为每一个网民提供了个性化的交流平台,赋予用户知情、表达和行动的权利,被传统媒体、官方媒体垄断的

1　我国又推荐一批信息科学技术新词[J].电信技术,1998(09):14.

话语权转移到普通用户手中。每一个人都可以以自己的方式传播信息，与其他网友进行讨论。个体对某一事件的关注在论坛等平台"广场式"的公开互动和讨论中汇聚成公共话语，形成公共意志和舆论压力，当网络声量达到一定规模时，就有可能影响公共决策。

随着社交媒体时代的到来，互联网开放互动的特征更加突显，从"读"时代进入了"写"时代，网民从被动的信息接收者和消费者转变为主动的信息生产者、创造者和传播者。建制化的媒介组织不再是大众传播资源的垄断者，普通用户也可以参与意见表达，凭借各自的才能吸引网络中其他用户的注意，成为信息流通网络中的重要节点，即"意见领袖"。信息组织与传播机制也从线性、科层化向非线性、网络化的模式转变。微博、微信等社交媒体的出现为集体行动提供了新的联络工具以及组织和聚合的平台。互联网甚至可以超越其工具属性，作为一种网络结构嵌入集体行动的动员中。

社交媒体带来动员方式的变化主要集中在两个方面：一是宏观层面集体行动的动员结构和形式；二是微观层面参与者的心理与情感。

社交媒体的一个显著特点就是在传播信息的同时构建社会联系。以微博为例，用户可以根据兴趣构建个人化的网络，通过关注、转发、评论、点赞等行为在传播信息的同时与他人发生互动，每一次转发都形成了一个新的中心，虽然每个中心的凝聚力和影响力或大或小，但每个中心都会继续向外扩散、构建联结、形成网状结构，以个体间的网络互动作为信息散布、汇聚共识和参与行动的渠道。

个人化社交网络的出现导致人们脱离了传统的社会整合结构，即个人现实中所处的各种层次的正式或非正式组织。社会公众，尤其是青年网民的参与方式围绕着个人的日常生活和以个人为中心的人际关系网络展开。个体表达诉求、伸张权利的举动更为个性化。社交媒体颠覆了工业社会中的正式组织，直接作用于人际关系的构建和新型组织的形成，并形塑集体行动。新的社交工具大幅降低甚至消除了交易成本，帮助人们按照自我意愿寻找并实现联结。人们开始习惯于通过线上和线下联动式组织行为来实现意见的表达或权利的申诉。新型群体不像传统组织有明确的成员边界和内部结构，所以显得松散，但这并不代表网络群体是混乱的"乌合之众"。社交工具并不是凭空创造新群体,而是将以前囿于交易成本彼此隔绝的潜在群体联结起来。他们有共享的身份标识,形成了特定的社会网络结构,遵循一定的互动模式。

社交媒体带来的最根本改变在于行动背后的组织逻辑。社交媒体在这一过程中不仅是一种传播工具,也是以个人化行动进行传播、复制和再生产的组织结构。一方面,个人诉求经由社交媒体传播、分享和互动,个人表达以及观念共享、在科层制的组织之外参与集体协作是促成个体参与某一行动的激励机制。另一方面,行动网络逐渐扩大,议题经过多次讨论承载了更丰富、更稳定的意义内涵。在这一过程中,动员不仅是个体化的,也是社会化的,行动的结构和意义伴随着社会关系的发展被社会化地生产出来。

个人诉求的表达和社交媒体的传播是个体被动员起来的两大要素。社交媒体在集体行动中起到的最重要的作用在于:共享信息、整合框架,提升群体身份意识;根据具体情况灵活调整行动策略,协调情绪和行为反应,赋予松散的结构一套行为规则。此动员能力的高低主要取决于是否有稳定的核心组织集中整合大规模的个人参与以及不同行动者之间的通路是否足够通畅,能让具有感染力的个人化行动迅速传播和再生产。

与传统动员机制不同,社交媒体的动员方式促成了"去组织化"的行动模式的形成,一种扁平化、去中心化的低成本动员模式出现,没有严谨的领导结构,也没有明晰的行动动员领袖,而是一种松散的、存在于网民群体中的平行动员结构。信息在个体之间传播,共同意识在行动者的互动和交流中产生,行动动员更多依靠平等开放的合作和协调,凝聚共识的成本降低。

从个体参与者的心理动机与认同看,社交媒体提高了人们的媒介卷入度,参与行为所需的成本大大降低,只需通过跟帖、转发等简单的形式就能够建构一种表达的姿态。微博上这些基于弱联系的微小贡献能够在网络互动和实践中塑造话语,为线上和线下集体行动的爆发积蓄力量。新媒体环境下"个人与集体"的关系也在发生变化,集体行动变得越来越具有个人主义特征。因为沟通成本的降低,"公"与"私"的领域相互渗透、界限变得模糊,"公事"能方便地侵入私人生活,"私事"也可能通过网络的传播进入公共讨论的范畴。人们在形成集体认同、参与网络行动时,更容易受到个人情感、信念和价值认同的驱动。

与"广场式"动员不同,由于意见表达的成本降低,个人和情感化内容涌入,社交媒体动员更容易创造出有一致目标和身份认同感的"群体",这一群体的主体性较强,目标和诉求较"各抒己见"的论坛动员而言更加明确和集中,但群体成员的身份并没有明确的边界性,而是在一次次表达和传播中建构身份认同。

总而言之,社交媒体时代的动员机制和第一阶段(PC 互联)的共同点在于都提供了一个广泛的讨论空间,既能让组织者绕过大众媒介直接向动员对象传播观点和话语,也能让参与者进行在线协商和辩论,在互动中加深对彼此的理解。但是在第二阶段(移动互联)中,社交媒体等工具提供网状的组织形式,促进动员结构的民主化,一定程度上分散现实风险,不是一个中心的组织,而是网络间的彼此联结。社交媒体让社会运动参与者很方便地建立独立的信息生产平台与水平的传播网络,掌握了在媒体中定义自己、再现自己的权利,形成集体认同感,共享价值观和意义,形成对议题的一致性认识,还能根据现实情况及时调整框架策略,行动的框架议程也得以广泛传播。此外,多文本性也能丰富内容的呈现形式。

但社交媒体也可能导致舆论分化的问题,激化多元主体争夺议题的矛盾和冲突,削弱动员的有效性。此处的舆论泛指网民在一段时间内对某一具体的、特定的公共性事件,通常是指与公共利益相关的热点或焦点形成的较为一致的言论、观点和意见。而分化则体现在对热点议题的选取以及针对同一个议题的观点上存在差异。

在对议题的选择上,网络的开放性、互动性、瞬时性使得各个领域的话题可以在同一空间共存,争夺不同群体的注意力。即使是不为主流接受的小众爱好也可以借助网络汇聚一批志同道合的追随者,在互动交往中强化共有的行为方式、思维方式以及群体身份,发展出只有群体成员才能理解的话语、符号和文化准则。网民有了更多的选择权和归属感,但也进一步促进了关心不同议题的人群的分化和隔绝。中等收入群体关心安全、教育、医疗、收入分配、住房等和自身生活质量高度相关的话题,兴趣爱好、新鲜事物则是 95 后年轻群体在社交应用上划分圈子的准则。网络还为粉丝亚文化的兴起和发展提供了条件,使其成为时下最具代表性的一种网络亚文化。粉丝群体往往聚焦于商业娱乐、时尚消费等非严肃的软性话题,在社交平台上自行营造了一个沉浸式空间,与群体内其他成员专注于参与娱乐话题。而对粉丝流量的追逐也使得平台对这类话题大力推广,甚至使之充斥社交平台,某种程度上挤压了严肃议题的生存空间,消解了网络舆论的公共性。

　　而即使是针对同一个公共议题或者热点事件,网络舆论也会呈现出分裂、割据的状态,甚至可能会出现有些群体因为舆论声量较大淹没了其他群体的声音的情况。横向上的舆论分化体现在社交平台上持有相同意见的群体会联结起来,相互声援、相互支持,在交往互动中增强群体的凝聚力,确证已有的认识、态度和行为,形成价值共同体和利益共同体,以"我"为中心,有"抱团"的声势,造成与其他群体的区隔感。纵向上的舆论分化则体现在一些群体由于受教育水平低、思考能力和表达能力弱而处于舆论场的边缘位置。一些弱势群体虽然占据了人口的大多数,但在网络上的代表性、影响力和议程设置能力却相当有限。此外,即使是同一个群体之内的互动,也并不必然都是平等的,而会因为个体的社会资源、社会地位、专业知识、表达能力的差异而出现话语权分化的现象。一些表达能力、意见输出能力、传播能力较强的网民脱颖而出成为意见领袖,不仅能够影响网民关注的焦点,还能影响网民的态度和观点,甚至左右网络舆情事件的走向。

　　网络舆论分化的原因分为两个方面。一是社会结构在网络空间的再现,不同阶层、年龄、性别、收入、学历、地域的群体在价值观上存在一定的差异和冲突,投射到互联网上就是针对同一话题出现截然不同的思考角度和思维方式,甚至呈现出激烈的对抗性,基本反映了社会现实矛盾。二是目前主要的舆论载体,即微博、微信、QQ等社会化媒体的技术属性所致,这些平台的信息分发和社会网络构建方式方便网民选择跟自己观点和态度接近的信息,而且信息嵌置于日常生活的情境,具备了社交属性,能激起强烈的认同。群体内交往的频繁和群体身份的固化使得网络论坛、社区"一点上网,全网共享"的广场式传播模式向基于社交、圈层关系的多级扩散模式转变。看似海量的信息实则是在一个个固化的小圈子中流动、碰撞、激化,一些观点、态度在网络社群里不断自我强化并形成内部共识。不同的社会主体被隔绝在不同的意义地带里,限制了彼此之间有效良性的沟通,既造成用户自身观点的狭隘,也难以形成共识。

　　在中国语境中,传统的动员多要通过自上而下的途径,特征是动员者与被动员者之间存在一种隶属性的组织纽带[1]，折射出的国家与社会的关系是"强国家—弱社会"形态。网络动员则是对这一传统动员方式的颠覆，信息权力下沉导致基层权力增强，不需要借助组织化的行动，社会力量就可以自下而上地凝聚共识、发起行动，在国家允许的、可操作的范围内探索出维护利益、培育力量的弹性空间。国家与社会以网络为渠道、通过网络动员进行有效沟通而发展出来的线上和线下合作，也体现出两者关系的微妙调和。

---

1 孙立平,晋军等.动员与参与[M].浙江人民出版社,1999.

第七章
万物皆媒：互联网媒体

随着互联网的成熟与进步，人们获取和传播信息的路径，接触他人、与外部联通的方式，乃至工作与生活的形式都在目所能及的范围内全面地互联网化了。在互联网出现早期，它主要被用于实现计算机之间的信息交流，万维网的发展和广泛普及使得互联网的用途大范围扩展，从简单的数据传递逐渐向信息共享、内容传播和社交互动延伸，网页的出现使得信息能够以更加多样化和可视化的方式呈现，互联网具备了成为"媒体"的条件。

从"第四媒体"的说法开始，互联网被认为是区别于报纸、广播、电视等传统媒体的一种新"媒体"。由于早期互联网技术的限制以及从传统媒体承接过渡而来的底色，互联网媒体初期的定位也只是新闻传播的"新"渠道，甚至在数字化阶段发展之初只是传统媒体内容的"翻版"。在演变中，互联网作为"媒体"的内涵日益丰富。进入 21 世纪，互联网的交互性变强，其角色不再局限于"新闻媒体"，而是更广泛意义的信息传播介质，越来越多的网民通过互联网进行交流，互联网媒体进入社会化发展阶段，形成了论坛、聊天室、博客等多种形态的网络社区。2009 年，伴随着中国互联网 3G 技术的成熟，互联网媒体进入移动化发展阶段，功能更加多元，社交媒体与短视频的流行普及使"自媒体"成为互联网媒体的重要组成部分。大约从 2015 年开始，人工智能技术的应用推动互联网媒体进一步演变，在内容生产、分发和消费方面均发生了新变化。

在互联网技术更新迭代、用户规模不断增大、社会需求不断增多、产业日益完善的驱动下，互联网媒体发展逐步经历了数字化、社会化、移动化与智能化阶段，四个特征鲜明的阶段并不是严格的时间互斥关系，而是不断叠加积累，由前一阶段逐渐过渡至下一阶段，且以前一阶段为基础。基于以上逻辑，本章对互联网媒体在不同阶段的表现特征与代表案例分别做历史梳理，试图呈现互联网媒体如何从"信息工具"变成"多元平台"，传播内容日益丰富，对社会整体的整合与重构也在一步步加深。

第一节　数字化阶段：作为电子信息传播的工具

在发展初期，互联网通过内容数字化，实现媒体内容上网的第一步。人们可以通过互联网访问媒体内容、接收新闻资讯。媒体机构也越来越重视在互联网上同步更新资讯，例如 1995 年中国第一份电子期刊《神州学人》的推出，1997 年《人民日报》网络版（后改名为人民网）的上线。以二进制数字代码为基础的计算机与互联网技术，成为互联网发展媒体性质与功能的基本框架，此时的互联网媒体以工具属性为首要属性。但同时，数字化也奠定了互联网媒体发展演变中不变的核心要素——内容。

一、内容数字化为传统媒体入网提供基础

在互联网出现之前，电子技术曾为传统媒体带来活力，使媒体信息发布渠道明显增多，比如以无线电广播的方式向数以万计的家庭传真机发送报纸，而后以电视播放的形式呈现印刷报纸的图文内容。随着电子计算机的出现和普及，数字技术相伴而生，由此也开辟了互联网媒体的内容数字化发展。凭借数字技术的特性，原本必须依靠实体媒介才可存在的信息可以突破原有形态限制，以二进制数字代码形态实现输入、储存和处理，多种媒介形态在这一技术

路径下统一集成。

　　融合多种媒体技术、能够快速提升效率与产能的数字技术，很快运用于当时的媒体产业中。我国报纸媒体首先展开在内容生产环节的数字化融合。1974 年，北京大学王选教授等人开始研制"华光"激光照排出版系统，被誉为中国印刷技术的再革命。[1] 1985 年，新华社首次采用"华光"系统；1987 年《经济日报》首次使用"华光"实现报纸整版输出，随后全国近 90% 的报纸均采用这一技术替换铅作业设备 [2]。1990 年年底，《经济日报》建立了我国第一个报纸全文信息数据库。[3] 1993 年《杭州日报下午版》在全国首次采用计算机及通信载体发行报纸内容及要目索引 [4]，《人民日报》也在这一年发行光盘版存储信息 [5]。截至 1994 年 2 月，已经建成并投入使用的报刊数据库主要有《人民日报》全文库、《经济日报》库、新华社中文新闻稿库等。《人民日报五十年图文数据库系列光盘》收录了《人民日报》1946 年 5 月 15 日—1995 年 12 月 31 日的全部图文信息，提供了日期、版号、栏目、标题词、作者、关键词、任意词等多途径全文检索。在这一阶段，媒介内容虽最终必须落于磁、光介质的实在载体，但已在电子设备中实现文字、图像、声音形态的数字化。而光盘、软盘这类存储数字内容的新介质也成为电子出版物，在市场上广泛流通。尽管 1994 年前我国尚未全面接入互联网，但《人民日报》《经济日报》《文汇报》等报纸已经建立了报纸全文信息数据库，这些内容数字化的尝试为随后传统媒体真正联网提供了经验支持，奠定了内容资源基础。

二、作为媒体的互联网：从"第四媒体"开始

　　1998 年 5 月，时任联合国秘书长安南在联合国新闻委员会年会上正式提

1　谢新洲等 . 鉴往知来——媒体融合缘起与发展［M］. 人民日报出版社，2021：2.

2　中国计算机报 .1987 年 5 月 22 日：中文日报首现激光照排系统整版输出［EB/OL］. 新浪科技，（2009–09–15）［2023–08–01］. https://tech.sina.com.cn/it/2009–09–15/20423440554.shtml.

3　谢新洲等 . 鉴往知来——媒体融合缘起与发展［M］. 人民日报出版社，2021：2.

4　中国新闻出版广电报 .《杭州日报》"触网"记［EB/OL］. 新华网，（2019–05–22）［2023–08–01］. http://www.xinhuanet.com/zgjx/2019–05/22/c_138077518.htm.

5　周婧 . 谈传统新闻媒体之"触网"［J］. 电子出版，2003（07）：45–47.

出"第四媒体"的概念："在加强传统文字和声像传播手段的同时，应利用最先进的第四媒体——互联网，继报刊、广播和电视后出现的因特网和正在兴建的信息高速公路。"1999年4月在北京召开的第二届亚太地区报刊与社会科技发展研讨会上，时任中国科协主席周光召在开幕词中引用了这段讲话。从此，互联网是"第四媒体""第四媒介"这一说法在国内获得广泛关注[1]。

"第四媒体"的称谓强调了互联网作为媒介与传统媒体（报纸、广播、电视）具有的不同特征和功能。这一概念的提出，引发了人们对互联网作为媒体的讨论。一方面，互联网由于其传播能力被称作"媒体"没有疑义[2]，另一方面，互联网更是一种"综合性媒介体系"，从媒介特质看，其"兼备三大媒介之长"，是一种"多层次的大众媒介"[3]。因此，有学者提出，"第四媒体"不能与印刷媒体、广播、电视这类大众传播媒体并列[4]；也有人认为用"第四媒体"称互联网只突出了互联网的媒介属性，而媒体只是互联网的一个部分，并非其全部功能[5]。

尽管"第四媒体"这一说法一度引来不小争议，但无论如何，"第四媒体"的提出肯定了互联网的媒体属性，即其是一种具有信息传播功能的媒体，相较于传统媒体而言是一种新的媒介形态。这也反映了人们对互联网作为媒体的观念与认知逐渐成熟。

从1999年开始，"网络媒体"概念也开始被使用。有学者使用"网络媒体"指代"新兴的基于互联网传输的媒体"，实质与"第四媒体"无异[6]。更多学者聚焦于从"网站"和"新闻"等具体要素进行阐释，比如将"网络媒体"视为"网上大众传播媒体"，其表现形式是"以网站的形式出现，在技术上以超链接和多媒体为特征，在提供信息的同时提供BBS、MAILLIST等多种服

1　童斌，陈绚．新闻传播学大辞典［Z］．中国大百科全书出版社，2014：5．

2　谢瑞东，陈新华．从受众立场看网络传播的特性——兼驳"第四媒体"概念［J］．中山大学学报论丛，1999（06）：217-221．

3　王蕾．对网络传播的几点认识［J］．新闻知识，2002（05）：32-24．

4　谢瑞东，陈新华．从受众立场看网络传播的特性——兼驳"第四媒体"概念［J］．中山大学学报论丛，1999（06）：217-221．

5　王蕾．对网络传播的几点认识［J］．新闻知识，2002（05）：32-24．

6　高新，何军．网络媒体：新闻的对话时代［J］．科技潮，1999（06）：122-123．

务"[1]。也有学者认为,计算机信息网络在传播新闻和信息方面具有媒体的性质和功能,因此,网络媒体的定义应分成狭义与广义两个方面,从广义上看,网络媒体是遵循 TCP/IP 协议传送数字化信息的计算机通信网络,狭义来看即为"通常的网站"[2]。还有学者根据互联网媒介工具化的基础与新闻实践层面,将网络媒体定义为依托于互联网技术,由专业记者编辑并从事网络新闻传播的平台[3],且这类平台专指从事对新闻信息的采集、整理、加工和发布等工作并得到国家相关部门批准的网站,前提是网络媒体并不直接产生于传统媒体,如千龙网、东方网。闵大洪在《2004 年的中国网络媒体》一文中总结了上述说法,他认为网络媒体是"网络媒体指按照新闻媒体传播流程(即由专业人员对新闻和信息进行采集、整理、加工、发布)运作的、具有公信力的、能够产生巨大社会影响力和能够迅速形成社会舆论的互联网网站"[4]。从强调区别于传统媒体的"第四媒体"到以新闻网站为主要具象的"网络媒体",概念变迁的背后体现了人们对互联网作为媒体的内涵的理解正在一步步加深与具体化,互联网不仅是信息介质,也是新闻媒体,通过网站进行新闻传播活动。

三、传统媒体开启媒体融合之路

　　互联网的出现为传统媒体提供了一条新赛道。最早,中央新闻媒体具有较丰富的新闻资源与极强的权威性,在传统媒体"上网"之路上起到了"领头羊"的作用。1997 年 1 月 1 日,人民日报社主办的《人民日报》网络版正式上线[5],是中国开通的第一家中央重点新闻网站,但"当时的电子版还只是

1　胡海龙.对网络媒体的一点探讨[J].国际新闻界,1999(06):32-37.

2　回到元点——网络媒体定义、特征[J].Internet 信息世界,2001(05):35-37.

3　雷跃捷,金梦玉,吴风.互联网媒体的概念、传播特性、现状及其发展前景[J].现代传播 – 北京广播学院学报,2001(01):97-101.

4　闵大洪.2004 年的中国网络媒体[J].南京邮电学院学报(社会科学版),2005(01):8-15.

5　人民网.人民网简介[EB/OL].(2023-12-31)[2024-06-01].http://www.people.com.cn/GB/50142/420117/420317/index.html.

《人民日报》纸质版的一个形态转变,内容并没有实质性变化"[1],版面设计简单,栏目也很少。直到 2000 年左右《人民日报》网络版改名为人民网,开始整体改版,完成网站转型。同年 11 月 7 日,新华社在建社 66 周年之际正式推出新华网[2]。1998 年 1 月 1 日,光明网(彼时称"《光明日报》网络版")正式发布,并"成了一个样板间"。据回忆,当时"来参观的、考察的、学习的非常多,包括有其他新闻媒体的,包括一些后来成为很大的商业网站的(当时还没有建立),还有地方有一些党委宣传部的,他们来看怎么建设这个东西"[3]。1999 年 2 月 26 日,时任中共中央总书记、国家主席江泽民在全国对外宣传工作会议上的讲话中强调,互联网的应用,使信息达到的范围、传播的速度与效果都有显著增大和提高,我们必须适应这一趋势,加强信息传播手段的更新和改造,积极掌握和运用现代传播手段。这是首次见诸公开报道的党和国家领导人对新闻媒体要积极利用网络传播的重要指示。[4] 此后,新闻网站建设受到了更多重视,到 2000 年 12 月 12 日,人民网、新华网、中国网、央视网、国际在线、中国日报网、中青网等中央新闻网站成为我国首批重点新闻网站[5]。

除了中央主流媒体之外,地方新闻网站的出现,也是国内互联网新闻传播领域的重要力量。随着网络传播技术的应用,各地方的宣传主管部门和党报、党台等主流传统媒体纷纷酝酿传统媒体的网络发展之路,并着手筹建自己旗下的新闻网站。比如,1998 年 9 月,脱胎于河南日报报业集团的大河网正式创办,成为继《河南日报》、河南人民广播电台、河南电视台之后的第四家省属新闻媒体,堪称河南省对外宣传的新阵地、新窗口[6]。1999 年,浙江日报报业集团旗下的浙江在线上线,成为继《浙江日报》、浙江电台、浙江电视台之后新兴

————————

1　本书项目组访谈资料. 被访者：何加正. 访谈时间：2016-07-26.

2　新华社新闻信息全面进入国际互联网[J]. 中国新闻科技,1997(11):9.

3　本书项目组访谈资料. 被访者：张碧涌. 访谈时间：2016-07-26.

4　闵大洪 .1999 年的中国网络媒体与网络传播 新闻媒体网站"更上一层楼"[EB/OL]. 人民网,(2014-04-15)[2023-08-01]. http://media.people.com.cn/n/2014/0415/c40606-24898191.html.

5　重点新闻网站发展历程[J]. 传媒,2010(07):22-23.

6　大河网 . 网站简介[EB/OL].(2018-07-19)[2023-01-10]. https://www.dahe.cn/2018/07-19/346917.html.

的省级主流媒体[1]。1999 年 1 月,四川新闻网横空出世,成为四川省首家也是最大的综合性门户网站和重点新闻网站[2]。1999 年 10 月 16 日,中共中央办公厅下发了《中央宣传部、中央对外宣传办公室关于加强国际互联网络新闻宣传工作的意见》的通知[3],文件中提出各省市应集中力量建设一到两个重点新闻网站,再带动新闻行业的全面发展,从官方层面明确了将互联网用于新闻宣传的工作要求,肯定了互联网的媒体属性。此文件出台之后,各地方的媒体纷纷响应,一个又一个地方新闻网站如雨后春笋般建立起来。2000 年,北京千龙网[4]和上海东方网[5]相继成立。前者在北京市委宣传部的统一部署下,整合了包括北京电视台、北京市有线广播电视台、北京人民广播电台、《北京日报》《北京晨报》《北京晚报》《北京青年报》《北京经济报》《北京广播电视报》在内的北京九家新闻媒体资源,经过专业的"网上包装"后,通过新颖的方式表现出来[6]。后者则集中了上海当地大部分的新闻媒体,发展策略为新闻导入、服务衔接、商务展开[7]。2002 年 10 月,中国西藏新闻网正式开通[8],我国各个省份在短短几年时间内均已开设了自己的地方新闻网站。

这一阶段的传统媒体"抢滩登陆"实现上网,对传播渠道主要进行物理性的搭建与扩张,尝试加快和扩展新闻信息报道的速度和深度。但总体而言,网络只是作为内容传播的一个新增渠道,对传统媒体而言,也较少根据网络特性专门生产、编辑和分发新闻内容,互动性较差。[9]

1　浙江在线.网站简介[EB/OL].[2023-01-10].https://wzgg.zjol.com.cn/05wzgg/zjol/about/index.shtml.

2　四川新闻网.关于我们[EB/OL].[2023-01-10].http://www.newssc.org/aboutus/aboutus.htm.

3　重点新闻网站发展历程[J].传媒,2010(07):22-23.

4　千龙网.关于我们[EB/OL].[2023-01-10].https://www.qianlong.com/aboutus/.

5　东方网.网站简介[EB/OL].[2023-01-10].http://www.eastday.com/images/2007img/07aboutus/index1.htm.

6　薛晖.京城九媒体联手推出"千龙新闻网"[N].北京晨报,2000-03-08.

7　谢军.上海东方网开通[N].光明日报,2000-05-28.

8　中国西藏新闻网.关于我们[EB/OL].[2023-01-10].https://www.xzxw.com/info/aboutus.html.

9　谢新洲等.鉴往知来——媒体融合缘起与发展[M].人民日报出版社,2020.12:4.

四、商业门户网站整合网络新闻

从 1998 年起,新浪、搜狐等商业门户网站纷纷涉足网络新闻,新浪率先开辟新闻频道,将新闻发布作为自己的主打项目。在一系列重大、突发事件中发挥了其快速、及时、连续报道的功能,令受众感受到了网络的威力。

新浪起源于四通利方公司,四通利方的创始人是靠技术起家的王志东。1993 年 12 月,四通利方信息技术有限公司成立,主要从事计算机软件的开发、生产和销售。1995 年年底至 1996 年年初,四通利方决定实施互联网战略,然而,此时在王志东看来,互联网只是一个新的技术增长点。1996 年 4 月底,"利方在线"网站(SISNET)开通,此时它与新闻无关,只是做售后服务、公司介绍等。1998 年 9 月 26 日,四通利方的王志东和华渊资讯(当时最大的海外华人网络公司)的姜丰年碰撞出了一个共同的理念——创建全球最大的中文网站;12 月 1 日,四通利方与华渊资讯合并,新浪网宣告成立,这也意味着公司的主要发展方向转向了门户网站。早期门户网站发展相对"自由",在新闻采编与发布上并未受到针对性的严格管理。从体育论坛的热点赛事运作成功之后,新浪不断摸索发现了网络新闻对用户的吸引力,1998 年的法国世界杯、1999 年的"南联盟使馆被炸事件"、2000 年的悉尼奥运会、2001 年的"9·11 事件"、2002 年的釜山亚运会,在一次次的热点事件中,新浪的核心价值逐渐清晰——快速、全面、准确的新闻报道。[1]

另一大型商业门户网站搜狐隶属于北京爱特信电子技术公司(ITC)。它的创建者是海归派代表张朝阳。1996 年 8 月他创办了爱特信公司,1996 年 11 月爱特信公司获得第一笔风险投资。1997 年 2 月,爱特信公司正式推出 ITC 中国工商网络;1998 年 2 月,推出搜索引擎搜狐(Sohoo),搜狐网成立。此时的搜狐网基本上复制了美国雅虎网的模式,主要功能是链接和导航。1998 年 4 月,爱特信公司获得第二笔风险投资。1999 年 3 月,搜狐在分类搜

1　陈婧.新浪五代领导人成就十年路[J].中国新时代,2009(08):31-33.

索导航的基础上推出特色频道,开始向门户转型。

在门户网站初期崛起阶段,新浪网在新闻传播上更具优势,根据 2003 年美国第三方机构 Alexa 的统计,新浪是当时最受欢迎的中文门户网站[1]。新浪新闻的崛起要得益于多方面。第一,新浪在 1999 年率先进行 24 小时新闻滚动传递,而当时别的商业网站和官方新闻网站还没有夜间值班制度,但新浪捕捉到了网络新闻的特色[2];第二,新浪制订了完整的新闻编辑、上传规范制度,包括与传统媒体的合作、新闻标题的制作等[3];第三,"热门留言排行榜"也是新浪另一个特色优势。网民通过查看热门留言排行榜,就可以知道当天最热门的、最受受众欢迎的新闻或话题是什么[4];第四,新浪重视编辑团队的管理,通过"稳定住核心编辑,强化现有编辑队伍素质建设,鼓励编辑的创新和应变能力"的战略,极大巩固了新浪的核心竞争力[5]。

商业门户网站的传播力不断增强,但相比于传统媒体,在新闻传播活动中存在着较多风险。为了规范网上新闻传播秩序,2000 年 11 月 7 日,国务院新闻办公室、信息产业部颁发《互联网站从事登载新闻业务管理暂行规定》,根据第七条规定:"非新闻单位依法建立的综合性互联网站(以下简称综合性非新闻单位网站),具备本规定第九条所列条件的,经批准可以从事登载中央新闻单位、中央国家机关各部门新闻单位以及省、自治区、直辖市直属新闻单位发布的新闻的业务,但不得登载自行采写的新闻和其他来源的新闻。非新闻单位依法建立的其他互联网站,不得从事登载新闻业务。"第八条规定:"综合性非新闻单位网站依照本规定第七条从事登载新闻业务,应当经主办单位所在省、自治区、直辖市人民政府新闻办公室审核同意,报国务院新闻办公室批准。"第十八条规定:"在本规定施行前已经从事登载新闻业务的互联网站,应

1　张旭光.最受欢迎的中文四大门户再定座次 新浪列第一[N].北京晨报,2003-06-09.

2　胡起起."新浪之道"划出新浪标准[J].新周刊,2005-03-15.

3　陈彤,曾详雪.新浪之道——门户网站新闻频道的运营[M].福建人民出版社,2015:98.

4　张秀玉.新浪网的经营策略分析[J].青年记者,2011(30):66-69.

5　陈彤,曾详雪.新浪之道——门户网站新闻频道的运营[M].福建人民出版社,2015:132.

当自本规定施行之日起 60 日内依照本规定办理相应的手续。"[1] 2000 年 12 月 27 日，新浪、搜狐等网站，同时获得国务院新闻办公室批准的登载新闻业务资格，中国政府第一次将新闻登载业务授权给民营商业网站。然而商业网站没有登载"自行采写的新闻和其他来源的新闻"的权利，不能采写原创新闻在一定程度上成为商业网站的劣势，但也正因如此，商业门户网站的功能定位在于信息整合。也有学者认为对于互联网媒体而言，整合力量大于原创，整合是"网络传播的最强利器，也是所有作为新媒体而成功的网站的最重要的特征"，而"在互联网上，独家新闻似乎退化成了锦上添花的装饰，而不是刻意一锤定音的重拳"[2]。通过与中央电视台、人民日报社等其他专业新闻媒体签订协议，快速地将多源、多类、多条新闻整合在同一个网站之中，商业网站由此具备了信息量大且全面的优势，比如新浪网设立了媒体拓展部，通过合作、购买等方式获得广泛的新闻信息来源，包括报纸、杂志、电视、广播、出版社等，在 2004 年时合作对象已多达 1000 家以上[3]。

五、工具属性：传统媒体的"电子版"或"网络版"

互联网出现早期，"工具"是被提到最多的词汇，这也是互联网媒体的基本属性。这一阶段，传统媒体为适应技术融合发展开始改造功能，一方面建设数据库存储信息，另一方面在互联网上公开刊载内容，信息内容成功脱离实体介质，以虚拟态存在，并可以利用计算机等电子设备完成编辑、浏览等流程。从传统媒体向互联网延伸的新闻信息是互联网媒体内容的重要组成，这时的互联网媒体形态主要是网站。新闻网站和商业门户网站在几年时间内大量成立，使互联网媒体内容日益丰富。但网站这种媒体形式以传递新闻信息为主要目的，换句话说，数字化阶段的互联网更多的

1　国务院新闻办公室信息产业部发布互联网站从事登载新闻业务管理暂行规定［EB/OL］. 中国政府网，（2000–11–06）［2023–08–01］. https://www.gov.cn/gongbao/content/2001/content_132314.htm.

2　陈彤,曾祥雪. 新浪之道——门户网站新闻频道的运营［M］. 福建人民出版社,2015:51.

3　同上,106.

是一种传播工具，是与报纸、广播、电视等其他媒介类似的新的信息介质和渠道。

我国传统媒体对于互联网的初步尝试显得十分"谨慎"。一方面，这源于互联网接入初期在全社会中普及率非常有限，人们对于互联网的认知也尚浅，正如前人民网总裁何加正在谈及"人民日报网络版"创立之初的历程时说道："我的印象当中，（报社内部）大多数人不认识，他们还是觉得应当主要办报纸，有人愿意做这件事就去做，它的未来到底怎么样，谁也不知道。"[1] 另一方面，互联网更多地被视为传统媒体的"电子版"或"网络版"，比如1995年《神州学人》将自己的杂志内容上传至互联网，当时普遍说法是"电子版"；又如对于"人民日报网络版"而言，"从它的名字也好，从它的形式、承载的内容也好，它还不是一个独立的网站，它只是一个网络版，还是人民日报的版面的编划，虽然已经做了一些自己的东西"[2]。经过2000年至2001年之间进行了一次改版，"人民日报网络版"改为"人民网"，开始"作为一个独立的网站去发展"，这是"一个很大的战略转变，为后来人民网的发展开拓了一个很大的空间"[3]。光明网副总编张碧涌谈道："不管是电子版还是网络版，都是阶段性的、初步的概念；它只不过是把这种新的媒介的形式作为报纸的一种翻版，是一种报纸的派生产品，根本没有表达出这种新的媒介作为一个独立的新媒体的自身的属性。"[4]

当然，随着互联网媒体的发展，网络新闻不断创新，在新闻生产与传播上可以满足越来越多的新要求。比如在新闻时效性上，最早，媒体网站的业务受到传统媒体的束缚，大多数网站按天进行新闻更新；1998年3月，人民日报网络版率先实现了网上实时报道九届全国人大一次会议和全国政协九届一次会议；到了2003年，美国向伊拉克开战，仅仅约4分钟后，新华网依靠新华社巴格达报道员贾迈勒向全世界发出第一条英文快讯，并发出中文快讯——网络新闻在时效性上逐渐提高[5]。

1　本书项目组访谈资料. 被访者：何加正. 访谈时间：2016-07-26.
2　同上
3　同上
4　本书项目组访谈资料. 被访者：张碧涌. 访谈时间：2016-07-26.
5　彭兰. 中国网络新闻的六大发展[J]. 杭州师范学院学报（社会科学版），2004（05）：14-20.

第二节　社会化阶段:互动要素吸引用户参与

　　随着晶体管技术和大规模集成电路技术日渐成熟,个人计算机的制造成本不断降低,性能不断提高,渐渐进入平常百姓家。同时,互联网技术在中国生根落地,本土化进一步加快,并不断扩大应用领域和受众面向,中国网民数量越来越多。互联网连接技术的快速发展与互联网终端个人计算机的广泛普及,推动互联网媒体进入社会化阶段。"媒体"在过去仅指大众媒介的集合体,即某一种、而非某一个大众媒介。[1]数字化阶段的互联网媒体也主要继承了这一内涵,而从社会化阶段开始,互联网媒体更加"融合"了,不仅包含了大众传播,还有人际传播、组织传播、群体传播等。在这一阶段,人们通过互联网进行信息交流并构建网络社区,以论坛、公共聊天室、博客等服务为具体表现。在由广大网民构成的网络社区中,人与人的社会互动更加频繁,且线上互动可以作用于现实社会。

一、网络社区初显:从"单向传播"到"多向传播"

　　在社会化发展阶段,互联网技术的普及与进步,带来了真正意义上的"互联",交互属性开始凸显,成为互联网媒体的重要特征之一。一方面,技术更新提供了基本条件,其中最具代表性的技术便是P2P(Peer-to-Peer)技术,它是一种分布式计算和网络通信技术,允许直接将信息或资源从一个用户传输到另一个用户,而无须经过中央服务器。[2]通过将节点相互连接形成一个分布式

1　谢金文,邹霞 . 媒介、媒体、传媒及其关联概念[J]. 新闻与传播研究,2017,24(03): 119–122.

2　James Cope. What's a Peer–to–Peer(P2P)Network[EB/OL]. 2002–04–08. https://www.computerworld.com/article/2588287/networking–peer–to–peer–network.html.

的网络,其中的每个节点既是服务提供者,也是服务请求者,数据传输可以通过彼此之间的直接通信而实现。通过 P2P 技术,用户可以直接相互连接,实现高效的信息交流和资源共享,同时也减轻了中央服务器的压力,提高了应用的可扩展性和可靠性。因此,P2P 技术具有去中心化、自组织、高效等显著特点。

另一方面,随着越来越多的人使用互联网,网络社区逐渐成型,成为互联网媒体社会化发展阶段的重要产物。在互联网还没有完全普及的时候,那时候人们除了工作之余做的最多的事情就是看新闻。随着社会的发展和进步,人们对于信息获取和交流的需求不断增加。21 世纪初,信息爆炸和多样化的媒体形式使人们渴望以更加灵活、自主的方式获取信息和表达意见。比如,论坛在一段时间内成为网民意见表达的活跃园地,有一些还发展成巨大规模的网络社区,作用及影响延续至今[1]。同时,开源技术降低了互联网功能开发的门槛,用户可以自行搭建网站,建立讨论组等交流空间,诸如公共聊天室、博客等交互空间的产生,增加了用户互动参与的可能性。

在连接用户的基础上,网络社区的出现刺激了互联网初级社会化的进程,其融合了人际传播、群体传播与大众传播等多种传播形式,大大改变了传统的单向传播模式,多向传播模式成为互联网媒体的显著特征。大众传播时代,信息以单向传播为主,媒体掌握着大量的信息资源,承担传递信息尤其是新闻信息的职责,而普通公众则作为信息的接收者,处于信息传播链的终端。在一对多的传播模式中,信息传输的方向是单向,即从媒体到受众。而互联网媒体在传播内容和传播方式上具有数字化、交互性、多元性和个性化等特征,给传统新闻传播带来变革,例如其交互性特征给传统媒体的单向传播、滞后式反馈模式带来重大挑战。[2] 随着社交和互动功能的出现,每个接入互联网、进入聊天室或论坛的用户,都可以扮演信息发布者的角色,向其他用户甚至传统媒体传递信息。

1　闵大洪.从边缘媒体到主流媒体——中国网络媒体 20 年发展回顾[J].新闻与写作,2014（03）:5-9.

2　雷跃捷,金梦玉,吴风.互联网媒体的概念、传播特性、现状及其发展前景[J].现代传播 – 北京广播学院学报,2001（01）:97-101.

二、论坛（BBS）成为民意汇集地

BBS（Bulletin Board System）最早是一种基于远程登录（Telnet）协议访问的互联网应用，主要用于成员之间的信息交流与网络通信，那时还没有浏览器、搜索引擎，甚至没有个人网站。早期的 BBS 像是线上的信息公告板，主要有四项功能：发布新闻、发布交易信息、发布个人感想、互动式问答。随着 Web 服务的兴起，个人计算机开始普及，BBS 越来越强调主题性和交流性，发展成为论坛（forum）。[1] 在 2005 年 7 月公布的第 16 次《中国互联网络发展状况统计报告》中，网民使用"论坛 /BBS/ 讨论组"的比例开始大幅攀升（见图 7-1）[2]。作为中国最早的互联网社区形式之一，BBS 的特点是信息共享、互动性强，通过帖子或话题将网民聚集在了一个公共空间，在这个空间内，信息的传播不再像网站或公告板那样是单向的，而是可以通过互动交流实现多向传播。此外，BBS 的用户自主性较高，用户可以自由发帖、评论、组织群体讨论等，这也是媒体社会化的突出表现之一。

1991 年，北京长城站在 FidoNet（惠多网）环境下设立，是中国大陆最早的 BBS。彼时，互联网尚未大规模普及，用户需要通过电话线拨号才能登录 BBS 服务器，因此当时用户访问量很少。1994 年 5 月，国家智能计算机研究开发中心开通曙光 BBS 站。而后，随着计算机的普及与互联网的快速发展，BBS 论坛逐渐被认识，大型门户网站无一例外地开始提供网络论坛服务，包括新浪网的前身——四通利方论坛。1996 年，四通利方论坛成立，其主打频道是体育和互联网技术，尤其体育沙龙频道为天南

1　潘敏，凌惠，于朝阳 . 国内外 BBS 论坛发展及管理比较研究［J］. 思想理论教育导刊，2007（07）：68-72.

2　中国互联网络信息中心 . 第 17 次中国互联网络发展状况调查统计报告［EB/OL］. 中国互联网络信息中心网站，（2006-01-18）［2023-06-01］. https：//www.cnnic.net.cn/n4/2022/0401/c88-797.html.

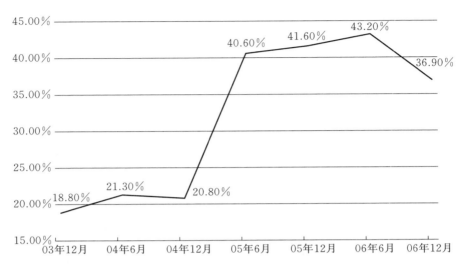

图 7-1　经常使用"论坛/BBS/讨论组"的网民比例趋势图

（统计周期：2003 年 12 月 30 日—2006 年 12 月 30 日）[1]

海北的球迷们提供了一个最佳的评球场所[2]，著名帖子《10·31，大连金州没有眼泪》便发布在这里。这篇论坛网文还"走"向了传统媒体，1997 年 11 月 14 日，《南方周末》用一个整版刊登了这篇文章，同时对四通利方的体育沙龙进行了介绍，这是四通利方第一次在报纸上出现。[3] 至 2006 年左右，"西祠胡同、凯迪社区、西陆社区和天涯社区号称（当时的）四大社区"[4]，汇集了大量用户。此外，还有创建于 1997 年的猫扑，它是国内最早的游戏社区，也是早期网红文化的发源地，包括"芙蓉姐姐"[5]"奶茶妹妹"[6]"犀利哥"[7]

1　数据来源：第 13 次至第 19 次中国互联网络发展状况调查统计报告，详见 https://www.cnnic.net.cn/6/86/88/index2.html.

2　杨谷. 从电子公告牌到"贴吧"［EB/OL］. 光明网，（2007-07-08）［2023-06-01］. https://www.gmw.cn/01gmrb/2007-07/08/content_635656.htm.

3　陈汉辞. 解构新浪之道［N］. 第一财经日报，2005-03-03.

4　本书项目组访谈资料. 被访者：刘辉. 访谈时间：2016-09-10.

5　第一代网红，原名史恒侠，在 2004 年的时候因网络拍客将其照片上传到论坛而成为网络红人。

6　原名章泽天，2009 年因一张手捧奶茶的照片走红网络。

7　原名程国荣，由于种种原因成为流浪汉，2010 年因被网友抓拍照片走红网络。

等网络名人，以及"挂科比不挂柯南"[1]"23333"[2]等网络流行语均广泛传播于猫扑。[3]

同一时期，BBS论坛在高校内部也开始生根发芽。1995年8月初，作为大陆高校最早的BBS论坛，清华大学的"水木清华"正式开放。后来，北京大学有了"一塌糊涂"和"未名"，中国人民大学有了"天地人大"，复旦大学有了"日月光华"，上海交通大学有了"饮水思源"，南京大学有了"小百合"……2003年前后是高校BBS发展的黄金时期，硬件设施逐步完善，注册量、访问量与同时在线人数也都大幅提高，BBS扮演着资讯门户、社交工具、文学网站等信息交互的多重角色。[4]但也因为开放性与高访问量，高校BBS论坛中一些不当言论受到了监管。2004年8月19日，北大"一塌糊涂"站务组发布公告称，"我们目前面临的首要问题是对政治类版面的整顿"[5]；随后，9月关站。2005年左右，国内多家高校BBS网站先后接到教育部的整改通知，将开放型的BBS转为校内型，限制校外人员的访问[6]，并开始了实名制。部分高校BBS论坛被关闭后，也有学生团队另起炉灶，重新建站。[7]截至2007年3月，据不完全统计，中国大陆有81所高校总计建立了111个BBS站。[8]从整体上看，高校BBS论坛信息内容与学校日常工作、校园学生活动密切相关，在校园信息交流传播、校园文化建设、校园舆论导向等方面产生了深刻的影响。

1999年5月，为表达广大网友对以美国为首的北约袭击中国驻南斯拉夫大使馆的野蛮行径的强烈愤慨，人民网开通了"强烈抗议北约暴行BBS论

1　网络用语，谐音"'挂科'比'不挂科'难"。

2　网络用语，表示非常好笑的意思。

3　蒋东文.再见，猫扑！一个时代的落幕，"网红鼻祖"终退出江湖［EB/OL］.（2021-05-10）［2023-06-01］.https://baijiahao.baidu.com/s?id=1699363032566033789&wfr=spider&for=pc.

4　大学BBS的消亡史［J］.阅读，2018（40）：60-62.

5　南都周刊.BBS往事［EB/OL］.（2012-06-03）［2023-06-28］.https://lusongsong.com/info/post/167.html.

6　黄乐欣.高校BBS不再对外开放 校外人员只能浏览［N］.新快报，2005-03-21.

7　北极.2005年时对各个BBS推行实名制是怎么回事？［EB/OL］.（2014-11-27）［2023-06-01］.https://www.zhihu.com/question/21263660.

8　潘敏，凌惠，于朝阳.国内外BBS论坛发展及管理比较研究［J］.思想理论教育导刊，2007（07）：68-72.

坛"；同年 6 月 19 日更名为"强国论坛"。作为中国最知名的时政论坛，有些人把强国论坛定位为"中国网上言论特区"；"不管是西方主流媒体，还是中国的媒体，都从强国论坛寻找中国最新的风向，了解中国老百姓关注的热点，看他们的想法"；"2003 年的'神五'，2001 年的'王伟撞机事件''9·11 恐怖袭击'，还有 2003 年'非典'，包括 2000 年的美国总统大选……这些国内外大事在强国论坛都有非常充分的反映和讨论，所以在发挥网络特性、充分让网民把心声表达出来方面，强国论坛确实有它独特的历史贡献。"[1] 强国论坛甚至成了网民与党和政府"直接对话"的渠道，2008 年 6 月 20 日，胡锦涛通过强国论坛同网友在线交流，这是最高领导人首次与网民在线交流，互联网作为了解民情、汇聚民智的重要渠道，开始受到中国党政高层的重视；[2]2009 年 2 月 24 日，强国论坛隆重推出"E 两会"大型互动专区[3]。为了拉近官方和民间的距离，加强网民互动，强国论坛"想了很多办法，包括做社区、编写内参、编写新闻，以及做访谈"[4]，始终贯彻着"最初强国论坛的办理原则，就是让政府满意、让人民满意"[5]。作为最有特色的"王牌栏目"，强国论坛的访谈成为政府官员、专家和学者表达想法并与网民进行交流的有效渠道。

三、公共聊天室实现即时"群聊"

公共聊天室是另一种形式的互联网社区，与 BBS 相比，它更加侧重于即时互动，即为用户提供了实时互动聊天的平台，通过浏览器在网页端实现"群聊"，满足了早期网民的社交需求。公共聊天室的发展使得信息传播更加快速、自由。同时，公共聊天室的用户群体也相对更加年轻化，具有更强的互动性和社交性。

1　本书项目组访谈资料. 被访者：单成彪. 访谈时间：2016-12-18.

2　中新社. 中国最高领导人首次同网民在线交流［EB/OL］. 央视网，（2008-06-20）［2023-06-01］. http://news.cctv.com/china/20080620/103464.shtml.

3　强国论坛 20 年大事记［EB/OL］. 人民网，（2019-05-09）［2022-06-01］. http://www.people.com.cn/32306/426648/index.html.

4　本书项目组访谈资料. 被访者：单成彪. 访谈时间：2016-12-18.

5　本书项目组访谈资料. 被访者：蒋亚平. 访谈时间：2017-03-16.

早期公共聊天室通常建于各城市本地生活资讯门户网站里，这些门户网站多由中国电信自营。20 世纪末，中国最早的一批聊天室开设在广东地区，比如 1995 年 6 月，深圳特区第一家本地生活资讯门户网站"深圳之窗"（最初名为"环球新天地"）创立，其中设有"鹏城聊天室"。[1] 1998 年 4 月，"湛江在线"推出聊天室，彼时只有三个聊天室，其中一个聊天室名为"碧海银沙"，因而网友们开始以"碧海银沙"称呼该网站。[2] 当时每天同时在线的人数可达 4 万。[3] 到了 1999 年，网站正式更名为"碧海银沙网"，[4] 除了公共聊天室，还增设了特约聊天室和自建聊天室，每个网络用户都可以建立以自己感兴趣的话题为中心的聊天室，一推出就大受欢迎，碧海银沙也成为国内最大的聊天室之一。[5] 2001 年 4 月，碧海银沙开始支持语音聊天，成为国内首家提供语音聊天服务的网站；9 月，又增加了视频聊天功能。[6] 此外，新浪、网易、腾讯等多家大型门户网站也都曾推出过公共聊天室，网易聊天室最高峰值曾突破过 5 万人同时在线聊天 [7]。

在语音聊天室推出之前，公共聊天室只能通过文字交流，有网友回忆道："那时候大家都是网络菜鸟，最基本的表现就是打字速度奇慢……基本上大家都是以每分钟 2 字的速度在交流。"[8] 后来，语音与视频功能提供了更加便捷高效的聊天方式，因此受到了网民的广泛喜爱。2002 年，3721 公司 [9] 按照一整年

1　杜十年 . 1999：论坛、聊天室与即时通讯软件［EB/OL］. 知乎，（2018-12-29）［2023-06-01］. https://zhuanlan.zhihu.com/p/53634212.

2　碧海银沙（提供个性化网络应用的网站）［EB/OL］.（2023-01-17）［2023-06-01］. https://www.530311.com/baike/show-268947.html.

3　新周刊 . 这届 90 后的真心，都给了初代网友［EB/OL］. 知乎，（2019-12-29）［2023-06-01］. https://zhuanlan.zhihu.com/p/100276749.

4　南方都市报 . 网事三部曲之一：你好，旧时光［EB/OL］. 搜狐，（2018-05-17）［2023-06-01］. https://www.sohu.com/a/231915331_161795.

5　杜十年 .1999：论坛、聊天室与即时通讯软件［EB/OL］. 知乎，（2018-12-29）［2023-06-01］. https://zhuanlan.zhihu.com/p/53634212.

6　果壳 . 我们在 20 年前的中文互联网，寻找 Clubhouse 的影子［EB/OL］. 网易，（2021-03-17）［2023-06-01］. https://www.163.com/dy/article/G5B1NVNJ05118OGM.html.

7　聊天室服务淡出网站主营方向　网易聊天室周六起永久关门［N］.浙江日报，2008-10-29（07）.

8　马小帅 . 那些年亡于约炮的网络聊天室［EB/OL］. 知乎，（2021-04-12）［2023-06-01］. https://zhuanlan.zhihu.com/p/364132217.

9　1998 年由周鸿祎创立的互联网公司。

用户使用量的排序列出了网络实名查询排行榜,其中"十大聊天室"依次为:碧海银沙聊天、九聊、爱聊语音聊天、e 聊语音聊天、电聊、聊聊语音聊天、好聊语音聊天、泉州聊天室、新浪聊天室、网易聊天室,[1]从中不难看出,在当时,语音聊天已经成为网络聊天室的主流功能。

　　作为互联网早期出现的即时互动服务,公共聊天室曾红极一时。在 2002 年左右,一些大型网络聊天室的同时在线人数可以维持在一万人。[2]然而随着网络沟通方式的多样化,尤其是即时通讯工具的出现,聊天室逐渐失去其优势。以今天的眼光来看公共聊天室,它类似于只能通过浏览器在网页端实现的"群聊",而后出现的 QQ、微信等即时通讯工具带来了更加便捷和多样的社交方式,人们不仅可以"群聊",也能"私聊",尤其进入移动互联网时代之后,功能相对单调、局限于网页端的聊天室逐渐丢失了人气。再加上聊天室内容的变质,不健康、不文明、不安全的内容充斥其中,原来较为纯净的聊天室环境变得乌烟瘴气。2003 年,微软称为"保护未成年人"最早关闭了公共聊天室。[3] 2008 年 11 月 1 日,网易称"由于产品重新规划的需要",关停聊天室。[4] 2009 年 1 月 5 日,国新办、工信部、公安部等七部门联手,在全国开展整治互联网低俗之风专项行动。[5] 2009 年 1 月 8 日,腾讯发布公告称"为配合互联网低俗之风专项整治行动,暂时关闭 QQ 聊天室服务"。[6]从此,公共聊天室逐渐退出了历史舞台。

　　1　网络实名 100 亿次查询 3721 年末推出排行榜[EB/OL].新浪科技,(2003-01-20)[2023-06-01].https://tech.china.com/zh_cn/news/net/156/20030120/11400686.html.

　　2　孙雨.雅虎将关闭公共聊天室[N].北京晨报,2012-12-05.

　　3　同上.

　　4　聊天室服务淡出网站主营方向　网易聊天室周六起永久关门[N].浙江日报,2008-10-29(07).

　　5　隋笑飞.国新办等七部委开展整治互联网低俗之风专项行动[EB/OL].中国人大网,(2009-01-05)[2023-06-01].http://www.npc.gov.cn/npc/c2/c188/c219/201905/t20190522_170750.html.

　　6　腾讯 1 月 8 日起关闭 QQ 聊天室服务[EB/OL].新浪科技,(2009-01-08)[2023-06-01].https://tech.sina.com.cn/i/2009-01-08/19412731799.shtml.

四、自媒体雏形——博客的出现

博客是互联网社会化发展的又一重要标志。总的来说，博客是"一种表达个人思想和网络链接，内容按照时间顺序排列，并且不断更新的出版方式"。[1] 在一定程度上来说，博客是自我传播与大众传播的混合体，综合了个人网站、门户、新闻网页等多种原有的网络表现方式，它可以被视为个人网络媒体，侧重点在于自我表达和展示，同时也可以实现用户交流，完成社会互动。在发展后期出现了短博客的形式。

2002 年被称为中国"博客元年"[2]，8 月，国内第一个较大规模的博客网站"博客中国"正式成立，网站推出后的两个月时间内，点击率突破了 40 万次。[3] 最早一批博客用户是在互联网上具有话语权的知识精英，但博客最大程度地简单化与快捷化了信息发布渠道，同时最大程度地稀释编辑作用，使信息的传播和思想的表达更加开放、自由，使得其用户范围和规模不断扩大。[4] 博客真正为大众所熟悉还是在 2003 年之后。在"木子美事件"[5]"竹影青瞳事件"[6] 的影响下，博客一时间受到了大量瞩目，也因此开始兴起"反黄运动"。从 2003 年 6 月 18 日起，王吉鹏等人在"博客中国"网站上发表了《网站 CEO 的下一个称呼：老鸨——谈谈网络色情》等一系列的文章，声讨网络色情。"博客中

1　方兴东，孙坚华.Blog：个人日记挑战传媒巨头［N］.南方周末，2002-09-06（002）.

2　闵大洪.2002 年的中国网络媒体与网络传播［EB/OL］.人民网，（2014-04-15）［2023-06-01］.http://media.people.com.cn/n/2014/0415/c40606-24898306.html.

3　互联网物语：博客往事［EB/OL］.赛博 5 号院公众号，（2016-07-22）［2023-06-01］.https://mp.weixin.qq.com/s?__biz=MzIzNDQyNjA4Ng==&mid=2247483666&idx=1&sn=059f192e747c2d431951cab4d69aa94e&chksm=e8f7da9bdf80538df55b4155ded6b6d985aefc81fdda6fd34f12891dc244f49195a514400fa9&scene=27.

4　闵大洪.2002 年的中国网络媒体与网络传播［EB/OL］.人民网，（2014-04-15）［2023-06-01］.http://media.people.com.cn/n/2014/0415/c40606-24898306.html.

5　2003 年 6 月 19 日起，木子美开始通过个人博客公开自己的性爱日记，8 月某日，木子美在《遗情书》中用白描的手法记录了她与广州某著名摇滚乐手的"一夜情"故事，在道德、法律范畴引起了广泛的讨论和争议。

6　2004 年 1 月 5 日起，一个网名为竹影青瞳的写手在个人博客上实时更新自己的裸照，一个月内点击率飙升到 13 万多，2004 年 2 月初，竹影青瞳的裸照被网站删除。

国"网站也在6月23日推出"中国互联网呼唤'反黄'运动"专题,并在11月16日刊发《博客道德规范倡议书》,提出了博客应遵守的三项原则:诚实和公正原则、伤害最小化原则和承担责任原则。[1]

2004年被认为是"中国博客进入主流的一年"[2],国内网易和腾讯等公司的博客服务已经处于试运行阶段。到了年底,博客中国正式开通了无线频道,提供短信、彩信的博客服务,成为博客移动化的一个早期标志。[3]2005年7月,新浪推出了博客服务,9月8日,正式推出"Blog2.0公测版",[4]9月底新浪博客决定引入名人,并称这些名人的博客为"热点博客",在当时受到了网民们的广泛关注,9月27日,余华开通了新浪第一个名人博客。[5]据CNNIC发布的《2006年中国博客调查报告》显示,截至2006年8月底,博客作者规模达到1748.5万人。[6]

五、社会属性:网民舆论监督的有效途径

互联网交互技术的成熟与网络社区的兴起,为公众参与提供了更广泛的空间和更多的途径。公众可以在互联网媒体平台上表达自己的观点和看法,参与信息的传播和交流,甚至推动社会公共事务的进展。

在互联网平台上,公众可以更加自由地发表自己的言论,可以针对社会事件、政治事件等发表评论,或者在论坛、博客等平台上发表自己的观点。这些

1　闵大洪.2003年的中国网络媒体与网络传播[EB/OL].人民网,(2014-04-15)[2023-06-01].http://media.people.com.cn/n/2014/0415/c40606-24898329-2.html.

2　方兴东.博客的自律与他律[EB/OL].北京青年周刊//新浪网,(2004-02-16)[2023-06-01].http://ent.sina.com.cn/2004-02-16/2345304402.html.

3　博客中国发展历程[EB/OL].博客中国,[2023-06-15].https://fm.blogchina.com/footr/fzlc.

4　新浪推出Blog2.0公测版[EB/OL].新浪科技,(2005-09-08)[2023-06-01].http://tech.sina.com.cn/i/2005-09-08/1035714952.shtml.

5　新浪博客五周年[EB/OL].新浪博客,[2023-06-15].https://blog.sina.com.cn/lm/z/blogfa/index.html.

6　中国互联网络信息中心.2006年中国互联网博客调查报告[EB/OL].中国互联网络信息中心网站,(2006-09-25)[2023-06-01].https://www.cnnic.net.cn/n4/2022/0401/c123-922.html.

意见和看法通过互联网媒体的公开传播，可以更快速地被更多的人了解和传播，形成舆论氛围，对社会事件发展产生影响。比如，在 2007 年轰动全国的"周正龙华南虎事件"中，网民在事件发展中起到了不可忽视的作用。2007 年 10 月 3 日，陕西农民周正龙声称用胶片和数码照相机同时拍摄到两组清晰的野生华南虎照片，照片多达 70 余张，陕西省林业厅经"鉴定"认为照片真实，并奖励周正龙人民币 2 万元。而在该新闻被不少媒体转载之后，2007 年 10 月 15 日，互联网中出现了《陕西华南虎又是假新闻？》的帖子，作者在文章里提出了针对老虎图片的 6 个疑点，并指出，该新闻所配的老虎图片有 PS 之嫌，并邀请网友们都来帮忙鉴定。随后，照片真实性受到来自网友、华南虎专家和中科院专家等方面的质疑，并引发全国性关注。在这种情况下，互联网媒体成了舆论监督的平台，通过网民的监督和曝光，迫使政府和相关部门对事件进行深入处理，2008 年 6 月底，有关部门经调查宣布周正龙拍摄虎照造假，13 位大小官员受到处分。

另一方面，互联网媒体也为人们提供了网络参政议政的渠道。公众可以通过网络平台，参与政策的制定和实施监督，向政府提出意见和建议。相比传统的民意反馈渠道，互联网在实时性、即时性、广泛性、互动性和覆盖面方面均大有提升。一个典型的表现即为"强国论坛"。强国论坛"最重要的吸引人的地方在于，它是网民对国内外大事——特别是时政大事——发表意见的一个场所，所以在很快的时间内吸引了大量的网友用户来注册，来发表观点"，在强国论坛中，网民们提出的好意见会被"挖掘出来，拿来变成新闻报道，变成内参舆情"[1]。

此外，公众还可以通过互联网媒体参与新闻的生产与传播，提供新闻线索，甚至直接参与传统媒体的新闻活动，向公众传递信源和视角更多元的信息和观点，提高公众对社会事件和政治事件的关注度和了解度。比如，2002 年 11 月，网民"我为伊狂"在强国论坛上发表题为《深圳，你被谁抛弃》的帖子，在当时深圳人才外流、著名企业重心向长江三角洲转移的背景下，从市民角度对深圳的金融业、高新产业、机关改革、深港合作等问题进行分析，感慨作为曾经是经济特区的深圳优势正在渐渐失去。文章引起了深圳市长及领导班子的

1 本书项目组访谈资料．被访者：单成彪．访谈时间：2016-12-18.

反思,国务院调研组到深圳调研,[1] 这是网络舆情促进现实政治文明建设与社会进步的标志性事件。2008 年 9 月 17 日,时任国务院总理温家宝对《有博客刊登举报信反映 8 月 1 日山西娄烦县山体滑坡事故瞒报死亡人数》做出批示,要求核查该起重大尾矿库溃坝事故,[2] 互联网媒体的舆论监督功能进一步受到政府重视。还有诸如 2008 年"南方雪灾""汶川大地震"等一系列突发重大新闻事件中,公众通过互联网媒体发布消息,提供了更加多元和丰富的视角,以及更全面的事件动态,帮助人们更深入地了解真实情况。在 2008 年的"抗震救灾"中,新浪 CEO 曹国伟表示:"网络正在改变抗震救灾的进程,网络把每一个灾区的亲历者都变成了记录者和传播者,每天都有大量的最前线的文字、图片、视频、音频由网友自发地在第一时间传送到网络上,并且病毒式地传播开来。"[3]

第三节 移动化阶段:自媒体热潮与平台化趋势

在移动互联网技术的推动下,智能手机普及、移动应用兴起,互联网媒体逐渐从传统的桌面平台扩展到移动设备。2009 年 1 月 7 日,工业和信息化部为中国移动、中国电信和中国联通发放第三代移动通信(3G)牌照,[4] 此举标志着中国正式进入 3G 时代,3G 移动网络的建设也掀开了中国移动互联网发展新篇章。进入移动化阶段,使用移动端接入互联网的群体数量激增,同时带来的是个人化网络趋势。在深度社会化的互联网媒体使用中,用户对生产内容

1　新京报.《深圳,你被谁抛弃》荣膺"年度事件"[EB/OL].新浪网,(2004-01-01)[2023-06-01].https://news.sina.com.cn/c/2004-01-01/09411479787s.shtml.

2　陈尚忠.运用新兴媒体开展舆论监督刍议[J].今传媒,2009(1):1.

3　赈灾义演许戈辉对话曹国伟:网络改变救灾进程[EB/OL].新浪娱乐,(2008-05-16)[2023-06-01].http://video.sina.com.cn/ent/y/2008-05-16/004215718.shtml.

4　工业和信息化部.工业和信息化部为移动、电信、联通发放 3G 牌照[EB/OL].中国政府网,(2009-01-07)[2023-06-01].https://www.gov.cn/govweb/jrzg/2009-01/07/content_1198562.htm.

具有了更强的自主性与创造力。另一方面，各类社交媒体、新闻、娱乐、购物等互联网应用的不断涌现，使互联网呈现出平台化的趋势，超越了传统的内容媒体，功能更加多元，更能满足用户的个性化需求。

一、社交媒体崛起：以"交互"为基础的关系网络

移动互联网时代，社交媒体的出现帮助人们快速建立起属于自己的社会关系网络，个人作为互联网传播主体的能动性被进一步放大，通过社交媒体建起新的社会网络和社交模式。社交媒体最初是由网络互动型媒体发展而来的。2009 年 8 月 14 日，新浪网推出微博客服务"新浪微博"（测试版），标志着中国网络传播进入微博客阶段。随着新浪微博的推出，搜狐网、网易网、人民网等门户网站也纷纷开启或测试微博客功能，微博客成为 2009 年热点互联网应用之一。微博出现时社会网络环境与用户习惯同博客时期相比已经有了较大区别，产品的迭代带来了用户迁移，继 2005 年博客大普及后，微博在 2010 年带来了又一次大众化的普及应用浪潮。2010 年 1 月 15 日的《新周刊》封面文章指出：微博产品所带来的，不仅仅是互联网的新形态，也是媒体传播的新格局。它们以外包式的新闻聚合每一个微小的个体，由"微信息"和"微交流"共同推动"微革命"。[1]

作为"互联网与手机结合"而形成的代表性产品，微博成为网民身边伴随性的社交媒体产品。原新华社新闻研究所所长陆小华在谈到微博流行的原因时认为微博的盛行印证了新媒体时代"'便利性决定传播有效性'的传播规律"，他认为"当今世界受众发生最大变化，是受众的移动化，即移动需求成为需求的主流部分。这种移动需求不仅是接受，更是传播。移动接受与移动传播成为两种殊途同归的重要驱动力量"[2]。移动微博支持随时随地发布和转发信息，真正实现了信息的即时传输、实时更新、传播迅速、广泛扩散。同时，微

---

1 微革命［J］.新周刊，2010（02）.
2 中国青年报.传媒人士点评 2009 年业内大事：微博出现引人注目［EB/OL］.凤凰网，（2010-01-20）［2023-06-01］. https://news.ifeng.com/c/7fYVdgFfspJ.

博的使用方便、快捷、简单,技术要求门槛较低,(初期)140 字的字符限制只需
要网民将自己想要表达的内容进行简单的语言组织即可,用户可以随时随地
通过手机更新个人信息,发布、评论和转发信息,既体现出信息传播的即时性,
也体现出微博作为随身移动的个人终端所具有的伴随性特质。微博的出现还
使得兴趣相同的人们有了聚集的平台与渠道,形成了各种各样的趣缘圈子,丰
富了人们的人际关系与交流方式。

　　在即时通讯方面,2006 年年底面世的飞信,是中国移动进军移动互联网
业务的开端,成为通信网和互联网融合的一个标志性产品。[1] 2011 年 1 月 21
日,腾讯推出即时通讯软件——微信,受到广大用户的热切追捧,截至 2013 年
1 月 24 日,微信用户已达 3 亿。[2] 与强调开放性、侧重弱连接的微博不同,作
为一种以强连接为主的代表性应用,微信首先保证了社交关系的熟悉度和可
靠性,可通过查找 QQ 好友、手机通讯录好友等方式迅速添加微信好友。2011
年 8 月,微信推出"查找附近的人"功能,在一定程度上拓展了微信用户的社
交范围,用户利用定位功能查找所在位置周边的使用者,并使微信的社交方式
出现了从线上向线下转移的可能。[3] 2012 年 4 月,微信推出了 4.0 版本,支持
用户分享文字、音乐、照片等信息,同时推出"朋友圈"的功能,建立手机上的
熟人社交圈,用户可以将自己的生活以时间轴的方式在微信上记录下来,其他
用户可以对照片进行"赞"或"评论"操作。[4] 经过几年的快速发展后,微信逐
渐成为中国最具代表性的社交媒体平台之一,截至 2016 年年底,在全国网民
中,微信整体使用率达到 92.6%,其中手机端常用率为 85.6%;微信朋友圈在
典型社交应用中的使用率最高,超过了 85%。[5]

　　从 2011 年开始,中国社交媒体发展进入了更加成熟稳定的整合期。在

1　刘亚,王苑丞.短信、彩信、飞信、微信四重奏——论手机即时通讯的演变及广告发展趋势
[J].新闻世界,2014(1):103-104.

2　李阳.微信兴起的原因和发展趋势[J].新闻世界,2013(07):149-151.

3　微信.微信 2.5 for iPhone 全新发布[EB/OL].(2011-08-03)[2023-06-01].https://
weixin.qq.com/cgi-bin/readtemplate?lang=zh_CN&t=weixin_faq_list&head=true.

4　微信.微信 4.0 for iPhone 全新发布[EB/OL].(2012-04-19)[2023-06-01].https://weixin.
qq.com/cgi-bin/readtemplate?lang=zh_CN&t=weixin_faq_list&head=true.

5　中国互联网络信息中心.2016 年中国社交应用用户行为研究报告[EB/OL].中国互联网
络信息中心网站,(2017-12-27)[2023-06-01].https://www.cnnic.net.cn/n4/2022/0401/c123-
1119.html.

社交媒体逐渐对互联网内容生态产生变革影响的同时，传统媒体与互联网媒体的交织融合也进入了更深入的阶段。社交媒体兴起后，在商业媒体、商业平台、自媒体的冲击下，传统媒体面临着用户流失、广告缩减的生存压力，一时间，传统媒体纷纷转向社交媒体领域开辟"新战场"，"包括以报纸为例的传统媒体都开了微博，微博很热闹"。[1] 有了社交媒体的帮助，新闻信息的发布不再受时间、空间的限制，"可以第一时间通过互联网把一些新闻或者是发生的事传播给广大的用户受众"[2]。

在政策方面，2014 年 8 月 18 日，中央全面深化改革领导小组第四次会议审议通过了《关于推动传统媒体和新兴媒体融合发展的指导意见》，《意见》指出"推动传统媒体和新兴媒体融合发展，是落实中央全面深化改革部署、推进宣传文化领域改革创新的一项重要任务，是适应媒体格局深刻变化、提升主流媒体传播力公信力影响力的重要举措"；并提出要"推动传统媒体和新兴媒体在内容、渠道、平台、经营、管理等方面深度融合"。[3] 媒体融合发展上升为国家战略。

除了内容与渠道方面的融合，社交媒体与传统媒体也在努力尝试更多的合作方式。比如，2015 年除夕，微信与中央电视台春节联欢晚会合作，让电视屏和手机屏之间产生了"新型"的互动方式。"早期，春晚与观众的互动主要依靠热线电话；手机普及后，互动形式变成了短信留言；进入互联网时代，微博是网民点评春晚的主要阵地。"[4] 顺应移动互联网的趋势，微信"摇一摇 ＋ 发红包"的方式则让观众与春晚的互动有了更强的实时性和共鸣感，"微信提供春晚红包入口，企业的赞助费直接以现金红包的形式发放给用户，同时获得品牌露出的机会"[5]。在腾讯副总裁郑香霖看来："微信摇一摇和中央电视台春晚的合作，其实是一个传统媒体和新媒体非常完美的结合，这种整合使互联网和

1　本书项目组访谈资料 . 被访者：匡文波 . 访谈时间：2016-03-02.

2　本书项目组访谈资料 . 被访者：郑香霖 . 访谈时间：2016-02-15.

3　中央全面深化改革领导小组第四次会议审议通过《关于推动传统媒体和新兴媒体融合发展的指导意见》[EB/OL]. 央视网，(2014-08-20)[2023-06-01]. https://tv.cctv.com/2014/08/20/VIDE1408534330110643.shtml.

4　馨金融 . 春晚红包往事[EB/OL]. 网易，(2021-03-02)[2023-06-01]. https://www.163.com/dy/article/G448UL9P05198086.html.

5　馨金融 . 春晚红包往事[EB/OL]. 网易，(2021-03-02)[2023-06-01]. https://www.163.com/dy/article/G448UL9P05198086.html.

中央电视台都达到了高峰,中央电视台主持人说到'请全民摇一摇'那一刻,一分钟产出 8.1 亿的摇一摇,这绝对给了全球一个新的震撼。"[1]

二、从"读者""观众"到"博主""up 主"

依托于可编辑、可准入的互联网技术架构,内容生产主体日益多元,3G 网络以及可移动终端的出现和普及,让"人人都有麦克风"成为现实,个人的分享诉求得到进一步满足,大量的用户生产内容(User Generated Content,简称 UGC)涌入互联网。用户可以自己创作内容并展示或提供给其他用户,用户生产内容逐渐成为互联网内容生态的重要组成。可以看到,在互联网媒体移动化发展阶段,用户的身份发生了从"读者""观众"到"博主""up 主"的巨大转变,用户生产内容的内涵也随着移动互联网的发展被赋予了更丰富的意义。

早期代表性的用户生产内容多出现在网络问答社区,如知乎,以问答互动的形式完成内容生产。"问题可大可小,可以结构化,也可以是带有目的性询问类的信息",这类形式产生了一对多的关系网络,通过"分享彼此的知识、经验和境界"在"人与人之间,人与信息之间构建关系",[2]并以信息需求与社交需求并行来提升用户之间对内容的生产、交换。但知识内容的持续协作与分享并非用户生产内容的主要动机,多数用户在日常生活中使用社交媒体,更愿意生产、传播娱乐消遣类内容。更为简洁的内容生产工具进一步分化了生产的内涵,如评论与评分功能、弹幕、直播实时互动,用户无须强调内容贡献性与原创性,可直接在他人内容的基础上完成基于原本内容的二次生产或创作。2019 年哔哩哔哩(B 站)公布全站用户共生产弹幕 14 亿次,使用频率较高的词汇如"泪目""我可以"亦广泛流传于其他社交媒体平台。[3]原有内容的意义或强化或解构为相关符号,用户在无组织的参与过程中继续复制符号或拼接内容,由此实现动态文化意义增殖与传播扩散。

1　本书项目组访谈资料.被访者:郑香霖.访谈时间:2016-02-15.

2　本书项目组访谈资料.被访者:周源.访谈时间:2017-05-18.

3　林迪.B 站发布 2019 年度弹幕热词——"AWSL"[EB/OL].环球网,(2019-12-06)[2023-06-01].https://3w.huanqiu.com/a/c36dc8/3w5d669i6ZB.

　　随着用户以个体为单位发布内容的行为模式日益普遍，自媒体概念开始流行。关于"自媒体"的来源，一些人认为来自英文语境中的"We Media"，然而"We Media"的兴起呈现的是关于新闻业如何转型以更好地服务于公共生活，"它突出的是以博客为例的数字和网络技术支撑所带来的转型过程，即大众更广泛地参与新闻和信息的生产和发布"[1]，是"关乎新闻业态发展的"[2]。"自媒体"的含义更强调"私人化、自主化、普遍化、平民化的内容生产者和内容传播者"[3]，并指向"最终实现商业化的媒体"[4]。国内的"自媒体"更多是个商业概念，通过在技术平台构建自我网络（Ego）节点，并围绕节点与关注者形成"小世界"网络结构，自媒体可以开展有关内容生产、传播的经济行为。自媒体既包含个体用户参与内容产业链条，也有"意见领袖"节点的职业化运作。自媒体革命将传统大众传播时代潜在的、数量有限的信源及沉默的受众变成了积极的、无限量的传播者。[5]

　　"在中国，自媒体发端于博客，后在微博平台积蓄大批粉丝，并最终在微信平台实现大范围变现。"[6]微博的出现为自媒体的早期发展提供了肥沃的土壤，几年内就诞生了一批粉丝达到百万级的"大V"。2011年，微信推出公众平台，也为机构及个人向公众提供自媒体服务搭建了平台。曾在博客、微博上积累大量用户的一些准自媒体，如"同道大叔""十点读书"等，开始在微信平台上蓬勃发展。自媒体的内容生产逐渐从兼职、业余转向专业化、职业化。

　　从2014年起，自媒体更加活跃，并通过发布广告、营销性文章等方式实现了商业变现。2014年6月，新浪微博启动自媒体计划，为自媒体作者提供广告分成，鼓励他们生产更多的原创优质内容。这一阶段，自媒体数量呈井喷之势，呈现出蜂群效应。[7]2016年2月，现象级的自媒体博主——"papi酱"火

1　於红梅.从"We Media"到"自媒体"——对一个概念的知识考古[J].新闻记者，2017（12）：49-62.

2　Gillmor D. We the Media: Grassroots, Journalism by the People, for the People[M]. Sebastopol, CA: O'Reilly Media, 2006.

3　刘建明."自媒体"原罪对公共平台的亵渎——兼论"共用媒体"的运营规则[J].新闻爱好者，2019（06）：4-7.

4　《2016中国自媒体行业白皮书》在京发布[J].新闻世界，2017（03）：36.

5　潘祥辉.对自媒体革命的媒介社会学解读[J].当代传播2011（06）：25-27.

6　腾讯研究院等.中国自媒体商业化报告：芒种过后是秋收[R].2016-07-01.

7　同上.

了,她的视频内容紧跟社会热点,以吐槽的方式呈现,获得了大量网友的共鸣;2016 年 3 月,真格基金、罗辑思维、光源资本和星图资本纷纷投资"papi 酱"获得了 1200 万元的首轮投资。[1]

　　用户生产内容强调创作者的非专业性与非职业化,突出个体参与互联网空间、实现自我表达的权利,去组织化、去科层化的实践逐渐解构传统内容产业的建制。在社交媒体中,个体用户即便基于共同的兴趣或利益聚集,依然可以保持去组织化特征,在松散结构的群体互动中完成内容生产与内容数量的快速积累。如豆瓣、微博这一类平台更通过个体"关注""标签"等途径方便用户随时接入某一话题,加速信息流动与用户连接。用户生产内容为网络空间带来前所未有的数据容量与关系层次,移动互联网、智能手机的出现加固个体与网络空间的即时绑定,平台类社交媒体降低用户生产内容准入门槛,极大地提升生产、内容传播的频率;海量信息环境中用户个体依据自身认知水平、喜好等因素主动完成信息筛选,较高质量的内容及其生产者成为"意见领袖",为留住用户注意力、扩大传播范围不断维持内容生产水平,个体用户由关注内容本身转为关注个体或符号个体。

三、短视频带来自媒体的泛众化

　　2013 年 12 月 4 日,工信部宣布向中国移动、中国电信、中国联通颁发 LTE/ 第四代数字蜂窝移动通信业务(TD-LTE)经营许可,意味着中国由此迈入 4G 时代。[2]4G 通信技术的成熟为互联网媒体移动化发展起到了巨大的推动作用,也为视听内容的传播提供了更便利的条件。根据内容时长,互联网视频可以主要分为长视频和短视频。尽管长视频占据了视听传播中的一大部分,但置于互联网媒体整体历史变迁中观察,其变化并不明显。短视频的流行是互联网媒体一个显著的阶段特征和传播形态,随着网络带宽增大,移动端可以传输视频信息,小屏传播开始流行于视听媒体;同时,社交媒体如微博微信

1　温婧 . 资本追逐下的"网红经济"[N]北京青年报,2016-03-27(08).
2　兰辛珍 . 中国正式进入 4G 时代[N].北京周报,2013-12-19.

也陆续开启视频发布与浏览功能，人们对视频内容的需求与日俱增。本部分重点以短视频为例来展现互联网媒体移动化与个人化的发展图景。

短视频是互联网发展到"自媒体时代"的产物，并将自媒体的演进推进到了一个新的阶段。[1] 不同于长视频，短视频的篇幅非常短小，时长一般在 5 分钟以内，"制作简单，没有题材限制，不需要高学历，甚至都不需要会写字，是人人可以拍，人人可以看的"[2]，且在传播上更适应移动网络下人们碎片化的信息偏好。而比起文字图片类型的自媒体，短视频媒介的使用者更加广泛，"'去文字化'的短视频真正实现了表达的平民化和大众化"，它的"流行构成了对文字主导历史记录的一种颠覆"。[3]《被看见的力量：快手是什么》一书这样写道："过去在互联网上，虽说人人都是传播者，但是都以文字书写为主要的表达方式，而文字书写从深层的逻辑上看，仍然是以精英人士的表达为主流的一种表达范式。因此，在书写时代，能够在网络上表达思想、看法的始终是社会上的一小群精英，95% 以上的大众只是旁观者、点赞者和转发者。而视频则是与之前媒介表达方式不同的一种泛众化的传播范式。从 4G 时代开始，视频为普罗大众赋能赋权，给了越来越多的普通人社会话语的表达权，每一个人都可以用视频这种最简要、直观的形式与他人和社会分享，这是一种具有革命性意义的改变。"[4] 事实上，现象级自媒体博主"papi 酱"最早虽然走红于微博，但其内容主要是短视频，凭借四十几条单条时长不超过 5 分钟的原创视频，在短短半年的时间吸粉超过 500 万，这也印证了短视频对自媒体发展的重要影响。

短视频平台的出现为自媒体发展提供了更广泛的空间。2012 年，短视频发展仍处于萌芽状态，快手开始了短视频的市场模式。2016 年，字节跳动公司推出短视频社交软件抖音，短视频行业也迎来爆发时期，越来越多的用户、内容创作者及平台媒体纷纷挤入短视频行业。在后续发展中，逐渐形成了"南抖音北快手"的竞争格局。2017 年 4 月 29 日，快手注册用户超过

1　潘祥辉 . "无名者" 的出场：短视频媒介的历史社会学考察 [J]. 国际新闻界，2020，42（06）：40-54.

2　陆地，杨雪，张新阳 . 中国短视频发展的长镜头 [J]. 新闻战线，2019（01）：28-32.

3　潘祥辉 . "无名者" 的出场：短视频媒介的历史社会学考察 [J]. 国际新闻界，2020，42（06）：40-54.

4　快手研究院 . 被看见的力量：快手是什么 [M]. 北京：中信出版社 . 2019：290.

5亿,日活跃用户(日活)6500万,日均上传短视频数百万条。[1]根据调查数据显示,2018年2月,抖音的用户数距离快手仍有一段距离,但在用户增长率方面,抖音以76%高居第一,快手的增长仅为10%。[2]而到了4月左右,抖音的月活跃用户(月活)数量便超过了快手。[3]2018年6月,抖音对外公布国内日活达到1.5亿,月活达到3亿;7月,首次公布全球月活跃用户数,已超过5亿。[4]

在短视频的推动下,自媒体发展在平民化和大众化的基础上,还呈现两个特点。一是内容生产多元化,当人人都可以拿起手机记录生活,记录的内容可以覆盖各个领域,自媒体垂直细分也会越来越明显,美妆、美食、运动、金融、母婴、旅游、搞笑……不同细分领域都有了大量内容产出,并涌现出具有代表性的头部自媒体。二是组织机构化,即从"个体户"走向"组织",通过搭建完整的团队,以机构化的方式运作,一方面可以生产出更专业、更高质量的内容,另一方面也方便为后期的商业化提供各种组织接口。一大批MCN(Multi-Channel Network,多频道网络)机构便是在这样的背景下诞生。这些机构服务于新的网红经济运作模式,为网红和自媒体提供内容策划制作、宣传推广、粉丝管理、签约代理等各类服务。比如"papi酱"在走红并获得融资后,于2016年成立了短视频MCN机构"papitube",至2017年年底,"已经合作签约了大概30多个短视频的创作者,分布在各个不同的领域,美食、美妆、游戏、泛娱乐、电影、中美文化等都有"[5]。此外,传统媒体在和新兴媒体融合发展的过程中也开始涉足短视频领域,与开设微博账号、微信公众号类似,传流媒体在抖音等平台上也开通了官方账号,试水粉丝经济。同时,短视频的兴起为政务新媒体提供了一个有效平台。2018年9月14日,公安部网络安全保卫局联合抖音,举办"全国网警巡查执法抖音号矩阵入驻仪式",全国省级、地市级公

1　郭学文,郭越.从抖音看短视频社交应用的发展[J].出版广角,2018,No.324(18):71-73.

2　马宁宁.腾讯微视杀入短视频社交,抖音要颤抖了[N].南方都市报,2018-04-03.

3　36氪.1月互联网行业经营数据跟踪[R].2019-02-28.

4　中新网.抖音全球月活跃用户数突破5亿[EB/OL].人民网,(2018-07-17)[2023-06-01].http://finance.people.com.cn/n1/2018/0717/c67737-30153417.html.

5　新浪科技.papitube霍泥芳:papi到papitube,mcn的矩阵孵化之路[EB/OL].2017-12-20.https://tech.sina.com.cn/i/2017-12-20/doc-ifypvuqe3003336.shtml.

安机关 170 家网警单位集体入驻抖音,搭建全国网警短视频平台工作矩阵。[1]

可以看出,短视频成为自媒体发展中重要的组成部分。但短视频行业中出现的内容价值导向偏离、低俗恶搞、盗版侵权、"标题党"等突出问题也在威胁着互联网媒体的健康发展。对此,有关部门开展了一系列治理行动。2018年 7 月,国家网信办会同工信部、公安部、文化和旅游部、广电总局、全国"扫黄打非"办公室等五部门,开展网络短视频行业集中整治,依法处置一批违法违规网络短视频平台,约谈 16 款短视频 App,其中 12 款被下架。[2] 2018 年 9月 14 日,国家版权局、国家网信办、工信部、公安部联合启动"剑网 2018"专项行动,把抖音短视频、快手、西瓜视频等热点短视频应用程序纳入重点监管,一方面重点打击短视频领域的各类侵权行为,另一方面引导短视频平台企业规范版权授权和传播规则。[3]

四、平台属性：超越传统意义的内容媒体

互联网媒体进入移动化发展阶段,"平台"作为互联网媒体的属性之一愈加显著。在微观层面,平台逐渐成为社会生活的"操作系统",平台逻辑已经渗透到了具体的内容生产实践中;在中观层面,互联网平台连接了线上与线下生活,并通过提供公共服务重塑了社会生活中的政治经济关系。[4]

互联网媒体的不断融合和创新,形成了多元化和丰富化的媒体形态和内容,这对于满足不同用户需求和优化用户体验,具有重要的意义。用户生产内容的大规模传播趋势下,互联网媒体的传播主体更加多元,信息生产及流通也呈现出水平化与网络化的特点,这是互联网媒体平台结构的基本特征。在媒体加速融合背景下,主流媒体、企业媒体、自媒体、社交媒体共同构建起互联网

1　首都网警. 全国网警集体入驻抖音　警民互动进入短视频时代［EB/OL］. 2018-09-15. https://baijiahao.baidu.com/s?id=16115988966022283333&wfr=spider&for=pc.

2　国家网信办会同五部门依法处置"内涵福利社"等 19 款短视频应用［EB/OL］. 新华网,（2018-07-27）［2023-06-01］. http://www.xinhuanet.com/politics/2018-07/27/c_1123185611. htm.

3　光明日报."剑网 2018"专项行动启动［N］. 2018-07-17（10）.

4　谢新洲,石林. 平台化研究：概念、现状与趋势［J］. 青年记者,2022（11）：55-58.

媒体平台的主体结构。[1] 同时,互联网媒体的平台化趋势实现了信息资源的关联和整合,互联网媒体可以将多个信息源进行聚合,形成一个信息汇集的平台,实现信息的快速传播和共享。互联网媒体可以通过开放平台和生态建设,吸引和整合多种资源和用户,实现平台的可持续发展和创新。例如,阿里巴巴的生态建设和开放平台,为整个互联网媒体提供了强大的支撑。互联网平台业态的逐步丰富使用户与平台间的关系也趋于多元。[2]

　　实际上,互联网媒体的迅速发展,极大地改变了媒介生态和传播形态。互联网已成为一个综合性的平台,具备丰富多样的产品,在互联网中,人们的需求不再局限于信息获取,而是有了更多内容和服务的需求,由此,互联网媒体也不仅仅是一种技术上的信息渠道,而是成了社会关系的映射。[3] 依托于移动互联网技术,互联网媒体对社会生活的嵌入程度越来越深,人们在使用互联网媒体的时候,实际上是在使用各种各样、不同类型的平台应用服务。比如,微信逐渐从一个即时通讯工具发展成为包含信息浏览与获取、社交关系建立与维护、生活记录与形象构建的平台,正如微信 2012 年推出 4.0 版本时的宣传语所言:"如你所知,微信不只是一个聊天工具,一切从照片开始,拍了一张照片你就拥有了自己的相册,你可以记录每天的生活瞬间,朋友在给你拍照时甚至可以同时把照片发到你的相册,在朋友圈你可以了解朋友们的生活,如你所见,微信是一种生活方式。"[4] 除此之外,人们使用手机登录聊天应用还可以与品牌互动交流、浏览商家信息、查看各种内容。这种原本单纯交换信息、图片、视频和 GIF 图像的服务,已经进化成了功能全面的生态系统,拥有自己的开发者、应用和 API(应用编程接口)。此外,扫码支付、移动订餐、网络约车、掌上理财等新形式,逐渐依托网络覆盖和精准定位等优势在零售、餐饮、出行、金融等领域加速拓展,不仅提升了交互模式,丰富了商业形态,而且健全了移动互联网生态系统。互联网在内容服务活动的基础上生成了诸多的社会关系与

1　严三九. 融合生态、价值共创与深度赋能——未来媒体发展的核心逻辑[J]. 新闻与传播研究, 2019, 26(06): 5-15-126.

2　李文冰,张雷,王牧耕. 互联网平台的复合角色与多元共治:一个分析框架[J]. 浙江学刊, 2022(03): 127-133.

3　焦培智. 传统媒体的平台属性探析——以互联网平台性的视角[J]. 视听, 2018(03): 26-27.

4　微信. 微信 4.0 for iPhone 全新发布[EB/OL]. (2012-04-19)[2023-06-01]. https://weixin.qq.com/cgi-bin/readtemplate?lang=zh_CN&t=weixin_faq_list&head=true.

公共空间，比如，短视频平台中的创意生产者在与地理、文化空间的良性互动中形成了更理想的公共领域[1]。腾讯副总裁郑香霖认为，互联网媒体"并不单是把出现的内容或新闻进行传达，还有'互联网精神'，比如通过互联网找寻不见了的人或人群，或者呼吁大家无偿献血，又或者呼吁大家可以提供公益等。这些方面远超于只是提供内容，与连接一切有关"[2]。

当互联网媒体超越传统意义上的发行渠道而进阶为可供软件研发、应用的平台，一种以软件服务为核心的新商业模式也由此建立。[3]在新的商业模式下，"平台"被赋予了"自由""平等""机会"等更丰富的内涵。互联网产业视角下的"平台"从早期的"开发工具"拓展为"商业服务"，并在"Web2.0"语境下被引申为"话语／行动空间"。[4]因此，互联网媒体的平台属性也体现在其商业模式与经营管理之中。一方面，互联网媒体平台是一种经济产品，互联网经济大潮席卷而来，覆盖面广泛，并逐渐成为社会经济重要支柱。另一方面，互联网平台为多元主体参与内容（产品）生产、消费和交易提供便利，由平台企业主导的多边市场由此取代了传统的双边市场，平台进而主导了产品生产和交易规则。[5]

第四节 智能化阶段：媒体生态的技术革新

进入 21 世纪，人工智能的发展越来越迅猛，通过开发可以模仿人类智能和学习能力的系统或机器，计算机系统能够从大量数据中提取模式、做出

1 何威,曹书乐,丁妮等.工作、福祉与获得感：短视频平台上的创意劳动者研究[J].新闻与传播研究,2020,27(06):39-57,126-127.
2 本书项目组访谈资料.被访者：郑香霖.访谈时间：2016-02-15.
3 易前良.平台研究：数字媒介研究新领域——基于传播学与STS对话的学术考察[J].新闻与传播研究,2021,28(12):58-75,127.
4 谢新洲,石林.平台化研究：概念、现状与趋势[J].青年记者,2022(11):55-58.
5 同上.

决策、解决问题以及执行各种任务。当数据单位已经从 GB（Giga byte，吉字节，又称千兆）和 TB（Tera byte，太字节）发展到 PB（Peta byte，拍字节）、EB（Exa byte，艾字节）、ZB（Zetta byte，泽字节）等计量单位[1]，"大数据"时代来临，数据呈现爆发式增长。根据国际数据公司 IDC（International Data Corporation）的监测统计，2011 年全球数据量已达到 1.8ZB[2]。"大数据"时代也意味着数据的处理、分享、挖掘、分析等能力将得到前所未有的提升。[3] 人工智能进入快速发展阶段，并获得了国家高度重视及大力支持。2016 年 5 月 18 日，国家发展改革委、科技部、工业和信息化部和中央网信办联合印发《"互联网＋"人工智能三年行动实施方案》；[4]2017 年 7 月，国务院印发《新一代人工智能发展规划》，将新一代人工智能放在国家战略层面进行部署，提出了面向 2030 年我国新一代人工智能发展的指导思想、战略目标、重点任务和保障措施。[5]

人工智能技术推动互联网媒体进入智能化发展阶段，相比于之前，智能化的互联网媒体可以实现自动化的内容生产，提供更加个性化与沉浸式的信息服务，使信息内容传播场景更加丰富。在这个趋势下，互联网媒体的形态和功能发生了巨大变化。其中，相比于互联网内容生产与消费，智能技术对内容分发的影响表现得更早，这主要得益于算法技术的应用。同时，伴随着媒体融合的深入发展，在打造新型主流媒体、加强全媒体传播体系建设的战略指导下，智能技术也进一步推动了传统媒体与商业平台的联手合作，尝试构建智能化内容生产与传播场景。此外，从用户角度出发，人机交互还带来了全新的内容消费与互动模式。

1　计算机中存储信息的基本单位是字节（Byte，简写 B），一个西文字符用一个字节存储，一个汉字需要两个字节存储。单位之间的换算关系为：1KB＝1024B，1MB＝1024KB，1GB＝1024MB，1TB＝1024GB，1PB＝1024TB，1EB＝1024PB，1ZB＝1024EB。

2　姜峰.当"大数据"来敲门（经济聚焦）［N］.人民日报，2012-12-24（10）.

3　彭兰.社会化媒体、移动终端、大数据：影响新闻生产的新技术因素［J］.新闻界，2012（16）：3-8..

4　国家发展改革委.四部门关于印发《"互联网＋"人工智能三年行动实施方案》的通知［EB/OL］.中国政府网，（2016-05-23）［2023-06-01］.https://www.gov.cn/xinwen/2016-05/23/content_5075944.htm.

5　国务院印发《新一代人工智能发展规划》［EB/OL］.中国政府网，（2017-07-20）［2023-06-01］.http://www.gov.cn/xinwen/2017-07/20/content_5212064.htm.

一、以算法为基础的内容分发平台

在互联网媒体平台中，运用智能算法的典型代表是今日头条、一点资讯等内容分发平台。通过算法技术，用户体验从"选择性接触"变成"个性化定制"，获取信息的效率被大大提高，而时间和精力成本则被大大降低。根据用户的兴趣和需求，互联网媒体能为用户提供更加精准、符合需求的内容。据调查，智能推荐技术已悄然培养起用户的阅读新习惯，用户对个性化定制新闻的需求日益增长。[1]

2012 年 8 月，字节跳动公司推出"今日头条"，定位为一款基于数据挖掘的智能推荐内容产品，自称"不做新闻生产者，只做新闻搬运工"，即根据用户需求分发新闻内容，使用户读到的内容"因人而异"，人工智能的作用即在于结合数据挖掘、算法推荐等技术使内容和用户得以精准匹配。基于数据化挖掘的个性化信息推荐使今日头条迅速获得了大量用户，据其公布的数据，在不到两年的时间内，"今日头条"已经拥有超过 1.2 亿激活用户，4000 万月度活跃用户。[2] 但随之而来的，也有不少争议和冲突。由于聚合大量传统媒体的新闻内容，今日头条在早期发展中引发了版权争议和诉讼，甚至招致国家版权局的调查。[3]

2014 年，因涉嫌擅自发布《广州日报》的作品，今日头条被拥有《广州日报》信息网络传播权的广州市交互式信息网络提起著作权之诉，称今日头条转载《广州日报》的稿件数量特别巨大，其中包括《广州日报》上刊登的有很大影响力的原创作品《广州暂停"弃婴岛"的启示与省思》等，严重侵犯了原告的知识产权。6 月 4 日，海淀法院公开审理此案。翌日，《新京报》发表社论质问"'今日头条'，是谁的'头条'"，指责"其搬运的不仅是新闻，更是版

1　企鹅智酷等 . 智媒来临和人机边界：中国新媒体趋势报告（2016）[R]. 2016-11-14.

2　今日头条完成 C 轮 1 亿美元融资　称持续加大技术投入 [EB/OL]. 一财网，（2014-06-03）[2023-06-01]. https://www.yicai.com/news/3884748.html.

3　新华网财经部 . 今日头条之辩 [EB/OL]. 新华网，[2023-06-28]. http://www.xinhuanet.com/fortune/gsbd/69.htm.

权"。[1] 此外,拥有长沙晚报报业集团及其旗下所有媒体数字版权的湖南星辰在线网络传播有限公司也对今日头条的侵权行为发表公开声明:要求"今日头条"停止侵权行为,并赔偿损失。[2] 6 月 23 日,原国家版权局版权管理司司长于慈珂在接受媒体采访时透露,国家版权局已经收到有关媒体的投诉,认为"今日头条"未经许可转载了他们的新闻作品,国家版权局正在进行立案调查。[3]

在传统媒体相继对今日头条展开维权行动之时,另一边,互联网企业也进行了出击。2014 年 6 月 24 日,搜狐公司宣布对今日头条侵犯著作权和不正当竞争行为提起诉讼,要求对方立刻停止侵权行为,刊登道歉声明,并赔偿经济损失 1100 万元。对于搜狐公司的侵权诉讼,今日头条当日晚间发表声明称,此前与搜狐公司的诸多部门都保持着友好的合作往来,搜狐不仅主动要求导流量,还主动为今日头条适配接口,今日头条拥有大量证据。今日头条相关负责人曾表示,除了网易之外,四大门户中的新浪、腾讯、搜狐均和今日头条有合作关系,合作方允许今日头条抓取内容。但搜狐、腾讯在接受媒体采访时均予以否认。[4]

有学者提出,今日头条这场版权风波"在所谓'聚合信息客户端'的网络传播方式兴起之时,具有代表性意义"[5],不仅引发了人们对"今日头条"一类内容分发平台著作权侵权问题的讨论,[6] 也在一定程度上推进了相关规定的完善以及今日头条与媒体之间的"和解"与合作。在被《广州日报》起诉之后,2014 年 6 月 18 日,今日头条与《广州日报》签署合作协议,《广州日报》也已正式申请撤诉。今日头条表示会尊重媒体的选择,在今后的合作中,除了提供导流以及收益分成模式外,也会对优质内容生产者提供购买版权的合作

1　"今日头条",是谁的"头条"[EB/OL].新京报,(2014-06-05)[2023-06-28].https://www.bjnews.com.cn/opinion/2014/06/05/319400.html.

2　东方今报.长沙晚报正式要求"今日头条"停止侵权[EB/OL].网易,(2014-06-21)[2023-06-28].https://www.163.com/news/article/9V7REP4C00014Q4P.html.

3　国家版权局对"今日头条"网立案调查[EB/OL].南方周末,(2014-06-23)[2023-06-28].http://www.infzm.com/contents/101747.

4　新华网财经部.今日头条之辩[EB/OL].新华网,[2023-06-28].http://www.xinhuanet.com/fortune/gsbd/69.htm.

5　魏永征,王晋.从《今日头条》事件看新闻媒体维权[J].新闻记者,2014(07):40-44.

6　王迁."今日头条"著作权侵权问题研究[J].中国版权,2014(04):5-10.

模式。[1]到了 2015 年，今日头条进一步加快了媒体融合步伐，像微博、微信一般，传统媒体也纷纷开始进驻，将今日头条作为内容传播平台，纳入"全媒体矩阵"。比如 2015 年 2 月，光明日报国际部推出头条号"光明天下眼"。截至 2015 年年底，"光明天下眼"在头条号的阅读量已超过 2000 万，单篇最高阅读量突破 220 万；2015 年 6 月，央视新闻入驻头条号，半年的时间里总阅读数突破 10 亿，在对"9.3 阅兵"的报道中，央视新闻的"V 观大阅兵"系列短视频在今日头条总计播放超过 7200 万，领跑其他媒体账号。[2]另一方面，从 2015 年开始，今日头条开始培养自身平台创作者，推出"千人万元"计划，逐步培养出了众多平台创作者，试图从源头上规避内容版权问题。

一点资讯比今日头条晚一年成立，2013 年由前百度公司副总裁任旭阳、前雅虎中国区研究院院长郑朝晖博士等人创办。2014 年 4 月 9 日，发布不足一周的一点资讯 2.0.1 版本跃居 App store 新闻免费排行榜第一。[3]据国内最大的独立第三方数据服务提供商 TalkingData《2014 移动互联网数据报告》显示：一点资讯在 2014 年用户覆盖量增幅达 1950％，成为用户覆盖增长最快的移动新闻应用。[4]根据第三方数据平台统计排名显示，2016 年 12 月，一点资讯日活跃用户超越天天快报、网易、新浪、搜狐等新闻客户端，位列新闻资讯类 App 第三名。[5]一点资讯的独特性在于"兴趣引擎"（Interest Engine），这是一点资讯独创的专利技术，既提取了搜索引擎的数据爬取、文本分析等技术优势，又结合了推荐引擎利用个人画像推送内容的形式，智能分析用户爱好，精准推荐内容。[6]可以说，一点资讯"融合了搜索与个性化推荐技术"[7]，基于用户"兴趣搜索 ＋ 订阅"不同主题内容，发现更加真实、完整的用户画像，为用户

1　孙奇茹.广州日报对今日头条撤诉 双方签署合作协议［N］.北京日报，2014-06-19.

2　央视新闻.2015 年今日头条加快媒体融合 央视新闻用户数突破 2000 万［EB/OL］.央视新闻微博，（2015-12-22）［2023-06-01］.https：//weibo.com/ttarticle/x/m/show/id/2309403922851039155378?_wb_client_＝1&_s_trans＝1930791057_&_s_channel＝4.

3　第 1 科技.一点资讯跃居 App store 新闻免费排行榜第一［EB/OL］.TechWeb，（2014-04-09）［2023-06-01］.http：//www.techweb.com.cn/news/2014-04-09/2025927.shtml.

4　TalkingData.2014 移动互联网数据报告［R］.2015-01-21.

5　中国网.一点资讯 APP 日活跃用户稳居资讯类前三［EB/OL］.人民网，（2017-01-12）［2023-06-01］.http：//media.people.com.cn/n1/2017/0112/c14677-29017500.html.

6　一点资讯［EB/OL］.［2023-06-28］.http：//www.yidianzixun.com/brand.

7　同上.

提供兼具共性与个性、热点与价值的信息。

　　尽管算法推荐技术为互联网媒体生态带来了活力和生机,但同时也存在一些问题和挑战。在一点资讯总编辑吴晨光看来,算法大概有三个陷阱,第一个陷阱是关于"标题党"的内容推荐被放大,第二个陷阱是将情绪化的文章推荐给读者群体,第三个陷阱是将网民读者的整个信息获取行为置入一个兴趣孤岛里,并且越来越窄。导致这三个陷阱的原因是算法只遵循数据优先、效率优先的原则。因此,在算法技术逐渐被广泛应用的基础上,依然要将机器和人工、算法和编辑结合起来,即是要通过编辑人为地干预把控内容,使得编辑充分参与内容流的排序过程。算法负责的是个性化的东西,然而重大的突发事件需要相当的人文关怀。这也是为什么一点资讯要强调"人工和数据的结合",即将机器学习与人工编辑结合,致力于帮助用户更好地发现、表达、甄别、获取和管理对自己真正有价值的内容,引导用户在移动端的深度阅读行为,带来深度内容阅读在移动互联网的延伸。吴晨光认为,尽管"有了人工智能在写稿方面的应用",但"是很一般的稿子,流程性的稿子",机器"识别不了一篇文章的好坏",因此,仍需要编辑对内容进行把关。而什么是好文章或坏文章?每个人标准都不一样,算法推送的标准也不一样。对于如何判别文章质量,简单地说,一点资讯设置了很多细节性操作指标。比如,当编辑把一万篇文章挑选出来以后,可能会确定时效性与字数两个指标,即时效性强的是好文章,超过五千字的是好文章;这两个指标会返回给机器去学习和计算,机器成功学会如何确定指标后,算法分发便又达到了一个新的境界。与此同时,当阅读者有了新需求的时候,会促使生产者和平台创作与推送符合其需求的内容,而当新的内容出现以后,势必又会引起读者阅读习惯的变化,于是平衡被一次次打破又形成。在这个内容生态系统中,内容的"源"与用户的"流"始终在追求一种动态的平衡,也就是内容的数量、质量、领域、内容倾向性(正面与负面),以及表现形态(文字、图片、视频等)与用户、数量、爱好之间的平衡。这个平衡的过程始终是编辑与算法、人与机器不停地螺旋式上升的进化过程。[1]

　　同时,算法可能会被利用或者滥用,使推送内容可信度与价值取向存在问

1　本书项目组访谈资料.被访者:吴晨光.访谈时间:2017-01-10.

题。2017 年，今日头条因违规操作、低质量内容被多次约谈。[1] 2017 年 12 月 29 日，国家互联网信息办公室指导北京市互联网信息办公室，约谈了今日头条负责人，责令其立即停止"传播色情低俗信息、违规转载新闻、标题党问题突出"等违法违规行为。[2] 2018 年 4 月 9 日，今日头条再次被整顿，并被要求下架三周；4 月 11 日，今日头条创始人张一鸣在微头条上发布致歉信，称"一直以来，我们过分强调技术的作用，却没有意识到，技术必须要用社会主义核心价值观来引导，传播正能量，符合时代要求，尊重公序良俗"，并表示"必须重新阐释并切实践行我们的社会责任：正直向善，科技创新，创造价值，担当责任，合作共赢"。[3] 从此，字节跳动明确了新的价值观，坚守内容价值，让算法更加符合主流价值。

二、以"机器写作""AI 主播"为代表的智能化内容生产

新技术带来新机遇，为内容创新开拓新空间。借助于人工智能技术，在分析大量数据和内容的基础上，可以实现新闻内容的自动化生产与智能化呈现。无论是传统媒体还是互联网平台，都在积极应用新兴技术，探索新型媒体生态。

以腾讯、今日头条为代表的互联网平台和以新华社、第一财经为代表的媒体机构纷纷开始尝试利用机器人写作进行新闻内容的生产。2015 年 9 月，腾讯财经用机器人 Dreamwriter 发布的一篇题名为《8 月 CPI 同比上涨 2.0% 创 12 月新高》的稿件是写作机器人在中国媒体行业的"处女秀"。[4] 新华社紧随其后，于当年 11 月推出写稿机器人"快笔小新"。[5] 2016 年 5 月，第一财经与

1　经济观察视界. 今日头条被多次约谈后不思悔改 究竟为何？［EB/OL］. 新浪，［2018-03-30］［2023-06-01］. http://k.sina.com.cn/article_6501367019_18382fceb001005o3h.html.

2　新华社. 北京网信办约谈今日头条、凤凰新闻负责人［EB/OL］. 搜狐，（2017-12-29）［2023-06-01］. https://www.sohu.com/a/213535486_267106.

3　杨鑫健. 张一鸣致歉：自责内疚一夜未眠，正确价值观将融入技术和产品［EB/OL］. 澎湃新闻，（2018-04-11）［2023-06-01］. https://www.thepaper.cn/newsDetail_forward_2069195.

4　刘康. 人工智能如何助力媒体生产和运营［J］. 新闻记者，2019（03）：8-9.

5　新华社推出写稿机器人 万亿智能机器人市场待瓜分［EB/OL］. 央广网，（2015-11-07）［2023-06-01］. http://finance.cnr.cn/gs/20151107/t20151107_520430053.shtml.

阿里巴巴合作推出智能写作程序"DT稿王"。[1] 在里约奥运会期间,今日头条研发的写稿机器人"xiaomingbot"通过对接奥组委的数据库信息,完成了200余篇赛事报道写作。[2] 2023年3月,腾讯正式发布全新的AI智能创作助手"腾讯智影",推出了智影数字人、文本配音、文章转视频等AI创作工具;[3] 2023年2月,百度宣布推出知识增强大语言模型"文心一言",随后30余家媒体宣布接入。[4] 由于对数据的依赖和智能语义技术的发展限制,目前智能写作一般仅能生成结构特征统一的"标准化"新闻,如体育赛事简讯、财务数据简报等,未来智能化内容生产可能会覆盖更多类型的信息内容以及更深度的新闻报道。

在视听传播方面,AI主播可以将用户输入的中英文文本自动生成为相应内容的视频,并确保视频中音频和表情、唇动保持自然一致,展现与真人主播无异的信息传达效果,节省人力成本、提高制作效率。2018年11月7日,在第五届世界互联网大会上,搜狗与新华社联合发布全球首个全仿真智能AI主持人;[5] 2020年5月,全球首位3D版AI主播"新小微"在全国两会开幕前夕正式亮相。[6] 此外,"VR直播""VR新闻"也被视为内容创新的新高地,尤其在内容可视化和趣味性方面,国内媒体在"两会"报道、奥运直播等中对此均有尝试。比如,2016年"两会"期间,3月3日政协开幕当天下午,人民日报客户端火速上线VR作品《VR带你进会场政协大会这样开幕》;新华社在PC端的两会特别专题中特设"VR视角"栏目,选题涉及了新闻发布

1　第一财经发布"DT稿王":写稿机器人的"尖子生"[EB/OL].第一财经,(2016-05-31)[2023-06-01]. https://www.yicai.com/news/5020955.html.

2　今日头条写稿机器人有哪些黑科技[EB/OL].人民网,(2017-12-26)[2023-06-01]. http://it.people.com.cn/GB/n1/2017/1226/c355236-29729923.html.

3　白金蕾.腾讯正式发布AI智能创作助手"腾讯智影"[N].新京报,2023-03-30.

4　新京报传媒研究.AI新闻时代到来? 30余家媒体宣布接入百度"文心一言"[EB/OL].(2023-02-16)[2023-06-01]. https://baijiahao.baidu.com/s?id=1757941671231112866&wfr=spider&for=pc.

5　陈倩,程昊,朱涵.全球首个"AI合成主播"在新华社上岗[EB/OL].新华网,(2018-11-07)[2023-06-01]. http://www.xinhuanet.com/politics/2018-11/07/c_1123678126.htm.

6　邬金夫."她"来了! 全球首位3D版AI合成主播精彩亮相[EB/OL].新华网,(2020-05-21)[2023-06-01]. http://www.xinhuanet.com/politics/2020lh/2020-05/20/c_1126011533.htm.

会、会议记录、现场采访、会场探访以及小策划报道等多个方面。[1] 2016 年 8 月 17 日，VR 新闻实验室在北京成立，首批成员单位《广州日报》《辽沈晚报》《法制晚报》等全国 12 家主流报纸共同探索 VR 新闻的拍摄、剪辑、后期与发布。[2]

三、基于智能终端与 AIGC 的人机交互

人机交互（Human－Computer Interaction, HCI）主要指人与计算机间的互动过程、关系及其相互影响。随着智能程度的提升，"机"的含义经历了从机器到计算机再到机器人的演变。[3] 在人工智能技术的影响下，人机交互为互联网媒体发展带来了一种全新的内容消费与互动模式，一方面，智能终端的普及使用户可以接收更多呈现形式的信息；另一方面，生成式人工智能（Artificial Intelligence Generated Content，简称 AIGC）的突破性发展使人机对话成为现实。

与互联网媒体内容生产与分发智能化发展相伴随的，还有内容接收终端的智能化。比如电视本是一种传统媒体终端，在与互联网的融合中演变出了智能终端——互联网电视，即 OTT TV（Over the Top TV），是指以广域网即传统互联网或移动互联网为传输网络，以电视机为接收终端，向用户提供视频及图文信息内容等服务的电视形态。据统计，到 2021 年第二季度，我国互联网智能电视的整体渗透率已超 50%，达到 53.3%。[4] 通过连入互联网，用户可以在电视机上直接下载和安装应用程序，通过交互功能和语音助手，使用遥控器或语音控制电视，并进行搜索、播放内容等操作，甚至整合智能家居，控制智能灯具、恒温器、摄像头等其他智能设备。相比于移动终端，

1　李晓芳．国内媒体"VR＋新闻报道"案例分析——以 2016 两会报道为例［J］．现代视听，2016（10）：15-18.

2　光明日报．"VR 新闻实验室"在京成立［N］．2016-08-19（04）.

3　申琦．服务、合作与复刻：媒体等同理论视阈下的人机交互［J］．西北师大学报（社会科学版），2022（3）：106-115.

4　CTR 洞察．互联网电视媒体报告：现状、用户、价值、广告运营｜2021 年 Q2［EB/OL］．澎湃，（2021-12-12）［2023-06-01］．https://www.thepaper.cn/newsDetail_forward_15737744.

互联网电视作为大屏终端，"画质很好，听觉和视觉也都很爽"，但也会让消费者"从使用感受上并没有那么顺手，硬件设备运营速度太慢，遥控器不太好操作"。[1]此外，与AR/VR内容相适应的接收设备，如AR眼镜、VR一体机等也在近几年流行起来。诸如此类的可穿戴智能设备实际上也是个人信息的采集者和加工者，个体的情感、行为甚至思维可以被数据化成为可以感知、存储、传输甚至处理的外在信息，[2]成为互联网内容智能化生产的"大数据"基础。

　　AIGC指的是能够自动生成内容的人工智能技术，包含文本、图像等单模态生成模型以及文本生成图像与图像生成文本等多模态模型。[3]从产物维度来看，AIGC也可以指基于生成式人工智能生成的新型内容。[4]AIGC的技术发展推动了聊天机器人的演化，作为一种智能服务式交互模式，它的进阶性在一定程度上体现为计算机以智能助手的形式全面介入生活场景，增强了人机交互的情感联结。作为人机交互的高阶模式，人机对话建立在自然语言处理技术与机器人技术的突破革新之上。[5]智能语音助手是一种能够通过语音进行交互的人工智能应用，通常嵌入在智能手机、智能音箱、汽车和其他设备中，比如苹果的"Siri"、微软的"Cortana"、华为的"小艺"、小米的"小爱同学"等，它们能够在产品功能范围内回答问题、执行任务，是比较基础的聊天机器人应用形态。2022年推出的ChatGPT（Chat Generative Pretrained Transformer）[6]与2023年推出的文心一言[7]使聊天机器人发生了更大的革新。与以往不同的是，这种对话式机器人捕捉人类语言，并且通过大语言模型（Large Language

　　1　创商网.智能电视普及带动"客厅经济"崛起，大屏消费将成新浪潮？［EB/OL］.（2021-05-21）［2023-06-01］.https://baijiahao.baidu.com/s?id=1700372153415242406&wfr=spider&for=pc.

　　2　彭兰.万物皆媒——新一轮技术驱动的泛媒化趋势［J］.编辑之友，2016（03）：5-10.

　　3　王树义，张庆薇.ChatGPT给科研工作者带来的机遇与挑战［J］.图书馆论坛，2023，43（03）：109-118.

　　4　邓莎莎，李镇宇，潘煜.ChatGPT和AI生成内容：科学研究应该采用还是抵制［J］.上海管理科学，2023，45（02）：15-20.

　　5　郭全中，张金熠.人机交互（HCI）的历史演进、核心驱动与未来趋势［J］.新闻爱好者，2023（07）：11-15.

　　6　ChatGPT是美国人工智能研究公司OpenAI研发的一款聊天机器人程序，于2022年11月30日发布。

　　7　文言一心是百度研发的一款聊天机器人程序，于2023年8月31日向全社会全面开放。

Model）的训练来与人类对话。[1] 而且它们可以被嵌入网站、应用程序、社交媒体平台等各种渠道，以回答常见问题、提供信息、处理用户请求等。可以说，AIGC 实现了人与机器的自动化互动与实时响应，为用户内容消费带来了全新的体验，是继 UGC 之后给互联网媒体内容生态带来的又一次颠覆性变革。

1　喻国明，苏芳．范式重构、人机共融与技术伴随：智能传播时代理解人机关系的路径［J］．湖南师范大学社会科学学报，2023，52（04）：119-125.

第八章
融合共生：消费互联网

　　消费一直以来都是国内大循环的关键环节和重要引擎，是经济发展的持久拉动力，同时也事关保障和改善民生，是满足人民对美好生活向往的直接体现。互联网已经从单一的信息传播渠道转变为信息发布、交互、交易以及服务的平台，极大地改变了消费领域。从实物消费、内容消费到体验消费，消费互联网以各种面貌嵌入人们的消费生活，不仅成为消费市场的重要助推器，也成为人们网络生活的重要方面。从引入国外电子商务模式到发展成为第一大网络零售市场，我国消费互联网开拓出了一条中国式道路。消费互联网的变迁，不仅是中国互联网变革进程的侧写，也极大丰富了人们的网络生活，助推了中国互联网的发展。回溯我国消费互联网发展历史，从互联网上诞生的第一笔交易至今，我国消费互联网经历了怎样的发展历程、呈现出哪些特点是本章重点关注的问题。

　　消费互联网的变迁与互联网技术的发展、商业模式的创新以及基础设施的完善等密切相关。结合消费形态和市场规模的变化，可以大致将我国消费互联网的发展历程划分为三个阶段：第一阶段是萌芽与探索期，围绕技术基础、商业模式和市场环境等，展开论述早期我国消费互联网的探索与实践；第二阶段是创新与发展时期，这一阶段我国消费互联网在商业模式、保障体系、政策引导、消费品类等方面发生了很大的变化和突破，逐渐形成了具有中国特色的消费互联网生态；第三阶段是引领与超越时期，在技术、政策、市场的三重推动下，我国网络消费迎来了高速发展期，并诞生了很多新模式、新业态、新现

象,互联网与实体经济加速融合,呈现出百花齐放的消费业态。本章重点回答
"互联网为什么能实现消费""我国网络消费模式、内容、消费者观念等发生了
怎样的变化"等问题,以我国消费互联网的变迁为主线,从技术发展、宏观政
策、市场供给以及消费需求的视角出发,梳理并总结不同发展阶段消费互联网
的变化和特点,勾勒出我国消费互联网的历史发展图景。

第一节 萌芽与探索：消费互联网的早期实践

1997 年 11 月 6 日,在巴黎举行的世界电子商务会议将电子商务定义为:
使整个贸易活动实现电子化,不仅包括交易各方以电子方式进行商业交易,同
时从技术的角度可以被视为一种交换数据、获得数据以及自动捕获数据的多
技术集合体。[1]国内学者普遍认为 EDI(Electronic Data Interchange)与"金"
字工程在我国的落地,标志着电子商务这一领域进入了发展的萌芽期。尽管
在 20 世纪 90 年代以前,大多数 EDI 都不通过互联网,而是通过租用的计算
机线在专用网络上实现。[2]但不可否认的是,这种"无纸化"的数据交换技术
为实现贸易活动电子化做好了技术上的准备。

一、EDI 与"金"字工程

Electronic Data Interchange 简称 EDI,中文译为电子数据交换,也称"无
纸化贸易"。[3]这项技术最早可以追溯到 20 世纪 60 年代,被应用在美国铁路

---

1 庞淑萍.电子商务的概念及其本质[J].能源基地建设,1999(06):44-46.
2 黄海滨,赵小红,焦春凤.电子商务概论[M].上海财经大学出版社,2006.
3 战复东.什么是 EDI? [J].国际经济合作,1991(5):57-58.

协会的货车跟踪系统,后期随着个人电脑和局域网的发展,在 20 世纪 80 年代时企业间开始尝试通过 EDI 实现发票、订单等文件的发送。[1] 具体来说,EDI 遵从一个国际标准,使得业务数据按照结构化或是标准的报文格式,通过网络从一个业务系统到另一个业务系统进行电子数据传输。举个例子,一家公司可以通过 EDI 系统,向另一家公司发送订单、发票等业务单据,同样也可以接收不同类型的业务单据。整个数据交换过程自动进行,减少了大量人工重复操作工作,有效提高了业务处理效率。

为了紧跟全球贸易发展的步伐,我国于 1990 年引入了 EDI,[2] 并受到国家和政府的高度重视,经贸委(2003 年后与对外经济贸易合作部合并成 "商务部")[3] 专门为此召开了研讨会,还将其列为 "八五" 重点应用项目,这些行动为 EDI 技术的普及奠定了基础。为了进一步推广 EDI 的应用,在引入后的五年时间里,我国对于 EDI 这个舶来品不断进行着探索式的试验,中国电子信息产业集团的成员单位陆续建设了一批试点示范项目,比如 EDI 海关系统于 1995 年完成开发[4],并开通多个城市的 EDI 海关系统,国家税务总局建设了以电子报税和出口退税为主要功能的 EDI 系统;商品检验局(2001 年与卫生检疫局、动植物检疫局合并组成为中国出入境检验检疫局)应用了签证办理和报验申请的 EDI 系统等。[5]

这些突破性进展鼓舞了各级政府部门积极设立专职部门来协调 EDI 的推广工作,由上至下层层渗透,经过不懈努力,EDI 逐渐从应用最多的进出口贸易行业扩展到其他领域,如商检、税务、邮电、铁路、银行等。[6] 以中国海关为例,1995 年 1 月,中国海关完成了 EDI 海关系统的全部开发工作,制定了 EDI 海关系统所需的 15 个 EDIFACT 标准报文子集,开通了北京、天津、上海、广州等 EDI 海关系统。[7] 按照 EDI 系统中通信网络的方式,实现

1　付加术,朱明坤.电子商务[M].中国农业科学出版社,2018.

2　叶秀敏.中国电子商务发展史[M].山西经济出版社,2017.

3　张翔.改革进程中的政府部门间协调机制[M].社会科学文献出版社,2014.

4　战复东.什么是 EDI? [J].国际经济合作,1991(5):57-58.

5　宋林林,于海峰.电子商务概论[M].电子科技大学出版社,2013.

6　吴荣梅.EDI 在我国电子商务中的应用与发展[J].科技情报开发与经济,2007,17(1):188-189.

7　刘晓华,易颖.EDI 在我国应用的现状及其前景[J].商场现代化,2007(01):113-114.

EDI 需借助公共网络设施，而互联网恰好就是一个广泛使用的、庞大的公共网络。[1]

EDI 的发展为我国电子商务兴起提供了基础技术支撑。第一，从功能角度而言，EDI 提供了标准化的数据交换格式，实现了不同企业间的无缝数据传输，确保了数据的准确性和可靠性，使企业与市场的外部信息流保持畅通；并且相较于传统的人工处理数据的方式而言，EDI 大幅降低了交易成本和时间，减少了人力和物力的投入，使数据传输更加高效和准确，进而提升整体运营效率，完善了内部电子商务功能；[2] 第二，从技术角度出发，EDI 可以通过加密技术提高数据传输时的安全性，有效避免在传输过程中数据的丢失与错误。

除了 EDI，另一个不得不提的在我国电子商务发展初期发挥基础性作用的历史事件是"三金"工程和"金贸工程"的建设。早期的"三金"工程就像电子商务发展的"基础设施"。"三金"工程始于 1993 年，包含金关、金桥、金卡三个工程[3]：金桥即国家公用经济信息通信网工程，中央指定由当时的电子工业部牵头建立了网络控制中心和信息服务交换中心；金关是指国家对外经贸信息网工程，当时我国如果要恢复关贸总协定缔约国地位，就不能与国际社会脱轨，其中 EDI 的引入和发展就是该工程落地的重要体现，金关工程是金桥工程的起步工程，为海关、外贸、外汇管理和税务部门业务系统联网，推广 EDI 业务；金卡则是电子货币工程，是我国金融电子化建设的重要内容，此工程目的是推广信用卡和现金卡，以电子信息转账方式实现的一种货币流通形式，如此便能在加快资金周转的同时减少现金遗失的风险，同时可以减少现金发行量，提高国家对资金的宏观调控能力。[4] 在"三金"工程的基础上，通过建立信息化网络和推广电子商务的应用，政府和企业可以更高效地进行商业活动。

之后于 1998 年开展的"金贸"工程，可以被看作电子商务发展的"高速公路"，它旨在为企业提供电子商务平台和解决方案，为电商活动提供了重要

1　常雪琴.电子商务概论［M］.中国铁道出版社有限公司，2019：75.

2　窦奕虹.试论电子商务信息流［J］.情报科学，2000，18（6）：485-487，501.

3　张斋.三金工程简介［J］.科技·人才·市场，1994（03）：52.

4　高功步，焦春凤.电子商务［M］.人民邮电出版社，2015：306.

支持和保障。具体来说,该工程研究制定了促进电子贸易发展的总体规划与相应的政策法规,开发并建设了具有中国特色和自主知识产权的电子贸易系统,规范了电子贸易交易秩序。[1] 对于我国的电子商务发展而言,"三金"工程的开展为我国信息化网络建设开了个好头,在宏观层面上起到了积极推动的作用;而金贸工程作为电子商务在经贸流通领域的应用工程,不仅是我国商品流通领域的重大突破,也为企业提供一个利用先进信息技术手段进行平等贸易竞争的环境,金贸工程的实施,是电子商务可以由上至下直至全面铺开的润滑剂。

二、8848 的早期探索

自 EDI 这项技术从海外引进开始,商品订单与发票的往来均可以在网上实现;再到"三金"工程和"金贸"工程的开展,由国有银行主导的线上支付逐步搭建,我国也与国际市场逐步接轨,电子邮件、数字图书馆、在线教育、网上办公、电子出版物等一系列新鲜概念开始出现在国内的各大报刊媒体上,一批"开荒者"们开始思考如何让传统的购物场景也可以在网上实现。正如时任蘑菇街总监郑航星所谈:"互联网最开始是把信息都搬到了网上,然后第二波就是把商品都搬上去了,形成了一个大的改变。"[2]

互联网从一个"只读模式"的信息发布渠道,到可以实现商品与服务交易的平台,离不开技术进步、基础设施建设、消费文化演变以及市场竞争需求等方面的共同推动。信息时代,零售是基于社会物资高度丰富、产品多元化、供过于求的大背景。[3] 区别于工业时代的产物——大卖场,电商零售的核心不再是围绕着商品,而是围绕着选购产品的消费者——人,消费不仅是对购买行为的描述,更是一种建立关系的主动模式,包括人和物品的关系以及人和集体与世界的关系,是人类社会的活动模式。[4] 同时,电子商务也是市场竞争的必然,

---

1　我国"金贸"工程正式启动[J].信息与电脑,1998(11):4-5.
2　本书项目组访谈资料.被访者:郑航星.访谈时间:2016-09-08.
3　黄若.电商的终局[M].东方出版社,2021.08.
4　江林.消费者心理与行为[M].中国人民大学出版社,2002.

企业为了提升自身竞争优势,势必会选择成本更低、方式更加便捷、尽可能降低库存商品资金占用的营销方式。[1]

8848 网站是中国电子商务早期发展的代表。其创始人王峻涛在 1994 年就提出了线上线下融合企业的概念,并创立了神州联邦公司。[2] 起初 8848 的全称名为珠穆朗玛网上商店,隶属于连邦软件公司。1999 年成立之初,该商店的主营业务包括销售计算机软件和售卖图书、音像制品,成立当年的销售额便高达 1250 万元人民币,商品种类多达 14 万种,注册用户数量接近 12 万人。[3]8848 网站模仿亚马逊的营销模式向消费者提供在线购买书籍及音像制品的服务,[4]1999 年年底 8848 公司从连邦软件公司中独立出来,授权 My8848 网站独家使用域名权(My8848 才是我们熟知的电商网站全称),并在外资的支持下坐稳了当时国内 B2C 网站的 "头把交椅"。

"这是一个我永远也说不明白,你永远也听不明白的故事。"[5] 王峻涛在回忆起 8848 的历史时感叹道。之所以说不明白,一切还要从资本间的拉锯战让公司错过了窗口期说起。1999 年 5 月开始,彼时还未拆分的 8848 为了增资扩容,引入了一家名为 IDG 的海外投资。双方在合同上表明了如果 IDG 旗下的公司要在海外上市,外方股东有义务妥善处理中方的剩余股权,换句话说,8848 的母公司北京联邦对 IDG 旗下公司有了直接持股。虽然想要在纳斯达克上市就必定得是外资公司,但根据信息产业部的规定,互联网内容服务商不得作为海外上市的主体。这样一来,8848 陷入了两难境地,不得已 8848 只能将股权 "辗转腾挪",根据王峻涛的回忆:8848 的股权结构用了整整 6 页纸才写清楚。无奈的是,等着一系列事情做完之后,时间已到了 2000 年 8 月,虽然证监会的批文已正式下达,但此时纳斯达克市场正处在一片哀嚎当中,绝大多数股东认为等资本市场好一些之后再上市,随着日复一日的拖延,上市的机会彻底流失。

反观 8848 走过的路,除了资本拉锯战的影响之外,制约着电子商务发展

1　陆宇海,邹艳芬 . 网络营销［M］. 南京大学出版社,2020.
2　林俊毅 . 电子商务理论与案例分析［M］. 化学工业出版社,2020.
3　董德民,孟万化 . 电子商务［M］. 中国水利水电出版社,2008.
4　卢冠明 . 我国 B2C 电子商务发展的策略思考［J］. 中国经贸导刊,2009(17):66.
5　林军 . 沸腾十五年:中国互联网 1995—2009［M］. 中信出版社,2009.

的原因还包括相应制度保障的缺乏,彼时 B2C 模式尚未成熟,没有建立第三方支付体系和信用评价体系,消费者在互联网上的消费权益得不到法律保障。2001 年中国消费者协会的统计显示,投诉的热点问题是消费者付款后没有收到商品,或者商家以次充好欺骗消费者,且不予退换。[1] 为此,北京市工商局甚至向消费者紧急发布警示:不要再向 8848 网上商城汇款购物。[2] 除了制度方面的不完善,基础设施滞后、互联网普及率低也是当时电子商务发展的一大阻碍。2000 年北京地区的上网用户约占全国上网用户的五分之一,而有 9 个省区的上网用户不足全国的百分之一。[3]

三、我国第一笔网上交易

　　回顾早期电商网站的运营模式,消费者通过网络上的广告、产品目录、搜索引擎检索等方式确定了想要购买的商品后进入网站开始查询,网店主将商品的文字说明、图像和客户评论以目录的方式呈现出来,消费者在浏览时把想购买的商品条目添加至“购物车”当中;接下来通过网站提供的订货单填写需要购买的商品,填写内容包括产品名称或编号、购买的数量、付款方式以及送货方式等信息;那时虽然还没出现类似支付宝的交易平台,但付款方式并不单一,不仅包括信用卡、借记卡、银行账户转账,也包括现金交易这样的传统方式,消费者可以选择交易前付款,也可以选择交易后付款。[4] 由于缺乏完善的第三方配送体系,彼时的物流主要依赖于邮寄方式,只有部分大中城市的商家具备快递及送货上门服务。

　　在整个网购流程中,“支付”处在关键节点上,从传统的货到付款、自提现场付款方式转由线上付款,消费者的选择自由度在逐步提升,如何让消费者在体验便捷性的同时又能花得安心,成为电商及各大金融机构的突

　　1　2001 年全国消协组织受理投诉情况分析[EB/OL].人民网,http://www.people.com.cn/GB/paper447/4739/518848.html.

　　2　李罡.my8848 被法院执行案始末[N].北京青年报,2001-12-11.

　　3　陈淮,邓郁松.我国的电子商务 - 完善基础制定规则[J].人民论坛,2000(05):29-30.

　　4　高功步,焦春凤.电子商务[M].人民邮电出版社,2015:306.

破重点。我国的网上银行发展起步于1996年中国银行总行推出的网上服务业务，该业务隔年开始落地，在网上建立了网页，1998年开通了网上银行服务，业务范围涵盖了账户查询、转账、支付以及结算功能，大规模发展则是2000年之后。[1]有了中国银行的率先试水，1997年招商银行也开通了网银板块，推出网上个人银行和企业银行业务，并逐步构建了由企业银行、个人银行、网上证券、网上商城以及网上支付组成的网上银行体系，也为后续国内各家银行建立网银做出了表率。1999年，招商银行成为我国首家开通"一网通"功能的银行，让电子商务流程中的支付环节变得更加便利。在此基础上，2000年中国金融认证中心（CFCA）的全面开通为网上支付安全上了一把锁，具体来说，就是在交易过程中需要对买卖双方进行真实身份的认证，这标志着我国的电商正式迈进了可供跨银行安全支付的新阶段。[2]

1997年2月，为落实彼时国家经贸委发出的《关于组建中国商品交易中心并进行试点》的通知，由政府牵头我国第一家电子商务企业——中国商品交易中心成立。[3]中国商品交易中心作为我国首家具备电商业务的央企，也是金贸工程的试点单位。1998年，中国商品交易中心网站（CCEC）上完成了首单B2B交易：北京海星凯卓计算机公司和陕西华星进出口公司签订166万元的计算机买卖合同，华星公司在收到了海星公司由民生银行向中国建设银行支付的定金后开始发货，三天之后满载着康柏（Compaq）电脑的货车就从西安抵达北京，经过验货和结算一系列流程，这笔交易圆满画上了句号，时任海星公司的总经理王愚感叹道："这单电子贸易成功的尝试，使我看到了我国企业改革的希望。"[4]1996年11月，彼时的加拿大驻华大使贝祥在实华开公司的网店里购买了北京燕莎商城的一只景泰蓝"龙凤牡丹"，这被认为是我国的第一桩网络购物。[5]

1 中国电子商务想要飞——中国消费类电子商务发展状况研究报告[J].中国计算机用户，2000（Z1）：85.

2 李明哲.网上购物的消费者行为分析[J].现代商贸工业，2008，20（6）：39-40.

3 叶秀敏.中国电子商务发展史[M].山西经济出版社，2017.

4 大魏.我国电子商务第一单交易顺利成交[J].中国经贸导刊，1998（09）：30.

5 梁秋婉.互联网对我国网络购物影响的统计分析与研究[D].暨南大学，2009.

四、"72 小时网络生存" 挑战

　　1999 年 9 月 3 日至 6 日,由梦想家中文网以及《人民日报》、北京电视台、上海东方电视台、广东电视台、《北京晚报》《新民晚报》《羊城晚报》《环球时报》《新民周刊》《新周刊》共同主办的一场 72 小时网络生存实验,为大众展示了人们利用互联网生存的可能性的同时,也暴露出处于萌芽阶段的电商需要解决的问题。该实验由 8848 电商平台赞助,分别在北京、上海、广州三个城市里各召集了 4 名志愿者。在给每人分配 1500 元现金和价值 1500 元的电子货币后,志愿者们被分别隔离至 12 个完全陌生的房间里,每个房间均配有可以拨号上网的 Windows95 版台式电脑,一张光板床和一卷卫生纸,其余所有的生活用品例如被褥、枕头、拖鞋等都需要志愿者通过网络自行购买。北京卫视、东方卫视对这场实验进行了全程直播,共计两千多家媒体跟踪报道这场实验。

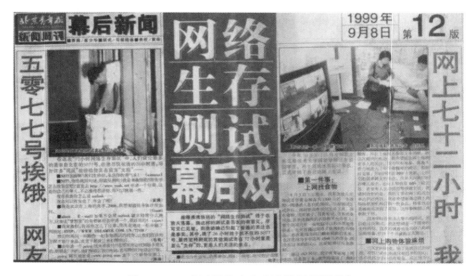

图 8-1　72 小时网络生存实验的新闻报道[1]

1　网络生存测试幕后戏[N].北京青年报,1998-09-08(12).

其中一位来自上海的志愿者张崧持找到了唯一一家能使用中国银行卡的商户，在填写资料并提交成功后却被告知需要等待 5-7 个工作日才能收到货物，其他受试者表示网购的部分产品过了几十个小时仍未送达。这次试验的结果不免让人们有些失望，由于网络支付系统和物流体系的不完善，本就寥寥几家能提供电子商务服务的公司难以满足消费者的现实需求，所以这场实验从一开始就注定了失败的命运。但值得一提的是，这样的结果并没有磨灭社会上下对消费互联网的热忱与期待。《人民日报》《新闻记者》《南方周报》等媒体纷纷发表评论，表示尽管此次试验暴露出电子商务发展过程中存在不足，但对于推动中国大陆信息化进程仍具有现实意义。

第二节　创新与发展：电子商务的转型

进入 21 世纪，互联网在中国进一步普及，基于庞大现实人口规模的网民人口红利开始显现。在经历了互联网泡沫破灭的震荡之后，电商成为互联网行业探索行之有效的盈利模式的突破口。从 B2C 到 C2C，从信用支付体系到第三方物流体系……人们逐渐意识到，牵引着中国互联网行业的发展之线有着关键的"两头"，一头是伴随社会主义市场经济建立和国际贸易流动而蓬勃发展的实体经济，另一头是伴随互联网普及和人民生活水平提高的市场需求。

一、B2C 拓荒之路：从当当网说起

1996 年，美国卢森堡剑桥控股集团找到李国庆，希望投资他的科文书业并占股 30％。从未接触过外资的李国庆不敢贸然做出决定，机缘巧合之下，

经朋友介绍认识了专门从事金融咨询业务的俞渝,二人共同创立了科文书业信息中心,也就是当当网的前身。[1] 亚马逊网上书店提供图书种类约 400 万种,顾客散布全世界 220 个国家和地区,[2] 亚马逊有底气号称自己可以为消费者提供近 50 年的图书,是因为它不仅有庞大的供应商,而且美国有较为领先的信息化基础,亚马逊对自己的数据库非常有信心。[3] 但当时我国的信息化建设相对落后,国内还未有人尝试创立一个可以覆盖全国且保持动态更新的数据库。

1997 年,在新闻出版署和外资的支持下,科文开始做中国首个书目数据库,这个数据库中共包含了 20 万本图书,并将其依照不同的主题进行分类,摆脱了传统的线下购书模式,在出版商与读者之间直接建立起一道桥梁。两年之后随着数据库正式上线,科文在美国正式成立信息技术有限公司,在科文公司、美国老虎基金、美国 IDG 集团、卢森堡剑桥集团、亚洲创业投资基金(原名软银中国创业基金)等共同投资下,建立了当当网上书店,[4] 向全世界的中文读者提供 20 多万种中文图书,1 万多种音像制品。[5] "鼠标轻轻一点,好书近在眼前",消费者查询或是购书不必再受到时间和地域的限制,而且基于当当网的直销模式,零售商被压缩的利益转化为优惠提供给消费者,消费者足不出户既可以享受到送货上门的服务,还可以自由选择线上支付或者货到之后当面付款的方式。相比于传统书店,当当网摆脱了上架周期和消费者所在地等束缚,为一些学术类和专业要求较高的出版社提供了平台。

1　林军 . 沸腾十五年:中国互联网 1995—2009[M]. 中信出版社,2009.

2　钱忠芹,胡广 . 中美网上书店图书信息比较 – 以当当网与亚马逊网为个案[J]. 新闻世界,2009(9):106–107.

3　王晶 . 当当 Vs 卓越:后融资时代的竞争[J]. 时代经贸,2004(1):124–125.

4　陈德人,张少中 . 电子商务案例分析[M]. 高等教育出版社,2010.

5　谢新洲,郑幼智 . 中外网上书店比较研究——以当当网上书店与亚马逊网上书店为个案[J]. 情报理论与实践,2005(02):219–223.

图 8-2　当当网页面[1]

二、C2C 试水成功：淘宝与支付宝

　　把网络消费这一概念落实到大众日常生活的点点滴滴，淘宝功不可没。2003 年非典病毒肆虐，由于非典病毒具有接触式传染的特征，迫使人们远离商场、超市等公共场所，给生活和工作带来了诸多不便。基于互联网的电子商务在这个时候就显现出得天独厚的优势，人们在足不出户的前提下可以进行信息查询和交易，在特殊情况下也可以实现工作、生活和学习上的需求，这也为 C2C 后来的爆火打下了用户基础。

　　病毒在杭州疯狂传播期间，马云的一支小分队被隔离了，而他们却抓住这个时间，研究推出了淘宝网。在淘宝网成立的前一年，全球最大的网络零售商 eBay 进军中国，[2]引起了阿里巴巴的关注，非典的来临更是让他们看到了网络零售的巨大商机。2003 年年底，淘宝网的注册会员已达 30 万，趁此机会，淘宝网开创了"平台基础服务 ＋ 增值服务""免费服务 ＋ 收费

　　1　利用 Internet Archive（互联网档案）的 Way back Machine 截取的 2000 年 11 月 9 日当当网页面。

　　2　边艳菊. 电子商务 非典时期显身手［J］. 中国电子商务，2003（13）：32–33.

服务"相结合的商业模式进一步开疆拓土,占领了全国百分之八十的市场份额。[1]

基础服务是不收费的,比如为用户提供搜索服务,当用户的认知还停留在浏览器时,淘宝网所做的是一个大平台的搭建;[2] 收费部分放在可以满足用户更广泛、更深层需求的增值服务部分,比如一家服装品牌店希望自己在淘宝的搜索结果中排名靠前,则需要向平台支付竞价排名服务费。淘宝通过免费的基础服务来吸引一些价格敏感度高的用户或企业,当人气流量聚集到一定程度时,再推出有偿的增值服务来盈利。此种商业模式使普通消费者和企业都获得了想要的服务,淘宝利用自身互联网平台的聚合能力与信息发布能力,为企业提供电子商务零售解决方案,降低了企业的营销渠道成本。对于消费者而言,淘宝推出的"消费者保证计划"中提供了"7天无理由退换货""假一赔三"和"虚拟物品闪电发货"等一系列保障,打消了消费者对于网购的质疑。

2003年10月,淘宝网正式推出第三方支付系统——支付宝,2004年支付宝从淘宝网中剥离出来,逐渐向多业务领域拓展,[3] 为更广泛的合作方提供支付服务。支付宝的成立标志着第三方支付体系走向完备。第三方支付平台具有两大方面的特征:一是中介性。在第三方平台机制下,买卖双方之间并非直接交易,而是由第三方平台代收消费者的钱款,待买方确认产品质量后,再由第三方平台付款给卖方的账户,此环节起到了监督买卖双方诚信交易的作用,并能够有效地打消消费者的疑虑,从而更好地推动电子商务健康快速发展。二是平台整合性。第三方平台往往提供多元的接口程序,可以将不同种类的银行和不同的支付方式连接到统一的平台上。由此,买卖双方均可以通过多种支付方式进行交易,避免了不同银行账户间转账不畅的情况。第三方支付体系的上线,弥合了电商交易中物流和资金流在时间空间上的分离,避免了商家担心发货后不能收回货款,或者是消费者不愿意先支付,担心支付后拿不到商品,或者是拿到商品后发现质量不过关等问题发生。

1　蒲实,龚融.阿里巴巴的几个关键年[J].三联生活周刊,2014-09-16.

2　本书项目组访谈资料.时任阿里移动事业部公关总监崔澎.访谈时间:2017-12-15.

3　菩提猫.淘宝网:淘谁喜欢?－淘宝绝地突围[J].新经济导刊,2005(13):48-51.

三、网络消费市场培育：天猫商城与"双十一"狂欢

淘宝网诞生之初，仅在 20 天内就聚集了 1 万名注册用户，迅速膨胀的同时诚信问题成了平台持续发展的痛点。[1] 随着入驻平台的商家不断增多，竞争愈演愈烈，一些卖家为了吸引消费者采取虚假交易、虚假宣传，比如雇用水军刷单、拒绝售后处理等，甚至为了利益销售伪劣商品，不仅损害了消费者的利益，也给平台的商业环境带来不利影响。[2] 根据 CNNIC 于 2003 年发放的调查问卷显示，网购用户中 40.0% 的用户认为网上交易中产品质量、售后服务及厂商信用得不到保障，25.1% 的用户认为网上交易的安全性得不到保障。[3] 商户为了留住消费者而打起了价格战，持续走低的售价不断压缩着商户的利润空间，进而导致商品质量持续走下坡路，假冒伪劣产品充斥在淘宝网上。

在此背景下，阿里于 2006 年推出了淘宝商城，也就是天猫商城的前身，目的是净化平台的商业环境，保障消费者的利益。淘宝具体从三方面入手：第一，对入驻商家进行更加严格的资质审核；第二，与各大品牌商合作，对商品进行抽检，并委托知识产权权利人进行鉴定，对于销售假货的商家进行清退处理；第三，对于购买到假货的消费者，平台会向商家发起维权，督促商家向消费者退回商品价款，并承担维权所涉商品的所有物流费用。从销售业绩上来看，以运动品牌李宁为例，自 2008 年入驻淘宝商城后，李宁官方旗舰店就成为李宁所有店面的销售冠军。眼看时机已经成熟，消费者对淘宝商城的信任度逐渐累积，天猫商城正式独立运营。淘宝官方对于"天猫"的释义为：猫天生挑剔，挑剔品质、挑剔品牌、挑剔环境，这恰好是天猫想要打造的品质，在天猫商城，消费者能享受到高品质的商品和高质量的服务。[4]

1　陈德人，张少中 . 电子商务案例分析［M］. 高等教育出版社，2010.

2　Zhoul, Dail, Zhang D. Online shopping acceptance model–a critical survery of consumer factors in online shopping［J］. Journal of Electronic Commerce Research, 2007, 8（3）：41–62.

3　中国互联网络信息中心 . 第 12 次中国互联网络发展状况调查统计报告［EB/OL］. 中国互联网络信息中心网站，（2003–07–17）［2022–06–01］. https://www.cnnic.net.cn/n4/2022/0401/c88–885.html.

4　李志起 . 从天猫诞生看淘宝商城更名［J］. IT 时代周刊，2012（Z1）：96.

如果说天猫商城的成立标志着网络消费进入了一个相对成熟的阶段，那么"双十一"则向全社会发起了邀请，不论是普通消费者还是传统企业，都真正领会到了网络消费的魅力。2010 年 11 月 11 日，淘宝商城联合 150 个品牌推出促销活动，只吸引了 2100 万人的参与，单日交易额突破 9.36 亿元，这一天成了我国电商史上标志性的日子。促销力度增强，线上线下联合营销是"双十一"的其中一个特点，天猫、淘宝除了派发购物红包之外，整合了全国 1000 多个市县的 3 万多家线下门店，促进电子商务与线下商业的进一步融合。天猫"双十一"的另一个特点是不同终端的促销，使用手机客户端进行交易的用户会获得一定的优惠，如此突破了使用地点、使用时间和网络上的限制，越来越多的消费者选择使用移动端参与网购。

四、基础保障：物流体系的建立与完善

在电子商务活动中，最终商流的顺利实现离不开信息流、资金流和物流这三方面的共同支撑，对于大多数商品交易来讲，需要通过物理方式的实体运输过程才能得以完成，因此物流对于实现电子商务完整过程中有着重要的地位。[1] 电子商务的迅猛发展大大增加了对于物流服务业的需求，而物流服务业出色的服务也会进一步推进电子商务的发展。[2] 回顾我国物流的发展历程，可以追溯到 1979 年 5 月，当时我国物资经济学会代表团赴日本进行了实地考察，在参与国际物流会议后，将"物流"这个概念带回我国。[3] 1989 年之后，随着改革的不断深入，我国开始重视物流的发展，并将其定义为供应链的一部分。在整个网络消费链条中，物流虽然只是其中一环，但因其直接服务于终端消费者，所以物流的体验一定程度上决定了消费者对整体购物流程的满意度。物流活动广泛存在于社会经济领域，系统较为复杂，还未形成统一的分类标准，通常是根据不同的标准来对物流类别进行有针对性的研究，

1　张润彤，朱晓敏 . 电子商务概论［M］. 中国人民大学出版社，2018.
2　武淑萍，于宝琴 . 电子商务与快递物流协同发展路径研究［J］. 管理评论，2016，28（07）：93–101.
3　张亮 . 物流学［M］. 人民邮电出版社，2015：264.

在电子商务领域的研究中,往往按物流活动的主体将物流活动分类为:自营物流和第三方物流。[1] 第三方物流(Third Party Logistics,简称 TPL)又被称为物流联盟、物流伙伴、合同物流、物流社会化或物流市场化,其含义是:物流渠道中的专业化物流中间人,以签订合同的方式,在一定期间内为其他公司提供所有或某些方面的物流业务服务。一般而言,提供第三方配送服务的公司独立于供应链之外,只通过提供一整套物流活动来服务于供应链,具体内容包括协调信息与实物的传递、仓库管理、装卸运输等[2]。专业化的第三方配送服务是电子商务实现的基础和前提。

第三方物流最先发端于美国,截至 1998 年,美国第三方物流的总收入已达到 396 亿美元,净收入达 214 亿美元。同期,我国的物流仍处于探索阶段,国内合法专营信件的快递公司只有一家——中国邮政(EMS),相关管理理念和技术相对落后,严重阻碍了电子商务的发展。当时的国内第三方物流中,中国邮政(EMS)具有其他物流企业无法比拟的优势,如拥有遍布全国的运输网、营业网、投递网及结算网等,这为中国邮政提供了得天独厚的物流发展条件。但由于中国邮政仍采用传统的管理模式,商流、信息流、物流基本是分离的,难以保证用户对于速度的需求。此外,中国邮政除了特快专递,其他业务不提供送货上门的服务。这些致命的缺陷使其并未能在具有“硬件优势”的前提下获得有利的竞争地位,在消费者群体中的口碑欠佳。[3] 这也为民营物流公司的发展提供了契机,尤其是当客户有急件需要寄出时,民营配送会根据距离远近和时间长短灵活采取最合适的交通方式进行配送,大大缩短了配送时间。民营物流公司逐步被市场认可。

另一方面,国家也开始重视邮政体制的改革。2006 年邮政体制改革,实行政企分开。2009 年 10 月 1 日,新修订的《邮政法》正式颁布,修订后的《邮政法》明确了快递业务和快递企业的法律地位,为建立统一开放、竞争有序的邮政市场提供了法律保障,同时也大大释放了物流企业的发展活力。快递服务从此走上了一条快速发展之路。从 2006 年邮政体制

1　张润彤,朱晓敏.电子商务概论[M].中国人民大学出版社,2018.

2　邱冬阳.论电子商务物流的八种模式[J].中国流通经济,2001(01):4-6.

3　吴新宇,宋艳,朱道立.物流:电子商务的基石[J].中国软科学,2000(11):42-45.

改革到 2012 年年底,快递业务量由 10 亿件增长到 57 亿件,翻了两番半,年均增幅达到 33.7%,规模总量已经跃居世界第二位,最高日处理量突破 3000 万件,已有 8000 余家不同所有制企业依法公平竞争,其中包括 5 家世界 500 强企业[1]。此外,民营物流体系作为电商运营的基础部分也发展得如火如荼,2013 年,阿里巴巴集团、银泰集团联合复星集团、富春集团、顺丰集团、"三通一达"(申通、中通、圆通、韵达),以及相关金融机构共同宣布:"中国智能物流骨干网"(简称 CSN)项目正式启动,合作各方共同组建的"菜鸟网络科技有限公司"正式成立。"菜鸟"的计划是通过投资 3000 亿元,在 5 到 8 年的时间里打造一个开放的社会化物流大平台,在全国任意一个地区都可以做到 24 小时送达。阿里由此开启了电商与第三方物流机构的典型合作模式[2]。

　　伴随着电商发展的逐步成熟,"以用户为导向"的电子商务趋势凸显,而提升物流效率是电商优化用户体验的重要手段。然而,相较于网购的爆发式增长,物流系统却没能跟上速度。2009 年报道指出,物流成为了制约当时中国电子商务的关键因素。高昂的物流费用和管理成本让以低价为最大卖点的电商企业难以做到"自卖自送"。大多数电商企业都选择将配送环节外包给专业的物流公司,但服务品质又难以把控,货物无法按时送达、损坏等现象时有发生。[3] 为此,部分电商平台提出自建物流系统,加强物流管理、压缩成本,进而提高用户的满意度。

　　以京东为例,京东于 2007 年率先提出了自建物流的想法,此后相继得到了今日资本、俄罗斯 DSR、老虎基金等财团高达 15 亿美元的资金支持。京东将这笔投资用于自身的物流建设,成为电商行业最先涉足物流行业的先行者。[4] 自 2009 年起,京东在全国范围内建立起了自己的配送网络。2010 年 3 月 31 日,京东推出一项"211 限时达服务",即上午 11 点前提交订单,当日送达,夜

　　1　中国快递行业爆发式增长规模总量已居世界第二[EB/OL].新华网,(2013-10-21)[2023-06-15].http://www.chinanews.com/gn/2013/10-21/5403968.shtml.
　　2　快递界的老大哥们:"三通一达"你该如何转型?[EB/OL].搜狐财经,(2016-01-27)[2023-06-15].https://business.sohu.com/20160127/n435971542.shtml.
　　3　李敬,李响.我为网购狂[N].计算机世界,2009-02-23(018).
　　4　薛娟.京东商城再获风投 1.5 亿美元[N].中国经济时报,2010-01-28(002).

里 11 点提交订单,次日 15:00 前送达。通过对物流的直接管理,京东保障了电子商务全程的可监管、可调配、可管理,大大降低了产品配送过程中的不及时、不安全等问题,迅速获得了消费者的青睐。

尽管自建物流的过程中投资规模大、牵扯核心业务精力,京东一度面临资金有效运转的风险,但放眼长远发展,京东通过物流建设成功构建起了自身的差异化优势。随着物流业的蓬勃发展,消费者对于物流配送有了更多的期待,各大物流公司开启了生鲜市场和个人揽件收件等新业务。电子商务不仅在购物环节中提供物流服务,还可以将物流服务独立出来,为用户紧急的配送需求提供支持。短短二十余年间,物流逐渐从电子商务的幕后走向了台前,甚至成为考量电商企业发展状况的重要维度。

第三节　引领与超越:需求侧升级与供给侧创新

2009 年 1 月,3G 牌照的发放[1],标志着中国进入了 3G 时代,为移动互联网时代的来临奠定了技术基础。随着上网速度更快的 3G 网络进一步普及和智能手机的发展,移动互联网用户数量迅速增加,一系列新的移动应用程序应运而生,例如手机当当网推出了手机购买功能淘宝平台推出了手机淘宝,手机支付也初露端倪[2],移动互联网时代正式拉开序幕。3G 技术的出现和成熟在一定程度上刺激了移动电子商务的兴起和快速发展[3],可以"边走边买"的手机购物日益成为一个社会热点话题,吸引了很多关注,被认为是网

1　工业和信息化部为移动、电信、联通发放 3G 牌照[EB/OL]. 中国政府网,（2009-01-07）[2023-11-01]. https://www.gov.cn/jrzg/2009-01/07/content_1198562_2.htm.

2　中国互联网络信息中心.2009 年中国网络购物市场研究报告[EB/OL]. 中国互联网络信息中心网站,（2009-12-03）[2023-11-13]. https://www.cnnic.net.cn/n4/2022/0401/c119-870.html.

3　Gao, L., Waechter, K. A., & Bai, X.（2015）. Understanding consumers'continuance intention towards mobile purchase: A theoretical framework and empirical study–A case of China. Computers in Human Behavior, 53, 249–262.

络消费模式的一次升级。广义的网络消费指的是消费者直接或间接利用互联网进行的商品买卖行为[1]。然而,在移动互联网时代,网络消费具有了新的特点,包括随时随地可购买的便捷性、更个性化的服务以及精准的消费信息推送[2]。

随着经济的蓬勃发展,社会生产力不断提高,人们的物质需求得到满足,开始追求精神文化层次的需求满足。消费需求不断升级,人们希望获得更多样化的消费体验,更多的个性化消费、知识性消费、娱乐化消费开始出现。2014 年中央经济工作会议明确指出:"模仿式、排浪式消费阶段基本结束,个性化、多元化逐渐成为主流。"[3]不断升级的消费需求也推动着供应商们的改革。网络口碑、社交电商、社交营销、直播电商等新模式相继涌现。不同的电商模式,满足了不同类型的消费者需求。内容付费和直播打赏等新的内容消费模式也拓展了网络消费的价值形态。商业模式的多元化、运营模式和营销模式的创新、市场产业链的扩大共同推动了消费互联网的多样性,标志着我国网络消费朝着消费多元化、消费社交化、消费扩大化和消费者融合化的发展趋势。

一、消费多元化:从"物"的消费到"内容"的消费

如果说互联网的出现,让网络消费开始慢慢走进人们的生活,那么移动互联网的出现和智能手机的普及,则是让网络消费渗透进人们生活的方方面面。移动互联网的快速发展为电子商务开辟出了一条新赛道,各大传统电商纷纷开始布局。2014 年中国互联网络信息中心发布的《中国移动互联网调查研究报告》显示,手机应用丰富程度,几乎覆盖了人们生活的各个方

1　陈剑梅.网络消费流行的社会心理原因及营销策略[J].商业时代,2010(7):31-32.

2　苏玥竹.国内外网络消费行为研究综述与评析[J].现代情报,2015,35(5):171-177.

3　2014 中央经济工作会议[EB/OL].人民网,(2014-12-11)[2023-11-04]. http://finance.people.com.cn/GB/8215/373565/391174/index.html.

面，包括信息、社交、娱乐和购物等[1]。网络消费的对象变得更加多元化，不再局限于物质消费——即为了满足低层次生存需求而进行的物质资料消费[2]，逐渐演变为包括物质、内容、服务和精神文化产品在内的广泛多元的消费形式。

网络内容消费是指人们通过互联网购买、订阅、观看或聆听各种数字化内容，如在线视频、音乐、电子书、社交媒体、帖子和博客等内容。网络信息服务消费包括通信服务、互联网信息服务、软件应用服务等。人们的消费层次也变得更加多元化，从满足生活必需品的消费逐渐扩展到享受型产品消费，发展型和享受型消费比重明显提升，网络消费成为居民消费的新宠儿[3]。

电子支付的出现、智能手机的普及和移动网络技术的发展深刻改变了传统的购物方式，消费互联网为消费者提供了更多的便利和选择。网络消费的可选品类增多，从一开始的以服装品类为主，到多样化品类的引入，加上生鲜电商的出现，网络消费的品类逐步实现消费需求全覆盖。除此之外，从为确保提供更优质商品、将淘宝商城改名为天猫商城，到各大奢侈品品牌纷纷入驻天猫商城可以看出网络消费需求升级趋势明显，垂直市场开始出现，网络消费逐渐细分化。

截止到 2014 年 12 月，我国网民使用网络购物的比例已经达到 55.7%，首次占比过半数[4]。总的来看，网络消费的影响力不断增强，消费者需求趋于个性化、多样化。其中，由于不受营业时间限制，并且能提供更优惠的价格，网上零售的发展尤为迅猛。从中国互联网络信息中心发布的相关数

1　中国互联网络信息中心.2013—2014 年中国移动互联网调查研究报告［EB/OL］.中国互联网络信息中心网站，（2014-08-26）［2023-11-14］,https://www.cnnic.net.cn/n4/2022/0401/c118-770.html.

2　何问陶，王成进.消费视角下的虚拟经济——对虚拟经济强波动性和"虚实背离"的一个解释框架［J］.社会科学研究，2007（3）:34-39.

3　朱惠莉.中国居民消费结构波动周期实证研究：1979-2014［J］.东南学术，2016（01）:137-143.

4　中国互联网络信息中心.2014 年中国网络购物市场研究报告［EB/OL］.中国互联网络信息中心网站，（2015-09-09）［2023-11-14］,https://www.cnnic.net.cn/n4/2022/0401/c119-1073.html.

据[1]也可以看出（图8-3），实物商品网上零售额一直都呈现出稳定上升趋势，在新冠疫情期间，实物商品网上零售额占社会消费品零售总额比显著增长。据国家统计局数据，截至 2022 年 12 月，我国实物商品网上零售额已经达到了 119642 亿元[2]，占社会消费品零售总额的比重创历史新高，达到了 27.2%。实物商品网上消费从"广泛"变得"深入"。

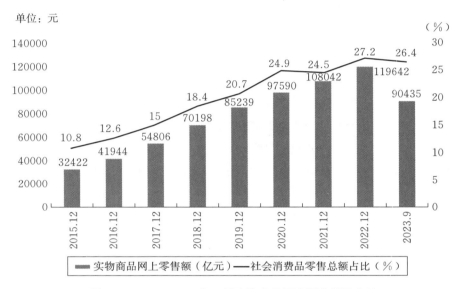

单位：元

图 8-3　2015—2023 年 9 月实物商品网上零售额及占比

值得注意的是，2015 年之前，相关统计中只有全国网上零售额的数据，并没有对实物商品网上零售额进行单独统计。国家统计局的数据显示，2015 年全国网上零售额为 38773 亿元。其中，实物商品网上零售额 32424 亿元，非实物商品网上零售额为 6349 亿元，增长 42.4%，非实物商品指的是虚拟商品和服务类商品[3]。这从侧面反映了网络服务消费、虚拟商品消费等内容消费需

1　中国互联网络信息中心. 第 37-52 次中国互联网络发展状况统计报告［EB/OL］. 中国互联网络信息中心网站,［2023-11-05］. https://www.cnnic.net.cn/6/86/88/index.html.

2　李锁强. 服务业持续恢复向好,新兴服务业增势良好［EB/OL］. 中国经济网,（2023-10-19）［2023-11-05］, http://www.stats.gov.cn/sj/sjjd/202310/t20231019_1943740.html.

3　国家统计局. 2015 年 12 月份社会消费品零售零售总额增长 11.1%［EB/OL］. 国家统计局网站,（2016-01-19）［2023-11-15］, http://www.stats.gov.cn/sj/zxfb/202302/t20230203_1899022.html.

求快速增长。除了实物商品网上零售额之外，CNNIC 报告中还统计了各类互联网应用的用户规模。图 8-4 展示了 2012—2022 年几个重要互联网内容应用类型的用户规模统计数据[1]。其中第 32 次报告显示，相较于 2012 年，2013 年网络娱乐类应用的网民规模没有明显增长，使用率变化不大，手机端成为各类应用规模增长的重要突破点。直到 2014 年，手机上网比例首次超过传统 PC 上网比例，在手机端各类应用的使用率开始快速增长，包括电子商务类、休闲娱乐类、信息获取类、沟通交流类等。

2018 年，短视频市场获得了多方关注，各大平台开始积极进军这一领域，短视频市场发展迅速；网络直播行业内部分化，进入调整转型期，网络直播的用户规模首次出现下降，短视频市场的兴起和发展对网络直播市场造成了一定的冲击。同年，信息服务消费规模首次超过信息产品消费，说明信息消费市场出现了结构性改变[2]。这也体现了我国消费结构的升级趋势，我国城乡居民消费结构正在由生存型消费转向服务消费、由物质消费转向精神消费、由规模化标准化消费转向个性化品质化消费[3]。CNNIC 第 52 次报告显示，截止到 2023 年 6 月，我国各类互联网应用发展稳定，多种类别应用的用户规模获得一定程度的增长。即时通讯、网络视频、短视频的用户规模仍稳居前列，网约车、在线旅行预订、网络文学等用户规模实现较快增长，成为用户规模增长最快的三类应用[4]。

随着用户网络消费习惯的形成和网络消费品类的增多，消费者对于多元化和个性化内容的需求推动了多种内容类应用的崛起，消费细分化的趋势明显，相关细分领域出现了不少独角兽企业。通过历时梳理网络内容类应用用户规模数据，结合非实物商品零售额增长情况，进一步展现了网络消费内容化的发展趋势即网络消费对象形式逐渐从单一的实物消费转向实物消费、内容消费和服务消费并重。

1　中国互联网络信息中心. 第 37—52 次中国互联网络发展状况统计报告［EB/OL］. 中国互联网络信息中心网站，［2023-11-05］. https://www.cnnic.net.cn/6/86/88/index.html.

2　黄鑫. 信息服务消费规模首超信息产品［N］. 经济日报，2019-01-10.

3　潘建成. 顺应消费结构升级趋势［EB/OL］［N］. 经济日报，2016-11-29.

4　中国互联网络信息中心. 第 52 次中国互联网络发展状况统计报告［EB/OL］. 中国互联网络信息中心网站，（2023-08-28）［2023-11-14］，https://www.cnnic.net.cn/n4/2023/0828/c88-10829.html.

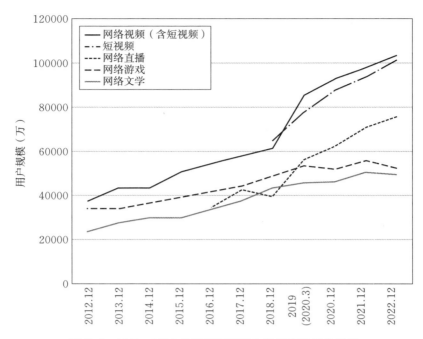

图 8-4　2012—2022 年重要互联网内容类应用用户规模

网络消费的多元化不仅体现在消费对象上,随着技术的发展以及商业模式的创新,网络消费模式也日趋多元。早期的网络消费模式主要是以传统意义上的电子商务为主,包括 B2C、C2C、B2B 等模式。在这个时期,许多企业开始将传统零售业务搬到在线平台上,为消费者提供更加便捷的购物体验。随着移动端网络消费开始兴起,各大企业纷纷开始布局移动互联网市场,一些新的模式不断涌现,如:应用内付费、团购、共享经济、订阅模式、知识付费等,这一阶段人们的付费意识也得到了增强。

2011 年 5 月奇艺(现爱奇艺)推出了付费会员制度,成为中国第一个采用该制度的视频平台[1]。付费会员制一开始发展并不理想,即使是提供平台独家的高质量视频,也没办法改变用户免费看视频的习惯。2015 年,爱奇艺大 IP 网络剧《盗墓笔记》上线,这是业内第一次尝试付费会员可以率先观看视频的模式,大量的会员充值挤爆了服务器,直接刺激付费用户数的爆炸性增

1　爱奇艺.公司介绍[EB/OL].(2016-11-29)[2023-11-15]. https://www.iqiyi.com/common/aboutus.html.

长，这一年成为会员付费业务爆发的起点[1]。伴随着消费者消费习惯的养成、网络内容消费的普及和内容的丰富，用户逐渐愿意为优质内容付费，而视频平台也提供了更多原创、独家内容，以吸引更多订阅用户。2019年，爱奇艺、腾讯视频会员数相继破亿。其中，爱奇艺会员收入逐渐超过广告收入成为平台支柱。相关数据显示，截至2019年6月，中国视频用户中付费用户占比已达18.8%；在购买平台会员的影响因素中，优质内容、性价比高、优质体验（无广告、高清等）比重较高（分别为48%、42%、37%），版权意识也占有一定的比重（29%）。[2] 视频网站的付费会员模式得到推广，用户的付费意识也逐渐增强。

其实，付费模式较早常见于网络游戏行业，从单机游戏的买断制消费、网络游戏的点卡消费发展到游戏道具内购消费、游戏皮肤售卖收费、订阅收费等。2003年腾讯正式进军游戏领域，2005年QQ游戏门户最高同时在线人数达到200万，这一年腾迅互联网增值服务收入达到7.867亿元，比2004年增长了79.2%，主要增长原因是虚拟形象道具购买和网络游戏收入的大幅增加[3]。网络游戏逐渐成为腾讯最重要的营收来源之一。腾讯年报显示，2021年其国内外游戏业务总营收为1734亿元[4]，即使在未成年人防沉迷系统上线之后，2022年腾讯游戏业务总营收也达到了1707亿元[5]。

除了视频平台和网络游戏付费，内容消费模式在不同领域开花。网络文学领域最早由起点读书于2003年开创网络文学付费模式，推出了付费订阅、打赏等变现手段，再到后来电子书的兴起，亚马逊于2016年正式在中国推出了Kindle Unlimited包月服务。在更广义上，知识付费模式开始兴起，互联网知识付费是用户通过网络分享信息、知识、服务以获取报酬的知识传播模式[6]。2016年被成为"知识付费元年"。在这一年，付费语音问答平台"分答"以及

---

1 张贺．网络版权交易活跃 用户付费持续增长［N］．人民日报，2018-12-24（12）．

2 QuestMobile.2019付费市场半年报告［R］.2019-08-20.

3 腾讯．2005年度报告［EB/OL］.（2006-3-22）［2023-11-15］. https://static.www.tencent.com/storage/uploads/2019/11/09/98cecbd878e164721fa98a1563e98e32.pdf.

4 腾讯．2021年度报告［EB/OL］.（2022-3-23）［2023-11-06］. https://www.tencent.com/zh-cn/investors.html#investors-con-2.

5 腾讯．2022年度报告［EB/OL］.（2023-3-22）［2023-11-06］. https://www.tencent.com/zh-cn/investors.html#investors-con-2

6 卢恒，许加彪，崔旭，谢欣．在线问答平台知识付费研究综述［J］.图书情报工作，2023，67（16）：135-149.

"得到 APP""知乎 live"相继上线,以知识付费模式引领了内容创业的新风口。这在一方面反映出海量信息下人们对高质量信息的需求[1],更不离开全社会对知识产权的重视和保护以及用户内容付费观念的养成。2016 年还被称为网络直播的元年,一时之间大量的资本涌入直播行业,促使直播行业迅速发展[2]。直播打赏消费模式是网络直播主要的变现手段,直播打赏的意思是允许观众在观看网络直播节目时购买虚拟奖励或礼物赠予主播,平台和直播从中分成获利。

　　事实上,网络直播和直播打赏很早就有了。2011 年,YY 直播推出了第一个虚拟礼物——鲜花,早期的直播平台如斗鱼、虎牙、快手等也开始允许观众向主播赠送虚拟礼物,虚拟礼物的种类和数量不断增加,包括花朵、礼物盒、飞吻、火箭等,每种礼物对应不同的虚拟价值。此后还发展出了付费月票以及更完善的付费礼物系统。2014 年后,随着智能手机的普及和 4G 网络的覆盖,移动直播开始兴起。直播为更多人熟知、使用,迅速与现实生活的诸多领域相融合,社会影响力增强。直播打赏也越来越普遍,打赏礼物、玩法花样百出,同时也滋生了种种直播乱象,比如主播为博取观众打赏编制违规、虚假、低俗内容,"榜一"大哥出于准社会依恋和虚荣心理不惜一掷千金,未成年人观众沉迷直播打赏使家庭遭受经济损失,等等。2022 年 5 月,中央文明办、文化和旅游部、国家广播电视总局和国家互联网信息办公室联合发布《关于规范网络直播打赏 加强未成年人保护的意见》,明确禁止未成年人参与直播打赏。

　　从为实物消费到为内容消费,从中我们可以看出消费互联网发展的几个趋势。首先是在消费者需求上,随着居民收入稳步提高、消费观念逐步改变,消费者的需求变得越来越个性化、多元化[3],其中精神文化方面的需求明显提升。互联网成为满足人们多种消费需求的重要渠道,内容同样可以成为有价值的产品。在需求和技术的双重推动下,互联网内容产品和经营模式不断推

　　1　谢新洲,石林.数字阅读构筑内容生态内核——访时任阿里巴巴数字阅读事业部总经理胡晓东[J].出版发行研究,2019(08):61-63+60.

　　2　张大卫.我国网络直播行业现状分析[J].电视研究,2017(12):43-45.

　　3　林丽鹏.个性化、多样化为重要发展趋势 细分市场撬动消费潜力(经济聚焦)[N].人民日报,2021-08-11(10).

陈出新，从直播打赏到知识付费，从游戏、视频到直播、短视频，互联网内容产业逐渐成型。同时，内容的泛在性和生产工具的便捷性，极大拉低了内容行业的进入门槛，既带来了万众创新的市场活力，也对内容质量、知识产权（IP）提出了更高的要求。

二、消费社交化：网络口碑与社交电商

在 QQ 还叫 QICQ 的时候，是一款腾讯自主研发的基于因特网的即时通讯网络工具，虽然热度很高，但因为使用互联网的成本很高，其实并不普及。随着移动互联网络技术的发展和应用，即时通讯工具和社交软件已经成为人们生活中不可或缺的一部分，为人们提供了更多一起互动和参与的机会。网络社交的概念慢慢进入人们的视野，消费互联网嗅到了一丝商机，基于此而衍生出社交电商和社交营销等新模式，消费者更加关注与朋友和社交网络的互动，他们依赖社交媒体来获取信息和建议，同时也更愿意在社交媒体上进行购物和分享。这一变化进一步对市场营销策略和运营模式产生影响，要求企业积极加入社交化消费的生态系统中。

移动互联网的普及和社交媒体的崛起，重构了人们的社交方式和关系形态，促进了人与人之间的交流，也为品牌和企业提供了与消费者交流和互动的机会，这也为社交媒体营销的发展奠定了基础。社交媒体环境下，消费者常常与朋友、家人、同行甚至是陌生人分享他们的购物体验和意见。他们会在消费前查看社交媒体上的用户评论和推荐，消费之后又在社交媒体上留下他们的购物心得。消费者在社交媒体上分享他们对于产品和服务的意见和建议，这些对推动社交化商务的发展起到了至关重要的作用[1]，也为品牌和企业提供了社交化营销的机会。从"口口相传（word-of-mouth）"到"网络口碑（E word-of-mouth/Online word-of-mouth）"，从以个体为核心的网络消费到以社群为基础的拼团网购，电子商务逐渐融入以社交媒体为中介的关系网络。

1　Zhang, K. Z., & Benyoucef, M.（2016）. Consumer behavior in social commerce: A literature review. *Decision support systems*, *86*, 95–108.

　　"口口相传"即口碑,在影响消费者行为和购买意见上扮演着至关重要的角色[1]。"口口相传"按字面意思就是一种口头交流行为,后来随着互联网技术的应用和普及,越来越多的消费者将自己的体验、点评和意见发布于网上,后来发展成了影响力更大更广的"网络口碑"。2003年成立于上海的大众点评网一开始的设定是一个本地生活信息及交易平台,同时也是一个第三方消费点评网站。用户可以通过网站点评消费体验、发布消费心得。随着社交媒介化程度加深,消费者越来越依赖查询互联网点评来作为行为决策的参考,大众点评网已经成为一个影响力甚广的口碑库。2017年开始发布的"必吃榜",宣称是以消费者浏览行为和真实评价为依托得出的榜单,也进一步扩大了大众点评网在美食领域的影响力。虽然网站表示榜单是公正不收费的,但是也迫使一些商家为了刷好评推出促销优惠政策。网络口碑在网络消费中的重要作用可见一斑。

　　社交媒体时代,QQ、微博、微信等应用迅速崭露头角。这些社交媒体为用户提供了建立社交网络、分享生活、互相交流和信息共享的平台。2011年1月微信正式上线,起初的设定只是一款即时通讯软件。之后在2012年微信推出了"朋友圈"功能,允许用户分享照片、发布动态,也使得微信拥有了更强的社交媒体属性。用户可以在朋友圈中与朋友互动,评论和点赞。这一功能增加了用户在微信上的社交互动。微信的普及和"朋友圈"功能的出现,给商家提供了商机,很多商家开始转战微信,在朋友圈分享产品信息,微商应运而生,创造了以"社交"为中心的新商业模式。2012年8月,微信公众号上线,微信公众号运营商可以通过推送内容与粉丝建立关系和社交联系,基于这些社交关系,微信公众号运营商可以通过向其关注者发布产品推荐信息来推广产品或服务,同时也为社交电商提供了新的渠道[2]。这样的网络社交模式催生了一大批关键意见领袖(KOL),即网红、大V、知名博主、明星等。在意见领袖的带领下,关于商品或服务的信息、评价、讨论随社交网络指数级扩散,积聚起巨

　　1　卢向华,冯越.网络口碑的价值——基于在线餐馆点评的实证研究[J].管理世界,2009(7):126-132.

　　2　Chen, Y., Lu, Y., Wang, B., & Pan, Z. (2019). How do product recommendations affect impulse buying? An empirical study on WeChat social commerce. *Information & Management*, 56(2), 236–248.

大的网络口碑效应。而后"小程序"功能的上线，进一步促进了微信上网络消费和网络社交的互动与结合。用户可以在平台上浏览产品、与卖家互动，并直接购买产品，而无须离开平台。这种模式提高了购物的社交性，用户可以咨询朋友的建议，与卖家进行实时沟通，满足了消费者充分了解商品信息、做出合理购买决策、分享购物体验和情绪等多种需求。

社交媒体和社交电商的发展和普及，进一步催生了团购模式。拼多多成立于 2015 年，作为一个专注于拼团购物的第三方社交电商平台，其独特之处在于其以社交互动和团购模式，旨在为广大消费者提供更实惠的商品。一时之间"百亿补贴"的宣传口号和"砍一刀"的消息风靡整个朋友圈，引起了广泛的参与和讨论。这种社交团购模式不仅在年轻一代中流行，也吸引了年长的消费者，凸显了网络消费和网络社交相互结合的力量。

三、消费扩大化：农村电商和跨境电商

2014 年是中国经济艰难复苏的一年，为了深化改革开放，保持经济发展新常态，国家出台了一系列拉动消费的政策，而网络消费成了扩大内需的重要助力。2015 年 3 月政府工作报告首次提出"互联网 ＋"行动计划，7 月国务院发布了《关于积极推进"互联网 ＋"行动的指导意见》。随后，在电子商务领域《"互联网 ＋ 流通"行动计划》出台，提出巩固和增强我国电子商务发展领先优势，大力发展农村电商、行业电商和跨境电商。

受 2008 年金融危机影响，我国进出口贸易增速明显下滑，然而跨境电子商务行业却实现了快速增长[1]。如果说 2003 年被称为电商元年，那么 2013 年便是跨境电商元年[2]。2013 年 8 月 21 日，国务院办公厅以国办发〔2013〕89 号转发了商务部等部门《关于实施支持跨境电子商务零售出口有关政策的意见》，简称外贸国六条，该意见的发布对加快我国跨境电商发展具有重要而深

1　金虹,林晓伟.我国跨境电子商务的发展模式与策略建议[J].宏观经济研究,2015(09)：40-49.

2　鄂立彬,黄永稳.国际贸易新方式：跨境电子商务的最新研究[J].东北财经大学学报,2014,15(02)：22-31.

远的作用。商务部副部长王受文指出，跨境电商占我国货物贸易进出口比重从 2015 年的 1％ 增长到 2022 年的 5％，2022 年跨境电商进出口额达 2.11 万亿元 [1]。跨境电商平台汇聚了来自世界各地的商品和品牌，为消费者提供了更多元化和国际化的选择，实现了足不出国就能购买到不同国家商品的愿望，促进了消费的扩大化。虽然跨境电商受益于我国政府对外贸易政策的调整，但是其本质还是因为我国消费者需求的增加和升级。除了政策助力之外，物流行业的发展，跨境电子支付方式的普及，各大电商平台纷纷开通国际业务，这些因素的协同作用推动了跨境电商的繁荣发展，为中国互联网消费者提供了更丰富的购物选择和更便捷的购物体验，也为国内企业开拓海外市场提供了更多出口和渠道。

2015 年多政策密集出台，促进和支持跨境电商与农村电商快速规范发展。农村电商更是在政策层面被提升到战略高度，受到多方的关注和重视，具有广阔的发展潜力，对农村地区的经济和社会发展起到了积极的推动作用。2014 年国务院第一次把加强农产品电子商务平台建设写进中央一号文件 [2]。作为政策重点扶持的方向之一，大力发展农村电商助力农村发展，也是我国深化农村改革全面推进乡村振兴的重要举措之一。2014 年农村淘宝正式上线，作为阿里巴巴集团的战略项目，旨在服务中国农村地区的消费者和农民，通过"网货下乡"和"农产品进城"实现推动农村发展和提高农民收入的目的。

农业农村部数据显示，2021 年全国农产品网络零售额为 4221 亿元，2022 年全国农产品网络零售额达 5313.8 亿元，"互联网 ＋"农产品工程取得阶段性进展 [3]。其中，政府高度重视生鲜电商行业的发展，生鲜电商的发展壮大，一方面能有效解决农产品滞销问题，另一方面还能保证城镇居民的菜篮子安全。

1　谢希瑶 . 我国跨境电商贸易伙伴已覆盖全球［EB/OL］. 中国政府网，（2023-10-24）［2023-11-07］, https://www.gov.cn/lianbo/bumen/202310/content_6911399.htm.

2　中共中央 国务院印发《关于全面深化农村改革加快推进农业现代化的若干意见》［EB/OL］. 中国政府网，（2014-01-19）［2023-11-07］, https://www.gov.cn/gongbao/content/2014/content_2574736.htm.

3　"互联网 ＋"农产品出村进城工程取得阶段性进展［EB/OL］. 农业农村部网站，（2022-02-15）［2023-11-08］. http://www.moa.gov.cn/ztzl/ncpccjcgc/zcwj_28765/202202/t20220215_6388755.htm.

随着健康、绿色、高品质商品越来越受到消费者青睐，生鲜电商的出现有效满足了消费者对高质量农产品多元化的需求。[4] 然而，因为生鲜具有保质期短的特点，农村生鲜电商发展面临最大的问题是物流问题，这一问题给生鲜电商带来许多挑战，让生鲜农产品面临销售难、易出质量问题等困境。要解决生鲜电商的物流问题，需要建设健全的冷链物流系统。然而，冷链物流的建设和维护成本较高，需要大量的资金和技术投入，很多企业和地方负担不起这笔费用。盒马鲜生于2016年成立，2018年宣布与500家农产品基地合作，推出围绕买手制打造"新零供"关系，逐步建立自己的农产品基地。这种由平台方提供物流运输的方式，有效地解决运输难的问题，而且这种新的零售供应链模式使整个供应链条变得更加透明。随着技术和商业模式的不断完善，农村生鲜电商为农村地区的经济发展和农产品销售提供了新机遇，同时也满足了消费者对高品质生鲜食品的需求。

网络消费的扩大化，催生了许多新的商业模式，跨境电商、农村电商等新商业模式的出现，又带来新的消费热点，这不仅满足了消费者更加垂直细分的消费需要，而且起到了拉动内需、促进消费的作用，为推动我国经济稳定增长贡献了力量。

四、消费融合化：O2O 模式与直播带货

网络消费的兴起将传统线下消费转移到了线上，而移动电子商务则将消费体验从 PC 端延伸到了移动端。线上与线下、终端与场景、消费与生活走向融合。消费者不再满足于单一的消费模式，企业也在寻求新的渠道来接触更多潜在客户。消费融合化成为大势所趋，O2O 模式和直播带货模式在消费融合化的进程中扮演着重要的角色。

O2O 模式（Online-to-Offline）是指在网上寻找消费者并将他们带入实体商店的商业模式[1]。这个概念最早来源于美国，2010年由美国人亚历克斯·兰

---

1 Li, H., Shen, Q., & Bart, Y. (2018). Local market characteristics and online-to-offline commerce: An empirical analysis of Groupon. *Management Science*, 64(4), 1860–1878.

佩尔（Alex Rampell）最早提出。[1] 以 Groupon 等为典型代表，主要针对的是一些生活服务类商家通过售卖优惠券，刺激消费者去实体店消费。在现实生活中 O2O 的概念很广，既可涉及线上，又可涉及线下。携程和大众点评网是中国最早采用 O2O 模式的企业[2]。自从 O2O 模式被引入中国，这种线上和线下相互促进模式逐渐受到青睐，很多企业纷纷开始谋划 O2O 模式的战略布局，激起了千层浪。团购网站就是 O2O 模式的典型形式，用户可以在线上下单优惠券，再到实体店里使用。受到资本市场的追捧，一时之间团购网站如雨后春笋一般涌现，2010 年成立的美团是中国最早一批涉足团购业务的平台。

早期 O2O 模式发展面临着同质化严重、同业竞争激烈和盈利模式单一的问题。著名的"千团"大战，便是这些问题的集中现实反映。靠烧钱补贴来吸引客户，是当时团购平台最常用的营销手段之一。等市场热度退却，资本不再愿意烧钱，许多团购平台因为没有可持续的盈利模式相继倒闭。美团靠着"农村包围城市"、逐步涉及其他行业，最终在"千团大战"中活了下来，2013 年更是推出了外卖业务。2015 年，美团和大众点评网宣布达成战略合作。"线上到线下"（O2O）模式作为中国网络消费中的一个重要概念发展到现在，比较典型的 O2O 平台有大众点评、美团外卖、饿了么、滴滴出行和河狸家等，涵盖衣食住行等诸多领域。这些平台通过手机应用连接消费者和服务提供者，为消费者提供了便捷的生活方式。

随着 O2O 模式不断成熟和直播行业的兴起，直播带货模式成为 O2O 模式在直播行业的一种新尝试，该模式一出现便迅速引发强烈关注。它允许主播通过网络直播平台展示和推广产品，观众可以实时与主播互动、提问并购买产品。这一模式改变了传统的电商购物体验，强调了互动性和娱乐性，成为电商领域的一次革命。网络直播初期，在主播展示生活、聊天、互动或者解说过程中，观众可以通过礼物赠送来奖赏主播。后来，一些主播开始展示和销售商品，观众可以通过评论或私信购买，这是直播带货比较原始的模式。再后来，淘宝发现了直播带货的盈利潜力，从 2016 年开始在平台直播带货，培养了一

　　1　Rampell, A.（2010），"*Why online 2 offline e-commerce is a trillion dollar opportunity*"，available at：https://techcrunch.com/2010/08/07/why-online2offline-commerce-is-a-trillion-dollar-opportunity/（2023-11-08）.
　　2　卢益清,李忱.O2O 商业模式及发展前景研究[J].企业经济,2013,32(11):98-101.

批专业的直播带货主播，带动了网络消费向着娱乐化、体验化、内容化发展[1]，也为后面直播带货的发展奠定了客户基础、培养了一批人才。

直播带货真正爆发式增长是在 2019 年，成为网络消费增长的新亮点。各大电商平台、短视频平台纷纷开始入局直播带货领域，在 2019 年兴起并且快速扩张的电商直播，在 2019 年年底用户规模已经达到了 2.69 亿人[2]。尤其是在新冠肺炎疫情期间，直播带货成了品牌推广和产品销售的重要渠道。2020 年，直播带货成为拉动经济、促进消费、助力复工复产的重要助力[3]。2023 年 6 月，商务部发布消息，2023 年前三季度，电子商务在扩内需、稳外贸、深化国际合作方面发挥积极作用，网络零售拉动消费效应显著，直播电商等新业态发展势头强劲[4]。直播带货的成功并非偶然——从模式上看，是一次商业模式融合的新尝试；从技术层面看，以 5G 为代表的网络通信技术发展给直播行业带来了技术保障；从政策层面看，顺应了扩大内需、促进消费和发展农村经济的政策；从载体上看，与短视频平台的相互融合给了直播带货新的载体。

O2O 模式和直播带货模式的出现，体现了融合化趋势下消费互联网对需求场景、渠道的全面整合。消费者可以在线购物，并在线下门店或线上直播中获得更多的信息和互动体验。既有从线上到线下，又有从线下到线上，以及全渠道模式，这种消费融合化的趋势不仅为企业提供了更多的商机，还为消费者创造了更多元、更有趣的购物体验。

1　中国互联网络信息中心：第 39 次中国互联网络发展状况统计报告［EB/OL］.中国互联网络信息中心网站（2017-01-22）［2023-11-15］.https：//www.cnnic.net.cn/6/180/index1.html.

2　中国互联网络信息中心.第 45 次中国互联网络发展状况统计报告［EB/OL］.中国互联网络信息中心网站，（2020-04-28）［2023-11-15］.https：//www.cnnic.net.cn/n4/2022/0401/c88-1088.html.

3　苏涛，彭兰.技术与人文：疫情危机下的数字化生存否思——2020 年新媒体研究述评［J］.国际新闻界，2021，43（01）：49-66.

4　商务部.中国电子商务报告（2022）［R］.2023-06-09.

第九章
电子政务：从施政工具到治理赋能

信息技术形态的变革驱动着社会治理模式的转变[1]。随着我国计算机技术、网络技术等现代信息通信技术的演进，政府部门运用先进的信息技术变革和创新管理手段和社会治理方式，催生了电子政务的发展。

自20世纪80年代以来，中国电子政务建设根据网络技术发展的不同阶段可分为：办公自动化阶段、PC时代的政府上网阶段、移动端普及时代的"互联网 + 政务服务"三个阶段，三个阶段的演进一方面得益于技术的进步，另一方面也呈现出电子政务从面向政府内部到面向公众，政府职能从管理到服务转变的特征。本章将梳理电子政务在不同发展阶段的特征以及典型案例，以历史的纵深视角诠释我国政府如何依托互联网技术，在国家治理现代化进程中不断提升政务工作效率，提高政务服务能力。

---

1 戴长征，鲍静. 数字政府治理——基于社会形态演变进程的考察[J]. 中国行政管理，2017（09）：21–27.

第一节　序曲：在政府管理中使用
计算机（1980—1999）

在中国政府工作中应用现代信息技术的规划可以追溯到 20 世纪 70 年代。1973 年 3 月，为落实周恩来总理关于"要积极推广电子计算机应用"的指示，当时国家计划委员会向国务院报送了筹建电子计算中心的报告，拉开了在我国政府综合经济管理部门使用电子计算机的序幕[1]。70 年代末 80 年代初，我国实行改革开放不久后，就遇到了以信息技术为先导的世界新技术革命和社会信息化的挑战[2]。为了更好地抓住机遇、迎接挑战，我国积极主动制定实施信息化战略决策，在政府管理中大力推行使用计算机，于 80 年代中期形成了政府信息化建设热潮。政府信息化旨在利用不断发展的信息技术，依托通信网络和平台，统筹管理政府运行所需要的各类信息资源，借助信息化技术，提高政府廉政建设、降低决策成本、提高工作效率、加大全局把控能力，降低行政管理成本，重新构建各部门组成和业务流程，向群众提供更全面、便利的公共服务[3]。电子政务是政府信息化的主要表现形式，运用信息技术以实现政府内部和外部关系的转型[4]，建立良好的政府、社会、公民关系，让公共服务上升到新的台阶，广泛调动社会参与度。在这一阶段，我国政府信息化建设基本内容为办公自动化和信息网络基础建设两个方面。

1　周宏仁．中国电子政务发展报告（序言）［R］,社会科学文献出版社,2003.
2　乌家培．政府管理中促进信息技术应用的战略［J］.情报理论与实践,1997（01）:2-5.
3　李烁．杭州市政府信息化建设研究［D］.西南大学,2023.
4　姚国章．我国电子政务发展回顾与展望［J］.信息网络,2004（07）:4-8.

一、背景：“新技术革命对策大讨论”与计算机的快速发展

　　“新技术革命对策大讨论”是改革开放初期党和国家为了迎接世界新技术革命的挑战而组织启动的对策讨论。党和国家高层领导及社会各界开始了解世界新技术革命发展的动向，探讨技术革命浪潮将会给中国发展带来的影响。“新的世界产业革命与我国对策”第一次内部讨论会于1983年11月24日至27日在北京召开，会议强调从全局和战略上研究问题，主要为下一阶段如何提出具体对策提供理论指导。来自国务院技术经济研究中心、国家计划委员会、国家经济贸易委员会、国家科学技术委员会、高等院校等单位的120多人参加了会议。1984年3月24日至30日，由国务院“新的世界产业革命与我国对策”组织的第二次对策讨论会在北京召开。本次会议开始由务虚转向务实，着重对时任国务院副秘书长、国务院技术经济研究中心主任、中国社会科学院院长马洪牵头的对策研究领导小组形成的《新的技术革命与我国对策研究的汇报提纲》以及《关于加速发展微电子和计算机产业的对策》《关于加速建设和发展计算机信息系统的对策》《关于加速光导纤维通信技术发展的对策》等8项具体对策的起草稿进行了充分的讨论与修改。1984年5月20日，一批来自不同学科的专家撰写了《世界新技术革命和我们的对策》的报告，其中提出了“关于加速建设和发展计算机信息系统和光导纤维通信技术”等建议。1984年3月10日，为落实中央领导同志关于对干部进行新技术革命知识教育的指示精神，由中央组织部、劳动人事部、国家科委、中国科协、中直机关党委和中央国家机关党委6个单位联合为中央和国家机关司局级以上干部举办了“新技术革命知识讲座”。讲座联系国内外形势，多维度阐述了世界新技术革命产生的背景、特征、影响和发展趋势，并介绍了现代社会产生的若干新学科、新技术和新产业发展概况和基本知识。随着讲座内容的广泛传播以及各级政府层面倡导的宣讲活动的开展，一些最初只在领导干部层和专家中传播的新思想、新观念开始在全国范围内迅速传播开来。全国各大主流媒体从传播中央指示精神的高度发表了大量关于介绍世界新技术革命、新产业革命浪潮和美国、日本、德国等发达国家社会经济发展情况的文章和报

道,如《人民日报》在 1984 年 3 月 16 日发布的《在新技术革命中的日本》[1],同年 5 月 26 日发布的《西欧新技术革命的发展前景》[2] 等。此外,全国各大出版社自 1984 年至 1988 年翻译出版了相关专著 160 余册,"信息革命""信息技术"等迅速成为当时社会流行的词汇[3]。此次自上而下开展的大讨论,开启了改革开放时期中国政府主动应对世界新技术革命及其挑战的起点,大讨论不仅影响了党和政府高层,主流媒体的大批量报道也带来了社会各界人士在思想观念方面的重大转变,人们意识到了信息技术的巨大革命性力量,为后续在国民经济领域与政府管理领域广泛而深刻地开展信息化建设奠定了思想意识基础。

　　如果说新技术革命对策大讨论奠定了政府管理信息化的思想观念基础,那么我国计算机研发的快速发展则奠定了物质基础。在 1977 年,清华大学等单位就研制出中国早期的微型电脑 DJS050,但由于技术原因一直未能大批量生产。1983 年 12 月电子部六所成功开发了中国微机的雏形——微型计算机长城 100(DJS-0520 微机),该机具备了个人电脑的主要使用特征。直至 1985 年中国成功研制出第一台具有字符发生器汉字显示能力、具备完整中文信息处理功能的国产微机长城 0520CH,标志着中国微机产业进入了一个飞速发展的时期。[4] 1985 年与 1980 年相比,全国大中小型计算机装机由 2900 多台增加到 7000 多台,微型机装机由 600 多台增加到 13 万多台,计算机应用项目由几百项发展为 2 万多项,计算机应用技术人员达 6 万多人,占计算机科技人员总数的 60％ 左右[5]。计算机技术的快速发展,特别是微型计算机的普遍运用,为人们利用计算机技术提升办公效率提供了可能性[6]。

1　张云方.在新技术革命中的日本[N].人民日报,1984-03-16(07).

2　潘琪昌.西欧新技术革命的发展前景[N].人民日报,1984-05-26(07).

3　杜磊.改革开放初期新技术革命对策大讨论研究(1983—1988)[J].中共党史研究,2018(06):38-47.

4　陶建华,刘瑞挺,徐恪等.中国计算机发展简史[J].科技导报,2016,34(14):12-21.

5　乌家培.政府管理中促进信息技术应用的战略[J].情报理论与实践,1997(01):2-5..

6　王山.新中国 70 年信息技术变革与政府管理创新的回顾与展望[J].西南民族大学学报(人文社科版),2019,40(08):8-15.

二、进程：政府办公自动化与信息网络基础建设

在奠定了思想观念基础和物质基础的前提下，我国的电子政务建设发轫于综合经济管理领域。1983 年，国务院批准组建了国家计划委员会经济信息管理办公室，目的是通过经济信息管理，充分利用信息资源，提升经济预测和计划的科学性和市场化水平。该机构以 "从国民经济空间到信息空间" 为总体框架提出构造我国经济信息系统的顶层设计。1984 年，邓小平同志为《经济参考报》题词 "开放信息资源，服务四化建设"，为国家经济信息系统建设指明方向。[1]1987 年，国家经济信息中心应运而生，并带动了全国范围的信息中心建设。该中心的主要任务是为中央和地方各级领导机关以及宏观经济管理部门及时而准确地提供现代化的信息服务和辅助决策手段，同时给企业等机构提供信息导向和社会化的信息咨询服务。到了 1990 年年底，我国的信息中心已覆盖除西藏、海南外的全国省、自治区、直辖市以及 14 个计划单列市、150 个中心城市和 700 个县。信息中心的建立不仅为我国实行改革开放、各级政府制订经济发展计划提供了信息资源基础，也推动了我国政府部门的信息化建设和转型。

随着微型计算机等技术快速发展，我国政府开启了办公自动化建设。办公自动化（Office Automation，OA）是中国电子政务早期阶段的重要特征，即通过利用计算机技术对政府部门的文件资料进行制作、传送和存储[2]，从而提高行政办公效率和质量。我国政府办公自动化建设起步于党政首脑机关。1986 年，党中央和国务院决定在中南海实施名为 "海内工程" 的建设项目，为此成立了该项目的领导小组并设立了办公室。这项工程的目标是在党中央和国务院的所在地，在党和政府的首脑机关率先开展办公自动化建设，逐步推动党和政府在宏观管理与科学决策方面实现信息网

1　周宏仁. 中国电子政务发展报告（序言）[R]. 社会科学文献出版社，2003.

2　王山. 新中国 70 年信息技术变革与政府管理创新的回顾与展望[J]. 西南民族大学学报（人文社科版），2019，40（08）：8–15.

络化。[1]

以政府行政首脑机关为开端，我国地方政府也逐步启动办公自动化建设。为了给办公自动化建设提供规范的标准和有效的组织保障，1987 年 8 月，经国务院批准，国务院办公厅秘书局在北戴河首次召开了"全国政府办公厅系统办公自动化工作会议暨全国政府办公厅系统软件交流会"。这次会议揭开了政府系统有组织地开展办公自动化建设的序幕。同时，这次软件交流会也开创了政府机构间在办公自动化建设中合作、互助的先河。1988 年 3 月，由国务院办公厅秘书局发起，在山东泰安召开了"办公自动化研讨会"，上海、江苏、福建、山东、山西、吉林等省份、市办公厅分管办公自动化工作的秘书长和办公厅主任，及负责技术工作的处长参加会议。会上成立了以各省市相关领导同志为成员的"全国政府办公厅系统办公自动化工作指导协调小组"，负责办公自动化建设中的协调与决策事宜，并成立了以各省、市办公自动化建设处、室领导为成员的"技术咨询小组"。该小组多年的研讨，集体编写了"全国政府办公厅系统办公自动化规划纲要（稿）"，其中政策与管理部分经修改和批准后，以国办发《关于进一步加强全国行政首脑机关办公决策服务系统建设的通知》形式下发，推动全国政府办公厅系统的办公自动化建设管理逐步迈向科学化和制度化。[2]

1989 年 6 月至 1990 年 2 月，国务院办公厅秘书局开始组建全国第一代数据通信网。在国家有关主管部门和中南海电信局的指导和支持下，完成了基于小型机的加密数据通信系统的研制与应用部署。8 月份，国办秘书局在吉林省长春市召开了有 6 个试点省、市参加的"远程站工作会议"，制定了远程站工作规则和操作手册，并在全国各省、区、市开展了远程站建设，率先在全国范围正式开通了"全国政府系统第一代电子邮件系统"。到 1990 年 10 月，西藏自治区最后一个实现了入网，全国各地方政府与国务院之间，各地方政府之间利用电子邮件，实现了全国政务信息报送的计算机网络化，实现了政务信

　　1　中国信息化 . 我国政府信息化建设的起步、发展及基本经验［EB/OL］. 2005–10–12［2023–08–01］. http://www.ciia.org.cn/news/7554.cshtml

　　2　陈拂晓 . 组织保障 应用推进——我国政府行政首脑机关信息化建设起步、发展及基本经验［J］. 中国信息化，2005（17）：45–51.

息互通与共享,大大提高了政府政务信息工作的质量与效率,开创了政务信息工作信息化的崭新局面[1]。

原中央政法委政法综治信息中心主任陈里先生结合自己的工作经历,回忆了当时的办公景象——

> "90 年代中期,我研究生刚毕业时被分配到了陕西省高级人民法院工作。当时我在高院里边做过记者,做过办公室的副主任,分管的是政务、信息、保密、机要,包括给领导撰写文稿。当时我记得我们高院第一台计算机好像是台湾的宏碁,是 286,没有人会用。当时我大概是第一个使用计算机的,也是我们省高院第一期计算机培训班的组织者。当时我们请了西北大学计算机系的老师给我们讲的计算机。在那个时候,我们陕西高院里计算机应用实际上是文字处理……那个时候没有移动通信,上网费用是比较贵的。我记得我最早用的是瀛海威上网软件,带资费,拨号上网。当时我是给领导写稿子,也能提高文字的录入水平。我记得我最早使用了语音输入的软件,我现在记不清是什么软件,反正是当时最先进的语音输入,这个和互联网也是有些联系的。"[2]

可以看到,彼时省级司法机关在日常工作中已经开始应用计算机和网络技术,但应用程度较低,基本限于文字处理,且具备操作能力和相关技术知识的工作人员非常少。

为了推进实施办公自动化,国家有关部门和专门领域的信息系统及专项业务系统应运而生。1985 年后的 5 年间,政府共投资了 200 多亿元,先后建设了 12 个国家级政府信息系统,包括经济、金融、铁道、电力、民航、统计、财税、海关、气象、灾害防御等系统;有 40 多个部委成立了信息机构,配备了一批计算机等设备,开发各类数据库 800 余个[3],办公自动化建设的应用深入到

1　陈拂晓.组织保障 应用推进——我国政府行政首脑机关信息化建设起步、发展及基本经验［J］.中国信息化,2005（17）:45-51.

2　本书项目组访谈资料.被访者:陈里.访谈时间:2016-08-09.

3　汪向东.我国电子政务的进展、现状及发展趋势［J］.电子政务,2009（07）:44-68.

信息整合与信息管理层面。在专项业务系统方面，1991年国务院办公厅秘书局选择了北京大学研制的"华光"系统，组织全国各地方政府与各地印刷厂联合，实现了政府文件清样、版式的加密传输以及国务院文件的同版异地印刷。上海市政府办公厅开展了文件管理和档案管理的一体化应用实验，首次开发了跨处室的"文档一体化"计算机综合应用系统。山东省青岛市政府办公厅开发了集信息报送、采编、出版为一体的政务信息管理系统。[1]这些应用大大提高了政府办公厅的工作质量和效率。

　　到了20世纪90年代，"三金工程"的启动进一步掀起了我国政府信息化建设的高潮。1993年"三金工程"启动，包括以信息网络基础设施建设为主要内容的"金桥工程"、以国家对外经贸及相关领域信息网络工程建设为主要内容的"金关工程"、以面向全国主要大中型城市银行电子货币工程建设为主要内容的"金卡工程"。"金桥工程"搭建了国家公用经济信息网，使政府相关部门能直接了解企业生产经营情况和重点工程进展情况，为国家实行有效的宏观经济调控提供服务。"金关工程"的实施，对减少我国对外贸易业务不法行为（例如伪造许可证和骗税）的发生，增强和改善政府的宏观调控，提高政府科学管理水平具有重要意义。"金卡工程"则为电子信息产业开拓了新的市场，带动产业的发展[2]。以"三金工程"为代表的信息网络基础设施建设，为重点行业、领域和部门传输、储备了基础性的数据，为国家行政、经济管理提供信息服务，为政府的信息化建设夯实了技术基底。以"三金工程"开展为标志，信息网络基础设施建设在国家全局部署中占据了重要位置。《国民经济和社会发展"九五"计划和2010年远景目标纲要》指出：1996—2000年期间，把通信业作为要继续加强的基础设施、电子业作为要振兴的支柱产业、信息咨询服务业作为要积极发展的新兴第三产业来发展；至2010年，基本形成现代化通信体系，明显实现电子信息高技术产业化，初步建立以宽带综合业务数字网络技术为支撑的国家信息基础设施，使国民经济信

1　陈拂晓.组织保障 应用推进——我国政府行政首脑机关信息化建设起步、发展及基本经验[J].中国信息化，2005（17）：45–51.

2　电子部国际合作司.推动国民经济信息化建设的重大举措——"三金工程"[J].今日电子，1994（11）：17–18.

息化程度得以显著提高。可以见得当时党和政府十分重视信息网络基础设施，并逐渐认识到其对于加速政府信息化进程、推动国民经济信息发展的重要作用。

中国电子政务发展早期阶段以办公自动化和以"三金工程"为代表的信息网络基础设施建设为基本内容，其本质是政府内部事务的电子化，为从1999 年起在全国范围实行的"政府上网"工程做了准备和铺垫。

第二节　PC 时代：政府上网（1999—2011）

经过政府办公自动化与"三金工程"基础设施建设的酝酿，在中国全面接入互联网的背景下，政府上网工程于 1999 年正式启动，中国电子政务发展也迈入了崭新的阶段。这一阶段的电子政务建设集中在 PC 端，主要特征体现为政府网站如雨后春笋般涌现，并初步具备政务信息公开、政民互动等简单功能。PC 端电子政务经过多年发展积累了不少有益实践，但还应看到其本质是将线下的政务内容简单转移到线上，存在公共服务提供不足、重建设而轻应用等问题。

一、开端：1999 政府上网年

1994 年，互联网落地中国，给政府信息化带来了新的机遇。互联网的开放性让政府信息化的作用从提升政府内部工作效率扩大到服务公众需求等民生方面，电子政务进入网络化的新阶段。1999 年 1 月 22 日由中国电信和国家经贸委联合 40 多家部委办局发起召开的"政府上网工程启动大会"，标志着我国正式启动了政府上网工程。1999 年也被确定为"政府上网年"。

政府上网工程的决策具有其特定的社会背景和现实考虑。一是计算机和互联网等信息技术的快速发展迭代，为政府上网提供了物质基础和技术保证。二是政府上网回应了网络信息资源共享的需要。彼时信息网络上的中文信息相当缺乏，政府部门掌握着大量的经济、科技、法律等方面有价值的信息资源，拿出来共享可以丰富网上中文信息资源。政府上网解决了信息高速路上"路多车少""有车无货"等问题，成为推进信息化进程最具代表性的实质性举措[1]。三是改革开放不断深化，经济体制的改革带动且要求政府管理体制与机构能力的改革，这是政府上网的内在因素和源动力[2]。在社会主义市场经济体制的背景下，知识和信息的及时传输凸显出重要性，政府传统的工作方式已无法适应企业和公民快速获取信息、快速办事的需求。政府上网能够加快政府内部及其与外部信息的沟通交流速度，能大大提高政府部门行政的效率。四是，政府上网也是改革开放制度下与国际接轨的需要[3]。20世纪八九十年代以来，面对信息技术和信息社会的挑战，美国、英国、日本等国家均致力于发展政府信息化，借助信息科技提高政府服务效率与施政质量，并通过构建电子化政府来提高国家竞争力[4]。在吸收借鉴各国先进经验的基础上，结合我国国情发展电子政务，具有重要的战略性意义。

政府上网的背后也呼应了政府行政管理方式转变的趋势。首先是从管理型转向服务型政府职能。政府上网工程初期，就已经将为民众提供服务作为电子政务建设重点，大多数政府网站都公开了政务办理流程和相关部门的联系方式。国务院发展研究中心信息网集中各部委、各行业办事程序，建立了一个"政府办事指南"。该"指南"涵盖了80多个部、委、局及其他主管机关的常用办事手续，涉及劳动、人事、工商管理、商业、物价、财政、审计、计划等各个方面，为社会公众、企业提供了极大的方便。除去业务办理信息，还包括和民众息息相关的便民信息，老百姓不用出门就可以查询有关天气、电话号码、电

1　国家经贸委经济信息中心."政府上网"面面观［J］.经济管理,2000(05):16–17.

2　姚江.政府信息化建设应脚踏实地——也谈对"政府上网"的一些看法［J］.网络与信息,1999(03):11–12.

3　王颖.电子政府——中国政府改革的新取向［J］.南京社会科学,1999(09):30–35.

4　张成福.电子化政府:发展及其前景［J］.中国人民大学学报,2000(03):4–12.

信价格、就诊费用等生活信息[1]。政府网站还建立了市民信箱等建议反馈渠道。其次是政府决策的科学化民主化。电子信息技术的出现使得传统上凭借直觉、经验进行的决策逐渐科学化,互联网的海量信息可以为电子政务决策支持系统(eGDSS)[2]提供支持。更重要的是,互联网的交互性提高了公民民主决策的参与度。1998 年国家计划发展委员会在自己的站点开设了国家"十五"发展规划讨论,从 12 月 1 日到 5 日,有 1400 余人访问了发展规划,524 人次通过"网上论坛"参与了"十五"计划的讨论和编制[3]。

根据"政府上网工程启动大会"的部署方案,政府上网工程的目标是:争取在 2000 年实现 80% 的中国各级政府、各部门在网络上建有正式站点,并提供信息服务和便民服务,为构建一个高效率的电子化政府,最终实现我国网络社会打下坚实基础。为推动政府上网工程的实施,中国电信作为政府上网工程的主要实施单位之一,推出了"三免优惠政策":即在规定期限内减免中央及省市级政府部门网络通信费;组织 ISP/ICP 免费制作政府机构部分主页信息;免费对各级领导和相关人员进行上网基本知识和技能的培训[4]。

1999 年政府上网工程得到了各级政府部门的积极响应,越来越多的政府网站建成开通。自 1998 年,青岛市政府在互联网上建立了我国第一个严格意义上的政府网站"青岛政府信息公众网",截至 1999 年年底,域名为 gov.cn 的中国政府网站共计 2479 个[5],比 1998 年(982 个)增长了 1.5 倍。随着政府上网工程的实施,政府办公效率得到了提升,政府与民众网上沟通渠道初步搭建,且大大丰富了互联网上的中文资源。政府上网作为推进政府信息化的一项基础工程,为全面建设电子政务开启了良好的开端。

1　王守炳.政府上网与行政管理[J].探索,2000(01):46-49.

2　金太军主编.电子政务与政府管理[M].北京大学出版社,2006:61.

3　王近夏.政府上网:作用、约束及条件[J].新东方,1999(06):45-48.

4　政府上网工程启动[N].光明日报,1999-01-27.

5　中国互联网络信息中心.第五次中国互联网络发展状况调查统计报告[EB/OL].中国互联网络信息中心网站,(2000-01-01)[2024-02-23].https://www.cnnic.net.cn/NMediaFile/old_attach/P020120612485128368004.pdf.

二、促进：17 号文件与"两网一站四库十二金"工程

2000 年 10 月发布的"十五规划"指出"大力推进国民经济和社会信息化，是覆盖现代化建设全局的战略举措。以信息化带动工业化，发挥后发优势，实现社会生产力的跨越式发展"[1]，进一步明确了我国加强信息化建设的战略决心。政府信息化作为国家信息化的重要组成部分，也相应地从部门发展被提升至国家战略发展高度。2002 年 8 月，中共中央、国务院办公厅以中办发〔2002〕17 号文件转发的《国家信息化领导小组关于我国电子政务建设指导意见》（以下简称"17 号文件"）是推动中国电子政务发展的关键文件。17 号文件第一次系统提出了我国电子政务建设的指导意见、建设目标和原则，并规划了"两网一站四库十二金"工程为后续工作的主要任务，标志着我国电子政务开始以战略性的地位被纳入政府行动计划，进入全面建设的阶段。

17 号文件针对"十五"计划中有关我国信息化在政府方面的表现做出了具体部署。按照 17 号文件的要求，"十五"期间我国电子政务建设的原则：统一规划，加强领导；需求主导，突出重点；整合资源，拉动产业；统一标准，保障安全。主要任务包括：建设和整合统一的电子政务网络，要求副省级以上政务部门的办公内网与副省级以下政务部门的办公网实现物理隔离，明确政务外网是政府的业务专网，要与互联网逻辑隔离；建设和完善业务系统，加快 12 个重要业务系统建设，这 12 个业务系统是指政府办公业务资源系统、金关、金税、金融监管／金卡、宏观经济管理、金财、金盾、金审、社会保障、金农、金质、金水系统；规划和开发重要政务信息资源，即组织编制政务信息资源建设专项规划，设计电子政务信息资源目录体系与交换体系，启动人口基础信息库、法人单位基础信息库、自然资源和空间地理基础信息库、宏观经济数据库的建设[2]。17 号文件部署的任务可归结为"两网一站四库十二金"，即政府门户网站的一个内网、一个外网，四个基础数据库，12 个重点应用系统。

1　中华人民共和国国民经济和社会发展第十个五年计划纲要［EB/OL］. 中国政府网，（2001-03-15）［2024-02-23］. https://www.gov.cn/gongbao/content/2001/content_60699.htm.

2　汪向东 . 我国电子政务的进展、现状及发展趋势［J］. 电子政务，2009（07）：44-68.

"两网一站四库十二金"工程构成				
公众访问层	中国政府网			一站
应用系统层	宏观经济管理	办公业务资源	金税	金关
	金盾	金审	金融监管	金财
	金保	金农	金水	金质
数据资源层	资源地理基础信息库		法人单位基础信息库	四库
	人口基础信息库		宏观经济信息库	
网络平台层	政府内网		政务外网	两网

图 9-1　"两网一站四库十二金"工程构成

17 号文件的发布,确认了电子政务在国家信息化发展过程的引领地位。同年,党的十六大明确提出"推行电子政务,提高行政效率,降低行政成本,形成行为规范、运转协调、公正透明、廉洁高效的行政管理体制"。2003 年,国家信息化领导小组第三次会议讨论通过了《国家信息化领导小组关于加强信息安全保障工作的意见》,提出要抓紧推行电子政务,并按照统一规划、突出重点、整合资源、统一标准、保障安全的原则,逐步建成电子政务的基本框架。2006 年,中共中央办公厅、国务院办公厅发布的《2006—2020 年国家信息化发展战略》中将"推行电子政务"纳入我国信息化发展的战略重点。此后,我国电子政务相关顶层设计逐渐丰富、成熟,电子政务发展的系统性、整体性、规范性显著增强。

三、实践：政府网站全面功能化建设

历经政府上网工程的扬帆起航,17 号文件的顶层设计,"两网一站四库十二金"引领发展等重要事件,电子政务在 PC 端时代涌现了不少有益实践,集中体现为政府门户网站体系架构的建设及在线政务服务的初步实施。本章在这一部分将着重介绍这一阶段政府网站的发展情况,并选取 PC 时代电子政务的典型案例进行分析,以小见大考察该阶段电子政务发展特征。

（一）政府门户网站涌现

政府网站是各级人民政府及其部门在互联网上发布政务信息、提供在线服务、与公众互动交流的重要平台。自 1999 年政府上网年起，全国范围掀起了政府网站建设潮，中央、省、市、县四级政府网站建设逐渐展开。从 1998 年的 982 个到 2000 年的 2972 个[1]，再从 2001 年的 3359 个到 2002 年的 6148 个[2]，政府网站数量飞速增加。"十五"计划末期，到 2005 年，在我国国务院所属的 76 个部委、直属单位、办事机构及部委管理的国家局中，共有 73 个单位拥有自己的门户网站，普及率达到 96.1％；81.3％ 的地方政府拥有网站。[3] 我国中央政府门户网站于 2005 年 10 月 1 日试运行，2006 年 1 月 1 日正式开通，标志着我国政府门户网站体系基本形成[4]。

中华人民共和国中央人民政府门户网站（以下简称"中国政府网"）是在党中央和国务院的指导下，由国家信息化领导小组批准建设的。中国政府网作为我国电子政务建设的重要组成部分，是政府面向社会的窗口，是公众与政府互动的渠道，对于促进政务公开、推进依法行政、接受公众监督、改进行政管理、全面履行政府职能具有重要意义。中国政府网是国务院和国务院各部门，以及各省、自治区、直辖市人民政府在互联网上发布政府信息和提供在线服务的综合平台。中国政府网开通时设有"今日中国、中国概况、国家机构、政府机构、法律法规、政务公开、工作动态、政务互动、政府建设、人事任免、新闻发布、网上服务"等栏目，面向社会提供政务信息和与政府业务相关的服务，逐步实现政府与企业、公民的互动交流。在成立一周年后，中国政府网累计直播国务院及有关部门重要会议和活动 60 余场；发布国务院和国务院办公厅文件 500 多件、国务院公报 250 多期；整合 71 个部门约 1100 项网上服务，发布 8 个部门的 47 项行政许可项目；日均发布动态信息约 1000 条，日均页面浏览

1　张英.政府网：让我们看什么？（焦点）［N］.人民日报，2000-06-26（11）.
2　国务院信息化工作办公室.中国互联网信息资源数量调查报告［R］.北京，2003-07-09.
3　国务院信息化工作办公室，赛迪顾问股份有限公司，中国信息化绩效评估中心.2005年中国政府网站绩效评估报告［R］.北京，2006-01-12.
4　汪向东.我国电子政务的进展、现状及发展趋势［J］.电子政务，2009（07）：44-68.

量达 220 万人次[1]。2023 年,新一届国务院开始全面履职后,中国政府网也进行了改版,新增"贯彻落实党中央决策部署国务院工作进行时"和"大兴调查研究之风"两个栏目。"贯彻落实党中央决策部署国务院工作进行时"栏目中包括了"学习贯彻党的二十大精神"和"中央有关文件"两个专题网页,还有"国务院政策文件库"可供文件检索。在"工作进行时"一栏,可以分别看到国务院领导、组成部门负责人出席和参加活动的新闻报道,各个部门印发相关文件以及地方落实情况的新闻报道等内容。"大兴调查研究之风"栏目中的网上调研分为两个主题,优化营商环境调研可以反映遇到的相关问题或者提出意见建议,另一个调研则是征集涉企乱收费问题线索。该栏目中新上线的"@国务院我来说"包括了施政为民、激发活力、政府建设三个部分,分别设置了"人民群众留言入口""企业、个体户留言入口"和"政务服务投诉与建议入口"[2]。中国政府网为广大公民提供了信息服务、办事服务、互动交流、投诉建议功能,同时也是国家方针政策的展示窗口,为各级地方政府网站树立了风向标。

在电子政务建设热潮中,也涌现出不少地方政府门户网站的典型。在政府上网工程启动前,青岛政务信息公众网于 1998 年 5 月 18 日开通,是公认的我国较早的政府门户网站[3],具有中、英、日、韩四种版本。2001 年,该网站上网的信息资源有 46 个大类,310 多个子类,5000 多万字,3000 多幅图片,并可提供视频点播、电视直播等多媒体服务,基本形成了政府为公众提供信息服务的较完整的资源体系。[4] 1998 年 7 月 1 日,北京市政府门户网站"首都之窗"建立。北京市政府在互联网上建立了网站群,包括北京市政府门户网站及各部门子网站,截至 1999 年上半年,上网的北京市委、办、局已达到 40 多家[5]。"首

1　张宗堂,隋笑飞.而今迈步从头越——中国政府网正式运行一周年[EB/OL].中国政府网,(2007-01-01)[2024-02-23].http://www.gov.cn/govweb/jrzg/2007/01/01/content_485487.htm.

2　中央人民政府网站改版[EB/OL].电子政务网,(2023-04-07)[2024-02-23].http://www.e-gov.org.cn/article-184578.html.

3　刘惠军.青岛市电子政务的实践和设想[J].办公自动化,2002(02):25-28.

4　王宏.电子政府 不炒概念要务实[N].中国计算机报,2001-05-31(008).

5　首都之窗"网上北京通"开通——暨"百姓网上绘北京"发布会[J].中国图象图形学报,1999(08):21.

都之窗"建立的宗旨是"宣传首都，构架桥梁信息服务，资源共享辅助管理，支持决策"，为宣传首都形象、强化政务公开、促进政府职能转变、畅通政民互动渠道、推动首都信息化发展起到了积极作用[1]。2001 年 9 月 28 日，上海市政府门户网站"中国上海"试开通，拥有"中文简体""中文繁体"和"英文"三个版本，网站开辟 8 个主栏目，首批公开 52 个市政府部门 1200 余项办事事项指南，4 个政务受理在线项目，7 个网上办事在线查询功能，同时链接 16 个市政府部门网上咨询渠道和 19 个市政府部门网上投诉窗口，提供 66 项便民服务事项，20 个市政府部门的 235 张办事表格可供网上下载[2]。

2006 年，《国家信息化领导小组关于推进国家电子政务网络建设的意见》（中办发〔2006〕18 号）要求"形成从中央到地方统一的国家电子政务传输骨干网，建成基本满足各级政务部门业务应用需要的政务内网和政务外网"。在国家政策的统一指导下，电子政务网络建设由早期的粗放模式向更为成熟深入的集约模式转变。

（二）非典促进信息公开与网上办事

2003 年，突如其来的非典疫情给中国经济社会带来了重大影响，同时也给电子政务带来了机遇与挑战。非典时期激增的网上信息公开、在线政务服务等需求，一方面考验了电子政务能力，暴露出其既有问题，另一方面也给予了电子政务成长空间，加速其发展建设。

非典疫情暴发前，中国电子政务基础设施已初具规模，但在抗击非典危机中暴露出了电子政务的落地性和有效性不足，这背后反映出的是政府信息公开和资源调动的机制建设问题[3]。时任北京市信息化促进中心副主任唐建国曾表示：在北京市防治非典的斗争中，前期出现的非典疫情信息报告不透明、不准确，信息来源分散，疫情统计标准不统一等问题充分反映了北京市政府信息公开的滞后[4]。非典时期政府内部专网、政务外网以及业务系统也显示出其实际应用效果不尽如人意。有报道称，非典发生初期，朝阳区疾病控制中心由于没有接入政府专网，信息办的工作人员无法远程获取数据，只能身着隔离服到

1　杨熙 . 论我国地方政府门户网站建设存在的问题及对策［D］. 南昌大学，2009.
2　王芳 . 我国政府网站建设的历史变革及路径选择［D］. 西南政法大学，2013.
3　陆晓丹 . 防控"非典"工作呼唤电子政务加速推进［J］. 北方经济，2003（09）：33–34.
4　黄凯 ."非典"考验电子政务［J］. 中国信息界，2003（06）：22–24.

疾控中心现场进行数据录入[1]，影响工作效率的同时对工作人员身体健康造成了一定的威胁。可以看到，早期的电子政务着重在信息基础设施建设上发力，并未完全渗透到基层政府的工作中和寻常百姓的生活中，在公共事件中的应用效果有限，不少地方政府的信息化部门在当时都面临着政府信息化系统普及率低、应用不充分和协作不顺畅的困境。

非典让人们正视中国电子政务发展缺陷的同时，也让社会各界切身体会到了电子政务的重要性。电子政务运用计算机和网络技术，不仅能有效地推动非典防控工作，还可以打破地区封锁和部门分割，实现政府组织机构和工作流程的重组优化，向全社会提供高效、优质、规范、透明和全方位的管理和服务[2]。在抗击非典时期，电子政务得到了更多的关注和进一步发展。

政府门户网站作为电子政务的载体和沟通政府、企业、民众的桥梁，在抗击非典中发挥了信息公开和政务服务的重要作用。例如上海市政府门户网站"中国上海"推出了防治非典的新闻专题和服务专栏，通过政府公告、每日疫情通报等栏目，在第一时间传递疫情的最新动态和政府的最新举措，以正视听，防止谣言惑众。网站还设立了热线电话、专家咨询、定点医院、预防知识、防治处方、消毒方法、预防非典宣传画等栏目，为市民解疑释惑，提高市民防范非典的科学性和针对性。而医护人员风采、科研攻关、疾病预防控制中心、卫生局等栏目和子网站，则展示了战斗在抗击非典第一线的医护人员、科研人员的精神风貌，以及党和政府领导广大民众众志成城、战胜非典的信心和勇气。"中国上海"政府网站的防治非典专题，赢得了公众的广泛关注和好评。根据2003年4月1日—27日的统计，该网站日点击率最高达6.2万人次，日页面访问量最高达33.5万页，日均点击率和日均页面访问量分别比以前提高了44%和20%，为上海市战胜非典作出了重要贡献[3]。

金税、金盾、金关等政府办公业务资源系统也在非典时期迅速发展。据统计，北京市丰台地方税务局于2003年4月份新办的352户税务登记中，有57.9%是在网上登记的，这是网上登记数量首次超过上门登记数量而暂时成

1　吴倚天.多触角快速反应——"非典"促进电子政务建设[J].每周电脑报,2003(18):26.
2　南辰,王骏勇,戴劲松."非典"考验电子政务是否落实[N].新华每日电讯,2003-05-14(002).
3　陆晓丹.防控"非典"工作呼唤电子政务加速推进[J].北方经济,2003(09):33-34.

为非典时期的"主流"办税方式[1]。金盾工程方面，北京各区的警方坚持"素质建警与科技强警"相互结合，用高科技、信息化手段积极开拓和构筑符合区位特点的社会治安防范工作新体系，收到了很好的效果。以西城区为例，西城警方将西城区分为 58 个"巡控"责任区。全局巡逻车辆全部配备了 GPS 卫星定位装置和 350 兆及 800 兆车载电台，每名巡逻民警配备一部手持电台，保证通信畅通。金盾工程领导小组办公室主任李润森在接受记者采访时说：如果1998 年没有提出网络警察的概念，现在社会治安的局面一定非常被动。公安信息化手段与防控非典的有机结合，确保了全国稳定和良好的治安秩序，同时也暴露了公安信息系统存在的一些问题。金关工程电子口岸执法系统的试点推广，为非典时期海关临危不乱、办事高效提供保障。2003 年 5 月 8 日，汕头海关的"报关即时通"开通试运行，企业从税费申报、缴款到税费划入国库前后只需花费不到 20 分钟时间。在非典严密防控期间，昆明市启动"一窗式"行政审批试点工作，电子行政审批比原有业务办理平均节约工作时间三分之一以上。电子政务对于保障经济体系、经济环境正常运行的重要作用，在非典期间得到了最好的诠释。[2]

（三）"我有问题问总理"开拓公民参政议政途径

随着互联网的普及和网民规模的扩大，电子政务已经不局限于政府侧的单向信息输出，而是朝着政府与其他社会主体的双向信息交流互动发展。借助政府门户网站等电子政务平台，政府得以更广泛而深入地直面社会实际，回应现实关切，公民得以更直接、快捷地反映社情民意，开拓了参政议政、民主决策的新途径。

2006 年 3 月 5 日，央视国际频道（CCTV4）联合其他主流门户网站共同发起"我有问题问总理"网上征集栏目，短短几天内，就吸引了 12 万网民竞相倾诉、提问、建言。"两会"期间，网民通过网络提出的问题达几十万条，网络成为民意到达中央政府的"直通车"。[3]据不完全统计，"两会"期间，央视国际和新浪网收到网友留言 20.7115 万条。仅央视国际专题页面总访问量就超过

1　郝杰."非典,祸兮电子政务福之所伏"[J].电子商务,2003(06):8.
2　黄凯."非典"考验电子政务[J].中国信息界,2003(06):22-24.
3　互联网政治:推进我国民主政治发展的新方式[N].北京日报,2007-06-21.

100 万次，日平均访问量近 10 万页次，参与合作的各网络媒体总访问量突破 2000 万次。在百度输入"我有问题问总理"，能够找到相关网页 84 万余篇；谷歌搜索相关网页 32 万余篇 [1]。"我有问题问总理"在线问政方式的成功表明主流媒体主导下的网络平台可以在征求公众建议、吸纳社会智慧方面发挥重要作用。

2006 年，党的十六届六中全会审议通过的《中共中央关于构建社会主义和谐社会若干重大问题的决定》强调，要拓宽社情民意表达渠道，搭建多种形式的沟通平台。建设网络表达渠道，开辟诸如"网络论坛""民情邮箱"等新渠道，成为题中之义。2008 年 5 月，《中华人民共和国政府信息公开条例》正式实施，该条例旨在"保障公民、法人和其他组织依法获取政府信息，提高政府工作的透明度，促进依法行政，充分发挥政府信息对人民群众生产、生活和经济社会活动的服务作用"，明确要求行政机关应当将主动公开的政府信息通过包括政府网站在内的方式予以公开。在相关政策文件统一要求下，中央和地方领导人纷纷主动上网，以直播、留言等方式与网民对话、互动。

人民网于 2006 年创办了"地方领导留言板"，即如今"领导留言板"的前身，是为国家部委和地方各级党委政府主责领导干部搭建的全国性网上群众工作平台，截至 2021 年共持续促成近 280 万项民情民意得到各地各部门回应和落实。2008 年时任广元市市委书记罗强在"地方领导留言板"注册实名账号"广元罗强"，是全国第一个在"地方领导留言板"上实名公开亮相、本人操作的官员账号，多年坚持在网上"零距离"回复网民诉求。2021 年，根据黑龙江省人民政府网站"我向省长说句话"留言板块中多条群众留言反映的情况，时任黑龙江省省长胡昌升陆续到 50 个市县区暗访、随访，并将群众意见建议现场转交相关负责人。[2] 通过互联网与公众对话，已经成为各级领导人的"规定动作"。

"我有问题问总理"等类似的平台通过将提问权和建议权直接交给网民的方式，拉近了网民的电脑桌和政府的办公桌的距离，体现了政府重视民意呼声、

1　杨继红,孟滨.搭建桥梁 引导舆论 网罗民意"热问"总理——央视中文国际频道 2007 年"两会"报道回顾[J].电视研究,2007,No.211(06):26-27.

2　冯群星."老百姓上了网,民意也就上了网"[EB/OL].环球人物网,(2022-03-01)[2024-02-23].https://www.globalpeople.com.cn/index.php?m=content&c=index&a=show&catid=44&id=32493.

尊重民众心愿的行政原则，明确了社会公众在电子政务发展中的重要地位。

（四）政府电子招标助力成本管控与廉政建设

政府采购是指各级政府为了开展日常政务活动或为公众提供公共服务的需要，在财政的监督下，以法定形式、方法及程序，从市场上为政府部门和所属公共部门购买商品和服务。2003年9月23日，时任财政部在中国信息化应用大会上提出我国电子政府采购的基本设想。财政部国库司周成跃副司长指出，政府采购电子化是大势所趋，是我国政府采购改革的方向。同时强调，电子政府采购与电子商务是两个不同的概念，指出我国当时尚不具备全面推行电子政府采购的条件。当时，有关部门负责人关于我国电子政府采购的基本设想是：借鉴国际惯例，按照政府采购电子化的一般规律，结合我国实际情况，加强电子政府采购的研究和规划，建立政府采购改革与电子政府采购建设的互动机制，以点带面逐步推进[1]。

电子招标作为新型商务活动方式出现，为政府采购创造良好的条件。电子招标，是指通过互联网向全国各企业公开招标来购买商品。当基层政府部门需要办公所需物品时，可通过 OA 系统向上级政府部门提出采购申请。省级具有统一购买权的政府部门（政府采购中心）在采集需要采购的物品基本信息后，就开始准备电子招标。政府在网上公开其所需购买产品的有关信息，同时可以对其更认可的企业网站发出邀请投标的邮件，邀请企业前来投标。有意投标的企业此时需要将其产品构造、性能等形成文字和影像资料，报送到政府招标的专门网址。政府有关人员对招标项目进行审核，初步作出筛选。通过初筛的企业在网上向该政府部门公开竞价，当多轮报价后，出价最低的企业即中标，竞价随即停止。政府在网上公布中标企业，招标结束。在整个交易过程中，政府和中标企业会通过 EDI 技术订立电子合同，数字签名生效后，企业随即安排产品的配送。政府部门接收到产品就会通过网上银行的电子支付系统向该企业划拨款项，整个政府采购行为完毕。

从电子招标完整链路可以看到，电子招标能够让企业公开、公正、公平地参与竞争。互联网流程的自动化、规范化、透明化能够预防"人情标""关系

1　周成跃副司长谈我国电子政府采购的基本设想［EB/OL］.中国政府采购网，（2003-09-30）［2024-02-23］. http://www.ccgp.gov.cn/zcdt/201711/t20171108_9124226.htm.

标"的发生,只认价格、质量、数据的客观竞标在一定程度上降低了政府贪污腐败的可能性。此外,电子招标确保招标过程和统计分析结果会留存在网上,方便社会公众监督,也方便审计部门跟踪和调查取证。从以上两方面来说,电子招标促进了廉洁政府的建设。同时电子招标也大量地节省政府采购人员的工作时间和精力,提高了工作效率[1]。对企业来说,政府电子招标打破了时间和空间壁垒,参加竞标的企业减少了出差时间和费用,实现了"少跑腿多办事",带来了不少便利。另一方面,政府电子招标也为各地中小企业提供机会,打破了地方保护主义。所有供应商都有平等机会参与全国甚至世界市场竞争,标准采购文件弥补了中小企业的专业缺陷[2]。

政府电子招标自21世纪初建设,至今也经历了一系列的发展变化。广东省政府采购平台在2004年就已经被列入"金财工程",深圳作为试点城市最早实现了网上招投标[3]。2005年5月20日,时任中共中央政治局常委、中纪委书记的吴官正同志在考察深圳市政府采购中心时,对深圳网上政府采购给予了充分肯定。2006年天津市农村地区义务教育教学装备工程收尾项目在"天津市政府采购中心网"上成功开标,标志着天津市政府采购中心开始在全国率先较为全面地实现了公开招标、竞争谈判、协议采购、询价等项目的网上电子招标采购[4]。2007年12月,中央国家机关政府采购中心的电子辅助招投标系统投入试用,标志着该采购中心"一网三库五个系统"的电子化平台建设取得阶段性成功[5]。

政府电子招投标系统随着电子政务发展在逐步完善。2020年爆发新冠肺炎疫情给政府采购电子化改革注入更多动力。在湖北,省政府采购电子平台于2020年9月份完成了升级改造,实现了公开招标、邀请招标等6种政府采购方式的全流程电子化,相关资料无纸化并能"一键归档"。在辽宁,政府采购电子评审减轻了供应商印刷、封装制作纸质文件,以及代理机构拆封、保

1　于洪彬.政府在电子商务进程中的角色探微[J].图书与情报,2000(01):33-37.

2　《中国政府采购》采编部.深化改革 积极推进我国政府采购电子化进程[J].中国政府采购,2005(08):18-22.

3　同上。

4　方剑.透明运作 阳光采购——天津市政府采购中心7年节约15亿[J].经济,2006(10):102-103.

5　孙立群.电子化政府采购大事记[EB/OL].中国招标投标协会网,(2008-01-24)[2023-06-01].http://www.ctba.org.cn/list_show.jsp?record_id=51143.

存文件等多方面负担，帮助全省企业有效节约了交易成本。在广西，仅通过网上超市采购，就使办公设备采购时长从原来的平均3个工作日（不含发货及验收时间）缩短到1个小时以内。不少地方改变了原来定点（协议）采购线下交易的采购模式，实现采购过程和交易结果的网上留痕，让采购流程更规范、竞争更充分、信息更透明。还有一些地方在政府采购网上商城建设中对供应商库实行广泛入驻制，为更多企业提供了参与机会。福建依托互联网建立了覆盖省市县三级的"福建省政府采购网上公开信息系统"，推进电子化监督，实现交易全过程电子化留痕，强化对交易活动的动态监督和预警。同时，该平台还综合运用信息系统控制、大数据分析、信用评价、监督检查、信息公开等管理方式加强监管，促进社会信用体系建设。[1]

四、问题：重建设、轻应用

在以PC端为主导的发展阶段，电子政务建设快速推进的同时，也暴露出一些典型的矛盾和问题，总体来说，可以归结为能力建设与实际应用不匹配。

电子政务重建设、轻应用主要体现在电子政务普及率和影响力较低，与建成的电子政务能力不对等，造成资源闲置。在这一阶段，政府门户网站的数量激增，但网站访问量和用户数量却并不多。2008年1月17日，CNNIC发布第21次中国互联网络发展状况统计报告首次涉及电子政务。报告显示，截至2007年12月，中国网民数已增至2.1亿人，2007年一年网民增加了7300万人，年增长率达到53.3％。此次调查结果显示，25.4％的网民，即半年内有5334万人访问过中央政府或者地方政府网站。在不同职业中，学生访问政府网站的比例较低，只有15.9％的学生网民访问过，政府官员和企业领导访问政府网站比较多，已有55.4％的人访问过。再次是与政府相关的工作办事人员访问比较多，这群人中四成（40.1％）都访问过政府网站。机关单位中的网民已有60.5％的人访问过政府网站，事业单位访问的人也已经有43.2％。企业型单位员工访问政府网站的比例则较低。中国各个省市经济发展水平不

---

1 董碧娟. 多地加快推进政府采购电子化 政府采购"网"速升级［N］. 经济日报, 2020-12-02.

同,对政府网站建设的重视程度也不同,网民访问政府网站的比例存在一定差异。北京是中国的首都,政府网站访问率最高,半年内有 34.3% 的北京网民访问过政府网站。

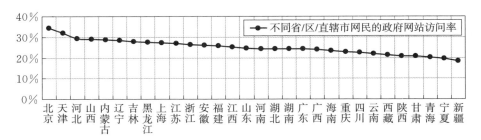

图 9-2　不同省市网民的政府网站访问率

访问政府网站的网民中,多数行为是信息浏览,仅有 2.5% 的人在网上办理过税务 / 企业注册等业务,参与在线互动交流的人群也仅有 3%[1]。

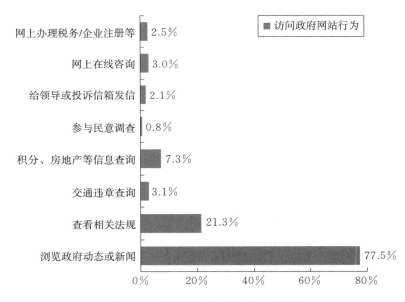

图 9-3　网民访问政府网站行为统计

1　中国互联网络信息中心.第 21 次中国互联网络发展状况调查统计报告[EB/OL].(2008-01-24)[2024-02-23]. https://www.cnnic.net.cn/NMediaFile/2022/0830/MAIN16618490903036JZAHCB4BN.pdf.

　　造成电子政务应用不充分的原因比较复杂，除去思想意识和宣传部署上的主观因素外，从政府侧来看，该阶段电子政务的公共服务效益明显弱于内部办公效益。2003 年的非典让我国对电子政务发展应更注重服务有了更深的认识，在科学发展观的指导下，按建设"服务型政府"的要求调整电子政务部署的思路日益清晰起来[1]。在"2008 中国电子政务发展现状大型问卷调查"中，通过对我国各级地方政府信息化主管官员的抽样调查，发现在问及"电子政务对部门效益提升的表现"时，"提高资源共享""提高工作效率""促进组织内部信息沟通"分别排在前三位，其后才是"提高公共服务水平"。

　　可见该阶段我国电子政务的效益主要体现在提高政府内部的办公效率而不是对外公共服务水平，这也许与受以往计划经济体制影响，政府的"管制"职能远远强于"服务"职能有关[2]。根据 2005 年 8 月由中国社会科学院信息化研究中心启动开展的"中国电子政务实施及应用调查"结果，一方面信息公开等公共服务取得一定进展，但另一方面受众对电子政务 G2C 的评价低于G2G 评价。从调查数据来看，受访者认为电子政务近期可以达到的最主要的实际效果为"提高工作效率"（51.39％）和"增加透明程度"（20.52％），这两个选项远高于其他选项。其他选项中，除了"提高机构效能"为 6.97％ 外，其余均在 5％ 以下。这显示出电子政务在除提高工作效率和政务公开之外，在诸如节约成本、促进政务改革、廉政建设和民主化等方面，近期能达到的效果仍然有限。[3]

　　这一阶段对电子政务的理解还停留在运用新技术提高行政效率方面，总体上依然是政府为单一主体的管理和服务思维，电子和政务融合深度不够。条块分割的电子政务建设和发展模式造成了网络分割和信息孤岛，政务数据资源分散而不集中、不连贯，共建共享、集约建设的电子政务投资建设体系尚未形成，严重阻碍了各类政务服务信息共享和业务协同[4]。

1　汪向东.我国电子政务的进展、现状及发展趋势［J］.电子政务，2009（07）：44-68.

2　吴昊，孙宝文.当前我国电子政务发展现状、问题及对策实证研究［J］.国家行政学院学报，2009，No.62（05）：123-127.

3　汪向东，姜奇平，田铮.中国信息化趋势报告（四十四）中国电子政务实施及应用调查报告［J］.中国信息界，2006（06）：11-17.

4　李辉，张志安.基于平台的协作式治理：国家治理现代化转型的新格局［J］.新闻与写作，2021（04）：13-19.

第三节 移动互联网时代：互联网＋
政务服务（2011至今）

随着移动通信技术的发展和其用户人数的扩张，移动互联的优势在各个领域开始凸显。电子政务移动化成为电子政务发展浪潮中一股不可忽视的力量，为电子政务的发展提供了更加科学合理高效的新模式和新思路。自2011年中国政务微博兴起以来，两微一端等移动端成为中国电子政务的主要媒介形式，为电子政务的普及和便捷化搭建了平台。2016年3月，国务院政府工作报告首次提出大力推进"互联网＋政务服务"，体现了互联网深度发展背景下的国家治理理念。此后的一体化政务服务建设、数字政府建设等战略都是围绕这一治理理念实施的行动，对加快转变政府职能、提高政府服务效率和透明度、便利群众办事创业具有重要意义。

一、中国第一个政务微博"桃源网"与微博问政兴起

2010年通常被称为中国的"微博元年"，仅用一年多时间，中国大陆的微博注册用户已突破两亿，其中新浪微博、腾讯微博占据较大优势，在2011年3月2日公布的2011财年年报中，新浪宣布其微博注册用户超过1亿；不久之后，腾讯宣布其注册用户已经达到1.6亿。在越来越多的公共事件中，微博都发挥着设置议题、快速传播、社会动员等重要作用。面对微博的快速扩张，尤其是其在一系列公共事件中发挥重大作用之后，各级政府部门也开始关注、接触和使用微博。因此，在快速成长的微博大军中，以政府机构为背景的政务微

博成为一支不可忽视的力量[1]。

政务微博主要指政府机构或政府工作人员以公务身份开设的微博[2]。中国最早开设的政务微博是 2009 年下半年湖南桃源县在新浪网开通的官方微博"桃源网"。"桃源网"微博开通的初衷就是向网友推荐桃源的历史文化以及美丽风景。该微博一开始发布的信息主要是一些官方性的新闻，之后逐渐丰富功能，公开政务信息，接受网友、博友对政府工作的意见、投诉、建议等，试水网络问政，成为国内第一个官方认证开通的政务微博。随后，桃源县又相继在人民网、腾讯网、凤凰网注册开通多个政务微博，通过微博对外发布县内重大事件，宣传县内重要活动，展示桃源美丽风景和特色产品。2012 年全国政府网站集约化建设与精品栏目管理经验交流大会上，桃源政府网站的"桃源政务微博"栏目被评为 2012 年中国政府网站政务互动精品栏目[3]。

2009 年年底，昆明市螺狮湾批发市场发生了群体性事件，云南省政府针对这一事件开设了"微博云南"，第一时间发布该事件的情况说明，避免了谣言与负面舆论的形成。《人民日报》发表评论对云南省政府这一做法给予好评，继而引发了各级政府对政务微博的关注。2010 年的"两会"上，代表们通过微博倾听民声、了解民意，将自己的议案、提案发到微博中征求民众的意见，"网络问政"先后被写入安徽、湖南、广东等省的政府工作报告，政务微博首次得到官方的认可，成为公众瞩目的焦点[4]。

2011 年"两会"期间，政府机构、公务员、政协委员、人大代表通过微博及时披露"两会"相关提案和讨论议题，引发网上网下热烈讨论。TCL 创始人、全国人大代表李东生在 2011 年 2 月 11 日新浪微博上向网友发起提案征集："两会即将召开，我作为人大代表将在人大会议提出改善民生的议案或建议。在此我愿意开放微博平台，听取各位博友的声音。""两会"开幕前一天，《人民

1　瞿旭晟.政务微博的管理风险及运营策略[J].新闻大学,2011,No.108(02):151-155.

2　耿国阶,张晓杰,孙萍.政务微博的发展对中国治理转型的影响[J].东北大学学报(社会科学版),2012,14(05):427-431.

3　刘占军.桃源政务微博被评为全国政府网站精品栏目[EB/OL].桃源新闻网,(2012-11-15)[2023-06-01].http://www.taoyuanxian.com/content/2012/11/15/5350495.html.

4　姜秀敏,陈华燕.我国政务微博的实践模式及发展路径[J].东北大学学报(社会科学版),2014,16(01):64-69.

日报》整版刊发政务微博系列报道和评论文章,指出一些政府机构(从省级到县级)积极利用微博平台,肯定其重视利用技术便利,与社会各界产生了良好的沟通效果[1]。

我国政务微博在2011年经历了爆炸式的增长,2011年也因此被称为政务微博元年。根据国家行政学院电子政务研究中心发布的《2011年中国政务微博客评估报告》,截至2011年12月10日,在新浪网、腾讯网、人民网、新华网四家微博网站认证的党政机构微博共32358个,认证的党政干部微博共18203个。其中,2011年新增认证党政机构微博27400个,新增认证党政干部微博17393个[2]。在我国政务微博兴起初期,时任陕西省公安厅党委委员、副厅长陈里[3]是最早入场的党政干部之一,见证了微博问政发展至今的完整历程,他在接受本书作者团队的访谈中谈到了这一经历——

项目组:您在2010年左右就开通了微博,当时是出于一种什么样的想法,希望达到一个什么样的效果去使用微博呢?

陈里:第一,我是第一批使用互联网的官员。我是喜欢尝试新鲜事物的人,我第一次使用微博是2010年,也就是微博元年。当时我已经是公安厅的副厅长,分管法制和信息化,接触的公安工作面比较广,和老百姓接触的面也比较广。作为领导,首先要会学,要会用。所以我开通了微博。起初上微博的时候也是比较纠结的。因为在社会普遍印象中,公安机关是个强势部门,老百姓多多少少还有一些怨言、牢骚,同时还有一种距离感。所以一个公安厅副厅长在互联网上"露脸",应该说是耳目一新的现象。

我刚开始的时候进入微博,还是以学习、研究、工作为主的。到后来影响力变大了,那就得为社会做一点贡献,关注弱势群体,服务民生。特别是一些突发性事件中,像2012年10月2日华山游客滞留事件,几千人在天黑后还在华山上下不来。这时就需要靠我的影

1　郭文君.办微博和转作风(新媒观察)[N].人民日报,2011-03-02(14).

2　国家行政学院电子政务中心.2011年中国政务微博客评估报告[M].国家行政学院出版社,2012:5-7.

3　陈里曾任陕西省公安厅党委委员、副厅长,中央政法委宣教室副主任,中央政法委政法综治信息中心主任。

响力，我在微博上公布了我的手机号，一直沟通现场的情况，然后帮助他们平安地下山，一个不落、一个不伤地送回到驻地。我觉得就是发挥了作为一个政务微博大 V 的社会责任和担当精神，也因此得到了全社会、得到了网民的认可。

　　我一直就把关注民生、关注社会热点问题作为我的座右铭，同时，和网友交流，我特别注重要用新媒体的语言，用老百姓的语言。官员的微博必须要有这种网络素养——利用微博，回应群众关心的问题，利用群众的语言，表达对群众反映的疾苦的感同身受。我想只有这样，老百姓才对我们没有距离感、没有敌意和没有排斥。[1]

　　可以见得，积极正确地运营政务微博，能使得党政干部保持跟群众的血肉联系。通过政务微博，一方面老百姓可以直接向党政干部表达心声，另一方面党政干部也可以运用影响力为老百姓解决急难愁盼的问题，并及时在微博上反馈相关进展，这有助于提升干部自身和党政机关的公信力。

二、两微一端移动政务：让服务贴近生活

　　移动互联网和社交媒体的发展促进了电子政务服务内容、方式、渠道的多样化，随着现实生活空间与虚拟网络空间的不断融合，电子政务与民众的日常生活也联系得越来越紧密。

　　2013 年 7 月，国务院办公厅《关于印发当前政府信息公开重点工作安排的通知》指出，要充分发挥政务微博等传播政府信息的作用，确保公众及时知晓和有效获取公开的政府信息。同年 10 月，国务院办公厅《关于进一步加强政府信息公开回应社会关切提升政府公信力的意见》，就加强平台建设提到三点内容：加强新闻发言人制度建设、充分发挥政府网站的平台作用、着力建设基于新媒体的政务信息发布和与公众互动交流新渠道。该意见明确了第一批"政务新媒体"：政务微博和微信，并将政务新媒体参与政府信息公开的作

　　1　本书项目组访谈资料．被访者：陈里．访谈时间：2016-08-09．

用提到了重要地位。2013 年年底,97％ 以上的中央政府部门、100％ 的省级政府和 98％ 以上的地市级政府部门开通了政府门户网站,政务微博认证账号超过 24 万个,政务微信账号已逾 10 万[1],政务客户端发展稳步提升,部委、省级的移动政务客户端建成比例分别为 25％ 和 31％[2],"两微一端"成为政务新媒体发展新模式。2015 年 2 月,中央网信办在"政府新媒体建设发展经验交流会"上首次提出"两微一端"的政务新媒体概念,随后各级政府及机构加快"两微一端"的线上布局,推动互联网政务信息公开向移动、即时、透明方向发展[3]。在"两微一端"的带动下,互联网与政务服务结合的形式趋向多元化。政府也不断出台政策支持互联网政务服务发展。2016 年 3 月,李克强总理在政府工作报告中提出"大力推行'互联网 ＋ 政务服务',实现部门间数据共享"。

以中组部"共产党员"为代表的优秀微信公众号,成为中央级政务新媒体的标杆。共产党员微信是由中央组织部主管、党员教育中心主办、新华网承办的党员教育平台,重点推送党建要闻和重要言论、重要工作部署和重要文件解读、热点问题评析、重要干部任免信息等内容。根据 2021 年有关报道,共产党员微信全年总阅读量超过 3 亿人次,单篇平均分享次数逾 5000 次,逾三分之一产品单篇阅读量超 10 万,部分原创产品破 100 万,媒体转载过百家。[4] 国资委"国资小新"等一批中央部门公众号,把用户当伙伴、当朋友,以平等的姿态、"卖萌"的语气,赢得了百万级的"粉丝"。

而在地方政务新媒体方面,北京"平安北京"、上海"上海发布"、贵州"贵州发布"、新疆"最后一公里"等新媒体账号特色鲜明,是地方级政务新媒体的佼佼者。"平安北京"坚持群众路线,以民意主导警务,面对网上流传的影响社会秩序和公共安全的事件,及时回应公众关切。2018 年 5 月 18 日,一名骑

1　政务新媒体获空前发展 "两微一端"成为新模式［EB/OL］. 中国网信网,（2015-02-07）［2023-06-01］. http://www.cac.gov.cn/2015-02/07/c_1114291869.htm.

2　胡安琪. 2013 政府网站绩效评估显示 部委移动客户端拥有率 25％［N］. 人民日报,2013-11-29（04）.

3　李辉,张志安. 基于平台的协作式治理:国家治理现代化转型的新格局［J］. 新闻与写作,2021（04）:13-19.

4　共产党员微信公众号（走好网上群众路线"百佳账号"推选活动）［EB/OL］. 光明网,（2021-12-27）［2022-06-01］. https://topics.gmw.cn/2021-12/27/content_35409854.htm.

摩托车的男子当街打人的视频在微博上疯传。"平安北京"将网民的反映第一时间通报给属地，核实情况、开展调查。不到 24 小时，北京警方就成功抓获嫌疑人，其间，"平安北京"连续发声，动态通报抓获、刑事拘留等案件推进环节[1]。"上海发布"秉持"媒体基因"，第一时间发布权威消息、解读时事政策，及时准确与网友互动，受到了许多网友的肯定，影响力在全国位居前茅。"贵州发布"兼具 29 项网上办事功能，集纳全省 90 个政务微信和 60 个政务微博账号，形成了多功能、全覆盖的政务新媒体服务矩阵。"最后一公里"，在新疆 20 万机关干部下基层"访民情、惠民生、聚民心"活动中应运而生，记录并传播了下基层驻村干部大量的真实故事。如《你不知道的村里那些事儿》《握手，胜过语言的沟通》，常设栏目《零距离》《驻村故事》《"访惠聚"智库》《对话总领队》，都是干部下乡交流示范的集锦。"最后一公里"公众号平台有着很强的沟通展示属性，成为促进党政干部与新疆群众增进感情、维护民族团结的有效渠道。

　　辽宁"沈阳新社区"、北京"山水怀柔"，突出面向百姓的贴心服务，引领着基层政务新媒体的发展方向。"沈阳新社区"覆盖全市 770 个社区，打造社区居民"口袋里的办事窗""指尖上的服务站"等栏目在线服务当地群众。"山水怀柔"主要关注普通百姓的吃住行，以亲民、接地气为特征，成为当地重要的服务窗口和生活指南。

　　政务客户端的多功能集成模式受到了政府与公众的关注。2016 年12 月，国务院新闻办公室手机 App"国新发布"上线，解读国家的最新政策、发布各部委的最新消息。App 中设置"新闻间""发布会""News""我的空间"四大栏目，实时纵览中国权威信息，直击国务院新闻办公室、中央部门与地方每年上千场新闻发布会、吹风会，用中英文讲述中国最新发展变化，并为用户提供个性化信息服务[2]。截至 2019 年 7 月，除海南省外，全国各省（自治区、直辖市）和新疆生产建设兵团均已开通省级政务服务移动端平台，如北京

　　1　"平安北京"十年见证十年北京平安［EB/OL］.人民网，（2020-08-18）［2024-02-23］. http://legal.people.com.cn/n1/2020/0818/c42510-31826730.html.

　　2　魏哲哲."国新发布"客户端暨网上新闻发布厅上线试运行［N］.人民日报，2016-12-16（06）.

通 App、天津政务 App、随申办市民云 App、重庆市政府 App 等[1]。

　　随着小程序技术的发展普及,小程序开放、轻便的特征符合移动政务高效便捷的内在要求,政务小程序成为移动政务又一创新形式。根据中国互联网络信息中心(CNNIC)发布的第 51 次《中国互联网络发展状况统计报告》,2022 年,政务小程序数量达 9.5 万个,同比增长 20%,超 85% 用户在日常生活、出行办事中使用政务微信小程序办理政务服务。全国已有 30 个省(区、市)政务平台小程序提供健康码、核酸疫苗、政务便民服务,与人们一起防御新冠病毒、保障生活。2022 年有浙江"浙里办"、北京"京通|健康宝"、上海"随申办"相继上线并转型,办事场景越来越丰富,"一码通办""智慧社区""零工超市"等服务场景更贴近人们日常生活。2022 年,全国已有 31 个省市和地区支持通过微信支付缴纳社保,年缴费超过 8.8 亿笔,较 2021 增长超过 16%。27 个省(区、市)社保办理提供便捷高效的微信小程序渠道。在所有使用微信支付缴纳社保的用户中,通过微信小程序的占比达 62%。除社保缴费服务以外,用户还可通过微信城市服务享受申领电子社保卡、使用医保凭证、挂号看病、打印社保凭证等全流程服务[2]。

　　发挥互联网的交互性和共享性优势,实现跨部门、跨区域、跨层级的政务信息共享,是当前"互联网 + 政务服务"的工作重点。此外,政企合作加速,提升政务服务平台建设力度,如共产党员微信公众号是由中央组织部党员教育中心主办,新华网承办,中国电信集团公司、腾讯控股有限公司、翼信科技有限公司提供技术支持。政务机构服务信息与互联网企业媒体平台的结合,推动在线政务服务用户规模不断扩大,移动端成为在线政务服务主要发展方向。以"两微一端"为代表的移动政务模式也加快了信息的及时传播,开拓了政府与企业、公众的多向互动渠道,提供高效便捷的政务服务,在移动端主导的网络时代,电子政务发展上升到了新高度。

　　1　杨书文 . 我国电子政务建设:从不平衡低水平向一体化智慧政务发展——以 36 座典型城市为例[J]. 理论探索, 2020, No.243(03): 86-95.

　　2　中国互联网络信息中心 . 第 51 次中国互联网络发展状况调查统计报告[EB/OL]. 中国互联网络信息中心网站,(2023-03-02)[2024-02-23]. https://www.cnnic.net.cn/NMediaFile/2023/0807/MAIN169137187130308PEDV637M.pdf.

三、政务新媒体乱象及治理

　　近年来,政务新媒体蓬勃发展,已成为中国电子政务的重要阵地。然而发展的道路总是曲折的,政务新媒体在展现其活力的同时,也表现出了低效重复建设、发布信息用语不当、不互动、无服务等问题。面对政务新媒体乱象,中央政府迅速作出反应,自上而下开展治理,打造健康良好的政务新媒体生态。

　　政务新媒体乱象主要包括两类。一是不更新无回复,政务新媒体沦为僵尸号。最先开通政务微博的"桃源网",自从 2014 年 3 月 3 日起,就再也没有更新过内容[1]。据 2021 年 4 月 14 日湖北省人民政府办公厅的通报,咸宁市通山县通羊镇有政务新媒体号开通至今未发布任何消息,房县有政务新媒体账号最后更新时间为 2019 年 10 月。云南省人民政府办公厅在检查中也发现,部分政府系统政务新媒体"开而不管",长期未更新信息。有的单位对被通报的问题不重视,整改不到位,反复出现相同问题[2]。也有一些政务新媒体仅局限于发布信息,而忽略与网友的互动,不回应公众的关切。例如南宁市旅游局的官方微博"南宁旅游局"、南京市城市管理局的官方微博"南京城管"等地方政务账号页面上,大多数微博评论在个位数徘徊,一些热心网民的回复也未得到及时回应[3]。2021 年 3 月 14 日,一则"市民私信马鞍山市政府官微反映问题疑遭拉黑"的消息引发关注,微博网民"IN 马鞍山"发文说,其私信"马鞍山市人民政府发布"反馈民生问题,系统显示不能发送消息,疑似被拉黑。舆情发酵后,该官微发文说:未擅自关闭"私信功能"和拉黑网民,之后与该网民取得了联系。[4]

　　1　邱永浩.政务微博 且做且珍惜[N].中国青年报[EB/OL].2014-04-16.
　　2　新华每日电讯."开而不管不务正业"的政务新媒体:不言不语,自言自语,胡言乱语[EB/OL].新华社新媒体,(2021-04-21)[2024-02-23].https://baijiahao.baidu.com/s?id=1697633887586201260&wfr=spider&for=pc.
　　3　秦宏,刘硕.政务新媒体发展之惑:面对乱象,路在何方?[EB/OL].新华网,(2015-01-09)[2024-02-23].http://www.xinhuanet.com//politics/2015-01/09/c_1113943158.htm.
　　4　新华每日电讯."开而不管不务正业"的政务新媒体:不言不语,自言自语,胡言乱语[EB/OL].新华社新媒体,(2021-04-21)[2024-02-23].https://baijiahao.baidu.com/s?id=1697633887586201260&wfr=spider&for=pc.

　　二是内容随意化娱乐化，政务新媒体沦为个人账号，存在"公器私用"的现象。政务账号管理者和运营者发声随意，"神回复""怼网友"的现象时有出现。2015 年 1 月 7 日，陕西凤县官方微博在网友"秦岭听溪"转载的一条关于凤县人大常委会主任被处分新闻下回复称"在小编眼中，他是一个正直、朴实、实干的人"，随后引起媒体对该微博内容发布者不当表态的抨击[1]。还有一些政务账号存在追星娱乐、推销商品等行为。2020 年，某地政法委官方微博转发某艺人全球后援会的道歉信息，造成不良社会影响。[2]

　　2018 年 12 月，国务院办公厅发布《关于推进政务新媒体健康有序发展的意见》(以下简称《意见》)，对"政务新媒体"首次进行了全面、规范、系统的概念表述和功能定位。《意见》指出，政务新媒体，是指各级行政机关、承担行政职能的事业单位及其内设机构在微博、微信等第三方平台上开设的政务账号或应用，以及自行开发建设的移动客户端等。对于政务新媒体的功能建设，《意见》强调，各地区、各部门要以内容建设为根本，不断强化发布、传播、互动、引导、办事等功能，为企业和群众提供更加便捷实用的移动服务。通过政务新媒体推进政务公开，强化解读回应，积极传播党和政府声音；加强政民互动，创新社会治理，走好网上群众路线；突出民生事项，优化掌上服务，推动更多事项"掌上办"。对于政务新媒体运维管理规范、整治乱象的问题，《意见》明确要求，县级以上地方各级人民政府及国务院部门应当开设政务新媒体，一个单位原则上在同一个第三方平台只开设一个政务新媒体账号；严格按照集约节约的原则统筹移动客户端等应用系统建设，避免"一哄而上、一事一端、一单位一应用"，对功能相近、用户关注度和利用率低的政务新媒体要清理整合；要严格内容发布审核制度，坚持分级分类审核、先审后发，严把政治关、法律关、保密关、文字关；第三方平台要强化保障能力，持续改进服务，为政务新媒体工作开展提供便利。[3]

────────────

　　1　秦宏，刘硕．政务新媒体发展之惑：面对乱象，路在何方？[EB/OL]．新华网，(2015-01-09)[2024-02-23]．http://www.xinhuanet.com//politics/2015-01/09/c_1113943158.htm.

　　2　新华每日电讯．"开而不管不务正业"的政务新媒体：不言不语，自言自语，胡言乱语[EB/OL]．新华社新媒体，(2021-04-21)[2024-02-23]．https://baijiahao.baidu.com/s?id=1697633887586201260&wfr=spider&for=pc.

　　3　吴姗．国务院办公厅印发意见　推进政务新媒体健康有序发展[N]．人民日报，2018-12-28(02)．

2019 年 4 月 18 日，国务院办公厅制定印发《政府网站与政务新媒体检查指标》和《政府网站与政务新媒体监管工作年度考核指标》，从中央政策层面强化了科学管理和规范指导。截至 2020 年 3 月，北京、上海、石家庄、成都、大连、厦门等城市政府门户网站均以专栏链接、图片、文字等方式在网站首页或二级页面设置网上政务服务入口，为贯彻落实"全国一张网"奠定基础，有利于实现部门间数据共享，破解群众"办事难"难题。[1] 2020 年 12 月，国务院办公厅政府信息与政务公开办公室发布《2020 年政府网站和政务新媒体检查情况通报》显示 39.5％ 的地方政府网站迁入省（自治区、直辖市）集约化平台运行，"一网通查""一网通办"相关工作大大提速；全国政府网站集约共享持续推进，"网上看""指尖办"越发成为常态[2]。

四、深化"互联网 + 政务服务"

随着我国互联网的进一步普及，以及上网设备向移动端集中，用户对政务服务的移动化、服务化和一体化需求进一步加强。

2015 年政府工作报告中首次提出"互联网 + 政务"概念。随后《国务院关于积极推进"互联网 +"行动的指导意见》提出要加快互联网与政府公共服务体系的深度融合，推动公共数据资源开放，促进公共服务创新供给和服务资源整合，构建面向公众的一体化在线公共服务体系。国家"十三五"规划也提出"基本形成满足国家治理体系与治理能力现代化要求的政务信息化体系，构建形成大平台共享、大数据慧治、大系统共治的顶层架构"。深化"互联网 + 政务服务"，充分运用信息化手段促进政务便民化，加快政务数字化转型，是以信息化推进国家治理体系和治理能力现代化的关键一环。

（一）"一网通办"政务服务一体化

"互联网 + 政务服务"要旨体现在 2018 年 6 月国务院办公厅印发的《进

1　杨书文.我国电子政务建设：从不平衡低水平向一体化智慧政务发展——以 36 座典型城市为例［J］.理论探索，2020，No.243（03）：86–95.

2　吴姗.国办通报政府网站、政务新媒体检查结果"网上看""指尖办"成常态［N］.人民日报，2020–12–17（11）.

一步深化"互联网 ＋ 政务服务"推进政务服务"一网、一门、一次"改革实施方案》中。方案提出，"互联网 ＋ 政务服务"作为深化"放管服"改革的关键环节，要推动企业和群众办事线上"一网通办"（一网），线下"只进一扇门"（一门），现场办理"最多跑一次"（一次）。各地区各部门要从实现政务服务标准化、精准化、便捷化、平台化、协同化出发，大力推进"一网审批、一网办理、一网汇聚"的省级电子政务一体化。"最多跑一次"改革关键环节是实现数据共享，打通了不同部门的数据，把政务数据归集到一个功能性平台，用一个入口办全，让"群众跑腿"变为"数据跑腿"[1]。同年 7 月国务院发布的《关于加快推进全国一体化在线政务服务平台建设的指导意见》提出，要推进全国一体化在线政务服务平台建设。这些文件的出台推动了"互联网 ＋ 政务服务"的发展[2]。

　　从实践上来看，我国电子政务"一网通办"的一体化建设效果显著。2019 年5 月，国家政务服务平台上线试运行，联通 31 个省（自治区、直辖市）、新疆生产建设兵团和 46 个国务院部门，标志着以国家政务服务平台为总枢纽的全国一体化政务服务平台框架初步建成[3]。北京市组建政务服务管理局，整合政府信息、便民服务等多项内容，政府网站精简比例达到 90％ 以上；上海市组建大数据中心并建成"上海政务一网通办"的总门户，99％ 的民生服务事项已经实现全市通办；天津市组建市政府直属机构——天津市人民政府政务服务办公室，旨在推动整合政务服务信息，打造"互联网 ＋ 政务服务"平台。"天津政务"App 着力打造 40 个"指尖查"特色办事事项，并已实现在移动端办理483 项高频服务事项。便民服务专线的知识库从 5 万条扩容到 8.7 万条，可满足 560 个用户同时在线使用，全年回访群众共计 957995 人次，进一步实现了"信息多跑路、居民少跑腿"。与此同时，各城市还普及政务服务资源共享平台和电子证照库的建设，实现群众办事免登记、免证件。例如，青岛市已建成并

　　1　李辉,张志安.基于平台的协作式治理：国家治理现代化转型的新格局［J］.新闻与写作,2021（04）：13-19.

　　2　杨书文.我国电子政务建设：从不平衡低水平向一体化智慧政务发展——以 36 座典型城市为例［J］.理论探索,2020,No.243（03）：86-95.

　　3　国家行政学院电子政务研究中心."一网通办"全面加速 全国一体化政务服务平台品牌影响力显著提升［EB/OL］.国家行政学院网站,（2020-06-04）［2023-06-01］.https://www.ccps.gov.cn/bmpd/dzzzw/xwdt/202005/t20200527_140694.shtml.

启用电子证照共享管理系统，通过与"爱山东"App 对接，市民可以实现在线领取电子身份证、电子社保卡等 7 类证照，实现证照信息的便捷管理。[1]

（二）数字政府建设

数字政府建设是我国重塑数字生态、创新数字经济、推动数字社会发展的关键，日益成为数字经济与实体经济深度融合、智慧城市和数字乡村建设的重要支撑。同时，数字政府还是数字中国的重要组成部分，是建设网络强国、数字中国的基础性和先导性工程。加强数字政府建设是坚持人民至上、践行服务宗旨的历史选择，是适应新一轮科技革命和产业变革趋势的必然要求，是推动实现经济社会高质量发展的核心工作[2]。

党的十九届四中全会在《关于坚持和完善中国特色社会主义制度推进国家治理体系和治理能力现代化若干重大问题的决定》中将"建立健全运用互联网、大数据、人工智能等技术手段进行行政管理的制度规则；推进数字政府建设"等明确列为"优化政府职责体系"的主要任务。这段表述是党中央文件首次提及"数字政府"，引起各界的广泛关注和高度重视。[3] 2022 年 4 月 19 日，中央全面深化改革委员会第二十五次会议审议通过《关于加强数字政府建设的指导意见》，意见指出，加强数字政府建设是创新政府治理理念和方式的重要举措，对加快转变政府职能，建设法治政府、廉洁政府、服务型政府意义重大。

2022 年 6 月 23 日，国务院印发《国务院关于加强数字政府建设的指导意见》，就主动顺应经济社会数字化转型趋势，充分释放数字化发展红利，全面开创数字政府建设新局面作出部署："到 2025 年，与政府治理能力现代化相适应的数字政府顶层设计更加完善、统筹协调机制更加健全，政府数字化履职能力、安全保障、制度规则、数据资源、平台支撑等数字政府体系框架基本形成，政府履职数字化、智能化水平显著提升，政府决策科学化、社会治理精准化、公

1　杨书文.我国电子政务建设：从不平衡低水平向一体化智慧政务发展——以 36 座典型城市为例［J］.理论探索，2020，No.243（03）：86-95.

2　2022 年中国优秀政务平台推荐及综合影响力评估结果通报［EB/OL］.中国日报网，（2022-12-20）［2023-07-05］. https://cn.chinadaily.com.cn/a/202212/20/WS63a17b69a3102ada8b227842.html.

3　北京大学课题组，黄璜.平台驱动的数字政府：能力、转型与现代化［J］.电子政务，2020，No.211（07）：2-30.

共服务高效化取得重要进展,数字政府建设在服务党和国家重大战略、促进经济社会高质量发展、建设人民满意的服务型政府等方面发挥重要作用。到2035 年,与国家治理体系和治理能力现代化相适应的数字政府体系框架更加成熟完备,整体协同、敏捷高效、智能精准、开放透明、公平普惠的数字政府基本建成,为基本实现社会主义现代化提供有力支撑"。[1]

数字政府从理念和实践上将电子政务创新发展推向高潮,也赋予了"互联网 + 政务服务"更深刻的意义,即不仅是政府服务功能的深化,更是政府治理体系现代化转型升级。浙江省"最多跑一次"、上海市"一网通办"、广东省"数字政府"改革、贵州省"五全政务服务"等创新经验,电子驾照、电子社保、电子病历、区块链发票、刷脸就医、先看病后付费、24 小时在线数字公务员等创新应用不仅缩短了群众办事时间,提高了政府行政效率,而且增强了人民群众的满意感、获得感——这些皆是在数据融通、决策扁平化等政府数字化转型基础上实现的[2]。

2020 年年初,新冠肺炎疫情暴发。在特殊时期,数字政府在助力疫情防控及 "后疫情" 复工复产中发挥了关键作用。政府相关部门积极应用大数据、人工智能等手段,助力疫情趋势研判、人流实时分析、风险人员识别、抗疫物资调配、病毒基因检测等,快速切断传染链条,有效控制疫情扩散,有力支撑复工复产。国家政务服务平台打通卫生健康委、移民局、民航、铁路等部门数据,方便各地区各部门按需调用,实现全国绝大部分地区"健康码"的互通互认,为推动全国"一码通行"奠定基础。同时上线"防疫健康信息码"服务,汇聚并支撑各地共享"健康码"数据,政务服务数据的互通共享在抗疫防疫中同样发挥了重要作用。

再比如,政府通过手机"云"办事,实现了政务服务"全程无接触、24 小时不打烊"。国务院办公厅在各地区各部门配合与协同联动下,面向全国推出一

1　国务院.国务院关于加强数字政府建设的指导意见［EB/OL］.中国政府网,（2022-06-23）［2023-07-05］.https://www.gov.cn/zhengce/zhengceku/2022-06/23/content_5697299.htm.

2　中国互联网络信息中心.第 21 次中国互联网络发展状况调查统计报告［EB/OL］.中国互联网络信息中心网站,（2008-01-24）［2022-06-01］.https://www.cnnic.net.cn/n4/2022/0401/c88-818.html.中国互联网络信息中心.第 29 次中国互联网络发展状况统计报告［EB/OL］.中国互联网络信息中心网站,（2012-01-16）［2022-06-01］.https://www.cnnic.net.cn/n4/2022/0401/c88-803.html.

大批高频办事服务,确保了疫情期间全国政务服务 24 小时不打烊。2020 年 2 月 5 日,河南省大数据局、省网信办、省公安厅、卫健委、交通厅,搭建完成全省疫情防控专项数据库,加强疫情数据汇集、分析和比对。贵州省信息中心从 1 月 24 日至 2 月 13 日,共为贵州省防控办安装了 13 套电子办公设备,完成 40 多人次上门保障服务,为贵州省防控办的高效运转提供了有力支撑。广东"粤康码"的背后汇聚了多渠道采集的个人健康数据,并且支持快速便捷的采集和查验,在疫情防控中发挥了重要作用。截至 2020 年 8 月,疫情防控期间,"零走动""掌上办"成为企业和群众的办事首选,全国一体化政务服务平台整体办件量 378 万件,其中线上办件 133 万件。分地区来看,22 个地区省级行政许可事项网办率超过 50%[1]。

　　数字抗疫体现我国数字政府已经具备一定效能。作为实现中国式现代化应有之义,作为开启全面建设社会主义现代化国家新征程、打造高质量发展新引擎的必然要求,数字政府建设正在向着新发展阶段和高度不断前进。

1　李季主编.中国数字政府建设报告[M].社会科学文献出版社,2021.

第十章
互联网治理：从观望发展到战略布局

自 1994 年 4 月正式接入互联网，我国互联网发展管理经历了初期的宏观政策布局向互联网治理的转变过程。互联网技术的迅猛发展不断推动着互联网治理领域的拓展。互联网引入初期，我国互联网管理的核心领域主要集中于互联网基础设施的宏观政策与管理制度，具体包括互联网域名制度、互联网对外宣传制度以及信息和网络安全制度。随着互联网技术的不断更新迭代，包括互联网新闻信息服务制度、网络视频节目管理制度、网络游戏管理制度等细分领域的互联网治理体系在我国逐步成型并得到了深化发展。

第一节 互联网治理体系形成初期管理相对宽松
（1994—2000）

1994—2000 年为中国接入互联网的初期。此时用户的互联网行为更多地依靠行业协会规范进行管理，政府宏观管理政策介入的紧迫性还没有显露。

但是随着互联网的普及,宏观管理政策缺位造成的互联网失序问题逐渐暴露,为了维护公共利益,部分领域必须由自上而下的宏观政策予以管理。

一、政府自上而下监管相对宽松

从监管理念上讲,早期中国政府对互联网总体上采取了一种"趋利避害、管放结合"的包容态度,具体表现为"规训为主、隐性管理",即主要运用宣传和规训等隐性、软性手段引导、教育、规劝网民自觉发布合法合规的网络评论。究其原因,这与中国接入国际互联网时提出的"趋利避害、为我所用"方针密不可分。当时,在美国"信息高速公路"计划影响下,中国已正式启动"三金工程",在国民经济的重要领域大力开展信息化建设,希望借助全球第三次科技革命浪潮之力,实现综合国力的重要飞跃。在这一背景下,中国政府提出前述"八字方针",在一定程度上给予了国内互联网技术和内容发展的弹性空间,为互联网的发展创造了有利条件。

1988年至1996年间,这个阶段网络安全管理对象主要是计算机单机或者局域网。政策关注点集中在计算机系统领域,主要涉及计算机单机系统的安全、计算机应用的安全以及计算机硬件、数据的安全。而从1997年至2000年,随着互联网在我国民用场景的快速发展,国家开始制定管理互联网安全的各类政策。这个阶段政策关注的重点主要是网络运行及网络信息的安全。沿袭了我国命令－控制型监管传统,政府在此阶段对互联网的监管采取的是一种自上而下的监管模式。政府在监管中扮演"有为政府"角色,主要路径是由国务院领导有关部委进行统筹安排,自上而下地对各种基础设施硬件软件资源进行总体配置,并利用科层制管理方式来调动各方的积极性,从宏观层面来规划互联网的基本发展路线,推动各职能部门推进网络建设。此阶段已经出现了一些互联网监管法律法规及相关政策,但在具体的监管实施方面仍然存在监管机构分工笼统化、监管方式与监管领域单一等问题。

(一)监管机构统筹监管

我国互联网监管机构经历了一系列的机构变革过程,但在1994年至2000年期间,国务院在信息化建设和监督工作方面起着主导作用。1986年

2 月,国务院批复成立国家经济信息中心,由该中心负责建设国家经济信息系统。[1] 1993 年 12 月 10 日,国务院批准成立国家经济信息化联席会议[2]。1994 年 5 月,国家信息化专家组成立并成为国家信息化建设的决策参谋机构。1996 年 4 月 16 日,原国家经济信息化联席会议办公室被变更为国务院信息化工作领导小组办公室。1998 年 3 月,原国务院信息化工作领导小组办公室整建制并入新组建的信息产业部,成立了信息产业部信息化推进司(国家信息化办公室),负责推进国民经济和社会服务信息化的工作。

1999 年 12 月 23 日,国家信息化工作领导小组成立[3],但是其不再单设办事机构,具体工作由信息产业部承担,并将国家信息化办公室改名为国家信息化推进工作办公室。国务院信息化工作领导小组的具体职能由信息产业部行使,其主要职能包括组织协调国家计算机网络与信息安全管理方面的重大问题;组织协调跨部门、跨行业的重大信息技术开发和信息化工程的有关问题等。从国务院对信息化建设管理机构的不断更名、机构职能合并的过程来看,此时我国的互联网监管机构仍然缺乏较为明细的职能分工,其监管职责主要是统筹、组织协调,而非针对具体领域的职能分配。与此同时,国务院下属的邮电部、电子工业部、公安部也在其职能范围内行使相关的互联网监管职责,从其职能内容来看,主要集中在计算机安全、域名管理、联网管理、打击网络犯罪等方面,尚未出现专门针对国内互联网行业的监管制约内容。

(二)监管形式以命令控制为主要特征

命令控制型监管形式通常适用于法治化程度相对较低的阶段。在 1994 年至 2000 年阶段,我国互联网监管职能主要由国务院主导,在市场端尚未出现能够与政府监管进行交流对话的市场主体。命令控制型监管主要表现形式是制定政策、指引方针、法律法规。1996 年 2 月 1 日,国务院发布了《中华人民共和国计算机信息网络国际联网管理暂行规定》;1996 年 4 月 9 日,邮电部发布《中国公用计算机互联网国际联网管理办法》;1996 年 6 月 3 日,电子

---

1 国家经济信息中心由原国家计委所属的计算中心、预测中心和信息管理办公室合并组建,1988 年更名为国家信息中心。

2 国务院副总理邹家华任主席。国家经济信息化联席会议办公室设在原国家计委(国家信息中心)。

3 国务院办公厅发出"关于成立国家信息化工作领导小组的通知"(国办发〔1999〕103 号)。

工业部作出《关于计算机信息网络国际联网管理的有关决定》；1997 年 5 月 20 日，国务院对《中华人民共和国计算机信息网络国际联网管理暂行规定》进行修正；1997 年 5 月 30 日，国务院信息化工作领导小组办公室发布《中国互联网络域名注册暂行管理办法》，等等。

这些法律法规的出台为互联网行业的发展提供了指引，但其监管的内在推动机制仍然是一种外生的命令控制方式。例如，《计算机信息网络国际联网管理暂行规定》第十二条规定，互联单位与接入单位，应当负责本单位及其用户有关国际联网的技术培训和管理教育工作。该条增加了互联单位与接入单位的技术培训和管理教育义务。《计算机信息网络国际联网管理暂行规定》第 13 条进一步规定，从事国际联网业务的单位和个人，应当遵守法律，否则重至触犯刑法。凡此种种义务与责任，并不是互联网发展初期技术内生的需求性管理，而是从主权国家利益出发，维护公共秩序、公共利益的外生需求，而这些条款通常以"必须""应当"等形式出现在法律文本中，意味着义务主体如果不遵守，或者达不到法律规定的要求，则要承担相应责任，严重者招致最严厉的刑法处罚，客观上实现了对互联网活动的命令式控制。

（三）监管领域集中在计算机安全领域

在 1993 年《无线电管理条例》基础之上，1994 年《计算机信息系统安全保护条例》发布，这是我国首部有关计算机信息安全的法律规范。1997 年 12 月 30 日，公安部也发布了由国务院批准的《计算机信息网络国际联网安全保护管理办法》。随着互联网的迅速发展，国家开始对互联网安全制定各种政策，对互联网的硬件产品等级分类、运行安全保障和互联网保密等都做了详细的规定，尤其是 2000 年全国人大通过了第一部互联网信息安全法律条文即《全国人民代表大会常务委员会关于维护互联网安全的决定》，它标志着我国互联网安全法律体系的基本形成。[1] 这个阶段的网络信息安全法规涉及面较广，也较全面，涵盖国际联网安全、系统安全、运行服务安全、商务交易安全、信息传播及信息服务安全六个领域。此时，既有的计算机化管理制度为互联网在我国的进一步发展提供了可能性，做好了制度准备，奠定了制度基础。

1　刘守芬，孙晓芳. 论网络犯罪 [J]. 北京大学学报（哲学社会科学版），2001（03）：114–122.

二、多元主体自下而上逐渐参与治理

互联网治理与单纯的政府监管最大的区别就在于多元主体的参与,多元主体通常是多个利益相关方,除了政府之外,还包括互联网服务提供商、互联网业务运营商、互联网内容提供商乃至普通的网络用户。在早期的互联网发展阶段,互联网公司的出现为互联网多元治理模式的出现创造了契机。例如,网易、搜狐、新浪三大门户网站等互联网企业均在此阶段开始创建并发展壮大。中文网络社区网站如猫扑、西祠胡同、天涯社区等也相继成立。互联网产业力量的壮大同时也带领网络用户群体不断扩大,为互联网治理主体增添了新的力量。

(一)参与治理的主体增多:利益相关者的参与

得益于网络社交群体的逐渐成长,互联网在社会治理过程中的作用开始显露。国家开始注意到互联网治理的重要性,在强调计算机基础设施安全的基础上,逐渐转向对虚拟网络空间人的治理。例如,1997 年 8 月,公安部正式成立公共信息网络安全监察局,负责组织实施维护计算机网络安全,打击网上犯罪,对计算机信息系统安全保护情况进行监督管理。与此同时,一些网络侵权民事案件时有发生。某报举办形象设计比赛,由某公司承担摄影工作,学习声乐表演的杨某在比赛中获得二等奖。2000 年,杨某在"找到啦"网站"出格大男人"频道发现自己的 5 张艺术照与一张不知名的女性裸体照被连续编排在同一网页上,且该网页仅此 6 幅照片。从照片排版顺序上看,前 5 张均为杨某面容清晰人像,第 6 张裸照则面目不清。她因此遭到亲友误解。杨某将摄影公司和"找到啦"网站诉至法院。[1] 该案最终未有判决,推测可能未予立案或者诉前达成和解。网络侵权案件的出现让监管部门发现,单纯的政府监管力量尚不足以对其进行有效治理,需要网站、网络社区的支持。这说明互联网技术在带来发展红利时也会产生不良影响,想要从根源上调和互联网发展中的矛盾,需要从互联网参与主体的需求和利益出发,善用多元参与主体,让他

1　"找到啦"网站登载裸照被诉侵权[N].北京晨报,2000-07-17.

们参与治理的全过程。

网络空间秩序需要得到有效维护，这一命题逐渐得到互联网产业界、学术界、网民等多方主体更多的关注。彼时中国互联网正处于发展的关键时期，面临诸多困难和挑战。当时，中国的网络基础设施建设还比较落后，互联网接入速度慢、带宽有限，网络覆盖范围也相对较窄。互联网仍然是一个新兴行业，缺乏具备相关技术和管理经验的专业人才。这导致了在网络技术研发、运营管理等方面存在一定的困难。由于缺乏完善的网络法律法规体系，对于互联网行为监管不足，网络环境存在一些安全风险和法律风险。由于网络安全意识薄弱以及技术手段相对简单，中国互联网面临着大量恶意软件、病毒攻击等信息安全问题。互联网商业模式还处于探索阶段，缺乏成熟的盈利模式和商业规范。这给互联网企业的发展带来了一定的不确定性。尽管面临这些困难，但在政府、企业和个人的共同努力下，中国互联网技术及产业发展在此后迅速发展起来，并取得了巨大成就。

随着时间的推移，相关问题逐渐得到解决和改善，为中国互联网行业的快速崛起奠定了基础。1999年4月15日，当时在我国有影响的23家网络媒体首次聚集在一起共商中国网络媒体发展大计，并原则上通过了《中国新闻界网络媒体公约》，呼吁全社会重视和保护网上信息产权。《中国新闻界网络媒体公约》本质上是中国网络媒体行业制定的行业自律性规范。该公约旨在引导网络媒体遵守职业道德、提高新闻报道的质量和可信度。公约的实施对于中国网络媒体行业具有积极影响：第一，规范行业行为。公约明确了网络媒体从业人员应遵守的基本原则和职责，如真实准确、客观公正、依法合规等。这有助于引导从业人员遵守职业道德和法律法规，提高新闻报道的专业水平。第二，保障信息可信度。公约要求网络媒体加强信息核实和来源披露，防止虚假、不准确或失实报道的传播。这有助于提高信息的可信度和权威性，增强读者对网络媒体的信任感。第三，加强社会责任感。公约倡导网络媒体承担社会责任，关注社会热点问题，积极参与社会公益活动，并及时回应社会关切。这有助于推动网络媒体更好地履行社会责任，为社会发展和进步作出积极贡献。第四，促进行业发展。公约鼓励网络媒体加强自律和合作，推动行业规范化、标准化建设。这有助于提升整个网络媒体行业的形象和竞争力，促进行业的健康发展。然而，需要注意的是，《中国新闻界网络媒体公约》是一项自律性规范,其效果主要依赖于从业人员和企业的自觉遵守与执行。因此,公约的实施几乎完全依靠广大网络媒体从业人员和相关机构共同努力,才能形成良好的行业氛围和管理机制。1999 年 5 月,在清华大学网络工程研究中心成立了中国第一个安全事件应急响应组织 CCERT。CCERT 的中文全称是中国网络应急响应中心(China Computer Emergency Response Team,简称 CCERT),是中国国家互联网应急响应技术处理和协调机构。CCERT 的主要职责是及时发现、处置和防范网络安全事件,提供网络安全技术支持和指导,促进我国网络空间的安全稳定。例如,在发生大规模勒索软件攻击(如 WannaCry)时,CCERT 迅速组织专业团队进行应急响应,协助受影响的机构恢复系统、提供技术支持,并发布相关安全预警信息。总体而言,CCERT 在网络安全事件应急响应、信息分享、技术指导与培训以及政策研究等方面发挥着重要作用,为保护我国的网络空间安全作出了积极贡献。这些在我国互联网发展史上具有标志性意义的历史事件进一步凸显了互联网多元治理模式的重要性。

(二)互联网是否受制于法

　　伴随着治理主体的多元化,互联网治理手段与工具也更加丰富。互联网不仅是治理社会的重要工具,也成为社会治理的重要领域。欧美国家在此阶段开启了互联网是否需要受制于法的广泛辩论。美国黑客约翰·佩里·巴洛在 1996 年提出 "互联网乃独立于现实世界的空间,其不再受制于现实空间的法律,可根据技术规则自己运行",并发表了著名的《网络空间独立宣言》,此即彻底的 "网络自治理论"。随后,劳伦斯·莱斯格也在其著作《代码即法律》中提出 "代码(网络架构)是网络空间的法律" 观点。由此可见,网络自治论的核心观点就是代码是网络治理的唯一工具。与之相对的观点为网络规制论,代表性学者如大卫·波斯特(David Post)[1]、杰克·戈德史密斯(Jack L. Goldsmith)等,这些学者认为网络空间同样也要受到现实空间法律的规制,但在持该观点学者的内部还存在争论,其争论的焦点在于 "内部或者本土规制" 与 "已存的外部的规制机制"[2],主要分歧在于现实世界的法律离开代码后能否

1　Johnson D R, Post D G. Law and Borders-The rise of law in Cyberspace[J]. Stanford Law Review, 1996, 48(05).

2　Goldsmith J L. The Internet and the Abiding Significance of Territorial Sovereignty[J]. Indiana Journal of Global Legal Studies, 1998(02).

在网络空间发挥作用。虽然在同一时期，我国尚未出现网络自治与网络规制之争，但美国发生的这一争论说明互联网治理可以有不同的理念和方式，也为后来各国互联网治理模式的分化埋下伏笔。

我国在此阶段虽然已经出现了网络舆情、网络侵权等影响社会秩序的不良事件，但因互联网普及程度而导致其社会影响力相对局限，远远低于 21 世纪网络发达时代的影响程度。因而，这个阶段我国在互联网治理过程中采取的手段虽然有向多元化发展的趋势，但远未达到真正的协同化、体系化状态。

三、非官方主体参与互联网治理相对有限

综上可知，我国在此阶段的互联网治理仍然是一种自上而下的命令控制型监管模式，非官方主体参与互联网治理的渠道受到限制，这一方面是由于当时我国互联网行业力量尚未发展壮大到足够影响到政府决策的程度，另一方面也是因为当时的多元利益相关者在参与互联网治理过程中的治理能力与治理水平不足。

（一）行业发展处于起步阶段

在 1994—2000 年之间，我国一共发布了三次《中国互联网络发展状况统计报告》，每一次报告都对我国国内上网的计算机数量、网络用户数量以及域名注册、网站地址、国际出口带宽等数据进行了统计（详见表 10-1）。

表 10-1　1997—1999 年《中国互联网络发展状况统计报告》数据摘录

时间	上网计算机数	网络用户数量	域名注册数量	网站站点数量	国际出口带宽
1997 年 11 月	29.9 万台	62 万台	4066 个	约 1500 个	25.408M
1998 年 7 月	54.2 万台	117.5 万台	9415 个	约 3700 个	84.64M
1999 年 1 月	74.7 万台	210 万台	18396 个	约 5300 个	143M 256K

虽然每年的数据都呈现出上升的趋势，但其增长速度明显低于 2000 年以后。从域名注册数量以及网站站点数量发展情况来看，互联网在社会的影

响力量还相对有限,尚未积蓄到足以影响整个互联网治理政策的程度。与此同时,虽然网络用户的数量逐年递增,但真正参与网络社区活动的仍然十分有限,在行业上来看主要集中在政府部门、金融行业以及计算机行业等精英阶层以及少数重点行业领域。

1994—2000 年期间,是中国互联网行业的起步发展阶段。第一,互联网逐渐普及和用户增长。1994 年中国正式接入国际互联网。从那时起,互联网开始逐渐普及,用户数量迅速增长。到了 2000 年底,中国的互联网用户数已经超过 2100 万。第二,电子商务兴起。互联网的普及为电子商务的发展提供了机会。从 1997 年开始,中国出现了一批早期电子商务平台和在线购物网站。例如 8848 电子商城,成立于 1995 年,是中国最早的 B2C(企业对消费者)电子商务平台之一。它提供了在线购买商品、支付和配送服务。再如,成立于 1999 年的新浪商城,是新浪旗下的电子商务平台,为用户提供了在线购物功能,并逐渐发展成为一个综合性的购物网站。这些平台通过网络销售商品和服务,为消费者提供了更便捷的购物体验。第三,网络技术与应用创新。在这段时间里,中国涌现出一批互联网技术和应用创新企业。例如,在 1998 年成立的百度公司成为当时中国最大的搜索引擎服务商,并推动了搜索引擎技术的发展。第四,互联网金融兴起。随着电子商务和网络支付的发展,互联网金融逐渐崭露头角。第五,网络内容建设起步。随着互联网用户数量的增加,网络内容也变得越来越丰富多样。网站、论坛、博客等各种形式的网络媒体开始涌现,为用户提供新闻、信息、娱乐等各类内容。第六,电子政务发展。这一时期中国政府开始意识到互联网在政务领域的重要性。1999 年,中国首个政府门户网站——"中国政府网"正式上线,并逐渐推动了电子政务的发展。

总体而言,1994—2000 年是中国互联网行业起步的关键时期。在这一时期内,互联网普及率不断提高,出现了一批具有影响力的企业和创新成果,为中国互联网行业未来的快速发展奠定了基础。

(二)企业、团体和网民开始参与互联网建设

在 1994—2000 年期间,一些企业团体参与了中国互联网的管理和发展。例如,1997 年成立的中国互联网络信息中心(CNNIC),是中国主管互联网域名、IP 地址和基础设施管理的机构。该中心由中国科学院计算机网络信息中

心牵头组建，并得到了国家信息产业部的支持。1995年成立的中国互联网协会（CIIA），是一个由企业和个人自愿加入的非营利性社会团体。它致力于推动中国互联网行业的健康发展和规范运作。再如，中国电信和中国联通，它们积极参与了互联网的发展和管理，提供了网络接入服务、带宽资源等基础设施，并在推动网络建设方面发挥了重要作用。这些企业团体通过制定标准、推动政策、提供技术支持等方式，在中国互联网的发展和管理中发挥了积极的作用。他们与政府、学术机构和其他相关方合作，共同推动了中国互联网行业的蓬勃发展。

然而，非官方主体在互联网治理过程中的治理能力与治理水平受到互联网技术的牵制，而此阶段的互联网普及程度尚未达到人人联网的程度，还有相当一部分群体尚未接入网络世界。互联网治理能力与治理水平仍然处于初级阶段。这具体表现在以下几个方面：一是互联网企业尚未形成具有足够影响力的行业协会或者类似组织，其在互联网治理领域的治理功能仅限于特定的业务范围，如网络社区可能仅限于在治理社区内网络言论方面发挥作用。同时，不同领域的互联网企业缺乏信息联通共享机制，无法实现信息的聚合，导致出现信息孤岛、信息烟囱等现象，阻碍了互联网治理功能的实现，也不利于互联网企业的治理能力与治理水平提升；二是互联网企业本身的发展与政府决策法规挂钩，其对政策法规的依赖程度也限制了其在互联网治理方面所能发挥的作用。作为非官方治理主体的互联网企业在互联网初期无法形成有效的行业治理规范与机制，自然也无法最大范围地发挥治理效能。

与此同时，网民作为互联网治理另外一个重要的主体，虽然在数量上存在一定的优势，但是整体网民素质、网民所能影响的范围等因素极大地限制了其在互联网治理过程中所能发挥的作用。以网络言论自由保障为例，传统观念认为集体利益优于个人利益，需要得到优先保护。网络舆情事件中，言论自由在个人言论与集体言论出现矛盾时，个人的言论自由通常会让位于集体利益。但如果集体言论总是得到优先保护，那么这种惯性思想则会制约网民参与互联网治理讨论的范围，并进一步限制网民参与互联网治理能力与水平的发展。尽管当时互联网的普及程度较低，但网络平台仍然为人们提供了一个相对自由、开放的空间，使他们能够就社会问题表达自己的观点和意见。例如，1998年夏季,长江中下游地区遭受了严重的洪水灾害,这场洪灾引发了大量网民的关注和讨论。他们通过 BBS、新闻讨论组等网络平台分享灾情信息、呼吁捐款救援,并对政府的应对措施提出意见。尽管当时互联网在中国的普及程度相对有限,但仍有一些事件引起了网民对公共议题的关注和讨论,网民的力量初步显露出来。

第二节　互联网治理制度发展突出重点领域
（2001—2010）

　　2001—2010 年是我国互联网治理发展的重要阶段。在这一阶段,我国互联网治理制度开始逐步向各行业和领域渗透。在制度形式方面,中央部委、行业监管单位、地方政府相应出台了多个部门规章、规范性文件和地方性法规,政策制定逐步渗透到互联网相关行业、领域,逐步完善了互联网治理所涉及的各个方面。在此阶段,域名成为争夺的重要资源,新闻信息大爆炸的同时网络谣言满天飞,侵犯知识产权的音乐与视听节目肆意传播,这些现象的出现亟需相应的管理制度来治理。这一阶段的互联网治理的重点领域集中在域名管理、新闻信息服务、音乐和视听节目版权以及网络游戏等领域。

一、域名制度的变迁与完善

　　域名制度是我国互联网内容管理制度中最为重要的制度之一。与其他网络资源相比,域名其实是一种稀缺资源。域名以数字或字母为表现形式,为通往目的网址提供一条准确路径。与广播频谱资源类似,域名的表达方式客观性决定了它的稀缺性,使得域名需要集中管理和分配。"域名抢注"案件层出不穷,如 2003 年（美国）匡威公司诉北京国网信息有限责任公司计算机网络域名纠纷、2004 年蔡某恶意抢注 "www. 特步鞋业 .cn" 中文域名案件、广东永安制衣厂抢注 "Kelon" 域名案等。此外，恶意抢注域名获取巨额利益现象频发，如歌手名字 "刀郎" 域名被恶意抢注、2006 年春晚宋丹丹台词 "白云飘飘" 遭抢注、奥运吉祥物名称被抢注等现象。这些现象亟需域名管理制度来进行调整。

（一）域名制度的重要性

域名制度的重要性在于其对网络言论与网络内容传播等领域所发挥的关键作用。通过现实世界的地址、邮编信息可以联结至具体的某人，而域名则可以帮助虚拟网络世界的人们建立起千丝万缕的联系。域名不仅是网络连接的地址，还是互联网的关键性基础资源，影响着整个互联网世界的健康发展[1]。

域名制度对网络言论自由具有重要的影响力。域名被逐渐视作一种网络言论的表达方式，它其中所包含的网站识别符与网站内容识别符已经成为一类新的网络言论表达[2]。例如，某些含有反党反社会言论标识的内容被禁止注册成为域名。此类域名标识很容易让人联想到不利于社会秩序稳定的言论内容。还有一些网络言论禁止针对的是具有特定身份的主体，而域名注册中也会涉及特定身份的表达禁止。例如某些著名商标的名称在注册成为域名时很容易联想到该著名商标，使得域名与商标权利主体之间产生争议和纠纷。当然还有一些人利用语言表达中的 "谐音""近义" 等恶搞商标，对现实生活中的主体权益构成威胁。由此可见，作为一种网络言论表达形成的域名与网络言论自由等具有密切的联系。除此以外，域名制度对网络言论的自由传播也具有重要的影响力。网站通过绑定域名与 IP 地址的方式为网络用户提供网络搜索服务，一旦该域名被删除或者无法解析，就会中断网络用户的网络访问权限。而只有极少一部分专业人士才能通过记录复杂烦琐的 IP 地址的方式继续进行网络访问。因而，域名是保障网络言论自由传播的咽喉，通过对域名制度进行适当的管理是对网络不良言论进行规制的最佳手段。

1　郭丰 . 域名管理事关互联网健康发展［J］. 学习时报，2017-10-04（007）.
2　丁春燕 . 互联网域名管理制度对网络言论的规制［J］. 法学杂志，2017（01）：121-133.

域名制度是网络内容管理的基础。一般而言,互联网内容是指互联网用户、互联网平台等互联网主体在自由意识的支配下(明知)或在其权限范围内(应知)利用特定技术方式,发布在互联网平台上、可被其他互联网主体受领的文字、图片、视频等数据信息[1]。广义上的网络内容管理也包括支撑互联网内容可被他人受领的技术、维持互联网内容安全和品质的规则。网络内容的上传与下载都受制于域名制度,只要对某些域名禁止解析,很多网站就不能为广大用户提供访问服务。可以说,域名既是网络用户获取网络内容的重要路径,也是开启网络访问的钥匙。控制域名就能在一定程度上控制网络用户的网络访问权限,就能对网络用户所获取的网络内容范围进行适当地限制。

(二)域名制度的基本变迁

我国域名制度的顶级配置跟随国际域名治理制度发展的脚步至少经历了两次变迁[2]:第一次变迁是 1997 年《中国互联网络域名注册暂行管理办法》的颁布实施,该部门规范性文件的内容主要移植的是国际 RFCs(即"请求评论")标准[3]。RFCs 是一系列以编号排定的文件,涵括了基本的互联网通信协议。尽管此次立法是一种法律移植,但它仍然是我国顶级域名管理制度的第一次飞跃。20 世纪 90 年代,中国互联网经历了迅速发展的阶段,越来越多的人开始使用互联网,各类网站和在线服务也呈现出爆炸式增长。这导致 21 世纪的前十年,中国对于统一、规范和管理互联网域名的需求迫切。在早期,中国境内的域名注册并没有明确的规范和机构进行管理,导致了大量重复、冲突和混乱注册的现象。为了解决这些问题,建立一个统一的、专门的管理体系来处理域名注册事务被提上日程。与此同时,国际上已经形成了相应的互联网域名管理机制和标准。为了与国际接轨,并能够参与全球互联网治理体系,中国需要建立自己的域名注册管理制度。

基于以上背景,1997 年《中国互联网络域名注册暂行管理办法》应运而

1　谢新洲,李佳伦.中国互联网内容管理宏观政策与基本制度发展简史[J].信息资源管理学报,2019(03):41-53.

2　2017 年 8 月 24 日,我国工业和信息化部颁布了《互联网域名管理办法》,而相应的 2004 年版的《中国互联网络域名管理办法》失效,此为我国域名管理制度的第三次变迁。

3　朱稼兴.计算机网络概念、原理、技术及应用[M].北京航空航天大学出版社,1999:275.

生。该办法明确了域名注册管理的相关规定，包括域名的分类、注册条件、管理机构等。这也是中国互联网治理体系建设过程中的重要一步。

　　第二次变迁则可以追溯到 2002 年颁布施行的《中国互联网络域名管理办法》，在 1997 年《中国互联网络域名注册暂行管理办法》的实施基础之上，该管理办法中的很多规定都考虑到了我国的实际国情，是对我国顶级域名管理制度的本土化。《中国互联网络域名管理办法》的立法背景可以追溯到当时中国互联网发展的需要和国际互联网治理的要求。进入 21 世纪初，中国互联网用户数量持续增长，各类网站和在线服务也呈现出蓬勃发展态势，对于统一、规范和管理互联网域名的需求更加迫切。随着互联网的快速发展，中国境内域名注册数量大幅增加，但域名管理仍然存在着一些问题，已有的管理方式与中国互联网发展实情仍有不相适应之处。例如，存在大量重复注册、恶意抢注等行为，给企业和个人带来了不便和损失。国际上已经形成了相应的域名管理机制和标准，例如国际电信联盟（ITU）和互联网名称与数字地址分配机构（ICANN）等组织制定了相关政策和规则。为了能够参与全球互联网治理体系并提升国际影响力，中国既需要与国际接轨，也需要切实推进域名管理制度的本土化建设。基于以上背景，在《中国互联网络域名管理办法》依法实施，旨在规范互联网域名注册行为，保证域名的唯一性和合法性，并提供更加稳定和可靠的域名服务。2004 年《中国互联网络域名管理办法》的部分条款又进行了修订，至此我国顶级域名管理制度实现了第二次制度变迁[1]。互联网域名管理制度变迁的总结见表 10-2。

表 10-2　我国互联网域名核心管理规范制度

法律法规名称	核心管理制度	颁布机构	效力级别	发布时间	实施时间
《中国互联网络域名注册暂行管理办法》	域名统一管理制度、域名注册、审批、变更、注销制度	国务院信息化领导小组	部门规范性文件	1997.05.30	1997.05.30

1　丁春燕.互联网域名管理制度对网络言论的规制［J］.法学杂志，2017（01）：121–133.

法律法规名称	核心管理制度	颁布机构	效力级别	发布时间	实施时间
《互联网域名管理办法》	互联网网域名服务及其运行维护、监督管理制度	工业和信息化部	部门规章	2017.08.24	2017.11.01

二、从被动善后到主动出击的新闻信息服务治理

互联网新闻信息服务治理是伴随着我国网络新闻信息服务业的兴起而不断发展的。一个很重要的背景和观念转变是,政府开始把互联网视为媒体而不仅是通信服务、信息服务。相应地,对互联网的管理也开始从信息口、经济口,转向宣传口。20世纪90年代末,我国互联网行业进入第一次狂热发展的顶峰。各类网站良莠不齐,内容混杂。就新闻网站而言,1999年始,国务院新闻办公室就开始大力维护网络新闻传播秩序,2000年开始实施重点新闻网站建设工程,人民网、新华网、中国网、国际在线、中国日报网、中青网等被确定为第一批中央重点新闻网站,千龙网、东方网、北方网等地方新闻网站迅速崛起。国务院新闻办公室对网络新闻传播秩序的维护起到了预期的效果,官方背景的新闻网站迅速成长,向综合性信息门户发展。我国政府对互联网新闻信息服务行业的管理经历了一个从"出现问题后"被动治理到"防患于未然"主动治理的转变过程。

（一）"善后为主"的早期互联网新闻服务治理

早期的互联网新闻服务治理被动善后,即要等到问题出现后才能明确治理范围,绝大多数互联网服务领域的治理都有这一特点,主要有四方面原因。第一,技术创新和应用需求。互联网的诞生是源于科技创新和信息通信技术的发展。起初,互联网主要用于学术研究和军事领域,其规模相对较小。随着技术的不断进步和应用需求的增加,互联网逐渐扩大到商业、政府和个人等领域,形成了广泛而复杂的网络生态系统。第二,自由开放环境。早期互联网还没有被广泛监管。政府、企业和其他利益相关者对互联网的控制力度较弱,给予了互联网

自由开放的环境。这种自由开放促进了创新、竞争和快速发展。第三，国际标准与合作。早期互联网主要是由一些学术界、科研机构以及志愿者组织共同推动发展起来的。国际上也逐渐形成了一些共识性标准与合作机制，例如 TCP/IP协议、万维网等。这些标准与合作为互联网提供了基础和框架，但并没有形成完整的治理体系。第四，没有大规模互联网应用。在互联网发展初期，网络应用相对较少，用户数量也较少。因此，对于互联网治理的需求还不是很迫切。管理重点被更多地放在了技术发展、应用推广和商业化等方面。

　　我国从 20 世纪 90 年代起，网民人数持续增长，2000 年增长到 890 万，到2003 年年底已发展到 7950 万，互联网用户迅猛增多，互联网迅速渗透到中国社会的各行各业，与此同时也产生了大量的问题。[1] 这一时期的政府充当"消防员"的角色，哪里出现了问题去哪里"灭火"，2002 年，位于北京海淀区的"蓝极速"网吧在 6 月 16 日凌晨燃起了大火，造成 24 人丧生、13 人受伤。"蓝极速"加快了国家采取各种措施灭网吧之"火"的行动。同年 7 月 1 日，"网吧等互联网上网服务营业场所专项治理"行动在全国展开。有媒体将之称为"24 条人命换来一场新运动"。互联网的社会影响更加凸显出来，网络事件频频发生，甚至主导社会舆论，2003 年因此被大家称作网络舆论元年。[2] 在此阶段，我国政府尚未形成比较成熟的治理模式，只有当互联网新闻服务行业出现问题时，政府才会对已经出现的问题采取相应的治理行动，这种治理具有一定的"滞后性"。

（二）逐渐成熟的互联网新闻服务治理

　　21 世纪初期是我国互联网新闻服务治理的逐渐成熟期。20 世纪 90 年代末超速发展的互联网，特别是丰富庞杂的网络内容涌入，各种问题逐渐浮现，如网络安全、信息泄露、恶意软件等。各国开始加强对互联网的管理与治理，并建立相关法律法规和机构来确保网络健康有序运行。我国政府开始反思互联网新闻服务治理方面存在的不足，并吸取其他国家或地区的治理经验，逐渐由"被动治理"向"主动治理"转变。在这一时期，我国政府将互联网新闻服

　　1　王臻. 隐喻的魅力——网络流行语"井喷"的社会背景分析[J]. 新闻知识，2009（03）：81-83.
　　2　涂凌波. 草根、公知与网红：中国网络意见领袖二十年变迁阐释[J]. 当代传播，2016（05）：84-88.

务治理的重点放在了互联网内容管理之上，并制定了较为完善的新闻服务内容管理政策与规范性文件。具体新闻服务内容管理政策法规文本之间的关系请参考图 10-1。

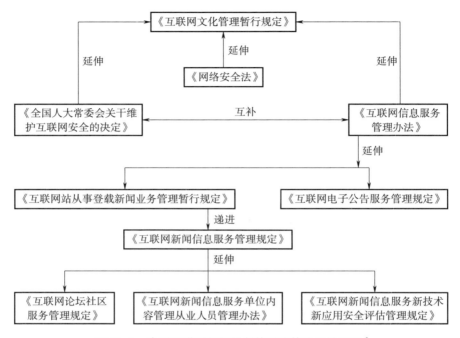

图 10-1　我国互联网新闻服务管理政策法规关系图 [1]

为了应对互联网新闻服务领域层出不穷的挑战，2000 年 4 月国务院新闻办成立网络新闻宣传管理局。2000 年 10 月，上海成立网络新闻宣传管理处。之后，各省市宣传部门皆成立了相应的网络内容管理机构。由于出台了大量重要的网络管理规范，2000 年被称作"网络立法年"。在促进网络媒体健康发展方面，2000 年国家和政府部门先后颁布实施了《全国人大常委会关于维护互联网安全的决定》（2000 年 12 月）《互联网信息服务管理办法》（2000 年 9 月）《互联网站从事登载新闻业务管理暂行规定》（2000 年 11 月）《互联网

　　1　互联网新闻信息服务制度法律政策文本之间的关系不完全是图中简单的互补、递进和延伸关系，更多的是具体各项制度之间的交融协同，因此图 10-1 对相关法律政策文本关系的界定仅展示关键、核心制度之间的关系。

电子公告服务管理规定》（2000年11月）等法律、法规和部门规章，实现了中国互联网新闻信息传播管理法律法规从无到有的突破，扭转了网站登载新闻无章可循的无序局面，互联网新闻传播工作开始走上依法管理的轨道，并逐步建立起了依法管理的机构和队伍。按照《互联网站从事登载新闻业务管理暂行规定》的要求，国务院新闻办公室及各省、自治区、直辖市人民政府新闻办公室加强管理工作，严格审批，控制登载新闻网站总量，优化新闻网站布局；全面清查违规登载新闻行为，维护法规严肃性；加强对已获取登载新闻资格网站和网上舆论的日常监管，规范互联网新闻传播秩序；建立查处违规行为的工作制度。这一举措使网络媒体的管理得到了规范，确保了正确的舆论导向。2009年"山寨新闻"整治活动中，根据《互联网站从事登载新闻业务管理暂行规定》，针对存在虚假、不实报道等问题的互联网站，相关部门进行了严厉打击和整治行动。大量涉嫌发布虚假信息的山寨新闻网站被查处关闭，有效遏制了虚假新闻传播。

三、网络视听节目服务的监管逐步完善

从2005年开始，国内视频服务类网站步入快速增长阶段。除传统的门户网站和宽带视频网站之外，近年来如短视频、直播等视频节目形态更是发展迅猛，这类依托于网站和社交网络的视听节目形态，引起网民的极大关注。[1] 视频分享网站的节目来自网民上传，节目内容主要是自拍、自制视频和影视剧。据国家广电总局统计，国内视频分享网站的各类视听节目中，电影、电视剧、动漫等影视作品占全部节目的比重接近30%，而网络影视剧侵权现象严重。除影视作品外，大量表演秀、自拍类、串编类、恶搞类视频也获得网民追捧，甚至成为暴力、血腥、色情视听内容传播的温床。自2007年以来，中国网络视频市场规模成倍增长并呈持续发展的趋势。[2] 根据中国互联网络信息中心

---

1 舒泳飞，刘社瑞．内容自制：视频网站差异化突围之道［J］．编辑之友，2013（12）：62-64.
2 熊澄宇．新媒体思考：我国网络传播的现状与趋势［J］．中国广播电视学刊，2008（08）：9-10.

发布的报告,2007 年中国网络视频用户数量仅为 1.6 亿人,到 2011 年已经达到了 3.8 亿人,增长了一倍。[1] 从 2007 年开始,中国出现了许多知名的视频网站,如优酷、腾讯视频等。这些平台不断扩大内容库、提升用户体验,并通过版权购买与自制节目等方式吸引更多用户。

随着信息网络技术的迅速发展,宽带技术应用的日趋成熟,网络视听节目服务平台已成为崭新的大众传播媒介,拥有日益扩大的影响力,它不仅成为信息传播的重要形态与应用热点,也成为境内外各种资本竞相投资的热点。我国有影响力的网站普遍开办了视听节目服务。互联网视听节目服务业既是一个新兴的媒体,也是一个新兴的文化产业,其在传播主流思想文化的同时,一些低俗内容也在蔓延。对网络视听内容的管理业已成为互联网络内容监管的重要组成部分。

(一)网络视听内容的监管机构逐步完善

针对网络视听内容服务行业的乱象,我国起初并未直接设置一个统一的专司网络视听内容监管职责的监管机构,而是由各部门有序监管,各司其职。自进入 21 世纪以来,网络传播有害及不良视听节目引起了有关部门的高度重视。2003 年,广电总局关闭了大量违规运营的音乐网站和视频网站,这些网站存在未经审批的音乐和视频内容,包括色情、暴力和低俗等不良内容。

2009 年,"盗版"成为热门关键词之一。大量盗版电影、音乐和软件通过网络传播,并且很难被有效监管。这给正版内容产业带来巨大损失,其知识产权遭到严重侵犯。对网络视听内容采取监管行动的部门包括中共中央办公厅、国务院办公厅、国家广播电视总局等相关部门。2002 年,中共中央办公厅(以下简称中办)即出台相关文件,要求加强治理。2004 年,中办、国务院办公厅(以下简称国办)正式下发了《关于进一步加强互联网管理工作的意见》(中办发〔2004〕32 号),对各部门在互联网内容监管上的职责进行了明确分工,并于 2007 年以中办 16 号文的形式,对有关管理工作进行了修订和补充。

　　1　中国互联网络信息中心.第 21 次中国互联网络发展状况调查统计报告〔EB/OL〕.中国互联网络信息中心网站,(2008-01-24)〔2022-06-01〕.https://www.cnnic.net.cn/n4/2022/0401/c88-818.html.中国互联网络信息中心.第 29 次中国互联网络发展状况统计报告〔EB/OL〕.中国互联网络信息中心网站,(2012-01-16)〔2022-06-01〕.https://www.cnnic.net.cn/n4/2022/0401/c88-803.html.

　　网络视听节目内容监管在上述文件中得到了突出体现。对网络视听内容的管理主要是为了维护社会公共利益和文化秩序，防止非法、有害、低俗等不良内容在互联网上传播，并鼓励各方共同努力构建清朗的网络环境。2006年1月，国家广播电影电视总局（以下简称国家广电总局）信息网络视听节目传播监管中心正式成立，依法维护广播电视公共信息网络、新媒体传播秩序等。2008年，国家广电总局将社会管理司更名为传媒机构管理司，以原社会管理司网络视听节目管理职能为基础增设网络视听节目管理司。北京、广东、重庆、浙江、广西、河南、湖北、河北等地信息网络视听节目传播监管中心也逐步建立。这些机构依据政策法规，履行对以互联网视听节目为重点的新媒体视听节目监管职责。

（二）互联网视听内容监管法律依据初成体系

　　在2001—2010年期间，我国互联网视听内容监管的法律法规已经初成体系。视听节目传播方是监管的重要对象，原因在于视听节目内容制作者与接受者具有多元性与不可预见性的特点，而传播方是较为明确的主体。基于此，我国针对视听节目内容监管目前的法律文本依据也主要从传播方主体准入、行为监管等方面进行介入。

　　目前我国视听节目内容监管的法律文本依据主要有7部，分别是：（1）《行政许可法》；（2）中办、国办《关于进一步加强互联网管理工作的意见》（中办发〔2004〕32号）；（3）中办、国办《关于加强网络文化建设和管理的意见》（中办发〔2007〕16号）；（4）《国务院对确需保留的行政审批项目设定行政许可的决定》（国务院令第412号）；（5）《国务院办公厅关于印发国家广播电影电视总局职能配置内设机构和人员编制规定的通知》（国办发〔1998〕92号、国办发〔2008〕89号）；（6）广电总局、工业和信息化部（原信息产业部，以下简称工信部）《互联网视听节目服务管理规定》（国家广播电影电视总局令第56号）；（7）《互联网等信息网络传播视听节目管理办法》（国家广播电影电视总局令第39号）。

　　其中，广电总局和工信部于2007年12月联合颁布的《互联网视听节目服务管理规定》（广电总局56号令）在具体的视听节目内容监管中适用较多。该规定对"互联网视听节目服务"做了定义，并在第3条提出"对互联网视听节目服务实施监督管理"。据此，网络视听节目内容监管可定义为"对信息载体为视音频的节目形态实施监督管理",网络视听节目内容监管是互联网管理、网络文化管理和信息安全的重要组成部分。这些法律文件和规定为互联网视听内容监管提供了基本的法律依据。然而,互联网发展迅猛,新兴技术和业务层出不穷,相关法律体系还需要进一步完善和适应变化。

(三)网络视听内容治理初现成效

在监管部门各司其职的基础之上,我国的网络视听内容治理体系日趋完善,也取得了一定的治理成果。2006 年以来,国家各级视听节目监管机构关闭了一大批未取得业务牌照或未取得著作权人同意进行影视节目传播的网站,清理了大量暴力、血腥、色情、淫秽类节目、栏目和网站。[1] 在 2007 年党的十七大,2008 年南方雪灾、汶川大地震、北京奥运会,2009 年国庆六十周年等重大事件的网络信息安全、文化安全保障工作中,全国视听节目内容监管的基本框架趋于成熟,监管体系进一步完善。我国政府高度重视网络信息安全和文化安全,认识到其对国家稳定、社会发展和公共利益的重要性。因此,在重大时期加强相关监管工作成为必然选择。

针对网络信息安全和文化安全领域存在的问题,我国政府积极制定和完善相关法律法规,为监管工作提供了法律依据。政府建立了一系列监管机构和部门,负责网络信息和视听节目内容的监管工作。这些机构在组织协调、制定标准、开展执法行动等方面发挥了重要作用。随着科技的不断进步,政府加强了对网络信息和视听节目内容的监测、审查和过滤技术的研发和应用,提升了监管工作的效率和准确性。我国政府积极参与国际合作,与其他国家和地区分享经验、加强协调,共同应对跨国网络信息安全和文化安全问题。这种开放与合作有助于提高监管体系的整体水平和完善程度。

与国外网络视听内容治理模式相比,我国所采取的行政许可式的治理模式符合我国的基本国情。例如,同样是反对非法传播盗版影视作品,美国2011 年《网络反盗版法案》和《保护知识产权法案》向国会提案时,就引起了各界强烈的抗议,原因一是法案施行以后将适用更加严格的处罚制度,二是涉嫌盗版的网站将面临关闭,三是法案被认为限制互联网自由,进而围困产业。美国作为契约国家,反思和博弈一直都是公共精神,弊端是实施效率降低。我

1　黄薇莘 . 网络视听节目内容监管的探析 [J]. 信息网络安全,2010(08):67-70.

国行政许可制度的思路历来是申请审批准入,运营过程中进行监督检查,弊端是效果反馈不及时。这也说明文化传统和意识形态的差异决定了对规则的制定、实施,甚至规则属性的解读差异。

　　总体来说,这一时期我国网络信息安全和文化安全保障工作基本框架的成熟和监管体系进一步完善。然而,随着互联网技术的快速发展和新兴媒体形态的出现,相关监管工作仍需不断适应变化,并在法律法规、技术手段、机构设置等方面持续改进和完善。

四、令人沉溺的网络游戏也可以成为优质文化产品

　　1998 年我国国内开始出现网络游戏,2000 年网络游戏开始面向市场运营,2002 年网络游戏在国内进一步发展,当时我国始终没有出台一份关于网络游戏或者网络游戏文化方面的任何法律规范文件。[1] 2003 年到 2009 年期间,国家大力扶持网络游戏的研发和宣传,国家对待游戏的态度从监管转变为扶持,社会各界对待网络游戏的态度逐渐从对青少年游戏成瘾的谈虎色变,转变为将网络游戏作为消费产品的接纳。2010 年以后,随着网络游戏的产业化和规范化发展,相应的法律法规逐步与既有法律体系对接完善,网络游戏领域的纠纷和争议能够得到较好的解决。

(一)网络游戏开始出现虚拟财产和知识产权纠纷

　　在此期间,网络游戏由于没有专门性的法规进行规制,因此产生的纠纷和争议均由其他既有法律解决,这段时间属于网络游戏法律规制的摸索期。1999 年《传奇》游戏虚拟物品盗窃案中,玩家通过黑客手段盗取他人游戏账号中的虚拟物品并进行贩卖,引发了大量纠纷和争议。此案使得虚拟财产权的概念开始受到关注。2000 年《石器时代》游戏合同纠纷案中,一位玩家因为违反游戏规定而被封号,但其认为自己并未违规,并以违约为由起诉游戏公

　　1　张丽滢,高英彤.我国网络游戏法律规制的历史演进探析[J].北华大学学报(社会科学版),2016(04):56-60.也有学者认为我国网络游戏从 1996 年以前是准备阶段,1997 年至 2001 年是起步阶段,经过 2002 年到 2005、2006 年步入成熟阶段。见张晓明,胡惠林.2006 年:中国文化产业发展报告[M].社会科学文献出版社,2006:208.

司,要求解封其账号。此案成为中国首例因网络游戏合同引发的法律诉讼。2001 年《魔兽世界》官方私服侵权案中,一些私人服务器运营商未经授权擅自开设了《魔兽世界》的非官方版本,侵犯了该游戏的版权。这涉及私服运营商与官方运营商之间的法律纠纷。2002 年《永恒之塔》游戏虚假宣传案中,一家网络游戏公司被指控在广告和宣传中夸大了游戏的特色和功能,误导了消费者。这个案例引发了公众对网络游戏广告宣传的监管讨论。

这些案例反映出网络游戏行业在那个时期面临的一些挑战和问题,案中涉及虚拟财产权、用户合同纠纷、版权保护和广告宣传等问题,分别依据《物权法》《合同法》《著作权法》和《广告法》等解决。然而,既有的传统法律体系在解决虚拟财产权、网络用户服务合同、网络游戏版权、网络游戏广告宣传等这些问题中捉襟见肘。传统法律法规难以为关键问题的认定提供确切的依据,例如网络游戏画面是否属于著作权中的美术作品等。在早期的网络游戏发展阶段,出现了一些美术作品“换皮”侵权案例,即将原本的游戏内容或界面进行修改,以达到模仿或复制其他游戏的效果。

以下是一些典型的早期网络游戏“换皮”案例:第一,2000 年《传奇》换皮案。由于《传奇》是中国最早的大型多人在线角色扮演游戏之一,它的成功引起了许多同行的注意。一些开发者将《传奇》的游戏内容、界面和玩法进行修改,发布了与《传奇》相似甚至几乎相同的游戏。这些“换皮版”游戏尝试通过模仿来吸引原本《传奇》的玩家。第二,2001 年《魔兽世界》“换皮”案。在《魔兽世界》成为全球热门网络游戏时后,有一些开发者试图通过修改原版内容和界面来推出与之相似的“换皮版”。这些换皮版可能在某些方面保留了原版元素,但也存在侵权问题。第三,其他网页小游戏换皮案。在早期互联网时代,一些网页小游戏也出现了“换皮”现象。开发者可能会将一个成功的网页小游戏进行复制,并稍做修改以避免侵权,然后以原创作品形式发布。这些“换皮版”可能在外观、玩法或其他方面与原版非常相似,足以使玩家混淆。这些早期网络游戏“换皮”案例反映了当时网络游戏行业的竞争激烈和缺乏规范的状态。

随着时间的推移,相关法律法规逐渐完善,监管机构加强了对知识产权的保护和对侵权行为的打击,使得“换皮”现象逐渐减少,促进了游戏行业的健康发展。与此同时,监管机构为了促进网络游戏行业的规范化发展,制定了一系列政策法规进行监管，不局限于网络游戏版权保护，还包括净化网络内容、规范"私服""外挂"等一系列权益保护法规。文化部颁布了《关于加强网络游戏产品内容审查工作的通知》；国家版权局颁布了《国家版权局关于网吧下载提供"外挂"是否承担法律责任的意见》；国家广电总局发出了《关于禁止播出电脑网络游戏类节目的通知》；新闻出版总署、信息产业部、国家工商行政管理总局、国家版权局、全国"扫黄打非"工作小组办公室发出了《关于开展对"私服""外挂"专项治理的通知》，等等。这些《通知》和《意见》范围涵盖了网络游戏的内容管理、网络游戏的"私服""外挂"问题等，参与规制的政府部门逐步增多，部门间的联手协作逐步加强。[1]可见，早期的游戏内容管理制度规制的对象从网络安全和网络游戏服务物理空间转移到了游戏本身。

（二）从防止未成年人沉溺到扶持国家特色文化产业发展的转变

2003 年 9 月，科技部正式将"网络游戏通用引擎研究及示范产品开发""智能化人机交互网络示范应用"两个项目纳入国家 863 计划，并向有关技术研发企业投入 500 万元科研资金。这是我国首次将网络游戏技术纳入国家科技计划，给网络游戏行业极大的技术和信心支持；2004 年新闻出版总署启动了"中国民族网络游戏出版工程"，计划 2004 年至 2008 年的 5 年内出版 100 种大型优秀民族网络游戏出版物；同年 7 月 27 日，华东师范大学、中国社会科学院文化研究中心和上海宽视网络有限公司联合筹建的上海国家动漫游戏产业振兴基地在上海正式挂牌成立，这是我国第一个动漫游戏基地。[2]10 月，文化部以"网融世界、创意中国"为主题在北京展览馆举办了第二届中国网络文化博览会，网博会期间还举办了中国国际网络文化论坛。[3]可见，当时我国对网络游戏的总体态度是接纳的，但另一方面，对网络游戏的规制和管理也没有放松。

在这一时期，社会上、学界和业界对网络游戏的态度发生了转变。起初，网络游戏被视为一种娱乐方式，但也受到了一些负面评价和污名化。然而，随

1　彭桂芳．我国网络游戏产业的政府规制研究（1996—2007 年）[D]．华中师范大学，2008：23.张济华．我国网络游戏产业的规制问题研究[D]．云南大学，2010：37.

2　张济华．我国网络游戏产业的规制问题研究[D]．云南大学，2010：18-19.

3　彭桂芳．我国网络游戏产业的政府规制研究（1996—2007 年）[D]．华中师范大学，2008：23.

着时间的推移和更多研究的深入,人们对网络游戏的认识逐渐变得更加全面和客观。首先,社会上人们对网络游戏的态度发生了转变。过去,网络游戏常被视为孤立、沉迷和浪费时间的活动。但随着更多人参与其中并逐渐意识到其潜力和积极影响,社会对于网络游戏的态度开始转变。人们认识到网络游戏可以提供社交互动、团队合作、创造力发展等方面的机会,并且还有助于提高注意力、反应能力和问题解决能力。其次,学界对网络游戏进行了广泛研究,并开始从多个角度探讨其影响。这些研究不仅关注网络游戏的负面影响,如沉迷和依赖等问题,还关注其正面效果,如认知能力提升、社交技巧培养等方面。学界的研究有助于人们更加客观地看待网络游戏,并找到合理的使用方式。最后,随着社会对网络游戏态度的转变,游戏行业也开始采取措施降低网络游戏的负面影响。游戏开发商和运营商逐渐意识到推动健康游戏环境和积极价值观的重要性。他们加强了对未成年玩家的保护,提供更多教育内容和社交互动机会,并改进游戏设计以促进积极体验。

从 2003 年 7 月 1 日起《互联网文化管理暂行规定》的实施到 2009 年《网络游戏管理暂行办法》出台前,是我国网络游戏法治化的快速发展期。随着互联网文化产业逐渐成为一个庞大而活跃的市场,网络上涌现出大量的文化内容,包括游戏、音乐、视频、动漫等。这些内容虽然丰富了人们的娱乐生活,但也引发了一些问题,如低俗、暴力、侵权等。一些网络文化内容引发了社会关注和舆论讨论。例如,在线游戏中存在低俗、血腥暴力等不良内容。这些问题引发了公众对互联网文化内容尤其是网络游戏管理和监管的呼声。

这期间,网络游戏相关的规范性文件主要包括,文化部下发的《互联网文化管理暂行规定》,中共中央、国务院《关于进一步加强和改进未成年人思想道德建设的若干意见》,文化部、中央文明办、信息产业部、公安部、国家工商行政管理总局《关于净化网络游戏工作的通知》,文化部、信息产业部《关于网络游戏发展和管理的若干意见》,中宣部和文化部等六部门下发《关于加强文化产品进口管理的办法》《关于进一步加强网吧及网络游戏管理工作的通知》《文化部部署集中开展文化市场执法检查工作》,文化部办公厅《关于规范进口网络游戏产品内容审查申报工作的公告》,文化部、商务部《关于加强网络游戏虚拟货币管理工作的通知》《"网络游戏虚拟货币发行企业、网络游

戏虚拟货币交易企业"申报指南》,文化部办公厅《关于立即查处"黑帮"主体
非法网络游戏的通知》,文化部《关于改进和加强网络游戏内容管理工作的通
知》等。[1]

《关于进一步加强和改进未成年人思想道德建设的若干意见》的发布是
我国不断加强和改进未成年人思想道德建设工作的一个缩影。加强和改进
未成年人思想道德建设一直以来都是关乎民族发展未来的大事,一直备受党
和国家的关注和重视。如何在促进网络游戏产业发展和加强改进未成年人
思想道德建设两个方面找到平衡点,一直是我国网络游戏治理制度的价值
追求。

（三）全面推进网络游戏治理取得成效

从 2010 年至今,是网络游戏法律规制的全面推进阶段。这一阶段,网络
游戏的技术背景、社会背景和产业背景发生了重大变化。技术背景方面,随着
智能手机和移动设备的普及,移动互联网成为主流平台终端之一。网络游戏
逐渐从 PC 端向移动端延伸,移动游戏的用户规模迅速增长。云计算和流媒
体技术的进步使得在线游戏更加稳定和流畅。玩家可以通过云服务器来实
现高质量的游戏体验,并享受到即时更新和无须下载安装的便利。虚拟现实
（VR）和增强现实（AR）技术在游戏领域得到应用,为玩家带来更加沉浸式
的游戏体验。

社会背景方面,人们越来越多地依赖于数字科技,网络成为人们日常生活
不可或缺的一部分。网络游戏作为一种数字娱乐形式,受到了广大玩家的欢
迎。社交媒体的兴起促进了网络游戏社交化的发展。玩家可以与朋友或陌生
人一起游戏,分享游戏经验和互动。产业背景方面,网络游戏产业在过去十年
里呈现出爆炸式增长,成为全球最具吸引力和利润丰厚的娱乐产业之一。中
国成为全球最大的网络游戏市场之一。网络游戏的内容和商业模式也变得
更加多样化。除了传统的收费购买模式外,还出现了广告、道具销售、订阅制
等多种盈利方式。网络游戏与其他行业进行跨界合作日益普遍,如电影、动
漫、文学等领域。同时,以知名 IP（知识产权）为基础进行游戏开发成为主流

---

1 张丽滢,高英彤.我国网络游戏法律规制的历史演进探析［J］.北华大学学报（社会科学版）,2016（04）:56-60.

趋势。

　　总体来说,2010 年至今,技术进步推动了网络游戏从 PC 向移动端延伸,并带来了更加沉浸式和便捷化的游戏体验。社会对于数字化生活方式和社交化游戏体验的需求不断增加,推动了网络游戏产业的快速发展。产业不断创新和变革,以满足玩家多样化的需求。面对技术、社会、产业背景的转变,这一阶段的网络游戏法律规范性文件也作出了调整与回应,包括 2010 年文化部出台的《网络游戏管理暂行办法》,2011 年文化部颁布施行的《互联网文化管理暂行规定》,2013 年文化部等 15 个部委发布的《未成年人网络游戏成瘾综合防治工程工作方案》等。修订后的管理制度增加了网游行业市场准入的标准,例如网游企业的注册资金不能低于 1000 万元等,对网游企业生产创造规模、企业素质、企业实力、信誉、责任能力等方面提出较高要求,以确保网游企业切实履行社会责任,生产出高质量的文化产品。

第三节　互联网治理体系走向独立与整合（2011 至今）

　　从 2011 年开始,我国互联网治理体系开始走向独立与整合。互联网治理体系化、独立性形成的主要表现有:互联网发展治理的专职机构诞生,2011 年5 月国家互联网信息办公室正式成立;互联网发展治理问题上升到国家战略高度,2014 年我国提出网络强国战略,互联网发展治理问题成为关乎国家安全和国家发展的战略问题;2011 年后,互联网治理从理念到工具实现了系统革新,互联网治理制度建设显著增速,治理领域和手段更加多元,形成了以网络安全法为核心的互联网治理制度体系,以属地管理、约谈等为特色的互联网治理监管模式。互联网治理体系更加健全,治理效能显著提升,为实现国家治理体系和治理能力现代化提供有力支撑。

一、网络强国战略

2014年2月27日，习近平总书记在中央网络安全和信息化领导小组第一次会议上指出，网络安全和信息化是事关国家安全和国家发展、事关广大人民群众工作生活的重大战略问题，要从国际国内大势出发，总体布局，统筹各方，创新发展，努力把我国建设成为网络强国。2015年10月，党的十八届五中全会明确提出要实施网络强国战略，建设网络强国正式成为国家的重要战略任务。2018年4月20日，习近平总书记在全国网络安全和信息化工作会议上对加快推动网络强国建设作了全面部署。2022年10月，党的二十大报告明确提出，要加快建设网络强国。

（一）网络强国战略提出的背景

建设网络强国，体现了党和国家对互联网战略地位和战略意义的充分认识，是对当前中国互联网发展面临的机遇、问题与挑战的准确研判和及时回应。进入新时代，随着互联网深刻嵌入社会，互联网在国际竞争中深度在场，建设网络强国的历史使命空前凸显出来。

互联网在国际竞争中的地位日益凸显。随着互联网广泛渗透到经济、政治、文化、社会、生态、军事等各领域，一个国家在网络空间的掌控力、竞争力如何，已成为判断其综合国力和国际竞争力的重要标准。[1]互联网成为国家博弈的重要阵地，世界多数国家都将建设网络强国作为发展目标，相继出台网络空间发展战略，积极抢占网络空间的主动权和主导权，参与并推动网络空间全球治理。

我国互联网发展仍面临诸多问题和挑战。网络安全风险持续存在，以信息技术为依托的网络攻击、网络舆论攻击等日渐加剧；西方对华技术封锁不断升级，我国核心技术突破面临阻碍；网络意识形态斗争愈发激烈，我国国际网络话语权面临诸多挑战；网络不良信息、有害内容屡禁不止，网络生态乱象丛生、亟待解决；等等。这些问题给我国互联网发展乃至国家发展带来风险，

1　谢新洲.迈向网络强国建设新时代［N］.人民日报，2018-03-23（07）.

构成了建设网络强国必要性和紧迫性的现实坐标。[1]

（二）网络强国战略的要义

党的十八大以来，习近平总书记高度重视互联网发展治理，从信息革命发展大势和国际国内大局出发，科学总结了我国互联网波澜壮阔的发展治理实践，深刻回答了互联网发展治理的基础问题和关键问题，形成了习近平总书记关于网络强国的重要思想，为做好新时代网络安全和信息化工作指明了方向、提供了遵循。

进入新时代，网络强国战略被赋予了更丰富的历史内涵——建设网络强国是新时代全面建设社会主义现代化国家的重要内容，是解决新时代我国社会主要矛盾的重要途经，是维护网络安全和国家安全的重要保证，是新时代中国为世界作出更大贡献的重要方面。建设网络强国对于维护国家安全、推动经济社会高质量发展、满足人民日益增长的美好生活需要具有重要意义。[2]

网络强国建设对我国互联网发展治理提出了目标和要求，包括但不限于核心和关键技术实现突破并占据主导、网络安全和主权得到维护、数字经济高质量发展、网络内容生态得到优化、国际互联网话语权得到提升、互联网服务社会治理潜能得到释放、构建国际网络空间命运共同体等方面。[3]

（三）从网络大国到网络强国

从 2014 年到 2024 年的 10 年间，我国网络强国建设成效显著。在习近平新时代中国特色社会主义思想特别是习近平总书记关于网络强国的重要思想指引下，党对网信工作的全面领导不断加强。网络内容建设不断深化，网络生态治理不断深化；网络安全保障更加有力，网络安全保障体系和能力建设全面加强；信息领域核心技术取得突破，信息化对经济社会发展的驱动引领作用显著发挥；网络空间法治化进程加快推进，互联网在法治轨道上健康运行；主动参与网络空间国际治理进程，推动构建网络空间命运共同体……我国在迈向网络强国的道路上阔步前进！[4]

1　谢新洲 . 网络强国［M］. 人民日报出版社，2023.5.

2　谢新洲 . 迈向网络强国建设新时代［N］. 人民日报，2018-03-23（07）.

3　谢新洲 . 网络强国［M］. 人民日报出版社，2023.5.

4　网络强国建设十年成就综述［N］. 人民日报，2024-02-27（01）.

二、互联网治理主体变迁与体系形成

　　主体"协同"的思想最早可以追溯到互联网进入中国之初围绕建设主导权的争夺，当时确定了多元发展的思路，网络信息服务监管工作归口信息产业部门，网络新闻宣传工作归口国务院新闻办公室。随着互联网应用的深入，网络内容层面的问题增多，互联网治理重心从经济属性向媒体属性转移，以问题为导向的联合整治工作促成了分工负责、齐抓共管的局面。然而，互联网的嵌入性带来领域乃至介质边界的消融，"九龙治水"的协作体系出现职能重复和监管真空，治理效率和效果下降。在此背景下，互联网治理专职机构国家网信办应运而生，逐步构建起了纵向上从中央到地方的垂直管理体系，横向上多部门联动、多手段协同的综合治理体系。[1] 总的来说，互联网治理主体变迁主要经历了以下 4 个阶段。

　　第一阶段是 1994—2000 年，呈现出多部门分头管理的格局。"九龙治水"模式在 1996 年《计算机信息网络国际联网管理暂行规定》的起草过程便初见端倪。在面向"安全"的总体治理理念下，中共中央对外宣传办公室、国务院新闻办公室、电子工业部、邮电部、文化部、教育部等相关部门承担了具体领域内的互联网治理工作。1997 年，网络新闻传播工作明确归口国新办管理。2000 年，《互联网信息服务管理办法》规定国家和地方信息产业主管部门负责网络信息服务监督管理，新闻、出版等有关部门对应职责监管，实行分级和属地管理。彼时我国互联网行业刚刚起步，互联网市场主体尚未形成规模，其参与治理程度有限，制定颁布互联网领域相关制度规范的主要为政府部门，包括国务院、国务院信息化工作领导小组、邮电部、公安部、国家保密局[2]。

　　第二阶段是 2001—2010 年，形成了分工负责、齐抓共管的局面。伴随互联网的快速普及，以及网络视频、网络音乐、网络游戏等应用快速发展，网络乱

　　1　谢新洲，石林.基于互联网技术的网络内容治理发展逻辑探究［J］.北京大学学报（哲学社会科学版），2020，57（04）：127-138.

　　2　魏娜，范梓腾，孟庆国.中国互联网信息服务治理机构网络关系演化与变迁——基于政策文献的量化考察［J］.公共管理学报，2019，16（02）：91-104＋172-173.

象丛生。在这一阶段，以问题为导向的多部门联合整治行动规模达到顶峰，也让"九龙治水"问题更加凸显出来。2006年，党的十六届六中全会决议对互联网管理提出要"理顺管理体制"。这一时期，行业协会和网民等主体开始被纳入治理体系中，如2001年成立的中国互联网协会、2004年成立的中国青少年新媒体协会，这些主体在政府与企业、网民的关系中扮演了关键的中介角色。网民群体的举报监督作用受到重视，2008年4月"12321"网络不良与垃圾信息举报受理中心正式成立。

第三阶段是2011—2013年，网信系统开始建立。2011年5月，国家互联网信息办公室正式成立，随后各省、市相继成立网信办公室，互联网治理形成了从中央到地方的专职管理部门体系，自上而下的网信体系逐渐开始发挥作用。2013年11月，在党的十八届三中全会的文件中，"社会治理"一词取代了"社会管理"。这一用词的变化表明，国家发展和社会公共事务将更多依靠多元主体的协同合力。会议针对互联网治理中"多头管理、职能交叉、权责不一、效率不高"的问题，要求完善互联网管理领导体制。同年的全国宣传思想工作会议上，习近平总书记要求健全基础管理、内容管理、行业管理以及网络违法犯罪防范和打击等工作联动机制。

第四阶段是2014年至今，着力打造网络综合治理体系。2014年2月，中央网络安全和信息化领导小组成立，习近平担任组长。由国家网信办牵头，多部门联合，探索并逐渐形成了规制、技术、专项行动相结合的综合治理能力体系。行业协会、企业、网民等主体在互联网治理中继续发挥作用，如2016年4月北京市网络文化协会和20多家企业发布《北京市网络表演（直播）行业自律公约》。2020年3月开始施行的《网络信息内容生态治理规定》明确网络信息内容生态治理在横向上是政府、企业、社会、网民等的多主体协同实践，在纵向上则沿用属地管理逻辑。[1]

2023年10月，国家数据局成立，由国家发展与改革委员会管理，主要职责包括负责协调推进数据基础制度建设，统筹数据资源整合共享和开发利用，统筹推进数字中国、数字经济、数字社会规划和建设等。

1　谢新洲,朱垚颖.网络内容治理发展态势与应对策略研究[J].新闻与写作,2020(04)：76-82.

三、从互联网管理到互联网治理的转变

这一时期，互联网治理涉及多个领域，包括网络基础设施、网络传播内容、网络数据等。互联网不再仅是一个信息传递的基础媒介，还形成了完整的互联网生态体系。而对互联网治理的理念也从管理和监管，转向了系统化、生态化的治理。在互联网生态体系下，互联网治理所涉及的主要法律制度包括网络安全、数据安全法律制度、信息权益保护法律制度、未成年人等特殊群体权益保护制度以及互联网信息服务法律制度。

（一）网络安全领域的制度转变

网络安全不仅与计算机等基础设施安全紧密相关，而且与数据、信息及其相关产业安全相互联系。早期的网络安全法律制度主要涵盖了国际联网安全、系统安全、运行服务安全、商务交易安全、信息传播及信息服务安全六个领域。随着互联网应用范围的不断拓展，互联网在各个领域所引发的安全问题也更为突出，除了原则性的网络安全法律法规之外，还需要更为细致的网络安全配套法规来进行调整。国务院各个部委、行业监管单位、地方政府分别出台了多个部门规章、规范性文件和地方性法规，政策制定逐步渗透到各行业、领域，逐步完善了互联网安全涉及的各个方面。其中以商务交易方面的法律法规最多，这主要与此阶段电子商务高速发展相关，国家制定相关的制度规范，以保证电子商务的健康发展。[1]

2016 年，《中华人民共和国网络安全法》正式通过，正式确立了我国网络安全保障的基本路径，明确了以保护关键信息基础设施为中心，落实网络运营者的责任，同时保护个人权益的基本思路。在此之后，法律法规内容开始聚焦对信息安全的保护，国家在细化《全国人民代表大会常务委员会关于维护互联网安全的决定》的基础之上，修订了《计算机信息系统安全保护条例》来保障我国的网络信息安全。2017 年实施的《国家安全法》首次明确提出了"网络空间主权"概念，这是国家主权理论在网络空间领域的延伸适用。2021 年

---

[1] 张平.互联网法律规制的若干问题探讨[J].知识产权，2012（08）：3-16.

《数据安全法》的出台则回应了信息社会对数据安全的现实需求，从整体上布局了数据安全保障责任，同时也勾勒了其与数据利用之间的妥当关系。因而，我国的网络安全法律制度不仅包括《网络安全法》及其配套法律法规，还包括《数据安全法》及其配套法律法规。

（二）信息权益保护领域的制度转变

在信息化时代，信息权益保护成为关注的焦点问题。2012 年以后，全国人大常委会及国务院先后颁布了《全国人民代表大会常务委员会关于加强网络信息保护的决定》《国务院关于修改〈信息网络传播权保护条例〉的决定》《国务院关于修改〈计算机软件保护条例〉的决定》3 项决定意见，可见，国家更加重视对互联网信息保护和内容安全的管理，在用户隐私保护、信息安全、表达自由等权利领域的保护和打击网络犯罪方面力度更大、考虑更周全。

除了单行的法律法规之外，我国刑法规定了侵害个人信息权益的刑事处罚机制，民法典以专节的形式规定保护个人信息。这些都为《个人信息保护法》的正式出台奠定了基础。《中华人民共和国个人信息保护法》（以下简称《个保法》）在经历了两次征求意见之后，最终于 2021 年颁布生效。《个保法》从个人信息处理规则、个人信息权益保护两大方面对信息权益进行了明确的界分。《个保法》对个人信息权益的明确规定就是"信息利益"法定化为"信息权利"的过程。《个保法》规定了查阅权、复制权、删除权等便是体现。除了法定化的信息权利之外，个人信息权益还包含有暂未法定化却仍然受法律保护的信息利益。[1]《个保法》在赋予公民个人以信息权益的同时，也明确规定了对作为个人信息处理者的数字产业规制的相关措施。《个保法》的规制法色彩[2]不仅体现在其整体结构排布之上，还体现在具体内容安排之上。在《个保法》颁布之前，《民法典》关于个人信息保护的条款中都规定有不得违反"法律、行政法规的规定"，或者明确"法律、行政法规另有规定的除外"等内容，《个保法》的出台正好是对以上法律规范内容的衔接与补充。

我国《民法典》总则部分将虚拟财产保护的问题明确列入民法客体保护

1　李晓宇. 权利与利益区分视角下数据权益的类型化保护［J］. 知识产权，2019（03）：54.

2　龙卫球主编. 个人信息保护法释义［M］. 中国法制出版社，2021：4-5.

制度当中，对网络游戏装备、虚拟货币等数据和网络虚拟财产的法律地位作出了回应[1]。《民法典·总则编》是我国《民法典》的重要组成部分，是整个民法体系的纲领，我国编纂民法典的重大意义在于保护公民人身和财产安全、维护社会主义市场经济体制等。《民法典·总则编》专设一条规定虚拟财产，这标志着我国传统的民事客体保护范围扩大到了部分网络领域，包括网络游戏装备、虚拟货币、网店在内的公民虚拟财产的流转和继承有法可依，以网络游戏装备为代表的虚拟财产将作为公民的合法财产，获得与实体财产同等的保护。

（三）未成年人等特殊群体权益保护规范

中国未成年人法律保护的历史发展可以追溯到 20 世纪初。在清朝末年和民国初期，中国开始出现了一些关于未成年人保护的法律规定，如 1906 年颁布的《妇女及幼童维护条例》和 1912 年颁布的《儿童维护条例》等。1949年新中国成立后，为了保障未成年人权益，国家开始制定相关法律法规。1950年颁布的《中华人民共和国儿童福利法》是中国第一部专门针对未成年人保护的法律。在改革开放时期，中国社会经济发展迅速，对未成年人的关注也逐渐增加。1981 年通过了新修订版的《中华人民共和国儿童福利法》，对儿童权益保护做出了更明确的规定。进入 21 世纪后，随着社会变革和全球化进程加快，未成年人权益保护的需求更加迫切。中国相继出台了一系列法律法规，如《未成年人保护法》《预防未成年人犯罪法》等，进一步强化了未成年人权益保护。当前，中国政府和社会各界对于未成年人保护越来越重视。近年来，针对儿童权益保护问题，中国陆续出台了一系列政策文件和行动计划，如《关于加强未成年人思想道德建设工作的意见》《国家儿童发展纲要（2011—2020）》等。总体而言，中国未成年人法律保护经历了不断完善和深化的过程。随着社会发展和对未成年人权益保护意识的提高，中国将继续加强相关立法，并采取措施确保未成年人享有健康、安全、幸福的成长环境。

在互联网治理视域之下，保护未成年人的合法权益，意味着要对未成年人的个人信息提供特别保护，针对影响未成年人健康发展的网络内容进行专

1　我国《民法典》第一百二十七条规定：法律对数据、网络虚拟财产的保护有规定的，依照其规定。

项治理,限制网络服务提供者违法违规向未成年人提供网络服务,等等。在保护未成年人个人信息方面,2019 年国家互联网信息办公室制定并颁布了《儿童个人信息网络保护规定》,该部门规章的立法目的在于规制使用网络途径收集、处理、转移、披露未满十四周岁未成年人的个人信息的活动,防止未成年人的个人信息不当泄露,或者被用于非法用途。2024 年修订后的《未成年人保护法》第四条第三项也规定,国家对未成年人的隐私权和个人信息进行保护。2021 年通过的个保法也将未满十四周岁的未成年人信息直接法定为敏感个人信息,给予其区别于一般个人信息的特殊保护。作为特殊的弱势群体,未成年人的个人信息需要得到法律的严格保护,其原因在于未成年人缺乏自制力和辨别力,极易受到网络不良影响,而网络信息传播途径的无限扩大又会扩大对儿童权益的侵害范围。

为了保护未成年人健康成长,营造良好的网络环境,国家制定实施了一系列旨在保护未成年人权益的网络内容专项治理法律制度,杜绝传播影响未成年人健康发展的网络内容,打击侵害未成年人权益的网络活动。例如,2013 年文化部等 15 个部委发布《未成年人网络游戏成瘾综合防治工程工作方案》。2021 年国家广播电视局颁布《未成年人节目管理规定》,对未成年人参与、接收的网络视听节目内容进行限制,防止血腥、暴力等不良网络视听节目内容向未成年人群体传播。2022 年中央文明办连同文化和旅游部、国家互联网信息办公室等国家机构发布《关于规范网络直播打赏 加强未成年人保护的意见》,该意见提出了 7 项工作措施,其中明确规定禁止未成年人参与直播打赏,严格控制未成年人从事网络主播,要求网络内容服务商升级优化未成年人保护模式。现行有效的未成年人权益保护法律法规总结如表 10-3。

表 10-3　未成年人权益保护的法律法规 (现行有效)

法律法规名称及制定或修订时间	制定颁布机构	效力位阶
《中华人民共和国未成年人保护法》,2024 年修订施行	全国人大常委会	法律
《中华人民共和国个人信息保护法》,2021 年施行	全国人大常委会	法律

（续表）

法律法规名称及制定或修订时间	制定颁布机构	效力位阶
《未成年人网络保护条例》，2024年施行	国务院	行政法规
《儿童个人信息网络保护规定》，2019年制定施行	国家互联网信息办公室	部门规章
《未成年人节目管理规定》，2021年制定施行	国家广播电视总局	部门规章
《关于规范网络直播打赏　加强未成年人保护的意见》，2022年制定施行	中央精神文明建设指导委员会办公室，文化和旅游部，国家广播电视总局，国家互联网信息办公室	党内法规制度

（四）互联网信息服务领域的制度转变

互联网信息服务是互联网治理的重要领域。我国最早的互联网信息服务法律制度可以追溯至 2000 年 9 月颁布的《中华人民共和国电信条例》《互联网信息服务管理办法》，随后我国又先后颁布了《互联网站从事登载新闻业务管理暂行规定》（2000 年 11 月）、《互联网电子公告服务管理规定》（2000 年 11 月）、《非经营性互联网信息服务备案管理办法》（2005 年 1 月）等法律法规。2011 年 1 月国务院对《互联网信息服务管理办法》进行了修订，将互联网信息服务划分为经营性服务与非经营性服务两大类，并规定从事经营性互联网信息服务的服务商需要获得国家行政许可，而非经营性互联网信息服务商则只需要进行备案登记。2011 年 12 月工业和信息化部制定颁布《规范互联网信息服务市场秩序若干规定》，对在我国从事互联网信息提供服务的活动进行规范，界定其可以从事的活动范围，明确其法定权利与义务。

2016 年《中华人民共和国电信条例》进行了修订，针对新的互联网信息服务形态做出调整性规范。2021 年国家互联网信息办公室、中共中央宣传部等多个国家机构联合发布《关于加强互联网信息服务算法综合治理的指导意见》，对互联网信息服务的算法进行综合专项治理。2022 年 11 月国家互联网信息办公室等多个机构联合发布《互联网信息服务深度合成管理规定》，专项治理应用深度合成技术提供互联网信息服务的活动。随着 Chat—GPT 等生成式人工智能产品的迅速发展，2023 年 4 月国家网信办又出台了《生成式人工智能服务管理办法（征求意见稿）》，对生成式人工智能技术下提供的信息服务活动进行规制，该征求意见稿明确规定了生成式人工智能及其相关产品与服务的定义，并旨在确立专门的生成式人工智能专项监管机制。从以上发展历程来看，我国互联网信息服务法律制度与互联网技术发展趋势基本保持一致，随着新型人工智能技术的应用与普及，互联网信息服务管理制度也逐渐走向专业化与技术化。

表 10–4　互联网信息服务的法律法规（现行有效）

法律法规名称及制定或修订时间	制定颁布机构	效力位阶
《中华人民共和国电信条例》2016年修订	国务院	行政法规
《互联网信息服务管理办法》2011年修订	国务院	行政法规
《规范互联网信息服务市场秩序若干规定》2011年颁布	工业和信息化部	部门规章
《关于加强互联网信息服务算法综合治理的指导意见》2021年制定施行	国家互联网信息办公室、中共中央宣传部等多个国家机构	部门规范性文件
《互联网信息服务深度合成管理规定》2022年制定施行	国家互联网信息办公室、工业和信息化部、公安部	部门规章
《生成式人工智能服务管理暂行办法》2023年8月实施	国家互联网信息办公室、国家发展和改革委员会、教育部、科学技术部、工业和信息化部、公安部、国家广播电视总局	部门规范性文件

四、互联网治理体系主要的程序机制

互联网治理制度包括互联网治理主体（如互联网治理机构）、治理对象以及治理的基本程序。互联网治理程序是衔接治理主体与治理对象的关键机制，其主要目的是明确各主体之间的权利、义务与责任，确立基本的执行机制以及适当的行为矫正机制。根据一般的治理逻辑，互联网治理体系的程序机制主要包括准入机制、执行机制与惩戒机制三大部分内容。准入机制是对特定领域准入资格的限制，旨在配置特定领域的稀缺资源；执行机制是对主体的具体行为活动的管理与监督机制；而惩戒机制实质是一种行为调整与矫正机制，即当主体行为偏离其既定目标时进行调整或纠偏的机制[1]。

（一）准入机制：许可、登记、备案

市场准入机制是一个广义的概念，既包括境内工商行政登记，还包括外商投资准入等旨在对外开放的策略，我们这里只探讨互联网治理中涉及最普遍的市场准入机制，也就是工商行政登记制度。工商行政登记是指企业在国家工商行政管理部门进行的注册登记程序，用于确认企业的合法身份和经营范围。中国工商行政登记有着独特的发展历史。新中国成立后，由于实行计划经济体制，企业所有权归国家所有，工商行政登记并不普遍。大部分企业是由国家直接组建或划归而来。改革开放以后，中国开始逐步推进市场经济改革，企业自主经营成为主导模式。1979 年颁布实施了《中华人民共和国公司法》，规定了公司的设立、变更和解散等事项。此后相继出台了一系列法律法规，建立起一套完整的工商行政登记制度。1994 年颁布实施了《中华人民共和国公司法》修正案，并启动了全国性的统一公司注册制度。此后，各地相继建立了统一的工商行政管理机构，并通过注册登记方式管理企业。2014 年，《中华人民共和国公司法》再次修订，并进一步简化了工商行政登记程序。此后，国家相继推出了一系列政策措施，如"多证合一"改革、电子营业执照等，进一步简化企业登记手续，提高办理效率。除了工商行政登记外，中国还逐步建立起了其他相关登记制度，如商标注册、专利注册、不动产登记等。这些登记制度的建立和发展为保护企业权益、促进经济发展提供了法律保障和便利条件。总体而言，中国工商行政登记在改革开放以来经历了不断完善和深化的过程。

互联网服务行业的行政许可历史发展可以追溯到互联网在中国的早期发展阶段。互联网在中国逐渐普及，但一开始并没有明确的行政许可制度。

1　Murray A D, Scott C. Controlling the New Media：Hybrid Responses to New Forms of Power［J］. Social Science Electronic Publishing，2003（04）.

1996 年,中国国家计算机网络与信息安全管理中心成立,负责管理和监督互联网资源。此后,一些特定领域的互联网服务开始出现相关审批程序。随着互联网产业的蓬勃发展,中国政府开始加强对互联网服务行业的监管,并引入了行政许可制度。2000 年,《中华人民共和国电信条例》颁布实施,规定了经营电信业务需要取得相应的电信业务经营许可证。此后,各类互联网服务企业需要根据不同类型进行相应的审批、备案或注册登记。为了推动创新创业、降低市场准入门槛,中国政府逐步放宽对一些互联网服务行业的行政许可要求。2015 年,国务院发布《关于积极推进大众创业万众创新若干政策措施的通知》,提出了"放管服"改革的要求,通过结构性改革、体制机制创新,消除不利于创业创新发展的各种制度束缚和桎梏,支持各类市场主体不断开办新企业、开发新产品、开拓新市场,培育新兴产业,加快发展"互联网＋"创业网络体系,降低全社会创业门槛和成本,实现创新驱动发展。

当前,在中国互联网服务行业中,仍然存在一些需要进行行政许可或备案的领域,如电信、广播电视、在线支付等。不过,在整体趋势上,中国政府正在加大力度推进市场准入便利化和监管创新,并通过简化程序、优化服务等方式促进互联网服务行业的发展。目前国家对互联网服务行业的准入机制大致包括两种类型:一是严格的审批许可制;二是一般的登记备案制。我国《行政许可法》第 12 条规定了可以设定行政许可的事项。针对涉及公共利益、关系公共安全等重大事宜的互联网服务行业,国家通过设置行政许可的方式来控制市场主体进入行业,保障互联网行业市场的秩序。例如,政府数据的开发利用涉及公共利益、数据安全利益,国家可以通过设定行政许可的方式来允准某些符合条件的企业进入数据开发市场。但是并非所有的公共任务都需要通过设置行政许可的方式来实现,还可以通过行政授权或者行政委托等公私合作的方式来实现。

公私合作机制(Public-Private-Partnership)是在政府主导之下,通过政府与互联网科技公司合作,政府通常提供数据支持,互联网科技公司创建数据开发平台等技术支持,或者公私合作共同开发数据产品,从而最大限度挖掘数据价值要素。相较于行政许可,行政委托、行政授权更加具有灵活性,既能帮助政府实现公共任务目标,又能复活市场、技术力量,深入挖掘公共数据价值。政府与企业可以从中实现双赢。在互联网治理体系之下,政府对某些网络服务企业的准入要求相对宽松，在其履行了一般的企业工商登记程序并取得营业执照之后，从事特定网络服务活动，若国家没有法定要求其进行审批许可，则只需要进行备案登记即可。在备案登记程序中，行政机关通常只对企业的准入条件做形式审查，确保其符合法定要求即可。例如，互联网企业征信机构的准入适用的就是备案审查制度，而对个人征信机构的准入则适用的是严格的审批登记制度。拟从事个人征信业务的征信机构必须先向中国人民银行申请审批，待取得其许可证之后方能从事个人征信业务。

（二）执行机制：属地管理、行政执法、约谈等

互联网治理体系中非常重要的内容之一就是治理机制的具体施行。具体而言，互联网治理机制的施行包括管辖权的明确、治理机制的运行两个方面。属地管理属于第一方面问题，而行政执法与约谈则属于第二方面问题。

在传统的属地管辖之下，行为与物理空间构成关联的节点构成所谓属地之"地"，通过将行为与物理空间连接在一起就基本能确定管辖关系。但是在网络空间，行为发生地和行为结果呈现出分散化的特征，动摇了属地管辖原则的支配地位。属地管辖原则面临两种变革选择，一是脱离属地管理原则创设全新的治理模式，二是沿用属地原则并作出调整，以适应网络环境。由于第一种选择脱离既往的管理基础，并不利于互联网治理效能的实现，第二种选择更具适用优势。我国《刑法》第六条规定了属地管辖原则。我国《行政处罚法》第二十条也为行政处罚的属地管辖提供了依据。《行政处罚法》第二十条规定：行政处罚由违法行为发生地的县级以上地方人民政府具有行政处罚权的行政机关管辖。因而，我国行政监管的属地管辖原则仍然具有很强的代表性。网络属地原则的原理是当网络活动发生在国家领土内、涉及有形物体并且是由个人或实体实施的[1]，国家可以对此行使主权权利。2016年12月27日国家互联网信息办公室发布的《国家网络空间安全战略》中直接承认了网络空间为"国家主权的新疆域"。属地管辖原则是司法、执法资源空间分配的一项基础性规则，在属地管辖原则的基础之上建立起来的网络内容治理制度还包括网络实名制、属地网警管辖。当然，网络属地管辖必须考虑网络特殊性和网络

1　［美］迈克尔·施密特.网络行动国际法塔林手册2.0版［M］.黄志雄等译,社会科学文献出版社,2017:58.

行为一体化对网络行为的影响。

2023 年 2 月 3 日,国家互联网信息办公室颁布《网信部门行政执法程序规定》并于同年 6 月 1 日起生效。根据该规定,网信部门实施行政执法必须遵守法律保留、依法行政、程序正当等基本原则。换言之,行政机关不能肆意妄为地限制行为人的活动与自由,必须于法有据。在互联网治理领域,行政执法是一种非常具有实效性的治理手段,通过命令控制、行政处罚等方式参与管理互联网空间秩序。但值得注意的是,网络空间对行为人活动空间的拓展对行政执法方式产生了新的挑战,执法机构必须借助网络平台来实现其执法行为,因而需要网络运营商、网络服务提供商等中介机构的辅助执法才能真正发挥执法的实效。与此同时,网络运营商、网络服务提供商也是行政执法的对象,当其违反法律规定造成网络空间秩序混乱等严重后果时,国家可以对其进行处罚或者制裁。

约谈是国家治理方式的一种。约谈制度是指政府部门对特定对象进行面对面的交流、沟通和提醒,以达到监管、调查、警示等目的。约谈制度最早出现在中国是在 20 世纪 50 年代初期,当时主要针对国家机关和企事业单位内部的工作人员。政府部门会通过与工作人员进行面对面的交流,了解其工作情况、解决问题等。1980 年代中期开始,政府部门开始对企事业单位负责人进行约谈,以了解经营状况、解决问题并提出指导意见。随着市场经济体制建立和深化改革的推进,约谈制度得到了进一步发展和完善。政府部门不仅对企事业单位负责人进行约谈,约谈对象还逐渐扩大到金融机构、行业协会等组织,并涉及更广泛的问题领域,如经济运行、社会稳定等。在当前阶段,约谈制度得到进一步加强和规范。政府部门通过约谈来推动改革、促进发展、维护社会稳定等。约谈对象不仅包括企事业单位负责人和组织代表,还涉及网络平台、互联网企业、金融机构高管等。此外,在不同领域和层级的管理中,约谈制度也有所区别。例如,中央政府对地方政府官员进行约谈,监管部门对企事业单位负责人进行约谈等。

总体而言,随着中国改革开放的深入推进和市场经济的发展,约谈制度逐渐成为一种常见的管理手段。它通过面对面的交流与沟通,促使各方更好地履行职责、解决问题,以推动经济社会发展。互联网约谈是指国家互联网信息办公室、地方互联网信息办公室在互联网新闻信息服务单位发生严重违法违规情形时，约见其相关负责人，进行警示谈话、指出问题、责令整改纠正的行政行为。与传统的行政行为相比，约谈具有协商性、软法治理性的特征，其在形式上更具有灵活性与多变性。约谈对于我国互联网发展管理的意义在于，我国的互联网产业相对集中，寡头垄断是我国互联网产业结构发展中的突出特征。约谈对象具有典型性、代表性，因而对同行也具有指导性。[1]在约谈相对人方面，我国互联网约谈的相对人从初期以新闻单位为主，逐渐扩展到微博、微信公众号等混营内容服务提供者。在约谈形式方面，对约谈内容相似的相对人采取集中约谈的方式；对约谈内容复杂的相对人采取多部门联合和上下级联合、指导约谈的方式。在约谈事由方面，既包括违反新闻发布转载权限规定、内容非法违规、侵犯未成年人权益等质或量达到一定程度的问题，还包括拒不整改、整改不符合要求的后续处置。

（三）惩戒机制：行政处罚、信用惩戒等

惩戒机制属于行为矫正机制，主要包括行政处罚、刑事处罚等方式。但在互联网治理领域，尤其是针对互联网服务行业，行政处罚是较为常见的治理方式。行政处罚手段既包括罚款等经济性制裁手段，也包括暂扣许可证件、降低资质等级、吊销营业执照、暂停业务、停业整顿等资格限制型制裁方式。罚款主要是一种经济性惩罚，目的是制裁违法行为人，告诫其以后不再重犯。与约谈等柔性治理方式不同，行政罚款是一种较为刚性并侧重制裁的治理手段。与互联网治理相关的法律法规中都规定有行政罚款这一处罚方式。例如，我国《数据安全法》第四十五条规定了主管机构可以对不履行数据安全保护义务的主体处以 5 万至 20 万元的罚款；欧盟《通用数据保护条例》（以下简称为 GDPR）第八十三条规定了行政罚款的一般条件，欧盟成员国的数据保护监管机构可以对任何不符合 GDPR 的组织进行罚款，罚款金额最高可以达到公司上一财政年度全球年收入的 2%。自 2018 年 GDPR 实施生效之后，欧盟成员国对很多互联网企业开出了高额的罚单，根据欧洲数据保护委员会（EDPB）公布的 GDPR 执法信息，2022 年欧盟成员国数据保护监管机

1　李佳伦,谢新洲.互联网内容治理中的约谈制度评价[J].新闻爱好者,2020(12):9.

构已开出总计 16.4 亿欧元的罚款,罚款总额同比增长 50％[1]。2022 年 7 月 21 日,国家互联网信息办公室根据相关法律法规,对滴滴全球股份有限公司处以 80.26 亿元行政罚款,对滴滴全球股份有限公司董事长兼 CEO 程维、总裁柳青各处人民币 100 万元罚款。[2] 这些巨额行政罚款案件的出现表明,各国针对互联网企业的监管措施越来越严格了。

信用惩戒是行政监管的重要手段之一。信用惩戒是指对特定主体的违法失约等失信行为采取的约束和惩罚性措施,使失信者遭受不利后果[3]。信用惩戒的基本作用原理是通过公布互联网企业的不良信用信息,联合其他主体共同限制企业的行为活动空间,从而达到惩戒的目的。在互联网治理领域,信用惩戒的实施主体主要为国家网信部门,其作用机制是通过公布互联网企业的违法违规信息,使其遭受声誉上的不利,从而达到惩戒的目的。对于信用惩戒的行为属性,学界存在不同的意见。有学者认为信用惩戒是一种行政处罚行为[4],也有学者认为信用惩戒是一种带有警示目的的行政事实行为[5]。信用惩戒可以限制行为人目的,同时也实质上具有行政处罚的效果。作为一种互联网治理机制,信用惩戒高度依赖信用信息的归集,不同行政主体通过聚合企业的不良信用信息来全面判断企业的信用情况,并根据信用状况做出行政处罚决定。但信用惩戒存在违反“一事不二罚”的嫌疑,互联网企业可能会因为一次违反法律规定的记录而受到多次处罚。因而,监管机构在使用信用惩戒治理机制时需要受到一定的限制,同时也需要给予互联网企业一定的信用修复与救济途径。

1　张颖.欧盟 2022 年 GDPR 罚款额 16.4 亿欧元同比上涨五成,同时传递重要信息[N].互联网法律评论,2023-03-10.

2　中共中央宣传部举行新时代网络强国建设成就新闻发布会[EB/OL].国务院新闻办公室网站,(2022-08-19)[2023-04-20].http://www.scio.gov.cn/xwfb/gwyxwbgsxwfbh/wqfbh_2284/2022n_2285/48845/.

3　贺译葶.论非正式规则在信用惩戒中的应用及限制[J].民间法,2021(04):151.

4　曲崇明.行政惩戒的法律属性与司法规制——以公共信用领域失信惩戒机制为例[J].江西社会科学,2021(03):161-162.

5　彭先灼,杨虹.信用惩戒制度的运行机理及其法治化路径[J].南京航空航天大学学报(社会科学版),2022(01):70-71.

五、互联网治理国家发展战略与政策

2015 年 12 月 16 日，习近平总书记在第二届世界互联网大会开幕式上强调："'十三五'时期，中国将大力实施网络强国战略、国家大数据战略、'互联网＋'行动计划，发展积极向上的网络文化，拓展网络经济空间，促进互联网和经济社会融合发展。"[1] 党的二十大报告指出要加快建设网络强国、数字中国。[2] 党的二十届三中全会公报指出要加快适应信息技术迅猛发展新形势，健全网络综合治理体系。[3] 这些关于互联网治理的国家发展战略具有重要的指导意义。网络强国战略前文已经论述，以下集中论述"互联网＋"、大数据发展战略和媒体融合发展战略。

（一）"互联网＋"和大数据战略

"互联网＋"与大数据发展战略是信息时代发展的特殊产物。信息技术的快速发展，特别是互联网的普及和应用，对经济社会各个领域产生了深远影响。互联网改变了传统行业的商业模式和运营方式，推动了数字化、网络化和智能化转型。中国的经济发展模式中逐渐由劳动密集型向技术密集型、创新驱动型转变。为了推动经济结构调整和竞争力提升，需要充分利用信息技术和大数据等新兴技术来推动传统产业与互联网融合，实现创新驱动发展。我国政府基于对国内外形势的判断以及对经济社会发展趋势的认识，将"互联网＋"视为国家战略，并将其纳入"十三五"规划等重要文件中。通过推进"互联网＋"，可以促进经济转型升级、增加就业机会、提高生产效率等。随着互联网的普及和信息化程度的提高，大量数据被生成和积累。这些数据蕴含着巨大的价值，可以用于洞察市场、优化资源配置、提升服务质量等。制定

---

1 习近平 . 论党的宣传思想工作［M］. 中央文献出版社，2020：171.

2 习近平 . 高举中国特色社会主义伟大旗帜 为全面建设社会主义现代化国家而团结奋斗——在中国共产党第二十次全国代表大会上的报告［EB/OL］. 中国政府网，（2022-10-16）［2023-06-01］. https：//www.gov.cn/xinwen/2022-10/25/content_5721685.htm.

3 中国共产党第二十届中央委员会第三次全体会议公报［EB/OL］. 中国政府网，（2024-07-18）［2024-09-01］. https：//www.gov.cn/yaowen/liebiao/202407/content_6963409.htm.

大数据发展战略成为中国政府推动经济社会发展、实现创新驱动发展的重要举措。

综上所述，基于信息技术快速发展、经济结构调整需求、国家战略需求以及大数据时代的到来等背景，中国政府制定了"互联网＋"和大数据发展战略，以推动传统产业与互联网融合，促进经济转型升级，并充分利用大数据来实现创新驱动发展。网络的互联互通实质上是信息的互联互通，其目的是要将社会生活的多个方面纳入网络空间，并利用网络空间信息迅速传递的技能优势提高生产力发展水平。

互联网企业的迅猛发展同时也带动了数据资源价值的挖掘。2022 年 12 月 2 日《中共中央、国务院关于构建数据基础制度更好发挥数据要素作用的意见》（简称为"数据 20 条"）明确了以数据产权、流通交易、收益分配、安全治理为重点的数据治理体系建构目标，其对数据价值要素的挖掘提出了更高的要求。在明确数据产权配置的基础之上，我国政府更加重视数据要素在生产生活中所能发挥的重要作用。但由于数据要素兼具人格属性与财产属性，数据确权是摆在数据开发利用之前的现实难题，如何挖掘数据价值，如何分配数据增值收益，如何配置数据责任，这些问题都是数据治理过程中亟待解决的基本问题。大数据战略的进一步发展需要紧密结合数据要素开发的基本特征，需要对传统的治理方式适当地进行创新。

互联网治理体系的创新领域进一步拓展到数据治理领域。例如，我国各地成立了专门的互联网法院。2022 年 5 月 18 日，浙江省温州市瓯海区人民法院数据资源法庭正式揭牌设立，成为我国第一家数据资源法庭。[1] 在新冠肺炎疫情期间，全国各地法院开启了线上案件审理模式，在司法审判过程中运用大数据技术优势，辅助法官审理司法案件。然而，在以上大数据技术不断应用的同时，互联网治理还面临着"算法歧视""算法黑箱"等的威胁与质疑。大数据技术在辅助决策、替代复杂人类活动的同时，也不可避免地将一些既有的人类社会偏见带入网络空间，而随着算法技术的广泛应用，这些算法歧视与偏见正在逐渐侵蚀人们的自由空间，需要对其进行防范与治理。

1　强化司法服务保障 助力数字经济发展［N］.人民日报，2022-06-09（19）.

(二)媒体融合发展战略

"媒体融合"既是一个具有深刻技术内涵的必然趋势,又是一条承载市场期望的改革路径。[1]互联网作为新媒介,全面影响了用户获取和传播信息的路径,乃至工作与生活的方式。以互联网为代表的新媒体产业获得了急剧的扩张与发展,不断挤压传统媒体的生存空间,导致传统媒体倍感竞争压力。为解决这一困境,2006年国家新闻出版总署报纸期刊管理司部署传统报业经营模式转型的重要策略,要求其广泛开展内容增值服务迎合市场需求。[2]电视业、广播业和全国重点新闻网站等都紧随其后逐步转型。2009年,我国媒体机构尝试转向建立现代企业制度,改善经营模式,增强市场竞争力与媒体影响力。媒体融合是在市场化背景下,传统媒体主动拥抱新技术,应对新兴媒体冲击的一条自救之路。[3]

2013年1月,国家广播电影电视总局出台《关于促进主流媒体发展网络广播电视台的意见》,指出"推动电台电视台发展新媒体具有战略意义,推动电台电视台与新媒体融合发展是必然趋势"[4]。2014年8月18日,习近平总书记在中央全面深化改革领导小组第四次会议上提出"推动传统媒体与新兴媒体融合发展",媒体融合正式上升成为国家战略。2018年8月21日,习近平总书记在全国宣传思想工作会议上指出,要扎实抓好县级融媒体中心建设。媒体融合开始由头部向尾部延伸,并在全国迅速推进,形成融合大潮。2019年1月25日,习近平总书记在中共中央政治局第一次集体学习会议上提出"推动媒体融合发展、建设全媒体成为我们面临的一项紧迫课题",再次强调了媒体融合发展的极端重要性和紧迫性。

2020年9月,中共中央办公厅、国务院办公厅印发了《关于加快推进媒体深度融合发展的意见》,明确了媒体深度融合发展的总体要求和工作路线。从媒体融合到媒体深度融合,表明媒体融合发展进入纵深发展的新阶段,"深化""效果""可持续"成为关键词,要求各级媒体机构创新经营管理方式,发

1　谢新洲.我国媒体融合的困境与出路[J].新闻与写作,2017(01):32-35.

2　全国报纸出版业"十一五发展纲要"(2006-2010年)//中国报业发展报告(2007)[M].社会科学文献出版社,2007:146-178.

3　谢新洲等编著.鉴往知来——媒体融合源起与发展[M].人民日报出版社,2020.12:3.

4　广电总局:加快网络广播电视台建设[J].中国广播,2013(04):93.

挥融媒体在区域经济社会发展中的信息服务枢纽作用,以信息内容服务能力激活造血能力,进一步巩固并拓展全媒体平台建设成果。2022年4月,中宣部、财政部、国家广电总局联合下发《关于推进地市级媒体加快深度融合发展实施方案的通知》,旨在重点解决地市级媒体融合发展困境。

党的二十大报告强调要"加强全媒体传播体系建设,重塑主流舆论生态新格局",彰显了中央对媒体融合发展的高度重视与坚定决心。党的二十届三中全会进一步指出,要"加快适应信息技术迅猛发展新形势""构建适应全媒体生产传播工作机制和评价体系,推进主流媒体系统性变革"。

第四节　互联网治理体系发展变迁

伴随着互联网对中国社会的嵌入程度日益加深,互联网在不同的历史阶段与社会的互相形塑呈现出不同的面貌,呼唤治理体系的适应、演进与完善。技术的发展与治理体系的变革并不一定完全同步,通常情况下后者会略微滞后于前者,以自我更新、自我调适的形式"追赶"互联网的发展速度,使其更好地适应新的互联网环境及其影响下的社会结构。本节从互联网治理理念、治理主体、治理工具、治理制度四个方面梳理我国互联网治理体系的发展变迁,以期从中捋清我国互联网治理的脉络与进路。

一、互联网治理重心转移反映的社会需求

互联网治理对象及重心的转移伴随着互联网的起源和发展过程,呈现出一定的阶段性特征。从互联网监管到互联网治理,可以看作对互联网发展过程中的不同阶段和需求的反映。

（一）早期的互联网监管

互联网刚刚兴起时，由于其开放、去中心化的特点，国家和政府对互联网的监管相对较少，更多关注的是网络基础设施建设、技术标准制定等方面。国家和政府投资大量资源来推动网络基础设施的建设，包括通信网络、数据中心等。这样可以确保人们能够访问到高质量、高速度的网络。为了确保不同厂商生产的网络设备能够相互兼容，国际组织、学术界以及相关产业界积极参与制定互联网技术标准。这有助于促进全球范围内的网络互通和信息交流。为了规范互联网使用和管理，一些国家开始出台基本法律，如电子商务法、信息安全法等。这些法律为后续的监管奠定了基础框架。

（二）商业化与市场监管

随着商业模式在互联网上的兴起，涉及电子商务、在线支付、广告营销等方面的监管问题逐渐受到重视。政府开始出台相关法律法规，以保护消费者权益、维护市场秩序。商业化与市场监管频繁出现在电子商务、在线支付、广告营销等场景中。

随着电子商务的快速发展，政府开始制定相关法律法规来规范电子商务活动。这些法律通常包括对交易平台的注册和备案要求、消费者权益保护、商品质量监管等方面的规定。随着移动支付和在线支付方式的普及，政府开始关注支付安全和资金流转问题。相关监管措施主要包括对支付机构的准入要求、资金结算安全措施、反洗钱和反欺诈措施等。互联网广告营销具有广泛传播、精准定位等特点，但也伴随着虚假宣传、侵犯用户隐私等问题。政府通过制定广告法律法规来规范广告行业，打击虚假宣传和不当竞争行为。这些法律法规的出台旨在维护市场秩序、保护消费者权益，促进健康有序的商业环境。政府还设立相关机构和监管部门，加强对电子商务、在线支付和广告营销等领域的监管和执法力度。同时，政府也鼓励行业自律组织和企业自我约束，共同推动行业发展与规范。

（三）内容审查与信息安全治理

随着互联网内容的爆炸式增长和信息传播速度的加快，各国政府开始加强对互联网内容的审查和管理。这包括限制不良信息传播、打击网络犯罪活动、维护国家安全等方面。为了保护公民的合法权益和社会稳定，政府采取措施限制不良信息在互联网上的传播。这包括针对淫秽色情、暴力恐怖、谣言虚假等类型的信息进行过滤和审查,并采取相应措施进行删除或屏蔽。随着网络犯罪活动的增多,政府加强对网络犯罪行为的打击。这包括对网络诈骗、网络盗窃、网络侵权等违法行为的调查和处罚,以维护公共安全和社会秩序。互联网已成为重要的信息传播渠道,因此各国政府也将其纳入国家安全范畴。政府通过监测和管理互联网上的信息流动,防止敌对势力利用互联网进行威胁国家安全的间谍活动、恶意攻击等。

随着个人数据在互联网上的大规模收集和利用,隐私保护和数据安全问题逐渐成为互联网治理的重要议题。政府出台相关法律法规,要求互联网企业加强用户隐私保护,并加强对数据泄露和滥用行为的打击。为了保护用户的个人隐私权,政府制定了一系列相关法律法规。这些法律通常包括对个人信息收集、使用、存储、传输等方面的规范,并要求互联网企业获得用户明确授权并采取相应措施来保护个人信息安全。政府加强对数据泄露和滥用行为的打击力度。相关监管机构要求互联网企业建立健全的数据安全管理制度,采取技术手段防止数据泄露,并及时报告和处理数据安全事件。同时,政府也会追究责任,对违反隐私保护相关法律法规的企业进行处罚。政府强调用户知情权和选择权,鼓励互联网企业向用户明示数据收集和使用的目的、方式以及可能的风险,并提示用户选择是否同意或控制个人数据的使用。

(四)多边合作与全球数字治理

面对跨境数据流动、网络攻击等全球性挑战,各国开始加强跨国合作,推动建立全球数字治理机制。这包括通过国际组织、多边协议等方式来制定共同规则,以应对互联网发展中的挑战和问题。国际组织如联合国、世界贸易组织等在全球数字治理中扮演着重要角色。各国通过签署多边协议和制定共同框架来解决全球数字治理问题。为了应对网络攻击和网络犯罪等威胁,各国加强跨国合作,共享信息和情报。这包括建立网络安全合作机制、开展联合执法行动以及加强国际技术合作等。

总体而言,从互联网监管到互联网治理的转变是一个由单一控制向多方参与、协商和合作的过程。随着互联网在社会经济生活中不断渗透、影响力增大,各方对于互联网发展和使用所涉及的各个方面都提出了更高的要求。互联网治理愈发需要平衡多种利益关系,促进公众参与,并通过多边合作构建共识和解决问题。

二、互联网治理主体的变化

在过去几十年中，互联网治理主体经历了一系列变化。最初，互联网的发展和管理主要由技术社区和学术界推动和引导。然而，随着互联网的商业化和全球普及，政府、国际组织以及其他利益相关者逐渐加入了互联网治理的行动。

（一）初期：技术社区、学术界、行业团体等主体

在互联网发展初期，人们主要关注的是技术标准制定和网络架构建设。这一阶段的治理主要由技术社区和学术界推动，致力于确保互联网的稳定运行和可靠性。需要注意的是，由于互联网的去中心化特点，早期的互联网监管主要是以技术社区和学术界为主导，政府和国际组织的参与相对较少。这使得互联网能够快速发展，并在一定程度上保持了开放和自由的环境。然而，随着互联网的普及和商业化，对于商业利益、竞争政策等问题的关注逐渐增加，引发了对互联网治理的更多讨论和探索。

（二）商业化阶段：国际组织、政府机构以及产业界

随着互联网的商业化发展，商业利益、竞争政策等问题逐渐引起关注。此时，国际组织、政府机构以及产业界开始参与互联网治理，探讨如何平衡商业利益与公共利益之间的关系。国际组织如世界贸易组织（WTO）、经济合作与发展组织（OECD）等在促进公平竞争和制定相关规则方面发挥着重要作用。它们通过协商和制定国际标准，推动各国在数字经济领域进行公平竞争，并寻求解决商业利益与公共利益之间的冲突的方法。政府扮演着监管者和管理者的角色，在保护公共利益、制定相关法律法规和政策方面发挥重要作用。政府可以采取措施来防止垄断行为、打击不正当竞争，并确保市场秩序的健康运行。互联网企业和相关产业界更注重自觉履行社会责任，通过制定自律规范、合作共建行业联盟等方式参与互联网治理，确保商业利益与公共利益的平衡，推动共同利益的实现。

（三）多边合作阶段：跨国主体

进入21世纪后，随着全球范围内互联网使用的普及和影响力的增大，国际社会开始意识到需要加强跨国合作来应对互联网带来的挑战。网络安全、

数据保护等领域成为国际合作的重点。网络安全是国际互联网发展中的一个重要议题。各国之间加强跨国合作,共同应对网络攻击、恶意软件、数据泄露等威胁。随着个人数据在互联网上的广泛流动,数据保护与隐私成为一个重要问题。各国通过签署双边或多边协议,共同制定数据保护标准和规则,并加强对跨境数据流动的监管。为了推动互联网治理的跨国合作,一些国际法律框架也得到了建立和完善。例如,欧盟通用数据保护条例(GDPR)规定了关于个人数据保护的标准和规则,适用于欧盟成员国以及与欧盟有数据交流的国家。只有通过共同努力、信息共享和协调行动,才能有效应对网络安全威胁、保护用户隐私,并确保互联网的可持续发展和健康运行。这需要各国政府、国际组织、产业界等多方参与,形成合力,推动全球范围内的互联网治理合作。

(四)多元化治理模式:政府、国际组织、非政府组织、技术社区、民间机构、网民等

近年来,随着互联网的快速发展和应用场景的多样化,互联网治理参与主体逐渐呈现出多元化的趋势。除了政府和国际组织的参与外,非政府组织、技术社区、民间机构、网民等也在互联网治理中扮演着重要角色。他们以不同的方式参与互联网治理,推动公众参与和发挥监督作用。

非政府组织(NGOs)在互联网治理中起到了促进公众利益和权益保护的作用。他们通过研究、倡导和提供相关资源,向政府和国际组织提供意见和建议。非政府组织还可以监督并推动政策制定过程的透明度和公正性。技术社区由开发者、工程师、学者等组成,他们对互联网技术有深入了解。技术社区通过开发开源软件、提供安全方案和技术指南等方式,为互联网治理提供技术支持。他们还能够就相关问题进行讨论,并提出解决方案。民间机构如研究机构、智库等也在互联网治理中发挥重要作用,他们通过研究报告、政策分析等方式,为决策者提供有关互联网治理的信息和建议。民间机构还可以组织研讨会、培训等活动,促进各方对话和交流。作为互联网的用户和受益者,网民通过网络投票、意见反馈等方式参与决策和治理过程。同时,网民也能够通过社交媒体发表自己的观点,推动公众舆论形成,促使政府和相关机构采取行动。这些非政府组织、技术社区、民间机构和网民的参与提升了互联网治理的多元性,并确保了不同利益相关者的声音得到听取。他们通过倡导公众利益、提供技术支持、监督政策制定等方式，推动互联网治理向更加开放、透明和包容的方向发展。

当前，全球范围内正在探索建立一种全球数字治理体系，以应对跨境数据流动、网络安全、人工智能等新领域面临的挑战。这需要各方共同协商和合作，形成全球共识，并制定相应的规则和标准。总体而言，互联网治理主体经历了从单边到多元的变迁。当前，全球数字治理成为推动互联网治理发展的重要方向，旨在构建一个公正、开放、安全和可持续发展的数字空间。随着互联网的不断演进和技术创新，互联网治理主体将继续变化。未来可能出现新的利益相关者和参与者，共同推动互联网治理进一步完善以适应时代需求。

三、互联网治理工具的优化

互联网是复杂多维的系统，该系统负责保障网络空间的秩序、安全和稳定发展。为了实现这一目标，治理工具的选择和应用至关重要。从工具角度而言，互联网治理可以运用多种不同的工具和手段，包括制度工具、政策工具和行政手段。

（一）制度工具

随着互联网的快速发展及其全球化进程，互联网治理制度工具也在不断变化和演进。放眼全球，制度工具演变包括多边合作机制、产业自律机制、国家法律框架、国际协议和条约、开放标准和协议、公众参与机制等方面。聚焦中国互联网治理，制度工具的优化主要集中于法律法规、互联网企业自律、信息技术标准、公众参与机制、互联网行业协会以及网络安全审查。

法律法规方面，我国政府通过立法来管理和监管互联网空间。例如，《中华人民共和国网络安全法》的实施，明确了网络空间的基本原则、责任主体和行为规范。此外，还有一系列相关法规和指导文件用于保障网络安全、个人信息保护等方面。互联网企业自律方面，中国的互联网企业积极加强自律机制，制定了自己的行为准则和规范。例如，阿里巴巴集团、腾讯等公司都建立了相应的道德准则、用户协议，并加强对违法违规内容的审核和管理。信息技术标准方面,中国积极参与国际标准组织,在技术标准制定过程中发挥作用。例如,中国已经成为 5G 通信技术标准制定的重要参与者之一,并推动相关产业发展。公众参与机制方面,我国政府鼓励公众参与互联网治理事务。通过举行听证会、开展公众咨询、征求意见等方式,让公众能够表达自己的意见和建议,并参与政策制定过程。互联网行业协会方面,我国互联网行业协会在互联网治理中发挥重要作用。它们通过组织行业内企业、专家学者的交流与合作,推动行业规范、自律和技术进步。网络安全审查方面,我国政府加强了对网络安全的审查和监管。根据相关法规,网络产品和服务提供商需要经过安全审查才能上市或提供服务。

这些变化反映了中国政府在互联网治理方面的努力和探索。目标是确保网络空间的秩序稳定、信息安全,同时促进创新发展和公众利益保护。随着科技的不断进步和社会需求的变化,中国互联网治理制度工具还将继续适应时代发展,并不断完善和调整。

(二)政策工具

互联网治理政策工具随着技术进步和社会需求的变化而不断演变,以下是一些主要的变化。

第一,《中华人民共和国网络安全法》出台。该法于 2017 年实施,明确了网络安全的基本原则、责任主体和行为规范。它要求网络运营者采取措施保障网络安全和用户个人信息安全等。第二,《中华人民共和国个人信息保护法》颁布。该法于 2021 年通过,并于 2023 年生效。它对个人信息的收集、使用、存储等方面作出了明确规定,强调了个人信息保护的重要性。第三,实名制管理广泛实施。我国推行实名制管理,要求互联网企业对用户进行实名认证,这旨在加强用户身份验证,提高网络空间的诚信度和安全性。与之配套实施的还有属地管理原则和数据本土化政策。第四,内容审查与管理。通过建立相关机构、技术手段和法律制度来监管互联网上的言论内容,以维护社会公共秩序,传播正确价值观。第五,电子商务监管。随着电子商务的快速发展,我国政府加强了对电子商务平台及其经营者的监管。建立了相关法规和标准,要求平台加强商品质量监管、消费者权益保护等方面的工作。第六,数据本地化政策。我国政府出台了数据本地化政策,要求互联网企业将境内用户的个人信息存储在中国境内。这旨在加强对个人信息的保护和管理,并维护

国家安全。第七,5G 网络建设与管理。我国政府推动 5G 网络建设,并制定
了相应的管理措施。加强对 5G 网络安全、隐私保护等方面的监管,确保网络
基础设施的安全可靠。

（三）行政手段

我国互联网治理行政手段也在不断变化和演进,以下是一些主要的变化。
第一,网络监管机构设立与调整。我国政府成立了立体的网络监管机构体系,
从国家到地方的网信部门、公安部网络安全保卫局等,负责互联网管理和监督
工作。这些机构的设置和职责不断调整,采取互联网约谈、专项治理行动等手
段,以适应互联网发展的新情况和新问题。第二,严厉打击网络违法犯罪行
为。我国政府加大对网络违法犯罪行为的打击力度,采取了一系列行政手段
来查处非法信息、网络诈骗、侵犯知识产权等违法行为。安全部门开展了大规
模的打击行动,加强了网络安全防控能力。第三,关停违法违规网站和应用。
我国政府通过关闭、下架或封禁违法违规的网站和应用程序来维护网络环境
秩序。这些措施旨在遏制传播淫秽色情、暴力恐怖主义等有害信息,并保护公
众利益。第四,加强对互联网企业的监管。我国政府加大对互联网企业的监
管力度,要求其履行社会责任、保障用户权益。通过执法检查、行政处罚等手
段,确保互联网企业合规经营,并推动行业健康发展。第五,加强跨境数据流
动管理。我国政府出台了跨境数据流动管理规定,规范了个人信息和重要数
据的跨境传输,旨在维护国家安全、公共利益和个人权益。

我国互联网治理行政手段产生了积极影响,在维护网络安全、保护公众利
益、提升用户权益保障、加强数据安全与管理等方面,行政手段的治理效果毋
庸置疑。然而,我国互联网治理行政手段也面临一些挑战和争议。一些人认
为,网络监管措施可能会限制有益的公众讨论。关闭违法网站和应用程序以
及内容审查等做法存在为过度干预的隐患。数据本地化要求引发了对个人数
据隐私权利的关注。一些企业和创业者担心互联网治理行政手段可能对创新
环境产生负面影响,如过于严格,会限制新技术、新模式的发展等。因此,我们
应当正视这些担忧和负面影响,在运用制度工具、政策工具及行政手段时,全
力保障公民基本权利和健康的市场环境。

四、互联网治理制度变迁

互联网治理体系的发展同互联网技术的日新月异紧密联系。但技术的发展与治理机制的创新却并不一定能完全同步。通常情况下治理机制要稍微滞后于互联网技术发展速度。在互联网治理体系的不断发展过程中,一些治理规范、治理制度需要不断被完善,甚至被废除取代。本节将对我国互联网治理体系发展过程中的治理制度变迁历程进行梳理,以明确我国互联网治理的基本发展方向。

(一)计算机基础设施与安全领域的互联网治理制度变迁

网络安全是我国互联网治理领域内的重大主题。网络安全是互联网健康发展的基础。网络安全不仅事关国家的安全与稳定,还会对全球政治经济的稳定与安全产生直接的影响。我国历来重视网络安全,在网络尚未广泛普及之前,我国政府就已经意识到了网络安全是国家安全的重要组成部分。根据我国互联网发展历程,我国网络安全治理主要经历了三大阶段:第一个阶段是 1988 年至 1996 年初步发展阶段;第二个阶段是 1997 年至 2000 年的超越单机和局域网的网络安全治理阶段;第三个阶段是自 2000 年发展至今的国家战略层面的网络安全治理阶段。在不同的发展阶段,我国互联网安全治理制度也在不断地发生变迁,背后反映的是不同技术发展时期涌现出的不同类型的权益保护需求。

1. 初具规模:计算机网络安全制度(1988—1996)

1988—1996 年间,网络安全管理对象主要是计算机单机或者局域网。因此,政策的关注点主要是计算机单机系统的安全、计算机应用的安全以及计算机硬件、数据的安全。1994 年,国务院出台《计算机信息系统安全保护条例》,这是我国历史上首部有关计算机信息安全的法律规范。虽然该条例的内容还存在不少的漏洞,部分规范也并不具体,但是,该条例开启了我国计算机安全保护法规的先河,是后续相关政策的基础。1996 年,国务院信息化工作领导小组颁布的《计算机信息网络国际联网管理暂行规定》中首次将管理对象的范围延伸到互联网。该规定作为我国首部对互联网进行规范的政策法规,其制定过程正处于互联网国际互联的发展初期，其关注的重点主要放在对硬件接入的规范上，而并未对网络的运行服务安全和信息安全做出规定。

2. 超越单机和局域网的网络安全治理（1997—2000）

1997 年至 2000 年间，互联网在我国迅速发展，国家开始制定管理互联网安全的各类政策。这个阶段的政策关注的重点主要是网络运行及网络信息的安全。1997 年，公安部在 1994 年和 1996 年两部法规的基础上，制定了《计算机信息网络国际联网安全保护管理办法》。作为前两部法律规范的延伸，该办法首次提出了针对网络安全的管理制度。该办法明确规定了网络互联及使用过程中各方责任人的责任，是我国首部对网络使用者责任承担做出详细规定的管理办法，具有重大意义。2000 年，《全国人大常委会关于维护互联网安全的决定》出台，标志着我国互联网安全法律体系的初步形成。同一年，国家保密局也出台了关于互联网信息安全保护的《计算机信息系统国际联网保密管理规定》。该规定明确提出在网络信息的保密等方面，网络使用者的各项责任，但并未涉及网络技术的安全。《全国人大常委会关于维护互联网安全的决定》在我国互联网安全发展史上有着里程碑意义，这是我国历史上首次将互联网安全纳入法律保护范围，标志着互联网安全立法开始走向成熟和规范。

3. 国家战略层面的网络安全制度（2000 年至今）

2000 年之后，随着互联网在我国的进一步发展，各个部委、行业监管单位、地方政府相继出台了多个部门规章、规范性文件和地方性法规，政策制定开始逐步渗透到各行业、领域，政策的内容也变得更加完整，逐步延伸到互联网安全各个方面。例如 2003 年国家信息化领导小组出台的《关于加强信息安全保障工作的意见》，2004 年公安部等部门出台的《关于信息安全等级保护工作的实施意见》，2005 年国务院颁布出台的《电子签名法》，2006 年国家信息化领导小组颁布的《关于开展信息安全风险评估工作的意见》，2009 年工信部出台的《互联网网络安全信息通报实施办法》，等等。2009 年以后，随着我国互联网技术的不断提升，我国网民的人数跃居全球第一，网络的应用已渗透到人民生活的方方面面。我国在国际互联网的地位也与日俱增，我国网络信息安全管理政策体系迈向了下一个以人为本的阶段。

2011 年以后，随着互联网的进一步普及，特别是移动互联网的发展，病毒泛滥、黑客猖獗、信息泄密、网页被篡改等各种信息安全事故频发，给个人、企业和社会造成了极大的伤害,引起了社会各界的广泛重视。在迈向信息化社会的过程中,国家高度重视信息安全保障体系的建设,着重加强在信息安全方面政策的制定。2012 年以后,全国人大常委会通过了《全国人民代表大会常务委员会关于加强网络信息保护的决定》,国务院颁布了《国务院关于修改〈信息网络传播权保护条例〉的决定》《国务院关于修改〈计算机软件保护条例〉的决定》。可见,国家对网络安全的重视提升到了一个新高度。2014 年 2月 27 日,中央网络安全和信息化领导小组宣告成立,国家主席习近平任小组长。这是我国首次成立由国家最高领导人担任组长的维护网络安全的小组,旨在把我国建设成网络强国。[1]这宣告着我国在网络信息安全方面迎来新的转折点,意味着我国已经将维护网络安全提升至国家战略层面。

2016 年 11 月 7 日出台的《网络安全法》是为保障网络安全,维护网络空间主权和国家安全、社会公共利益,保护公民、法人和其他组织的合法权益,促进经济社会信息化健康发展而制定,自 2017 年 6 月 1 日起施行。《网络安全法》是我国第一部全面规范网络空间安全管理方面问题的基础性法律,是我国网络空间法治建设的重要里程碑,是依法治网、化解网络风险的法律重器,是让互联网在法治轨道上健康运行的重要保障。2018 年 4 月 20 日,全国网络安全和信息化工作会议召开,习近平总书记强调,"信息化为中华民族带来了千载难逢的机遇","我们必须敏锐抓住信息化发展的历史机遇,加强网上正面宣传,维护网络安全"。网络安全的重要地位再一次被提升到国家和民族高度。[2]2020 年 4 月 9 日,中共中央、国务院首次出台了关于要素市场化配置的文件,并将数据正式确立为五大生产要素之一。数据安全也同时成为互联网治理领域的重要命题。2021 年 6 月 10 日,《数据安全法》正式颁布,成为我国第一部在数据领域与国家安全领域的重要法律。由此,我国在网络安全领域的治理制度形成了由计算机基础设施安全——网络安全——数据安全组成的较为完整的治理体系。

1　于志刚.网络安全对公共安全、国家安全的嵌入态势和应对策略[J].法学论坛,2014（06）:5-19.

2　敏锐抓住信息化发展的历史机遇,自主创新推进网络强国建设[EB/OL].网络传播杂志,（2018-08-02）[2019-01-29].http://www.cac.gov.cn/2018-08/02/c_1123212082.htm?from=groupmessage.

　　截至 2023 年 5 月,我国关于信息与网络安全治理的核心规范制度主要如下表 10-5 所示,其法律位阶由高到低分别包括法律、行政法规、部门性规章、部门工作文件。以 2016 年颁布的《网络安全法》以及 2021 年颁布的《数据安全法》为核心,我国信息与网络安全治理制度已经趋于完善。但伴随着互联网技术日新月异的发展,信息与网络安全治理还将一直处于不断更新的状态之下。治理主体的多元化、治理手段的多样化等都将成为我国信息与网络安全治理模式的基本特征。

表 10-5　我国信息和网络安全核心管理规范制度

法律法规名称	核心管理制度	颁布机构	效力级别	发布时间和时效性	实施时间
《计算机信息网络国际联网管理暂行规定》	规范从事国际联网经营活动的个人和单位的准入条件和责任范围	国务院	行政法规	1996.2.1（已被修改）1997.5.20（修订）	1997.5.20
《计算机信息网络国际联网安全保护管理办法》	安全保障责任、安全监督制度	国务院	行政法规	1997.12.16（已被修改）2011.1.8（修订）	2011.1.8
《计算机信息系统国际联网保密管理规定》	保密制度、保密监督制度	国家保密局	部门规章	1999.12.27	2000.1.1
《关于加强信息安全保障工作的意见》	安全等级保护制度、完善密码技术和信任体系、完善安全监控体系、重视应急处理等	国家信息化领导小组	部门工作文件	2003.8.26	2003.8.26
《关于信息安全等级保护工作的实施意见》	明确信息安全等级保护制度的原则、基本内容、职能分工等	公安部、国家保密局、国家密码管理局、国务院信息化工作办公室	部门规范性文件	2004.9.15	2004.9.15

法律法规名称	核心管理制度	颁布机构	效力级别	发布时间和时效性	实施时间
《电子签名法》	数据电文证据效力、电子签名与认证制度	全国人大常委会	法律	2004.8.28（已被修改）2015.4.24（已被修改）2019.4.23（修订）	2019.4.23
《关于开展信息安全风险评估工作的意见》	信息安全风险评估制度	国家网络与信息安全协调小组	部门工作文件	2006.1.5	2006.1.5
《互联网网络安全信息通报实施办法》	网络安全应急预案制度	工业和信息化部	部门规范性文件	2009.4.13（失效）	2019.1.1（废止）
《全国人民代表大会常务委员会关于加强网络信息保护的决定》	个人隐私性信息保护、网络服务提供者责任	全国人大常委会	有关法律问题的决定	2012.12.28	2012.12.28
《网络安全法》	关键信息基础设施的运行安全、网络信息安全与其检测预警、应急处置制度	全国人大常委会	法律	2016.11.7	2017.6.1
《公共互联网网络安全威胁监测与处置办法》取代《移动互联网恶意程序监测与处置机制》（2012）	公共互联网网络安全威胁监测与处置制度	工业和信息化部	部门规范性文件	2017.8.9	2018.1.1
《电信和互联网行业数据安全标准体系建设指南》	电信和互联网行业数据安全标准体系	工业和信息化部	部门规范性文件	2020.12.17	2020.12.17

（续表）

法律法规名称	核心管理制度	颁布机构	效力级别	发布时间和时效性	实施时间
《数据安全法》	规范数据处理活动、保证数据安全与发展、明确数据安全保护义务	全国人大常委会	法律	2021.6.10	2021.9.1
《汽车数据安全管理若干规定（试行）》	汽车数据处理活动规范制度、汽车数据合理开发利用制度	国家互联网信息办公室，国家发展和改革委员会，工业和信息化部，公安部，交通运输部	部门规章	2021.8.16	2021.10.1
《关于促进数据安全产业发展的指导意见》	构建数据安全产品体系、布局新兴领域融合创新等制度	工业和信息化部，国家互联网信息办公室，国家发展和改革委员会等十六部门	部门规范性文件	2023.1.3	2023.1.3

（二）互联网信息服务领域的治理制度变迁

自 2000 年以来，我国互联网信息服务领域的治理制度经历了从无到有、从分散的规范到体系化制度的发展过程。2000 年，我国先后颁布实施了《全国人大常委会关于维护互联网安全的决定》《互联网信息服务管理办法》《互联网站从事登载新闻业务管理暂行规定》《互联网电子公告服务管理规定》等法律、法规和部门规章。随后，我国在互联网信息服务领域的治理制度便开始逐渐走向制度化、体系化。

2017 年 5 月 2 日，国家互联网信息办公室审议通过了《互联网新闻信息服务管理规定》。为具体落实《互联网新闻信息服务管理规定》，国家互联网信息办公室又分别于 2017 年 8 月到 10 月公布了《互联网论坛社区服务管理规定》《互联网新闻信息服务单位内容管理从业人员管理办法》《互联网新闻信息服务新技术新应用安全评估管理规定》，以上三部法规是对《互联网新闻信息服务管理规定》中具体制度规则的补充和细化。《互联网论坛社区服务管理规定》的实施不仅明确了服务平台的主体责任——即商业责任和社会责任,也进一步完善了网络实名制。《互联网新闻信息服务单位内容管理从业人员管理办法》从行为规范、教育培训、监督管理等方面对新闻信息服务从业人员做出了义务本位的严格规范。《互联网新闻信息服务新技术新应用安全评估管理规定》提出了新技术新应用安全评估制度,根据新闻舆论属性、社会动员能力及由此产生的信息内容安全风险确定评估等级,为审查评价其信息安全提供了制度依据和保障。2017 年 12 月 15 日根据文化部发布的《文化部关于废止和修改部分部门规章的决定》(文化部令第 57 号),修订后的《互联网文化管理暂行规定》正式实施。根据《网络安全法》《全国人民代表大会常务委员会关于维护互联网安全的决定》和《互联网信息服务管理办法》等国家法律法规有关规定,《互联网文化管理暂行规定》(2017 修订)的目标是为了加强对互联网文化的管理,保障互联网文化单位的合法权益,促进我国互联网文化健康、有序地发展。《网络信息内容生态治理规定》于 2019 年 12 月 15日公布,自 2020 年 3 月 1 日起施行,旨在营造良好网络生态。在互联网信息领域的治理制度变迁详见下表 10-6。

表 10-6　我国互联网信息服务领域的核心管理规范制度

法律法规名称	核心管理制度	颁布机构	效力级别	发布时间和时效性	修订或失效时间与缘由
《互联网等信息网络传播视听节目管理办法(修订)》	互联网等信息网络传播视听节目秩序规范制度	国家新闻出版广电总局	部门规章	2015.8.28,已失效	2016.6.1 被《专网及定向传播视听节目服务管理规定》取代
《专网及定向传播视听节目服务管理规定》	专网及定向传播视听节目服务单位的设立、服务规范等制度	国家新闻出版广电总局	部门规章	2016.6.1 发布,现行有效	2021.3.23 被修订

（续表）

法律法规名称	核心管理制度	颁布机构	效力级别	发布时间和时效性	修订或失效时间与缘由
《互联网医疗保健信息服务管理办法》	互联网医疗保健信息服务活动规范制度	卫生部	部门规章	2009.5.1发布，2009.7.1施行，已失效	2016.1.19失效
《互联网新闻信息服务管理规定》	互联网新闻信息服务管理制度	国家互联网信息办公室	部门规章	2017.5.2颁布；2017.6.1施行	现行有效
《互联网出版管理暂行规定》	互联网出版管理制度	新闻出版总署，信息产业部	部门规章	2002.6.27颁布；2002.8.1实施	2016年已被《网络出版服务管理规定》取代
《网络出版服务管理规定》	网络服务出版许可制度、管理制度	国家新闻出版广电总局，工业和信息化部	部门规章	2016.2.4颁布；2016.3.10实施	现行有效
《互联网电子公告服务管理规定》	互联网电子公告服务管理制度	信息产业部	部门规章	2000.11.6颁布实施	2014.9.23失效依据：《工业和信息化部关于废止和修改部分规章的决定》
《网络信息内容生态治理规定》	网络信息内容生态治理制度	国家互联网信息办公室	部门规章	2019.12.15颁布；2020.3.1施行	现行有效

（三）互联网文化传播领域的治理制度变迁

互联网文化传播涉及多个领域,如网络视听节目、网络游戏等领域。我国互联网文化发展呈现出百花齐放的态势,但同时也出现了不少问题。在应对互联网文化领域出现的挑战时,我国政府制定颁布了一系列的法律法规、部门规章与部门规范性文件。这些治理制度在管理部门机构变革过程中也出现了"废改立"的现象。通过重点梳理网络视听节目、网络游戏治理领域的制度,可以初步窥探我国互联网文化传播领域治理制度的变迁规律。

1. 网络视听节目领域的核心治理制度变迁

我国互联网视听内容监管的法律依据已经初成体系。目前"三网融合"所涉及的内容监管,主要针对的是视听节目传播方。"三网融合"是指将电信网、广播电视网络和互联网进行融合,实现资源共享、业务互通、管理一体的新型网络架构。随着信息通信技术的迅猛发展,传统的电信网、广播电视网络和互联网之间出现了技术边界模糊、重复建设等问题。传统的电信运营商、广播电视机构和互联网企业在技术和业务上存在较大差异,导致资源浪费和竞争不公平。"三网融合"旨在整合各种网络资源,提高资源利用效率和运营效益。"三网融合"可以促进产业结构优化升级,推动企业创新能力提升,通过"三网融合",可以实现多媒体内容的无缝传输与共享,打破传统媒体之间的壁垒。用户可以更便捷地获取丰富的信息服务,满足多样化的需求。"三网融合"有助于推动数字经济的快速发展,通过整合各种网络资源和业务,可以提升数字化产业的创新能力和竞争力,促进经济转型升级。"三网融合"可以实现统一的网络管理和监管,加强网络信息内容的监管,提高网络安全防护能力,维护社会公共秩序,弘扬主流价值观。

我国主要网络视频节目管理规范制度已经趋于完善,这经历了一定的发展过程(见表10-7)。针对互联网视频节目发展过程中出现的新问题,我国的相关部门及时对有关规范性文件作出了修订。例如,2015年,国家新闻出版广电总局根据8月28日国家新闻出版广电总局令第3号公布的《关于修订部分规章和规范性文件的决定》,同时修订了《互联网视听节目服务管理规定》《互联网等信息网络传播视听节目管理办法》,并同日开始实施。国家互联网信息办公室于2016年11月4日发布《互联网直播服务管理规定》,旨在

加强对互联网直播服务的管理,保护公民、法人和其他组织的合法权益,维护
国家安全和公共利益。上述法规的出台反映了我国互联网宏观政策对迅速发
展的网络视听服务产业和视听文化传播的重视,在这些法规实施的过程中,下
架、关停了大量的视听内容,确实为促进网络视听节目健康有序发展作出了贡
献。我国对网络视听节目的管理是一个伴随着互联网视听技术创新而不断更
新的治理过程,是多个治理主体协同治理的过程。

表 10-7　我国主要的网络视频节目管理规范制度

法律法规名称	核心管理制度	颁布机构	效力级别	发布时间和时效性	实施时间
《文化部关于废止和修改部分部门规章的决定》	法规规章清理	文化部	部门规章	2017.12.15	2017.12.15
《互联网文化管理暂行规定》	网络文化活动经营许可制度、网络文化产品制度、单位自审制度	文化部	部门规章	2003.5.10（失效）2011.02.17（已被修改）2017.12.15（修订）	2017.12.15
《互联网视听节目服务管理规定》	全国性社会团体责任、从业许可制度、网络视听节目著作权保护制度、从业单位主要出资者和经营者责任等	国家广播电影电视总局、信息产业部	部门规章	2007.12.20（已被修改）2015.8.28（修订）	2015.8.28
《互联网等信息网络传播视听节目管理办法》	业务许可制度、业务监督制度	2003 年、2004 年版：国家广播电影电视总局；2015 年版国家新闻出版广电总局	部门规章	2003.1.7（失效）2004.7.6（失效）2015.8.28（现行有效）	2015.8.28

（续表）

法律法规名称	核心管理制度	颁布机构	效力级别	发布时间和时效性	实施时间
《关于修订部分规章和规范性文件的决定》	法规规章清理	国家新闻出版广电总局	部门规章	2015.8.28	2015.8.28
《互联网信息搜索服务管理规定》	落实主体责任,建立健全信息审核、公共信息实时巡查、应急处置及个人信息保护等信息安全管理制度	国家互联网信息办公室	部门规章	2016.6.25	2016.8.1
《移动互联网应用程序信息服务管理规定》	健全信息内容审核管理机制、互联网应用商店服务提供者	国家互联网信息办公室	部门规范性文件	2016.6.28	2016.8.1
《互联网直播服务管理规定》	区分直播与转载责任、建立互联网直播发布者信用等级管理体系、直播服务提供者责任	国家互联网信息办公室	部门规范性文件	2016.11.4	2016.12.1

2. 网络游戏领域的核心治理制度变迁

目前我国主要网络游戏管理规范制度主要如表10-8所示,其中包括了法律、部门规章、部门工作文件以及党内规章等多种立法形式。我国网络游戏管理规范体系所涉及的治理主体涵盖了国家版权局、文化部(现已撤销,重组为文化和旅游部)、新闻出版总署(已撤销,现为新闻出版署)、信息产业部(含电子工业部,已撤销,现为工业和信息化部)、国家工商行政管理总局(已撤销,后分别组建国家市场监督管理总局和国家知识产权局)、全国扫黄打非工作小组等多个职能部门与办事机构。

表 10-8　我国主要网络游戏管理规范制度

法律法规名称	核心管理制度	颁布机构	效力级别	发布时间和时效性	实施时间
《国家版权局关于网吧下载提供"外挂"是否承担法律责任的意见》	网络著作权保护、明知规则、对网吧涉及故意侵权的解释	国家版权局	部门性规范文件	2004.4.16	2004.4.16
《关于加强网络游戏产品内容审查工作的通知》	网络文化经营许可申请、审核、进口等制度	文化部	部门工作文件	2004.5.14	2004.5.14
《关于禁止播出电脑网络游戏类节目的通知》	未成年人保护制度	国家广播电影电视总局	部门规范性文件	2004.4.12	2004.4.12
《关于开展对"私服""外挂"专项治理的通知》	清查、收缴、追查制度	新闻出版总署、信息产业部、国家工商行政管理总局、国家版权局、全国扫黄打非工作小组	部门工作文件	2003.12.18	2003.12.18
《网络游戏管理暂行办法》	经营许可、内容审查、自审、虚拟货币禁止流通制度、游戏运营企业责任	文化部	部门规章	2010.6.3（已被修改）2017.12.15（修订）	2017.12.15

（续表）

法律法规名称	核心管理制度	颁布机构	效力级别	发布时间和时效性	实施时间
《关于进一步加强和改进未成年人思想道德建设的若干意见》	舆论引导、净化环境、加强管理	新闻出版总署	部门规范性文件	2004.5.31	2004.5.31
《关于净化网络游戏工作的通知》	统一思想、净化网络游戏市场	文化部、信息产业部	党内法规	2005.6.9	2005.6.9（失效）
《关于规范进口网络游戏产品内容审查申报工作的公告》	申请许可、审查、终止、变更运营制度	文化部	部门工作文件	2009.4.24	2009.4.24
《关于加强网络游戏虚拟货币管理工作的通知》	严格市场准入、防范风险、加强监管	文化部、商务部	部门规章	2009.6.4	2009.6.4
《"网络游戏虚拟货币发行企业"、"网络游戏虚拟货币交易企业"申报指南》	申报及流程	文化部	部门工作文件	2009.7.20	2009.7.20
《关于改进和加强网络游戏内容管理工作的通知》	经营单位自律、游戏内容监管、社会监督制度	文化部	部门规范性文件	2009.11.13	2009.11.13

（续表）

法律法规名称	核心管理制度	颁布机构	效力级别	发布时间和时效性	实施时间
《民法典》	明确数据、虚拟财产为民事客体，可流转、可继承	全国人民代表大会	法律	2020.5.28	2021.1.1

　　上述关于网络视听节目、网络游戏的治理制度变迁是我国互联网文化传播领域治理制度变迁的部分缩影。通过梳理上述关键领域的文化传播治理制度发现，我国互联网文化传播领域的治理制度处于不断变化的过程之中，治理制度的效力层级包括基本法律、法规、部门规章以及部门工作文件等规范性文件形式，但在数量上仍然以部门规章以及部门工作文件为主要形式。效力层级较低的部门规章以及部门工作文件通过与效力层级较高的《民法典》等基本法律制度的衔接，可以进一步实现更好的治理效能，形成较为完善的治理体系。

第十一章
互联网发展的中国特色

　　互联网作为一种中立性技术，在中国大地上发展出了独特的应用形态，从起步发展，到追逐超越，中国互联网以其持续的演进和创新回应着社会的历史选择。在此过程中，多种力量扮演了重要助推，塑造了中国特色互联网思想、制度、技术、产业的发展轨迹，使互联网成为嵌入于中国社会的创新力量。互联网这一"舶来品"如何在中国社会落地生根，又何以呈现鲜明的中国特色，进而为全球互联网发展和治理贡献中国方案。从这一问题出发，立足中国特色回顾互联网的历史来路，对于理解和发展中国互联网具有重要意义。

　　对于 20 世纪末的中国，是否接入国际互联网是一个具有历史意义的决定。1993 年开始，"三金工程"在中国的提出和实施成为信息化建设开端的重要标志，也是国家战略规划与互联网技术引进相辅相成的历史写照。1994年全面接入国际互联网之后，中国在探索中逐渐形成了适应经济转型和社会发展的互联网应用和治理道路。互联网嵌入中国社会的过程也是中国政府认识互联网、探索互联网、使用和发展互联网的过程，可以说，互联网与中国社会的"互动"生动反映着我国社会发展和战略规划的演进。所谓"互动"，意味着互联网与中国社会都经历了相互的磨合与改变，在此期间，互联网技术不断进步，使用领域不断拓展，应用形态不断丰富，而中国的社会生活与互联网的结合也愈发紧密，中国的法律政策体系不断适应互联网领域的新现象和新问题，中国的社会治理体系及特色模式体现着对互联网日益增长的关切……

　　站在中国全面接入国际互联网三十周年的时间节点回望,互联网不仅是社会发展的助推,更成为了全球技术和权力格局的竞逐场域。中国化的互联网实践为全球网络空间秩序建立和地区间的发展与平衡不断贡献智慧与方案。互联网在中国的诞生与演进不仅是技术引进与推动经济社会发展的过程,也是相应制度话语不断丰富和成熟的过程。中国在发展互联网过程中的继承与扬弃、创造与克服,成为中国互联网包容性与创新性的体现,也成为突破既有技术权力关系与重塑全球互联网格局的重要关口。面对新一轮技术革命与产业变革的浪潮,数字经济、数字科技不断被赋予新的时代使命,中国特色与中国道路在网络空间的历程与作用需要被"再发现",中国互联网的前路也将在历史追溯中被照亮。

第一节　中国互联网发展的推动力量

　　社会选择相关理论认为,社会对于某种技术的决策是制度决定的结果,尤其是制度中"相互矛盾的确定性",社会的技术选择是系统各部分的基本矛盾作用的结果。[1] 从这一角度来看,互联网在中国的落地和发展也是矛盾相互作用的过程,政府探索、商业驱动、科技引领、用户选择等构成了各方矛盾作用的推进力量,进而塑造了中国互联网的当前形态。将社会选择作为互联网中国特色的阐释路径具有一定的合理性。一方面,互联网在引进中国社会之初以其技术性为核心属性,从这种意义上讲,社会的技术选择是中国互联网产生和发展的首要动因;另一方面,互联网在中国社会的演进形态超越了技术本身,成为以技术为搭载物的数字驱动力量和平台化空间,因此以技术选择为出发

　　1　Schwarz M, Thompson M. Divided we stand: Redefining politics, technology, and social choice[M]. University of Pennsylvania Press, 1990: 15.

点的阐释逻辑不足以覆盖中国互联网的完整历程,这种阐释需要结合市场、用户、文化等多重社会语境来完成。

中国互联网特色的形成来自国家在信息化建设中的系列决策和先导实践,其产生是对全球化语境下技术知识溢出规律顺应和博弈的结果。全球一体化趋势使全球知识库、技术全球化等观念不断深入,人们倾向于认为互联网的发展能够带来新技术的全球普及和平等采用。事实上,技术知识的溢出并非完全遵循全球化规律,而是在一定程度上显示出局部性和地域性特征,即技术发展水平更大程度上取决于发生地的本土实践。[1] 由此可见,中国特色在互联网发展过程中的形成有其必要性。对于互联网这一"舶来品",中国政府在初期的态度是既审慎又包容的。审慎来自互联网这一具有西方背景的新技术所蕴含的未知与风险,包容则来自互联网技术对社会发展带来利好的可能性。"先发展、再管理"是中国政府早期对于互联网的态度取向,也是互联网中国特色的包容性内核的最初基调。

1985 年 1 月,国务院讨论了电子和信息产业发展战略,决心在 20 世纪末建立起强大的电子工业。[2] 此时,信息化是国家经济发展的大势所趋,而接入国际互联网则是用以推动信息化建设的一个重要选项。在全面信息化的进程中,中国政府不断探索互联网与战略规划之间的契合方式,鼓励各行各业迅速建立起用于进行信息查询、检索的信息网络,包括数据库联机检索网络[3]、各地经济信息统计网络[4]、医疗卫生信息网络[5]等,这些系统的建立是社会信息化进程最为直接的体现,也为信息网络的国际联网奠定了基础。1998 年 3 月,信息产业部组建,时任部长吴基传表示,"信息产业部承担的任务十分繁重,责任十分重大"。[6] 在此过程中,接入国际互联网的选择更加显现出"为我所用"的现实意义。利用互联网发展信息化事业的同时,中国也需要面对高速信息化衍生的网络与信息安全问题,中国特色互联网管理和治理工作中的深远意义

1　Keller W. Geographic localization of international technology diffusion[J]. American Economic Review, 2002, 92(1): 120-142.

2　加速发展电子和信息产业[N]. 人民日报, 1985-01-12(01).

3　杨健."中国信息共同体"数据库联机检索网络问世[N]. 人民日报, 1995-04-04(05).

4　颜世贵. 京津沪穗统计信息网络开通[N]. 人民日报, 1995-08-10(01).

5　邹沛颜. 我国建立医疗卫生信息网络[N]. 人民日报, 1995-11-07(05).

6　吴基传. 信息产业部部长吴基传:不负历史使命[N]. 人民日报, 1998-03-30(11).

愈发凸显。

互联网中国特色的落地来自科研力量的支撑,科研力量的核心地位不仅是中国互联网形成逻辑中的关键动力,也是互联网中国特色的重要组成部分。互联网本身是一种新兴技术,互联网的研发、应用、升级过程也是技术起步、创新与发展的过程。1987 年,内容为"越过长城,走向世界"的中国第一封电子邮件成功发送,不仅代表着中国成功尝试接入了国际互联网,也代表着由王运丰、措恩领导的中德科研团队的努力取得了理想结果。此后,科研院所与高校作为中国互联网的早期入驻者,持续推进着中国互联网的完善与成熟:1989 年,北京大学与清华大学启动的中关村地区教育与科研示范网络(NCFC)成为中国互联网的雏形;1990 年,北京市计算机应用研究所、中科院高能物理研究所等科研单位先后与 CNPAC(X.25)连接,国内科研网络开始形成;1992 年,NCFC 主干网在众多科研人员的共同努力下完工,中国距离全面接入国际互联网又进了一步。科研力量如同互联网发展之路上的"垫脚石",使中国互联网真正越过长城。

互联网中国特色的延伸来自市场化和产业化过程中的探索与创新。沿着中国信息化建设的道路行进,互联网应用形态不断更新,"三网融合"等国家重大决策的推进为移动互联网的到来奠定了基础,4G、5G 技术的突破为移动互联网的发展打开了更为广阔的空间。经历了社会信息化浪潮和信息高速公路的狂飙,中国社会对于互联网的认识也进一步深入,互联网从促进社会经济发展的"工具"演进为"驱动力",互联网不仅能够升级改造传统行业,同时也能孕育新行业,创造新生机。从 20 世纪末自发性的互联网创业浪潮,到"互联网+"发展理念的提出,也是这一认识转型的标志性产物。在此过程中,产业力量的驱动将互联网推向大众化的新阶段,使互联网"飞入寻常百姓家"。2000 年后,ADSL 宽带正式商用,其价格也快速下降,宽带开始在中国普及,也随之催生了网吧产业,催熟了即时通讯、社交网站、网络游戏、网络音乐等互联网应用,为互联网深刻改变中国社会创造了更多可能。

互联网中国特色的成型来自网民群体的选择与构筑。庞大的网民规模在产业层面形塑了中国互联网的多个方面:截至 2023 年 12 月,我国网民规模达到 10.92 亿。[1] 中国互联网用户带来的广阔的市场和消费需求不断促进中国互联网产业的发展,社交电商、直播和短视频经济持续繁荣。与此同时,用户群体的内容创作等劳动也为互联网平台注入源源不断的生机与活力,进而催生了各类内容付费、会员经济的成熟和推广。在用户力量的驱动下,中国形成了平台化的互联网生态系统,超级平台成为中国互联网产业的独特现象。随着互联网的普及,中国网民群体的特质与公众群体的特质逐渐契合,互联网的发展方式也开始在社会层面拥有愈发深远的意味。基于中国社会的体制结构与制度传统,流动性成为网民群体的突出特征。人口的频繁迁移为互联网这一突破时空界限的虚拟空间创造了更多可能性,移动互联网的发展和普及极大迎合了中国互联网用户的需求,O2O 模式在中国得到广泛应用,外卖行业、网约车、共享经济成为统合线上线下资源的高效模式,突显着人口高流动性所带来的互联网应用创新逻辑,进而形成了具有中国特色的产业模式与应用方式。

第二节　中国互联网的特色与内涵

一、底色:具有中国特色的互联网思想

互联网思想是人类对互联网自身及其与社会各领域相互关系的理性思考和规律认识。互联网在中国的发展不仅是技术研发和升级的过程,也是互联网思想形成与丰富的过程。在探索互联网、使用互联网的同时,中国形成了特色鲜明的互联网思想,这也是互联网中国特色的最重要体现。纵观其发展历程,总体来看,中国互联网思想的内核体现在三个方面:协调包容的发展观、

1　CNNIC.第 53 次中国互联网络发展状况统计报告[EB/OL].(2024-03-22)[2024-04-24].https://www.cnnic.net.cn/n4/2024/0322/c88-10964.html.

多元互动的治理观、融合共生的空间观。

秉持协调包容的发展观，中国正确处理了本土与外来、自主与开放、发展与安全等关系，不仅为平等、公开、参与、分享等互联网思维在中国的发展奠定了坚实基础，也为中国互联网的创新发展提供了根本方法论。1995 年，中国社会关于是否要发展互联网的大讨论进入高潮，支持方认为发展互联网能够带来的社会经济效益与现代化前景不可估量，反对方则认为互联网中潜藏了黑客、病毒、不良信息等巨大风险，且互联网所产出的信息成果如何转化为盈利也尚未得出明确的答案。与此同时，互联网技术的美国基因也在各方面引起人们的警惕。由此，本土与外来、发展与安全等问题成为中国发展互联网的主要矛盾。这一矛盾也引起了中国政府的高度重视。1996 年 4 月，国务院办公厅发出《关于成立国务院信息化工作领导小组的通知》，时任国务院副总理邹家华担任领导小组组长。1997 年 4 月，由国务院信息化工作领导小组组织的第一次"全国信息化工作会议"在深圳举行。此次会议为中国互联网的发展奠定了根本基调，经与会人员的深入讨论，中国决定大力发展信息产业。[1]

此后近三十年的互联网发展实践表明，中国政府具有利用互联网促进社会信息化建设的远见，同时也具有正确使用和发展互联网的智慧。实践过程中，中国互联网的包容性在互联网使用的利与弊之间寻找平衡，例如中国政府在 BBS 实名制方面的早期探索：2005 年 3 月 16 日，BBS 水木清华站宣布从开放型转为校内型，与此同时，国内多所高校均转为校内访问，要求本校学生以真实姓名和学号进行重新登记。在此后的发展历程中，相关制度逐步确立起来，"后台实名、前台自愿"等原则得到明确。由此，互联网言论的自由表达与合规使用之间的矛盾得到平衡，"呈现出鲜明的协调性、包容性，表现出积极、审慎、稳妥的特点，体现了兴利去弊、扬长避短、为我所用的思想理念"。[2]

中国互联网的包容性不仅体现在对共时性矛盾核心的关注，也着眼于互联网历时演进中的迭代问题，例如中国政府在新旧媒介形式交替中的融合性尝试：1995 年 1 月 12 日，《神州学人》杂志电子版的诞生标志了报刊上网的

1　郭万盛.奔腾年代：互联网与中国 1995—2018［M］.中信出版社，2018：11.
2　谢新洲.中国互联网思想的特色与贡献［J］.人民日报，2017-11-13.

开端,也是传统媒体与互联网融合的首次尝试,由此开启了中国新闻机构利用互联网开展信息传播的实践。1997 年,《人民日报》网络版正式进入互联网,中国新闻机构开始在互联网施展传播力与影响力。2013 年以来,媒体融合成为中国互联网发展的重要命题。2014 年 8 月,中央全面深化改革领导小组会议通过了《关于推动传统媒体和新兴媒体融合发展的指导意见》,要求建成几家拥有强大实力和传播力、公信力、影响力的新型媒体集团,形成立体多样、融合发展的现代传播体系。在包容性思想的指导下,互联网可能造成的新旧媒介之间的话语断裂得到充分弥合,传统新闻机构在互联网领域的创新与探索也构成了中国互联网内容生态的重要部分,互联网成为传播中国声音与中国故事的重要平台。

坚持多元互动的治理观,中国不仅探索出了具有特色的互联网发展道路,也形成了中国特色的治网之道。多元互动的互联网治理观是中国互联网将最大变量变为最大增量,实现迅速发展和稳定增长,建立良好互联网生态的重要思想基础。互联网与社会治理的结合是多元互动治理观的重要体现,以电子政务为起始的社会治理进程是这一思想指导下的中国特色实践之一。1981年,我国在"六五"计划中已经明确了在政府管理中使用计算机的要求,各类国家信息系统逐步建立。1993 年 12 月起,作为"三金工程"之一的金桥工程正式启动,政府部门间的基础通信网建立,实现了互联互通。2001 年,国务院信息化工作办公室成立,从省市到乡镇各级政府相继建立网站,具备线上服务功能的电子政务网站也开始涌现。2006 年,中央人民政府门户网站正式开通,2016 年,电子政务被正式列为《"十三五"国家信息化规划》的优先行动之一。随着电子政务形式的不断丰富和优化,互联网成为国家治理体系和治理能力现代化的重要驱动力量。这一进程推动了政府办公方式的现代化转型,同时促进了信息公开与公众参与,进而以互联网为纽带联结了政府与群众,使中国互联网呈现出由政府主导,企业、行业协会等社会组织、网民群体良性互动的协同治理格局,科学回答了中国这个网络大国如何凝聚共识、构建网上网下同心圆的重大课题。

树立弥合共生的空间观,使中国互联网具有全球性的共通话语基础,也使互联网成为当代中国向世界系统传递科学理念和思想的先行领域之一。网络空间是人类生活的新空间,也为人类思想激荡融合、砥砺创新拓展了新领域。中国互联网思想呈现出明显的创新特征并在全球产生广泛影响,为世界互联网发展贡献了重要智慧。习近平总书记强调,要让更多国家和人民搭乘信息时代的快车、共享互联网发展成果。[1] 基于弥合共生的空间观,数字时代的蛋糕既要做大,也要分好。在全球互联网发展进程中,中国致力于推进公平互联网秩序的建设,积极主动地参与到国际规则制定的过程中,参加联合国互联网治理论坛等网络空间国际治理活动,带头制定和发布《二十国集团数字经济发展与合作倡议》等,促进全球互联网治理体系的改革和完善。2015年,习近平总书记在第二届世界互联网大会上提出了构建网络空间命运共同体的"五点主张",提出加快全球网络基础设施建设和交流共享,促进公平正义。中国始终积极推进互联网资源的平衡分配,为欠发达国家和地区提供通信、网络技术和基础设施等方面的援助,提高全球互联网的渗透率和普及率。[2] 在接入国际互联网的 30 年间,中国始终关注发展中国家的互联网使用问题,同时也意识到互联网资源分配问题不仅需要依赖多国的短期援助和共享实践,更有赖于公平公正的全球互联网规则和标准的建立与执行。多边透明的数字贸易体系有待完善,更符合世界各国和全人类发展利益的互联网治理体系有待建立,这是全球互联网的发展目标,也是中国互联网思想空间观的题中之义。

二、方向:中国特色的互联网制度

互联网进入中国社会的过程也是中国社会认识互联网、探索互联网、使用和发展互联网的过程,可以说,互联网与中国社会的互动生动反映着中国社会发展、国家战略规划、行政体系、管理方式与治理理念的演进。在此期间,中国社会生活与互联网的结合愈发紧密,中国的法律政策体系不断适应互联网领域的新现象和新问题,中国的社会治理体系体现着对互联网日益增长的关切。

1　习近平在第二届世界互联网大会开幕式上的讲话(全文)[EB/OL].新华网,(2015-12-16)[2023-01-24].http://www.xinhuanet.com//politics/2015/12/16/c_1117481089.htm.

2　同上。

在发展过程中,中国不仅形成了具有特色的互联网发展道路,也探索出了中国式互联网治理道路,不断推进现代化综合治理理念在互联网领域的落地,推动生态视角下的互联网发展和治理。

在中国全功能接入国际互联网前后,党和政府始终关注如何平衡现代化建设与互联网治理之间的关系这一问题,并逐步探索有益于互联网健康发展的治理思路与框架。1994 年 2 月 18 日,《中华人民共和国计算机信息系统安全保护条例》,成为中国第一部互联网管理相关的行政法规,中国互联网管理制度体系开始形成。相应地,中国政府开始机构改革以适应信息化建设的管理需要,发展初期,信息化相关部门承担了主要的互联网管理职能:1996 年,国务院信息化工作领导小组成立,时任国务院副总理邹家华担任组长。1997年,《计算机信息网络国际联网安全保护管理办法》颁布实施,网络领域成为计算机信息系统安全的重要方面。1998 年,信息产业部组建,与公安部、国务院新闻办公室、国家广播电影电视总局等联合管理互联网相关工作。此时,中国互联网制度处于探索阶段,中国互联网建设优先服务于信息化建设的需要,形成了多部门联合的多头管理模式。2001 年,江泽民提出了"积极发展、加强管理、趋利避害、为我所用"[1]的互联网管理 16 字方针,这一方针明确了中国互联网早期"先发展再管理"的治网理念,为互联网管理工作的开启指明了方向。

此后发展历程中,中国互联网管理工作开始探索更为高效化和体系化的运作方式,在行政层面和制度层面不断完善,与此同时,互联网作为内容传播媒介的作用受到关注,网络内容相关管理规定出台,网络内容管理逐渐起步。2000 年 9 月,《互联网信息服务管理办法》颁布,明确了互联网信息服务的基本原则,为网络内容的良好发展与依法治理奠定了基础。2001 年 8 月,国家信息化领导小组重新组建,时任国务院总理朱镕基担任组长。这一调整在人事层面体现了中央对信息化建设工作的关注,也初步奠定了党中央在网信事业中的核心领导地位。此后,《互联网等信息网络传播视听节目管理办法》(2004)、《互联网新闻信息服务管理规定》(2005)、《广电总局关于加强互联网

1   江泽民 . 论中国信息技术产业发展[M]. 中央文献出版社、上海交通大学出版社,2009:271.

视听节目内容管理的通知》(2009)、《互联网文化管理暂行规定》(2011)等相继颁布,网络内容作为意识形态组成部分的重要性日益凸显,相关治理领域不断细化,制度体系不断完善。

在加强内容管理的同时,中国互联网管理工作始终关注互联网安全问题,相关制度在实践发展中逐步建立。2012年,全国人大常委会通过了《全国人民代表大会常务委员会关于加强网络信息保护的决定》,网络信息安全问题引发关注。2013年,国务院先后发布了《国务院关于修改〈计算机软件保护条例〉的决定》和《国务院关于修改〈信息网络传播权保护条例〉的决定》,网络安全上升至国家战略层面,2014年2月27日,中央网络安全和信息化领导小组宣告成立并召开第一次会议。习近平总书记在会议上首次提出了"努力把我国建设成为网络强国"的目标愿景,这一目标的提出将网络空间建设提升至战略高度,网络主权与安全、核心技术突破、国际竞争等命题成为国家互联网发展过程中的重要关切。2016年11月,《网络安全法》出台,标志着中国互联网法律体系建设的成熟,成为依法治网的法律重器,网络主权与安全等概念也在法律层面得到明确。[1]

党的十八大以来,中国互联网治理的创新性愈发凸显,逐渐形成了以网络生态为对象的综合治理道路。2017年,党的十九大提出建立网络综合治理体系,中国互联网逐步完成了由管理到治理的转型。2018年3月,中央网络安全和信息化委员会办公室设立,进一步明确了党中央对网信事业的集中统一领导。2019年1月25日,习近平总书记在十九届中央政治局第十二次集体学习时的讲话中全面提出了媒体融合发展的指导思想:"正能量是总要求,管得住是硬道理,用得好是真本事。"[2]这一思想成为中国媒体融合事业的重要遵循,也高度概括了中国特色互联网治理的总基调。2019年12月,国家网信办出台《网络信息内容生态治理规定》,成为网络内容治理工作遵循的重要规范。与此同时,《密码法》《数据安全法》《个人信息保护法》等相继出台,网络内容治理法律体系进一步完善,进入更加注重安全和保护的高质量发展阶

1　谢新洲,李佳伦.中国互联网内容管理宏观政策与基本制度发展简史[J].信息资源管理学报,2019,9(03):41-53.

2　习近平.加快推动媒体融合发展　构建全媒体传播格局[J].求是,2019(6).

段。2020年,《网络信息内容生态治理规定》开始施行,"建立综合治理体系、营造清朗的网络空间、建设良好的网络生态"成为网络信息内容治理的重要目标,也成为当前阶段互联网内容建设的重点工作。以"内容生态"为核心的创新概念的提出标志着中国特色治网之路的建立和成熟,也进一步明确了网络作为人类共同精神家园的核心意涵,成为中国互联网思想指导下的互联网治理逻辑的具体体现,更成为全球互联网治理的共通理念与话语基础。

三、攻坚:中国互联网驱动技术突破

科学技术始终是国家发展与互联网产业的核心驱动。30年来,中国完成了互联网技术的引进,不断推进网络基础设施的建设与完善,着力突破互联网核心技术领域,坚持推进网络强国战略,探索出了以科学技术为核心驱动的中国特色互联网发展道路。互联网在中国的落地是科研力量推动和作用的结果,互联网在中国社会的生长与繁荣也是在科研力量的助推和驱动下实现的。从拨号上网到宽带上网,从PC端到移动端,技术突破不断引领着中国互联网走过信息化的荒蛮时代,走向更深更远的未来。宽带技术的进步,尤其是光纤时代的来临,使中国互联网实现了加速度和全覆盖。中国第一封电子邮件发出时,通信速率仅为300 bps,截至2023年12月,中国千兆及以上速率的固定宽带用户已达到1.63亿户[1]。

建设互联网的早期需求来自科研机构的工作需要,利用互联网及时获取国外科研成果,开展学术交流,是中国科学家对网络建设的迫切期待。20世纪80年代末,一些科研人员已经开始与国外科研机构建立通信连接,通过电子邮件与国外学者进行信息往来。1989年,网络建设被纳入"重点学科发展项目",11月,NCFC项目正式立项。在此期间,科研团队不断克服现实难题,委员会研究决定使用TCP/IP协议进行主干网连接,解决了传输协议不统一的问题,与此同时,钱华林、李俊等研究者着手研制路由器,"借助参加国际学

1　CNNIC.第53次中国互联网络发展状况统计报告[EB/OL].(2024-03-22)[2024-04-24].https://www.cnnic.net.cn/n4/2024/0322/c88-10964.html.

术会议时带回来的开源 RIP 路由协议软件,经消化、吸收和攻关,通过在台式电脑(PC 机)上安装 4 块网卡并修改软件的方式,组建成一台'PC 版'路由器"。1993 年 12 月,NCFC 项目完成,中国互联网显见雏形。此时,中国已经解决了接入国际互联网的全部技术问题,经过科研人员多次在国际会议上的积极争取,美国最终同意了中国接入国际互联网主干网的申请,1994 年 4 月 20 日成为中国全功能接入国际互联网的纪念日。[1]

中国互联网的普及是科研技术发展的重要目标,技术进步与科研人员的推动促进了互联网使用成本的降低,从而使互联网真正走近普通用户,走进日常生活。1995 年 4 月,邮电部经营管理的中国 Internet 骨干网——CHINANET 正式开通。普通用户能够通过该网络实现电子邮件、远程登录、文件传送(FTP)以及 Gopher、WWW 等信息查询服务。[2]1996 年 5 月,威盖特网吧在上海诞生,在网吧上网的费用达到每小时 40 元,相比当时的人均收入堪称"天价"。1997 年,国家计委对网络运营公司成本进行了调查核定,上网费用实现了大幅下降。[3]2000 年后,ADSL 宽带正式商用,其价格也快速下降,"一位中国家庭用户只需每月支付 100 至 200 元就可以装上 ADSL 宽带"[4]。在此过程中,科研力量在开发中文网络内容应用、推动主干网扁平化架构等方面发挥了重要作用,为上网资费的降低作出了重要贡献。

科学技术不仅是推动互联网社会化演进的重要驱动,也是支撑中国互联网技术超越与战略布局的关键力量。从"十五"计划开始,信息基础设施建设成为政府主导的国家经济建设工作的重要内容,从"十一五""十二五"时期的宽带多媒体建设和加速,到"十三五"时期的光纤和 4G 通信网络全面普及,再到"十四五"时期的 5G 商用部署与 6G 前瞻布局,信息基础设施建设始终是中国五年规划中的关键词。截至 2021 年 5 月,中国已建成全球最大规模的 5G 网络,开通 5G 基站超过 90 万个,占全球 70% 以上,覆盖全国所有地

1　张双虎.中国"网"事:穿过羊肠小道,驶入信息高速[N].中国科学报,2024-04-22(004).

2　梁志平,万军.CHINANET ——中国 Internet 骨干网简介[J].电信技术,1995(04):3-6.

3　华文.怎样加入因特网[N].北京日报,1997-11-21(2).

4　王昕,李玉洋.中国宽带简史:从第一位宽带用户到房间"G 时代"[J].IT 时报,2021-05-20.

级以上城市和部分重点城镇，5G 终端连接用户占全球比重超过 80%。由此，中国在 5G 技术的提前布局和优先发展也开启了互联网技术全球格局的崭新局面。

四、超越：中国互联网驱动产业创新

互联网在中国的发展进程也是互联网产业的发展进程，产业化是中国互联网发展的重要驱动力。在产业化进程中，中国互联网行业的突破创新成为互联网中国特色的突出体现。技术应用的起步往往需要经历借鉴、模仿的过程，中国互联网在早期技术应用的探索中尝试性地借鉴了西方互联网应用的成熟做法，也在"试错"中不断找寻和调整，走出了中国特色的互联网应用创新和超越之路。历经三十年的发展演进，中国已经成为全球最大的互联网市场，同时具备全球最大规模的网民和移动互联网用户，数字经济规模达到全球第二。与此同时，中国互联网产业开创了以共享经济、短视频、电商直播、移动支付等为代表的新型产业形态，逐渐走向创新引领的中国式互联网产业道路，也为全球互联网产业发展模式提供了有益的实践探索。

发展初期，中国互联网产业的起步历程是对世界互联网产业模仿和追逐的过程。在此过程中，互联网由殿堂楼阁中的高端技术走进了大众视野，成为公众日常生活和消费的一部分。1995 年 8 月 9 日，创始资金 400 万美元的硅谷互联网公司网景（Netscape）上市后，瞬间成为市值 20 亿美元的巨人。网景一夜崛起的神话证实了互联网技术创造财富的巨大能量，由此吸引了风险投资者和创业者的大量涌入。这一浪潮也由硅谷席卷至中国，许多中国互联网公司在创立初期同样受到了风投资本的青睐。20 世纪 90 年代后期，主要以互联网公司股票构成的纳斯达克指数持续飙升，在相对开放的资本市场政策环境下，激发了国内互联网公司的上市热潮。2000 年，搜狐、网易、新浪三大门户网站相继在美国上市。开放宽松的市场环境和有利的政策环境为中国互联网创业者带来了更多资金、空间和机会，这也为中国互联网产业揭开了蓬勃发展的序幕。

随着移动通信技术的布局和移动化时代的来临，中国互联网产业在探索过程中逐渐实现了创新和超越。5G 技术的飞跃带来了互联网应用形态的全面转型，"速度"的飞跃使互联网使用的时空范围拓展到"随时随地"，移动化成为中国互联网的主流趋势。以此为起点，短视频、直播等内容形式不断衍生并嫁接多元业态，成为当前全球社交媒体的主导内容形态。TikTok 走红海外之后，2018 年 11 月，Facebook 也推出了短视频应用 Lasso，随后 Instagram 也在应用内上线了短视频功能 Reels。2021 年，Facebook 开展了为期三个月的星期五直播购物活动，作出了直播购物的首次尝试。[1] 这些实践表明，追逐西方的互联网产业格局正在发生改变，中国特色的互联网产业模式吸引着全球互联网行业的注目。

中国式互联网产业的成功并非偶然，而是根植于中国社会结构与公众需求，积极探索中国特色互联网技术应用方式的最终结果。移动互联网与中国社会需求的深度耦合造就了中国移动互联的丰硕成果。从社会背景来看，中国移动互联网的发展与中国社会的高度流动性有着密切联系。"中国特有的城市化进程和教育发展轨迹造成了中国人口、特别是年轻人的高度流动性，由此表现出的周期性城乡流动、城市扩张带来的通勤时间增加以及越来越频繁的旅游和公务出行，都为中国移动互联网的高速增长提供了最坚实的社会需求，这就是中国移动互联网不同于欧美诸国的最大特点，也是中国移动互联网一枝独秀的根本原因。"[2]

中国式互联网产业的形成不仅源于创业者的努力，更在于广大公众的选择，巨大的消费者群体和劳动力资源成为中国互联网发展的重要动力。2009年 11 月 11 日，"淘宝商城"开展了第一个"双 11"购物节，[3] 当天总销售额为5200 万元。到 2015 年"双 11"时，销售额仅用 72 秒就达到了 10 亿元，总销售额更是达到了 912 亿元。[4] 中国作为人口大国，人口基数长期以来成为解析中国社会的重要切入点，人口数量和结构与中国社会的发展密不可分。网民

1　Introducing your new favorite way to shop: Live shopping fridays[EB/OL]. Facebook.（2021–05–18）[2023–08–06]. https://about.fb.com/news/2021/05/introducing-your-new-favorite-way-to-shop-live-shopping-fridays/.

2　王迪，王汉生. 移动互联网的崛起与社会变迁[J]. 中国社会科学，2016（07）：105–112.

3　中国互联网 21 年的七个"第一"[EB/OL]. 人民网，（2015–12–17）[2023–08–24]. http://theory.people.com.cn/n1/2015/1217/c49154-27939552.html.

4　刘少华. 从光棍节到全球最大网络购物狂欢[N]. 人民日报海外版，2015–11–12（5）.

群体的快速增长和互联网服务的迅速普及为多种产业形态的建立奠定了市场基础,电子商务、社交媒体、用户创作等领域持续繁荣。1996 年年底,中国的上网计算机还不到 1 万台,上网人数也仅为 10 万人,到了 1999 年,中国网民数量达到 890 万人,电脑保有量达到 1500 万台。[1] 目前,我国网民规模已经超过 10 亿,截至 2023 年 12 月,互联网普及率达到 77%,形成了全球规模最大的网络社会[2]。这一巨大网络社会蕴含着巨大的生产力、创造力和消费力,这种力量同时向现实世界延伸和拓展,打造着中国式的现象级互联网景观。

第三节　互联网中国化的成就与贡献

接入国际互联网三十周年之际,中国互联网发展取得了突出成就:建成全球最大规模网络基础设施、网民规模达到全球最大,互联网经济对国家经济发展的贡献日益突出,网络强国建设图景日渐清晰。历经 30 年的演进与变迁,互联网这一“舶来品”在与中国社会的深度互动中逐渐洗脱了单一冰冷的技术样貌,成为活跃于日常生活、融合于产业发展、服务于国家战略的应用形态和有生力量。坚持中国互联网发展道路,探索创新互联网的中国特色与中国方案,是利用互联网造福中国社会的必然选择,也是为全球互联网发展贡献崭新方案和独特智慧的有效方式。

回顾中国互联网发展 30 年来的成果与经验,中国式互联网发展道路对于全球互联网发展具有几方面突出贡献:其一是互联网基础设施建设。中国在短时间内建成了全球最大规模网络基础设施体系,使互联网成为社会经济、文化、生活运行的重要载体,也为世界互联网发展提供了重要物质基础与技术

1　CNNIC. 第五次中国互联网络发展状况调查统计报告[EB/OL].(2000-01-01)[2023-08-26]. https://www.cnnic.net.cn/n4/2022/0401/c88-823.html.

2　向着网络强国阔步迈进——党的十八大以来我国网信事业发展综述[EB/OL]. 新华网,(2023-07-14)[2023-08-26]. http://www.news.cn/politics/2023/07/14/c_1129750444.htm.

支撑。其二是数字经济与社会数字化转型。中国以互联网技术为驱动,推动数字经济为高质量发展和新质生产力蓄势赋能,推进社会经济的数字化转型,为社会现代化的前进方向指明了道路。其三是互联网创新应用与社会数字治理。中国式互联网的发展实践丰富了互联网应用方式,移动化、共享化、平台化的互联网应用理念不断指引着互联网产业的创新发展。同时,互联网技术与社会治理的融合也推动了社会治理理念的转型,为数字时代的社会治理贡献了实践经验。其四是网络空间治理与全球互联网秩序重构。中国积极探索互联网治理道路,提出构建网络空间命运共同体的理念,呼吁营造开放、公平、公正、非歧视的数字发展环境,建立人类共同的精神家园。

中国式互联网道路成果显著,但未来也充满挑战。当前国际局势风云变幻,网络空间伴随着日益激烈的国际竞争,成为各国意识形态争夺的重要领域,认知域作战成为一些国家未来作战规划的关键。互联网作为全球意识形态空间而被赋予更多战略和安全意义。网络意识形态安全、信息与数据安全、基础设施安全面临各类风险。与此同时,关键领域核心技术突破需求迫切,全球技术壁垒与封锁态势依旧严峻。对此,平衡安全与发展的价值尺度,建立攻防兼备的网络安全体系,成为中国互联网发展过程中必须面对的现实问题。面对生成式人工智能带来的传播革命,中国将在互联网发展前路上持续探索,为人类文明与数字文明的进步作出更多贡献。

后记

    1994 年 4 月 20 日,一条 64K 国际专线开通,中国实现全功能接入国际互联网。互联网落地中国后快速生根、发芽,以"互联网 +"形态嵌入经济、政治、文化、社会等诸多领域,成为中国经济社会发展的重要组成。30 年来,中国已发展成为全球最大的互联网市场,拥有超 10 亿的网民规模;建成了全球规模最大、技术领先的网络基础设施,关键核心技术攻关取得突破;网络安全保障更加有力,网络生态治理不断深化;数字经济成为经济社会发展的重要引擎,数据要素价值加速释放;数字治理成效显著,有力推进国家治理现代化;主动参与网络空间国际治理,推动构建网络空间命运共同体。经过 30 年发展,中国互联网事业取得了举世瞩目的辉煌成就,更走出了一条具有中国特色的管网、治网、用网之道,让互联网成为推动国家发展的巨大增量,让亿万人民在共享互联网发展成果上有更多获得感、幸福感和安全感。

    中国互联网 30 年风雨兼程,梳理、研究中国互联网发展历史具有重要意义。以史为鉴、鉴往知来,总结历史经验,能够为新时代建设网络强国,更好应对以人工智能为代表的新一轮技术革新提供启示和智慧。立足中国、放眼世界,开展中国互联网发展历史研究,还将为探究互联网技术发展规律及"社会—技术"互动关系提供超越"西方中心主义"的实践样本。北京大学新媒体研究院谢新洲研究团队十分重视并长期深耕互联网发展史研究。团队于 2014 年成立了互联网发展史研究项目组。10 年间,项目组赴全国各地开展了大量的访谈和调研,访谈对象超 200 人次,拍摄访谈视频资料逾 300 小时,整理访谈文字记录 300 余万字,收集了丰富且珍贵的互联网史料和实物资料。

在此基础上,项目组开展了一系列互联网发展史学术研究,本书是其中的阶段性成果。

互联网对中国经济社会的嵌入是深刻且全方位的,本书对中国互联网历史的回溯也力求凸显互联网的多元属性。在章节编排上,本书采取纵向历时和横向专题相结合的记述方式,前5章先从"背景—落地—泡沫—PC时代—移动时代"分阶段地梳理互联网在中国的发展历程,接着分别从网民、媒体、消费、政务、治理等关键要素或领域分专题呈现互联网嵌入中国发展的历史进路。在写作方式上,本书不满足于普通记叙,而是力求多角度还原生动鲜活的历史情境,走进多元主体要素间微妙的互动关系,尝试挖掘历史背后的动因、规律及其社会影响,更期待与各位读者就"互联网在中国为何会形成今天的独特景象""互联网给中国社会带来了什么"等问题交流思想、碰撞火花。

因此,本书在整理大量文献史料的基础上,还融入了一手的调研访谈资料。访谈对象中有专家学者、媒体行业人士、互联网从业人士、政界人士、资深网民等等。他们或在中国互联网发展历程中发挥了重要作用,或亲历见证了中国互联网发展的重要时刻,他们的故事、思想、见闻是中国互联网发展历史最好的注解。在此,向所有为本书研究和写作提供过帮助的单位和个人,向本书参考史料的记录者、参考文献的作者表示衷心感谢!

本书是集体智慧的结晶,向参与互联网史访谈工作和资料整理工作的项目组成员,向为本书提供宝贵意见建议的专家老师表示衷心感谢!

本书对于历史的记叙十分小心谨慎,力求做到严谨、准确,如有不足或疏漏之处,恳请各位读者批评指正!

作为新媒体领域的研究者,面向未来、关注新兴技术自然是研究重点,但回望历史、记录历史更应是我们的使命和担当。我们将保持初心,继续关注、记录中国互联网下一段波澜壮阔的发展历程,为中国互联网发展贡献力量!

本书编写团队
2024年8月